旋流分离及同井注采技术

邢　雷　赵立新　蔡　萌　等编著
蒋明虎　审订

XUANLIU FENLI JI
TONGJING ZHUCAI JISHU

化学工业出版社
·北京·

内 容 简 介

本书系统论述了旋流分离技术的发展过程、研究热点、基本理论、研究方法及应用领域等，结合井下多相介质旋流分离及同井注采技术，简要介绍了同井注采工艺原理、装备技术、应用现状等，着重对旋流分离技术在拓宽同井注采适用范围方面的创新成果开展论述。主要内容包括：旋流分离技术概述、旋流分离理论基础、旋流分离技术研究方法、旋流分离技术的应用、同井注采技术概述、井下油水旋流分离技术、井下气-液旋流分离技术、井下水力聚结-旋流分离技术、同井注采技术的现场应用。

本书可为石油、化工、市政、环保、机械等领域从事非均相介质分离技术研究、开发、生产及应用的相关专业技术人员提供借鉴，也可为高校及研究院所的师生开展非均相介质分离领域相关课题开发、技术研究、方案设计提供一定参考，还可作为相关专业研究生或本科生的教材。

图书在版编目（CIP）数据

旋流分离及同井注采技术 / 邢雷等编著. --北京：
化学工业出版社，2024.8. -- ISBN 978-7-122-46392-0

Ⅰ. TE931

中国国家版本馆 CIP 数据核字第 2024BZ1451 号

责任编辑：贾　娜　　　　　　　文字编辑：孙月蓉
责任校对：边　涛　　　　　　　装帧设计：史利平

出版发行：化学工业出版社
　　　　　（北京市东城区青年湖南街 13 号　邮政编码 100011）
印　　装：河北延风印务有限公司
787mm×1092mm　1/16　印张 22¼　字数 553 千字
2024 年 8 月北京第 1 版第 1 次印刷

购书咨询：010-64518888　　　　售后服务：010-64518899
网　　址：http://www.cip.com.cn
凡购买本书，如有缺损质量问题，本社销售中心负责调换。

定　　价：168.00 元

　　随着我国主力油田的不断开发，采出液含水率逐年升高，现已全面进入高含水甚至特高含水期。目前，国内高含水油田的平均采出程度仍不到 30%，剩余石油资源储量巨大，加大我国主力油田剩余油挖潜力度，对保障国家能源安全和经济高质量发展至关重要。油田在高含水背景下大幅增加了机采、注水、集输三大生产系统用能比重，地面水处理成本及费用也逐年攀升。"双碳"目标提出后，为油气领域的科技攻关指明了方向，不仅要加大对主力油田的开发力度，更要通过新技术、新方法保障油气开采过程绿色、高效，节能降耗。在这样的背景下，同井注采技术应运而生，该技术通过在井下对油水进行原位分离，将分离后的低含水原油举升至地面，净化后的水直接在井下回注，实现了同一口油井内同时采油与注水，一井两用，改变了常规采油技术中单井采油或者注水的模式，大幅降低地面水处理负荷，使水处理费用及能耗大幅降低，为保障高含水油田长期稳定的效益开发注入新的活力。

　　实现井下油水稳定高效分离是保障同井注采技术有效运行的关键。旋流分离技术具有设备小巧、成本低廉、分离高效、处理连续等优势，成为实现在狭窄套管空间内井下油水快速分离的首选设备。从国际上出现第一个旋流分离技术专利至今已有 130 多年的历史，现已在采矿、石油、化工、冶金、环保、市政、生物、医药等领域广泛应用该技术。本书前四章从旋流分离技术的基础知识、分离理论、研究方法及应用领域等方面进行简要论述，后五章围绕黑龙江省石油石化多相介质处理及污染防治重点实验室三十多年攻关形成的井下多相介质旋流分离及同井注采技术成果展开介绍。主要针对同井注采技术的基本工艺及原理、近年来的应用及发展趋势、同井注采井下多相介质旋流分离装备及针对特殊井下工况条件形成的旋流分离新理论及新技术等进行概述。

　　本书力图通过对旋流分离技术基本理论、典型结构及原理、分离性能评价方法及影响因素、研究方法及应用领域的介绍，为相关研究及学习人员提供较为系统的知识体系及认识手段。通过对编著者研究团队多年来攻关形成的井下多相介质旋流分离及同井注采技术进行阶段性的总结，为拓宽旋流分离技术的应用领域、引导新型旋流分离器的结构设计、拓展同井注采技术的适用范围及推进同井注采技术的科普与应用提供理论支撑和必要的信息指导。此外，本书也可为化工、矿业、石油、环保等领域从事旋流分离技术研究、开发、生产及应用的科研人员提供些许启迪。

本书由邢雷（东北石油大学）、赵立新（东北石油大学）、蔡萌（大庆油田有限责任公司采油工艺研究院）、李枫（东北石油大学）、高扬（中国石油天然气股份有限公司勘探开发研究院）、李新亚（东北石油大学）共同编著。其中，邢雷编写第一、三、五、六章，赵立新编写第二章，李新亚编写第四章，李枫编写第七章，高扬编写第八章，蔡萌编写第九章。全书由东北石油大学蒋明虎教授审订。在本书编写过程中，东北石油大学博士研究生关帅，硕士研究生李巍巍、苗春雨、伍小金、綦航、陈丁玮、张金明、张旭、张兴亮、明亮、张瑞、董晗黎、汪帆等在相关数值模拟、测试分析、试验研究和资料整理等方面做了大量的基础及辅助工作，同时也得到了旋流分离及同井注采领域的同事和同行专家们的大力支持与帮助，在此一并表示感谢！

本书得到了国家自然科学基金区域创新发展联合基金项目（U21A20104）、国家自然科学基金项目（52304064）、中国博士后科学基金项目（2023M730481）、黑龙江省自然科学基金项目（LH2022E017）、黑龙江省博士后资助项目（LBH-Z23039）的联合资助。

由于水平所限，书中难免存在不当与偏颇之处，真诚希望广大读者谅解并提出宝贵意见，敬请批评指正！

编著者
2024 年 3 月

目录

第二章　旋流分离理论基础　　42

第三章　旋流分离技术研究方法　　89

第六章　井下油水旋流分离技术　203

第一章

旋流分离技术概述

第一节　水力旋流器研究热点可视化分析

一、水力旋流器的发展

水力旋流器（hydrocyclone）又称旋流分离器，是借助两相或多相介质之间的密度差，通过造旋结构使进入其内部的流体介质围绕旋流器中心轴线做旋转运动产生离心力，进而实现具有密度差的两相或多相介质分离的一种机械装置。关于水力旋流器的研究最早始于1891年（E. Bretney，Water Purifier，US453105，1891），至今已有130多年的历史。起初，水力旋流器被用作固-液两相介质之间的分离，从水中分离固体介质，如进行煤的精选等。因其具有结构小型、安装操作方便、加工及维护成本低廉、能耗低、分离高效、通用性强等优点，被广泛应用到选矿、化工、冶金、环保、石油、农业、食品、市政、生物科技及医疗等领域。

20世纪60年代末期，英国南安普敦大学的Martin Thew等人开始研究用水力旋流器来进行油水两相介质的分离。经过近十年的研究，设计出了适用于液-液分离的水力旋流器初始样机。1983年，他们生产出第一个商用的高压Vortoil型水力旋流器。利用该旋流器在澳大利亚的巴斯海峡油田平台上进行试验，得到了较好的分离效果，从此开辟了水力旋流器应用的另一个新的领域：液-液分离。目前，许多国家的油田生产中，尤其是海洋平台上，由于空间的限制而大量使用水力旋流器作为原油脱水或生产用水的水处理设备。水力旋流器的用途也在不断扩大，已由主要进行固-液分离扩展到两种不互溶液体介质的液-液分离以及气-液分离、气-固-液三相分离等，如液体的净化、泥浆稠化、液体脱气、固体筛分、固体介质清洗、按密度或形状进行固体分类等许多方面，成为一种多用途的高效分离装置。在核工业、船舶工业、食品加工工业、生物工程等领域也开始采用水力旋流器作为重要的分离设备。如用水力旋流器处理船舶的底舱水和油轮的压舱水，使处理后的水完全符合公海排放标准；在核工业中，可用于从均相反应堆中分离出较为粗大的颗粒，如稀土元素和裂变物质等；在生物学领域中，可用于微载体混合物样品的物质分级，如干细胞等。

20世纪末，在英国召开了四次以水力旋流器为专题的国际会议，交流各国在此领域内的最新研究成果，对水力旋流器从基础理论到工业应用等各方面的发展起到了很大的推动作用。随着社会的发展，以水力旋流器为专题的会议在国内外逐渐增多，水力旋流器也迎来了发展的黄金时代，逐步向多功能、高效率、高环保、智能化等方向进发。

随着环保要求的日益严格和资源的日渐短缺，高效率、低能耗的旋流分离设备已在石油、化工、轻工、环保等众多行业获得应用，成为实现"双碳"目标、推动可持续发展等战略实施的关键技术之一。进入21世纪以来，学者们对于水力旋流器的研究日益深入。在其用途不断扩大的同时，理论研究、实验与设计、加工制造以及应用技术研究等方面都有了长足的发展，结构形式也逐渐趋于多样化。目前，国内外已有超过900家研究机构进行水力旋流器的相关研究。以中国学术期刊网络数据总库（CNKI）作为数据来源，检索主题为水力旋流器，自2000年以来，国内共发表水力旋流器相关论文1737篇，以Web of Science（WOS）平台作为数据来源，检索主题为hydrocyclone，自2000年来共发表相关英文文献1226篇。2000年至2023年11月的发文量统计结果如图1-1-1所示。无论是研究机构的数量还是相关研究的发文量，都充分说明了水力旋流分离技术已成为热点研究之一。通过对最近20多年发表的水力旋流器相关的2577篇论文进行分析，得出随着流场测试技术、数值模拟技术及高精度实验仪器设备的发展，关于水力旋流器流场特性、介质运移理论、分离性能影响因素等方面的研究均取得了长足的发展。此外，随着3D（三维）打印技术的发展，越来越多的复杂水力旋流器结构设计被成功应用到严苛工况条件，实现多相介质的高效分离。同时，随着纳米技术、环境技术发展的驱动，旋流分离处理的介质尺度拓展到了非均相体系中离子、分子及其聚集体等纳米尺度介质的分离。

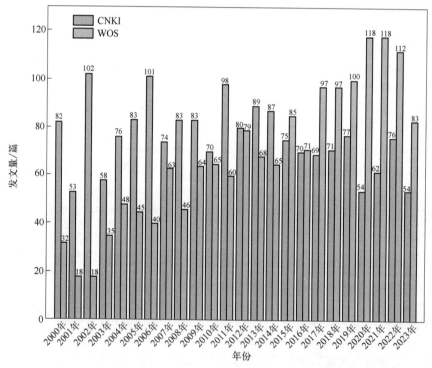

图 1-1-1　自 2000 年以来水力旋流器相关发文量统计结果（截至 2023 年 11 月）

二、水力旋流器热点关键词分析

1. 关键词频次分析

为统计水力旋流器相关领域的研究热点，以关键词作为搜索对象，运用 CiteSpace 软件对研究文献的关键词共现进行分析，得到2000到2022年水力旋流器关键词共现知识图谱。关键词的频率在一定程度上可以反映相关研究领域的热点。关键词出现的频次越高，它们在图谱中的字体显示会越大，节点也会越大，这有助于突出研究中的主要关注点和重要概念。关键词间的连线代表关键词共同出现在同一篇文献中，连线颜色代表出现时间。水力旋流器中文关键词共现知识图谱如图1-1-2（a）所示。由图1-1-2（a）可知，关键词节点数 $N =$ 535，连线数 $E = 839$，大部分关键词具有较为显著的共线性，节点最大的词为"数值模拟"，其次为"旋流器""分离效率""油水分离""分级效率"等。在此基础上，进一步筛选出高频关键词和高中心性关键词。在该分析中，中介中心性的大小代表其主导型地位和学术影响力，其中，中介中心性大于0.1可以视为具有主导型地位和学术影响力的关键节点。提取国内外关于水力旋流器研究出现频次前10的关键词和其中介中心性，其中"数值模拟"频次最高，中介中心性为0.3。水力旋流器英文关键词分析图谱如图1-1-2（b）所示，其中关键词节点数 $N = 688$，连线数 $E = 1100$。高频词为"flow""performance""separation""model""CFD"等词。其中，"flow"出现频次最高，"separation"和"simulation"中介中心性最高。结合关键词的出现频次与中介中心性分析结果，可以判断国内外对水力旋流器的研究热点主要集中在通过对水力旋流器的结构参数优化以及对其内部流场进行模拟分析，以提升其分离性能。目前，国内外对水力旋流器的研究大部分采用数值模拟及实验研究方法，在实验方面随着高速摄像技术的发展，可以实现流场内部离散相（也称分散相）运动行为的可视化分析，观测流场中离散相的运移及变形等动力学行为。如谢向东等通过高速摄像机对低含气率、常规尺度气泡的条件下气-液旋流分离过程开展了实验研究。Zeng利用高速摄像机跟踪了不同雷诺数和分流比条件下水力旋流器内单个气泡的运动，分析了入口气-液流量对分离性能及气泡运动过程的影响。Zou等利用高速摄像机和噪声分析仪对水力旋流器内气核的形态进行了实验研究。可见，高速摄像技术逐渐在水力旋流器的研究中发挥重要作用。

此外，通过以上分析可以看出数值模拟在近20年水力旋流器领域应用的广泛性。采用数值模拟对旋流场内流场流动特性、离散相运动轨迹及分离性能预测等进行分析仍是主流的研究方法之一。

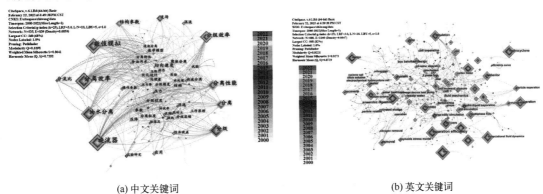

(a) 中文关键词　　　　　　　　　　　　　(b) 英文关键词

图 1-1-2　关键词分析

2. 关键词的聚类

在关键词共现知识图谱分析的基础上，使用"Log Likelihood Ratio（LLR）"算法对中文关键词群进行标识，选取标签为0～9的共10个聚类标

扫码看彩图

签，依次为"♯0 分流比""♯1 分级""♯2 旋流分离""♯3 旋流器""♯4 分离效率""♯5 经济效益""♯6 油水分离""♯7 分级效率""♯8 数值模拟""♯9 分级浓缩"，可得到如图 1-1-3（a）所示的关键词聚类结果。若聚类模块值（Q 值）超过 0.3，表明聚类结构较为显著。若聚类平均轮廓值（S 值）超过 0.5，则认为是比较合理的；若超过 0.7，则代表有较高的说服力。将提取对象设定为关键词，得出关键词的聚类模块值 Q=0.6398，聚类平均轮廓值 S=0.8641，表明了聚类图谱的可信度较好且具备可操作性与科学性。用相同方法得到国际期刊上关于水力旋流器英文关键词聚类结果如图 1-1-3（b）所示。选取序号前 10 的聚类标签，聚类图谱聚类模块值 Q 值为 0.8228，聚类平均轮廓值 S=0.9627。聚类标签分别为"♯0 computational fluid dynamics""♯1 cell separation""♯2 activated sludge""♯3 separation precision""♯4 oil-water separation""♯5 particle processing""♯6 numerical simulation""♯7 fractionation""♯8 water treatment""♯9 fish hook effect"。

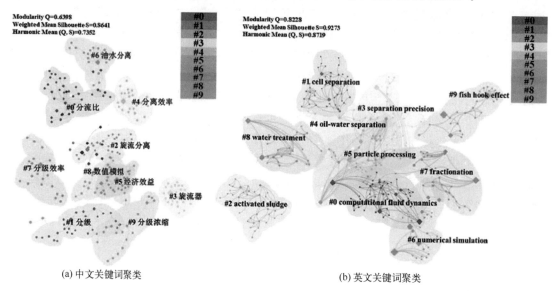

(a) 中文关键词聚类　　　　　　　　　　　(b) 英文关键词聚类

图 1-1-3　国内外关键词聚类

3. 关键词的突现

关键词突现是指在短时间内发表文章中出现频次极高的关键词，从关键词突现开始至突现结束形成红色横线标记，表明关键词在该研究领域的重要程度和被关注度。突现长度越长，说明该关键词热度持续时间越久，研究前沿性越强。得出关键词突现结果如图 1-1-4、图 1-1-5 所示。其中，中文关键词突现共显示了 11 个关键词，持续时间最久的关键词是"流场"（2004—2010 年），突现强度最高的关键词是"试验"。由图 1-1-4 可知，国内水力旋流器研究早期（2000—2003 年）的突现关键词为"试验""油水分离""液-液分离""湍流""配套工艺"，中期（2004—2010 年）的突现关键词为"流场"以及"旋流分离"，后期（2011—2022 年）突现关键词为"高岭土""磨矿分级""粗煤泥""浮选"。

依据上述内容，可大致将国内水力旋流器发展概括为 3 个主要阶段，分别为液-液分离研究阶段、流场分析及分离工艺研究阶段、固-液分离及颗粒分级阶段。在液-液分离研究阶段（2000—2002 年），水力旋流器研究主要集中在油水分离方向上，在这一时期，水力旋流器技术在我国油田引入时间较短，在现场应用中性能不稳定，这一时期的研究依旧属于探索性研究。在流场分析及分离工艺研究阶段（2002—2010 年），这一时期水力旋流器的研究已经有了一定的进展，工艺性和技术性都有了一定的突破。水力旋流器的现场应用及工艺设计以及理论研究都在不断发展。在固-液分离及颗粒分级阶段（2010—2022 年），水力旋流器的结构设计、现场应用、理论研究都日趋完善。尤其是重介质旋流器设计与制造均达到世界先进水平，在煤炭生产中取得了显著的成效。随着国家碳达峰和碳中和目标任务的提出，国内水力旋流器的研究正从自动化、信息化向着智能化方向迈进。

关键词突现

关键词	首次出现年份	突现强度	开始	结束	2000—2022
试验	2000	5.39	2000	2002	
油水分离	2000	3.67	2000	2003	
液-液分离	2000	3.23	2000	2002	
湍流	2002	3.35	2002	2006	
配套工艺	2002	3.23	2002	2004	
流场	2002	4	2004	2010	
旋流分离	2005	3.62	2005	2010	
高岭土	2011	4.09	2011	2013	
磨矿分级	2011	3.59	2011	2012	
粗煤泥	2011	3.28	2011	2015	
浮选	2002	4.59	2014	2017	

图 1-1-4 关于水力旋流器研究中文关键词突现

关键词突现

关键词	首次出现年份	突现强度	开始	结束	2000—2022
fine particle processing	2001	4.45	2001	2010	
model	2003	5.3	2003	2007	
computational fluid dynamics	2003	7.92	2004	2007	
shape	2004	5.91	2004	2010	
fluid	2004	4.54	2004	2009	
simulation	2004	5.23	2007	2010	
solid-liquid separation	2008	5.78	2008	2015	
prediction	2003	5.53	2009	2014	
numerical simulation	2003	4.8	2012	2012	
mini hydrocyclone	2016	4.7	2018	2020	
separation performance	2014	17.45	2019	2022	
diameter	2010	7.08	2019	2022	
numerical analysis	2016	6.33	2019	2022	
solid flow	2019	4.5	2019	2022	
flow field	2007	4.39	2020	2022	

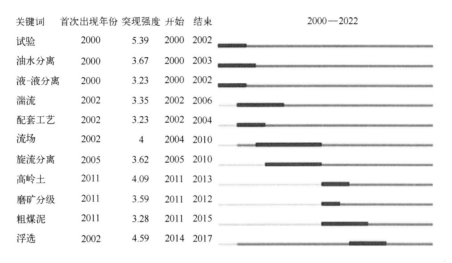

图 1-1-5 关于水力旋流器研究英文关键词突现

通过图 1-1-5 可以看出，英文关键词突现共显示了 15 个有效关键词，持续时间最久的关键词为"fine particle processing"（2001—2010 年），目前突现强度最高的是"separation performance"（17.45）。在外文期刊上，水力旋流器研究早期（2001—2007 年）突现关键词分别为"fine particle processing""model""computational fluid dynamics" "shape" "fluid""simulation"，从突现关键词来看，这一时期国际上的研究热点着重于水力旋流器的结构设计以及内部流场特性分析。中期（2008—2015 年）的突现关键词为"solid-liquid separation""prediction"，"numerical simulation"，这一时期固-液分离为研究的热点方向。后期（2016—2022 年）突现词分别为"mini hydrocyclone""separation performance""diameter""numerical analysis""solid flow""flow field"，这一时期固-液分离仍为热点研究方向，同时随着 3D 打印技术的不断发展，旋流器结构的小型化、微型化逐渐发展，微型旋流器的研究也是今后一段时间水力旋流器的热点方向之一。

三、基于可视化分析结果的发展过程分析

近几十年来，旋流分离技术已得到了突飞猛进的发展。通过二维及三维流场测试技术等方法，学者们进行了水力旋流器内部流场的测试，并分析了在连续相液体介质中离散相的受力状态。相对于液-液分离水力旋流器，固-液分离水力旋流器的研究更加深入，主要因为在连续相液体介质中固体颗粒的运动相对容易测定，也更容易进行计算。而液-液分离水力旋流器的理论研究起步较晚且研究难度较大，但在流场测试方面，液-液分离水力旋流器的切向速度、轴向速度、径向速度测定以及压力场分析、液滴受力分析等方面已有许多的研究。许多学者已根据离散相在液体介质中运动的基本原理，结合试验数据，整理出相应的数学模型，并能很好地预测水力旋流器的效率曲线。

此外，学者们对水力旋流器的操作特性进行了专门的研究，并根据研究结果提出了合理的应用场合，并带来了可观的经济效益。一些学者还研究了水力旋流器各部分的几何参数，并逐渐得出了多组合理的几何尺寸。随着优化理论的发展，也有一些研究借助机械系统优化理论及统计分析方法，构建了水力旋流器结构参数及特定结构条件下的操作参数与分离效率及压力损失等表征分离性能指标间的数学关系模型，借助优化算法进行特定范围内的全局寻优，通过最佳参数的精准预测进一步地提升了旋流分离性能。随着水力旋流器的飞速发展，其结构形式也逐渐趋于多样化，仅旋流器的入口结构就包括渐开线入口、矩形渐变入口、等截面入口、反螺旋入口、螺旋入口、导流叶片入口等多种形式，旋流腔结构又包括倒锥式、内衬式、嵌套式、串接式等，结构形式得到了极大丰富。

随着研究的逐步深入，水力旋流器逐渐与其他方法和技术相配合，进行复杂工况或具有较高精度要求的介质分离。如利用水力旋流器的分离特性与聚结器的聚结特性相结合提高微细颗粒或液滴的分离精度；利用化学物质的破乳性和水力旋流器组合，分离乳化严重的含油污水等。结合的方式也越来越趋于多样化，如磁旋耦合、电场与旋流场耦合等在工程中的应用范围也逐渐扩大，因此也诞生了多种结构形式的新型水力旋流器，旋流分离精度逐渐被提升，适用的介质及工况范围也逐步拓宽。

在水力旋流器的设计和制造领域，不断改进制造方法可提高其运行特性的准确性和精度。许多国家已经采用非金属材料来制造水力旋流器，以提高其力学性能和耐腐蚀性等能力。如工业陶瓷替代金属材料或与金属材料组合使用（加装陶瓷内衬），或采用注塑方法进行加工，降低水力旋流器的制造成本，增强其耐磨性，延长其使用寿命。此外，随着 3D 打印技术的发展，越来越多的可以提升旋流分离性能的复杂构件被相继提出，进一步提高了水力旋流器的适用性。

四、基于可视化分析结果的发展趋势展望

水力旋流器是当前背景下多相介质分离领域的热点议题，也是未来研究的热点。从文献时间分布来看，21世纪以来，水力旋流器的研究相对火热，年文献发表量持续增长。水力旋流器的研究中，高校与科研院所为发文主力，尤其是石油研究相关院校。水力旋流器的发展还需要更多企业或研究机构加入。从研究主题来看，领域内的主题分布范围较广；从频次来看，分离效率、污水处理、脱泥选矿、细胞分离等出现频率很高。随着更高要求的提出，水力旋流器的研究也应当更加深入和全面，向多产业交叉融合、多国家之间合作的方向转变，这将有助于旋流器的进一步发展。从主题词的演变来看，水力旋流器的研究趋势逐渐趋向小型化、精密化，固-液分离研究仍为今后一段时间内的研究热点。由于其独特的分离原理和结构特点，水力旋流器已成为一种特色的分离设备，在复杂工况下呈现出更强的适用性。特别是在石油工业领域，我国的主力油田均已进入高含水期甚至特高含水时期。"双碳"目标下，水力旋流器这种低能耗、高效率的分离装置显然已成为石油行业多相介质分离的首选设备。

可以预见，旋流分离技术在今后很长一段时期内仍然具有很大的研发及应用潜力。针对更多的复杂介质及工况条件，通过与新兴材料制备、加工制造、表面处理、场域耦合、流场测试等方面的技术相结合，进一步提升水力旋流器的分离精度及拓宽其应用范围，仍然是相关领域研究人员致力研究的主要方向。今后，水力旋流器必将更大程度地发挥出巨大的经济、环境及社会效益，在我国石油工业、市政环保等多个领域获得更广泛的应用。

第二节　旋流分离技术的特点

一、旋流分离技术的优点

水力旋流器之所以日益被更多的领域所重视并获得越来越广泛的应用，是因为它具有一般分离设备所不具备的优点。

（1）功能多

在固-液分离方面，它可用来净化液体，除去液体中的悬浮物及固体杂质，水力旋流器可以分离出微米级的悬浮物，这是最普遍的应用之一；它可以用于固体悬浮液的稠化，使其中固体悬浮物的含量达到较高的比例，如用在采矿工业中的选矿；它也可以冲洗固体，达到净化的目的；它还能按固体的密度及颗粒形状进行分类等。在液-液分离方面，可以用于两种不互溶液体介质的分离，如油水两相的分离，用于原油脱水或含油污水的净化处理等。此外，也可用于液体脱气、气体除尘等方面。目前已研制出多种一体化的旋流分离装备，实现气-液-固等三相介质一体化分离的水力旋流器，同时分离出液体中的气体及固体悬浮物。在气-固分离方面，除去气体中粉尘的旋风分离器已十分成熟并被广泛应用。动态水力旋流器还可用于介质黏度大、密度差小等难分离的场合，如油田聚合物驱采出液的分离、重油介质的分离等。多场耦合的水力旋流器可以借助磁场、电场或聚结场等实现特殊工况条件的多相介质深度分离与净化。

（2）结构简单

静态水力旋流器内部无任何需要定期维修或更换的易损件、运动件及密封件，一般通过

切向或轴向式的简单入口结构与管柱状的旋流腔结合，即可实现介质分离。无须滤料及化学试剂即可实现高效分离。现场安装时通过管线连接、阀门控制即可操作运行。动态水力旋流器尽管利用电机通过传送带或齿轮等带动外壳旋转，其结构也并不复杂，运转时无须反冲洗，可实现连续运行，而且在分离能力上具有明显的优势。

（3）分离高效

由于水力旋流器是利用带压流体进入旋流器后产生的离心力而进行两相介质离心分离的，其离心加速度是常规依靠重力作用的分离设备（如重力沉降罐等）所产生的重力加速度的几百倍，甚至上千倍，因而在相同时间内具有重力分离设备无法实现的分离能力及效率。

（4）设备体积小，安装方便，运行费用低

在处理量相同的前提下，水力旋流器的体积仅相当于常规重力、气浮等分离设备的 $1/40 \sim 1/10$ 左右，总重量不超过其他分离设备的 $1/100 \sim 1/30$。这对于设备安装受到空间及承载能力限制的诸如海洋平台、采油井筒、远洋船舶和土地使用面积十分宝贵的场合都有极其重要的意义。同时，由于重量轻，不需特殊的安装条件，只需管线连接即可运行。此外，水力旋流器的运行费用低，耗电量较其他装置可节省 $4\% \sim 5\%$。为设备提供 $0.1 \sim 0.5MPa$ 左右的入口压力即可保证水力旋流器正常工作。

（5）使用方便灵活

水力旋流器可以单台使用，也可以多台并联使用以加大处理量；通过两台或多台串联使用来增加处理精度。同时可针对不同的处理要求适当改变其结构形式及参数，从而达到更好的效果。

（6）处理工艺简单，运转连续

在运行参数确定后，水力旋流器即可长期稳定运行，管理方便，具有很高的社会效益与经济效益。另外，水力旋流器的运转过程是连续的，无须进行定期收料、反冲洗等操作，因此可以在不影响整体系统工艺运行的同时，很方便地将水力旋流器加装到某个需要分离的环节与前后工艺相配套使用。

值得指出的是，这种分离过程完全是在封闭的状态下完成的，净化后的液体和被分离介质均可由管路输送或加以回收，实现闭路循环，不产生二次污染，这对于系统工艺的连续运行及满足环保要求十分重要。

（7）可结合性强

随着水力旋流器的发展，其逐步面临着在更为苛刻的分离环境及更为复杂的介质环境下应用。一些研究及现场应用装备相继报道了利用电场、磁场、聚结场等方式与旋流分离场相结合以实现分离强化及复杂工况的多相介质分离。同样，化学法精分离与净化前端预分离的结合、过滤分离与旋流分离的结合、重力分离与旋流分离的结合等应用方式逐渐出现在大众的视野，借助水力旋流器的优势实现分离过程的强化、缩减分离时间、降低化学试剂用量等。水力旋流器较强的可结合性，很大程度上拓宽了其应用领域及范围。

二、旋流分离技术的缺点

任何一种分离技术、方法及设备都有其优越性及缺陷，水力旋流器也存在一些不足之处。

（1）对运行条件要求较高

即使结构形式及结构参数相同的水力旋流器，在不同工况下工作时，其分离特性及分离

性能也会有所不同。故需根据处理介质的性质、进料浓度、处理量、入口压力等操作参数对分离性能的影响，设计并确定合适的操作参数，以此保障水力旋流器具有较好的分离效果。例如水力旋流器的处理量并非越大越好，尤其在进行液-液分离时，入口流速必须控制在一定的范围内，入口流速过高会造成离散相介质的乳化等影响分离的不利状况。

（2）为不完全分离

即使水力旋流器可以做到高精度的分离，但不可避免的一点是，其分离仍为不完全分离，在分离出的物质中仍然会掺杂少量难以分离的离散相介质。在固-液分离中，切割粒径尺寸是设计的重要参数，在液-液分离中，分割值确定后，可分离的液滴直径也随之确定。小于此值的液滴则难以分离，特别是乳化严重的液体介质的分离难度更大。另外，水力旋流器的分离过程本身也会造成油水两相的进一步乳化。当然，分割值的大小可根据实际工艺的要求来确定，只要设计合理，尽管不能 100% 被分离，但也完全可以满足工艺所规定的要求。

（3）内部高速旋转运动对离散相液滴产生剪切破碎

水力旋流器内液体介质是在高速旋转所产生的离心力作用下进行分离的，高速旋转运动必然带来较大的剪切应力，这种剪切应力的存在会使絮凝体或聚结团块破裂，使油滴等被分离的液体破碎成更小的液滴，加大了分离的难度。所以，水力旋流器的液体入口流速并非越大越好，尤其在进行液-液分离时，入口流速必须控制在一定的范围内。

（4）高速旋转对旋流器内壁造成一定的磨损

水力旋流器通过混合介质的高速运动来进行旋流分离，因此水力旋流器的筒体、进料口等部件的磨损较快，且磨损带来的动力损失较大，直接影响水力旋流器的分离性能及使用寿命。如在用水力旋流器处理钻井泥浆时，坚硬的岩屑会极大地损伤水力旋流器内壁，这曾是水力旋流器使用中的一大难题。但采取相应的措施，如进出料口处镶铸衬套，可以大大减少磨损。

可见，尽管水力旋流器存在一定的缺点，其应用也受到某些条件的限制，但同时也具有许多其他分离设备所不具备的特点，是一种较为理想的分离设备。有的学者曾把它与生物处理法做了比较。虽然用细菌处理水中含油时有成本低、方法简单等优点，但它也受到诸多条件的限制，特别是受水的温度与原油密度等的影响较大。而且，它还会使大部分需处理的油无法回收。水力旋流器对温度的敏感性不大，又可对所处理的油进行回收。又如，在处理油田聚合物驱采出液时，水力旋流器可实现沉降、过滤等分离装置无法达到的快速分离效果，成为必备的分离设备。目前，水力旋流器的应用范围日益扩大，已在国民生产中发挥优势，产生巨大的经济效益和社会效益。

第三节　水力旋流器的结构及工作原理

一、固-液分离水力旋流器

固-液分离水力旋流器主要应用于采矿工业、废水处理、石油和化工等行业。自从 1891 年 Bretney 在美国申请了第一个旋流器专利后，旋流器在各个领域得到了很大的发展。1914 年，水力旋流器正式应用于磷肥的工业生产，20 世纪 30 年代后期，水力旋流器以商品的形式出现，主要是应用于纸浆水处理。而用于选煤行业则是从 40 年代前期，荷兰国家矿产部资助大型选煤厂和矿石处理方面的研究开始的。在五六十年代，许多研究者对水力旋流器做了大量的基础和应用研究，最具代表性的研究者之一 Kelsall 用不干扰流型的光学仪器测得了水力旋流器内流体的流型。在 70 年代，研究者提出了一系列的水力旋流器经验公式，用来描述在模仿工业条件的高浓度悬浮液下大型水力旋流器的操作性能。这一时期的研究几乎涉及了所有的结构参数和操作参数对水力旋流器的影响，能在高浓度及操作条件变化大的情况下预测其性能。进入 80 年代，随着其他学科的发展，对水力旋流器的研究主要采用宏观系统的观点，避开了水力旋流器中流体和颗粒行为的微观结构复杂性，把注意力放在宏观结构上。国内的一些研究者对水力旋流器的溢流管、底流管、锥段、柱段等结构参数对分离性能的影响都做了比较系统的研究，得出了一些普遍应用的公式。目前通过调节水力旋流器本身的结构参数来提高分离效率和精度，比如改变水力旋流器的不同结构形式及结构参数来满足不同物料的分离要求，成为提高固-液旋流分离性能的主流方式，同时随着研究手段及方法的不断丰富，通过引入第三相介质或引入其他场域来强化旋流分离过程逐渐成为新时期的研究热点。

由于全球能源、环保行业的迅猛发展，固-液旋流分离技术也取得了高速发展，广泛应用于各行业固-液体系的分离、分级与纯化，液体的澄清、除砂，固相颗粒洗涤、分级、分类，及两种非互溶液体的分离等作业。例如核工业中的铀分离与浓缩，尾矿库环境风险控制，油气开采，油品质量升级，城市污水中的微塑料去除，矿石开采与冶炼，化工生产，食品生产，制药、生物制品工艺，长江、黄河等河流泥沙治理，天然气水合物开采等。

1. 主要结构

用于固-液分离水力旋流器的基本结构如图 1-3-1 所示。第 Ⅰ 部分是旋流体，也是主体部分，通常是由上部的圆柱段与下部的圆锥段组成。圆柱段又称为旋流腔，液体从切向入口进入旋流腔内产生高速旋转的液流。旋流腔的直径 D 是水力旋流器的主直径，直径 D 的大小不但决定了水力旋流器的处理能力，而且也是确定其他参数的重要依据。旋流体长度 l 是旋流腔长度 l_1 和圆锥段长度 l_2 之和。圆锥段的锥角为 θ，其大小直接影响水力旋流器分离固体颗粒的能力。第 Ⅱ 部分是水力旋流器入口管，其直径用 d_i 表示。它位于旋流腔的切向位置。根据入口管数量不同，有单入口、双入口和多入口之分；根据入口进入方式不同，入口形式也分为涡线型、弧线型、渐开线型等，其目的主要是减少入口处液流的冲击，使液流更易于在旋流腔内形成高速旋转的涡流，从而使得旋流器内部具有更加稳定的流场；根据入口横截面形式可将旋流器分为圆形和矩形。当截面为非圆形状时，其入口直径 d_i 则是指其当量直径。第 Ⅲ 部分是水力旋流器溢流管，即低浓度液体介质出口（固体含量低）。它位于旋流腔顶部的中心处，其内径用 d_0 表示。溢流管伸入旋流腔的长度用 l_0 表示，其大小在不同结构设计中也采取了不一样的长度。部分旋流器将其设置为零，即溢流管与旋流腔顶部平齐，不伸入旋流腔内，然而通常情况下应将其伸入旋流腔内，以降低短路流对旋流器分离效率的影响。第 Ⅳ 部分是水力旋流器的底流管，即高浓度液体介质出口（固体含量高）。它位于圆锥段的下方，其内径用 d_u 表示，其直径与圆锥段小端直径相等。旋流体、溢流管和底流管位于同一轴线上，在制造上有较高的同轴度要求，以满足水力旋流器的分离性能需要。有时固-液分离水力旋流器根据实际情况可以不设置底流管。

在上述结构参数之中，主直径 D 和圆锥角 θ 两个参数最为重要。这是因为常规设计中入口直径 d_i、溢流管直径 d_0 和底流管直径 d_u 均与 D 成一定的比例关系，针对不同应用设计所选用的比例关系也不同，而旋流体长度 l 是由 D 和 θ 决定的。

2. 分离原理

固-液分离水力旋流器的分离原理如图 1-3-2 所示。当混合介质由切向入口进入旋流腔后，在旋流腔内高速旋转，产生强烈的涡流，在入口连续进液推动下，旋流腔内的液体边旋转边向下运动，其运动路径呈螺旋形。旋转的液体向下进入圆锥段后，旋流器的内径逐渐缩小，液体旋转速度相对加快。由于液体产生涡流运动时，沿径向的压力分布不等，轴线附近的压力趋于零，成为低压区，而在器壁附近处压力最高，从而使得轻质相介质向中心聚集。含固体颗粒的悬浮液在水力旋流器内旋转时，悬浮于液体中的固体颗粒及液体均受到了离心力的作用，但由于两相介质之间存在密度差，因而两相介质所受的离心力不同，轻质离散相（水及少部分颗粒）向轴线附近的低压区移动，聚集在轴线附近，边旋转边向上做螺旋运动，形成内旋流，最终从溢流口排出；当重质相的固体颗粒受到的离心力大于颗粒运动所承受的液体阻力时，固体颗粒将克服阻力作用向水力旋流器边壁移动，最终从底流口排出，达到与液体分开的目的。

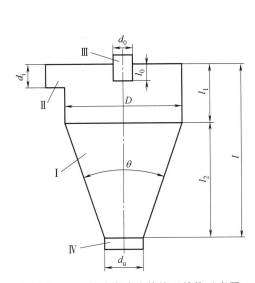

图 1-3-1　固-液分离水力旋流器结构示意图

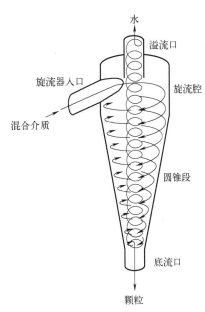

图 1-3-2　固-液分离水力旋流器原理示意图

二、液-液分离水力旋流器

20 世纪 90 年代初，液-液分离水力旋流器逐步传入我国，诸多研究院所和生产部门开始对其进行研究，其在国内迎来了发展的黄金时代。随着其高速的发展与应用，液-液旋流分离技术已经涉及了许多领域，除了常规的油田含油污水处理、原油开采、液化气脱胺等生产领域，还在化妆品生产以及医学干细胞分离等领域得到了应用。

1. 主要结构

液-液分离水力旋流器由 Martin Thew 教授率先提出，并研发了三段式和四段式水力旋流器（图 1-3-3），后经过 Yang、Hargreaves 和 Silvester、Wesson 和 Petty、Belaidi 等的改进和优化，水力旋流器的工作性能得到极大提升。目前，四段双锥式水力旋流器是最典型的结构形式，它设置有入口、溢流口和底流口 3 个通道，其中，入口是油水混合物进入水力旋流器的通道，一般采取切向入口的形式，如果内置有螺旋流道，则入口可以采用轴向进入；

溢流口是分离出的油和少量的水被举升到地面的通道，一般位于水力旋流器上端；底流口是分离出的水到回注层的通道，一般位于水力旋流器下端。水力旋流器的流体域是影响分离效果的关键因素，经过多年发展，双锥式内结构已经成为分离效果较好、应用范围较广的一种结构，其中大锥的主要作用是加速旋流场，提高油、水两相的离心力，小锥的主要作用是稳定流场，实现油、水两相的高效分离。其具有体积小、效率高、成本低、操作及维护方便等优点。

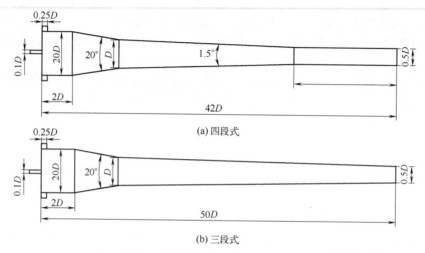

图 1-3-3　液-液分离水力旋流器结构示意图

2. 分离原理

液-液分离水力旋流器的工作原理示意如图 1-3-4 所示，水力旋流器工作时，油水混合介质由切向入口进入水力旋流器，并产生高速旋转流场，在离心力作用下，密度相对较大的水被甩到外侧，密度相对较小的油则聚集在水力旋流器轴心，从而实现油、水两相的分离。水力旋流器具有体积小、结构简单、分离时间短、效果好等优点，其整个分离过程只需要几秒。

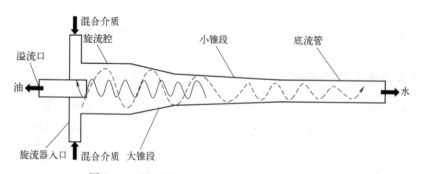

图 1-3-4　液-液分离水力旋流器工作原理示意图

三、气-液分离水力旋流器

气-液旋流分离技术始于 1855 年第一个气-液分离水力旋流器专利（John M. Finch，Dust Collector，US325521，1855 年）的问世，因其具备分离效率高、设备体积小、适合长周期运转等诸多优点，已经在诸多领域得到应用。气-液分离技术的发展大致经历了三个阶段，最早出现并大量使用的是传统的容器式分离器（立式或卧式）与容器式凝析液捕集器。经过几十年的发展，该项技术基本成熟。当时研究的重点是研制高效的内部填料以提高其气-液分离效率。容器式分离器仅仅依靠气-液密度差实现重力分离，需要较长的停留时间，因此容器式分离器体积大、笨重、投资高。但随着海上油气田的开采，传统的分离器已经难以适应现实的工况。进入 21 世纪以来，柱状气-液分离水力旋流器的出现有效地解决了大部分气-液分离的弊端，目前气-液旋流分离的介质逐步向介观以及微观方向发展。

1. 主要结构

切向式气-液分离水力旋流器结构主要包括进气管、柱锥段分离腔、溢流管、底流管以及其他一些特殊的结构部件，其整体结构与固-液分离水力旋流器类似，结构示意如图 1-3-5 所示。按照截面形状进气口可以分为圆形和矩形两种。圆形切向入口的旋流分离器大多数用在小型的采样旋风分离器中。相较于圆形进气口形状，矩形进气口的断面紧贴旋流器的柱段壁面，能消除引起进气短路的死区，使进气口处流体的湍动和扰动程度减弱。最早对这两种具有相同截面面积的进气口进行了比较，发现狭长形的矩形进气口（长边平行于旋流分离器轴线）能使分离效率得到明显改善。进气管的作用是将直线运动的气流在旋流器柱段进口处转变为圆周运动。通常的连接形式为切线形，然而这种形式的进气管局部能量损耗较大。除了切线形式外，还有渐开线、弧线、螺旋线、同心圆以及多管进料等多种形式。柱锥段主要作为旋流分离器的分离腔，其尺寸大小影响着旋流器中内部流场的强弱，进而对分离性能产生影响。其结构参数主要包括柱段直径（通常作为旋流器的公称直径）、柱段长度、锥段角度、锥段数量等。当柱段直径过小时，气流场在旋流器内湍动性强，不利于旋流器的分离；而柱段直径过大，离心场便会减弱，也会造成分离性能的降低。水力旋流器的长度亦是影响分离性能的关键尺寸之一。随着水力旋流器长度的增加，其压降会逐渐降低。长度增加会导致器壁的面积增加，对流体而言相当于施加了一个附加的摩擦力，摩擦力的增加会降低内旋涡的旋转速度，从而使气体进入溢流管后具有很高的静压，降低进口与溢流口之间的压降。底流口一般连接直段液封管，其对水力旋流器的分离性能也存在着影响。底流口尺寸减小时，底流气体分流比减小，返混现象严重，造成分离效率降低。底流口尺寸增大固然有利于提高分离性能，但超过限度亦会恶化其分离效果。

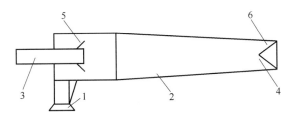

图 1-3-5 气-液分离水力旋流器结构示意图

1—进气管；2—柱锥段分离腔；3—溢流管；4—底流管；5—抗蠕动裙边；6—返混堆

2. 分离原理

气-液旋流分离的工作原理是基于不同密度差的气-液两相之间的离心沉降作用，见图 1-3-6（以气-液分离水力旋流器为例），含液气流沿切线从圆筒内壁高速进入，从而在分离腔内高速旋转产生离心力，使气流进一步增速形成螺旋态，当流场逐渐稳定之后，气流在分离腔的中心区聚结成气芯从气相出口排出；密度大的液滴则会在离心力、介质黏滞阻力、浮力、重力等力场的综合作用下，沿着圆筒边壁向液相出口沉降，从底流口排出。

四、气-固分离水力旋流器

气-固分离水力旋流器又称旋风分离器，至今已经有了一百多年的发展历史，并且随着基础科学理论的建立和发展，已经进行了相关理论知识的深入研究，并广泛应用于石油、化工、食品、造纸等行业。气-固分离水力旋流器的发展经过了大致三个阶段。

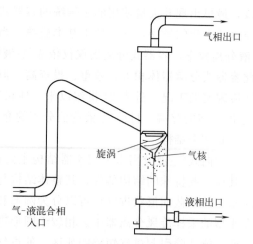

图 1-3-6　气-液旋流分离原理示意图

第一阶段是气-固分离水力旋流器自发使用阶段。始于 19 世纪 80 年代，一直延续到 20 世纪 30 年代，在该时期，将气-固分离水力旋流器的分离机理简单理解为离心力对颗粒作用的结果，对气体流动的规律未进行详细的研究。针对气-固分离水力旋流器内颗粒分离临界粒径的研究也仅仅达到 $40\sim60\mu m$，气-固分离水力旋流器内部两相流的运动规律更是缺乏系统的验证。

第二阶段是气-固分离水力旋流器的认知阶段，始于 20 世纪 20 年代，一直延续到 60 年代初。在此期间，人们通过应用实践认识到气-固分离水力旋流器内的流动规律远比想象的复杂，于是对气-固分离水力旋流器的两相流进行了科学研究与理论概括。最早的试验是由 Prockact 于 1928 年展开的，他对气-固分离水力旋流器内的流场进行了试验测量，发现气-固水力旋流器内的气-固分离两相流动是较为复杂的三维流动，开启了气-固分离水力旋流器的新纪元。40 年代初，Shepard 及 Lapple 就通过试验给出了气-固分离水力旋流器的压降及分离的极限粒径计算式，其压降计算首次考虑了气-固分离水力旋流器的形状及尺寸的影响，并在极限粒径计算式的推导中提出了著名的转圈理论。

第三阶段是超微颗粒的捕集阶段，该阶段始于 20 世纪 60 年代。这一段时期内，人们将重点放在了捕集超细颗粒上。利用量纲分析方法和相似理论，把气-固分离水力旋流器的各部分尺寸表示为以外筒直径 D 为基准的无量纲数群，并进一步把气-固分离水力旋流器的技术经济性能参数也组成无量纲准数进行评价。通过优选法综合技术经济指标，设计出最优化的气-固分离水力旋流器。

1. 主要结构

传统旋风分离器主要由进气管、圆柱段、圆锥段、底流管、溢流管、灰斗六部分组成，其结构如图 1-3-7 所示。气-固分离水力旋流器的主直径 D 是其他几何结构参数确定的依据，其对旋流器的处理量和分离精度影响较大。为了提高气-固分离水力旋流器分离精度以及处理量范围，大多学者采用串并联的方式来实现，但是这也不可避免地会造成加工难度以及成本的增加。

旋流腔的长度对气-固分离水力旋流器的分离性能也存在着较大影响。当旋流腔的长度加大，旋流器的可达到处理量范围明显加大，适当加长该段的长度有利于稳定内部的流场，但是旋流腔如果过长会导致介质的旋转速度下降，从而降低旋流器的分离性能。

旋流腔下端连接的圆锥段可以提高混合相介质旋转所需的能量，混合相介质经过旋流腔之后会发生能量损失，但到达圆锥段之后液体向下旋转，因径向尺寸不断变小，混合相介质会获得一定程度上的能量补偿，避免产生过大的能量损耗。

2. 分离原理

气-固水力旋流分离原理示意图如图 1-3-8 所示，当含粉料颗粒气体由进气管进入旋风分离器时，气流由于筒壁的约束作用将由直线运动转变成圆周运动，旋转气流的绝大部分沿器壁呈螺旋状向下朝锥体流动，通常称为外旋流。含粉料气体在旋转过程中产生离心力，将重度大于气体的颗粒运向器壁，颗粒一旦与器壁接触，便失去惯性力，靠入口流速产生的初始动量随外螺旋气流沿壁面下落，最终进入排尘管。旋转向下的外旋气流在到达圆锥体时，因圆锥体形状的收缩，根据旋转矩不变原理，其切向速度不断提高（不考虑壁面摩擦损失）。另外，外旋流旋转过程中使周边气流压力升高，在圆锥中心部位形成低压区，由于低压区的吸引，当气流到达锥体下端某一位置时，便向分离器中心靠拢，即以同样的旋转方向在旋风分离器内部，由下反转向上，继续做螺旋运动，称为内旋流。最后，气流经排气管排出分离器外，一小部分未被分离出来的物料颗粒也由此排出。气体中颗粒只要在气体旋转向上排出前能够碰到器壁，即可沿器壁滑落到排尘口，从而达到气-固分离的目的。

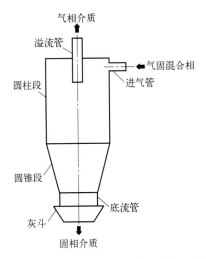

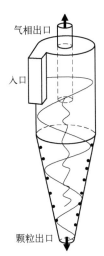

图 1-3-7 气-固分离水力旋流器结构示意图　　　　图 1-3-8 气-固水力旋流分离原理示意图

五、颗粒分级水力旋流器

1. 主要结构

颗粒分级水力旋流器的主要分离对象是由水和各种不同粒级或密度的固体物料组成的两相流体，所以其结构与固-液分离水力旋流器类似，一般通过多级串联形式以达到高效分离的目的。其可通过分离得到小于指定粒级固体物料的溢流和大于指定粒级固体物料的沉砂，即高密度的精矿（底流）和低密度的尾矿（溢流）。

以某厂无压给料三产品重介质旋流器为例（图 1-3-9），重介质旋流器以磁铁矿粉作为介质，在离心力的作用下把精煤、中煤、矸石分离，由两段旋流器串联而成，第一段外形为圆筒形，第二段外形为圆锥形。第一段底流口排出的中煤和矸石，经过一、二段的连通口进入第二段，在离心力的作用下中煤从二段中心管排出；矸石在外螺旋流推动下经另一端的切线口排出。因此，无压给料三产品重介质旋流器有着较宽的入洗粒度范围，对于范围在 $0\sim80mm$ 内粒度的煤料可有效分选至 $0.3mm$，而且无压给料三产品重介质旋流器有着较高的分选精度，能够有效降低矸石损失，提高精煤产率，对于精煤质量有着较高的保证。

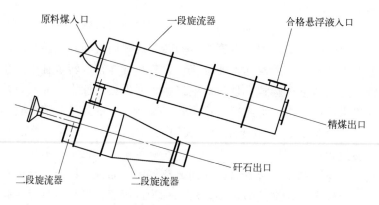

图 1-3-9 无压给料三产品重介质旋流器

2. 分离原理

颗粒分级水力旋流器主要是利用进入筛分器内部的两固相介质的密度不同，通过旋流，将相对密度较小的固相颗粒推至轴心处通过溢流口排出，将相对密度较大的固相颗粒运送至底流管，使其从底流口流出。例如，矿物工程专业中的分级、脱泥和重介质旋流器的选别作业等。就分级、脱泥作业而言，其分离粒度的范围是 $2 \sim 250 \mu m$。当旋流器同磨机构成闭路分级循环时，常用的选择原则一般为：溢流细度—200 目❶小于 65% 时，多用图 1-3-10（a）的一段一级流程；溢流细度—200 目大于 65% 时，多用图 1-3-10（b）的二段二级流程；除此之外，简化一段二级流程也可达到使溢流细度—200 目大于 65% 的目的，其流程如图 1-3-10（c）所示。

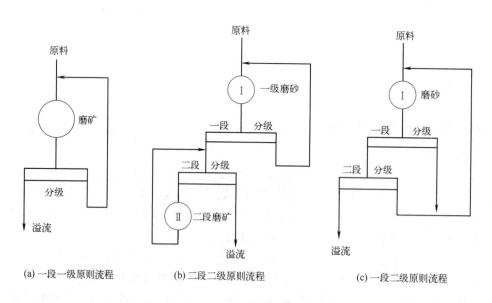

(a) 一段一级原则流程　　　(b) 二段二级原则流程　　　(c) 一段二级原则流程

图 1-3-10 分级、脱泥作业的多种工作方式

---

❶ 目，一般定义是在 1 英寸（1in＝2.54cm）长度中的筛孔数目，此处数字前"—"描述颗粒大小相对于筛网孔径的关系。

第四节　水力旋流器的分类

一、按分离介质分类

水力旋流器根据其内部分离的混合介质类型不同，可以分为如下几种：

① 固-液分离水力旋流器　用于分离由固相和液相组成的两相混合介质，从而得到纯净的液相和高浓度固相。在许多工业领域用于产品浓缩、污水澄清以及混合流体的净化等。

② 固-固分离水力旋流器　分离不同密度固体或者不同粒级固体组成的混合介质，从而得到高密度的精矿和低密度的尾矿。例如矿物工程中的分级、脱泥和选别作业等使用这种水力旋流器。

③ 液-液分离水力旋流器　分离密度不同并且互不相溶的两种液体组成的两相流体，从而得到纯净的两种不同密度的液体。例如石油领域的原油脱水、污水除油和轻油脱水等使用这种水力旋流器。

④ 气-液分离水力旋流器　分离气相中的液相或者分离液相中的气相，从而得到不含液体的高纯度气体或者不含气体的高纯度液体。例如原油脱气、天然气脱水等使用这种水力旋流器。

⑤ 气-固分离水力旋流器　分离气体和固体粉尘或不同粒级的固体组成的两相流体，从而得到纯净的空气和纯净的固体或不同粒级的两种固体。例如烟道气除尘和含有灰尘气体的净化等使用这种水力旋流器。

⑥ 气-液-固多相分离器　将三相密度不同的混合介质进行单独的分离，从而得到纯净的固、液、气三相介质。例如污水处理中复杂工况下多相介质的分离、原油开采中对采出液含气携砂条件进行处理等使用这种水力旋流器。

除此之外，随着社会的发展，气-液-液三相分离器、液-液-固三相分离器、油气水砂多相一体化水力器等多介质水力旋流器也逐渐出现在人们的视野，诸多学者也开始寻求利用串并联以及其他复合方式实现旋流器功能的多样化。

二、按结构特点分类

根据水力旋流器的结构是否有运动部件可分为静态水力旋流器和动态水力旋流器。

1. 静态水力旋流器

以液-液分离为例，常见的四段式（双锥式）静态水力旋流器结构如图 1-4-1 所示，内部无运动部件。双锥式水力旋流器主要包括柱段旋流腔、大锥段、小锥段、处理液切向入口、低密度介质流出的溢流管及高密度介质流出的底流管六部分。以双锥式水力旋流器为例，在其工作过程中，液流由切向入口进入，在旋流腔内部开始高速旋转，液流的高速旋转将促使具有密度差的不互溶介质间发生离心分离，使密度小的介质向轴心运动，而密度较大的介质则向壁面迁移，并最终由不同的出口排出，实现分离。水力旋流器内的液流流线大致呈螺旋形，且随着与入口距离的增大，促进离心分离的切向速度将迅速衰减。为了减缓这种切向速度衰减，保障分离精度，在距液流入口一段距离处布置了呈渐缩结构的大、小锥段，使液流沿轴向的过流截面积逐渐减小，迫使沿切向的单位面积内液流流量增多，从而增大切向速度，以此补偿切向速度衰减造成的能量损失。此外，部分类型水力旋流器为了提高分离效

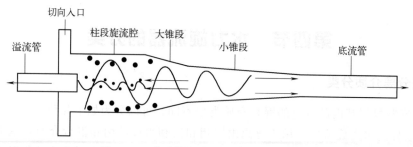

图 1-4-1 典型静态水力旋流器结构示意图

率，也采用多锥段式的结构设计。

2. 动态水力旋流器

常见的动态水力旋流器如图 1-4-2 所示，其内部有运动构件。动态水力旋流器有一个混合液入口和轻质相、重质相出口，主要的部件有：旋转筒、入口导向锥、进口叶片及导管、电机及传动带轮等。其工作原理是：在电机驱动和带轮传动下，旋转筒做高速旋转。待分离混合液自进口叶片及导管进入旋转筒，在旋流分离腔中，由于黏性剪切作用而产生高速旋流的强离心力场，由强离心力场的作用实现混合介质的分离。轻质相趋向轴心，并沿着轴心的轻质相出口（溢流出口）流出，重质相向筒壁外侧迁移，并从轴心线外侧的重质相出口（底流出口）流出。调节旋转筒的转速可改变旋流分离腔内的离心力场强度，从而满足混合液的不同分离质量要求。

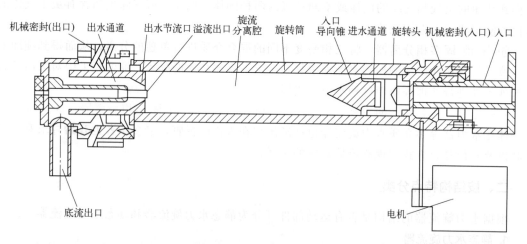

图 1-4-2 动态水力旋流器结构示意图

在不考虑能耗的条件下，动态水力旋流器相比于静态水力旋流器具有以下优点：

(1) 对处理量的变化更具灵活性

静态旋流器分离效率受其处理量变化的影响较大，只有在达到其额定处理量时才能有最佳的处理效果，处理量减少时，其效果明显下降。而动态水力旋流器可以在处理量范围较大的操作条件下运行，并且当处理量减小时，其分离效率反而提高。在处理量加大时，其分离效率稍有下降，表现出了更加强大的流量适应性。

(2) 可分离更细小的油滴

由于静态水力旋流器内液体运动与器壁的摩擦及在入口进液腔和大锥段内没有形成稳定的涡流运动，会出现紊流与循环流，这些干扰，一方面会引起液滴的破碎，另一方面会阻碍油滴向中心运动，影响分离效率。

动态水力旋流器较好地克服了这一缺点，仅在稳定锥及旋转筒壁上残留着摩擦力的作用，而且转动方向与液体运动方向一致，对旋流器运动影响很小。而液体旋转速度又可保持恒定，不随长度方向变化，因此形成的紊流很小。有人将它称为无紊流的旋流器，它可以将更细小的油滴分离出去。如静态水力旋流器很难将 $15\mu m$ 以下的油滴分离，而动态水力旋流器对 $10\mu m$ 的油滴仍有 75% 左右的分离效率。

三、按离散相介质浓度分类

以液-液分离水力旋流器一般应用为例，就油水分离用水力旋流器而言，还可分为脱油型和脱水型两种。脱油型用于处理水包油型乳状液，即油相体积只占油水混合液总体积 26% 以下的场合，来脱除混合介质中的油；而脱水型则正相反，用来处理油相体积分数超过 26% 的油水乳状液，这时的乳状液可能是油包水型，也可能是介于油包水型和水包油型之间的过渡状态。

对于脱油型水力旋流器，还可进一步划分为污水处理型及预分离型两种。污水处理型水力旋流器主要用来处理含油浓度小于 $20000mg/L$（近似相当于油相体积分数为 2%）的含油污水，这种水力旋流器在污水处理方面的应用有很大潜力。而预分离型水力旋流器则是用来处理油相体积分数在 $5\%\sim20\%$ 左右的油水混合介质，如可用作油井采出液（含水量为 $80\%\sim95\%$ 左右）的预处理。

四、按旋流器尺寸分类

按照水力旋流器直径大小的不同，水力旋流器可分为常规水力旋流器、小型水力旋流器及微型水力旋流器，然而，由于旋流器应用广泛，处理介质的性质对其主直径的要求不同，因此并没有一个准确的边界定义。通常将直径 $35mm$ 以上的水力旋流器称为常规水力旋流器，直径为 $15\sim35mm$ 的水力旋流器称为小型水力旋流器，直径小于 $15mm$ 的水力旋流器称为微型水力旋流器（也称为微旋流器）。随着主直径的减小，旋流器可分离的离散相边界粒度减小，微型旋流器可分离的边界粒度甚至可达 $2\sim5\mu m$。同时微型旋流器还可以对常规水力旋流器所不能涉及的领域进行拓展，如应用于化妆品的分级、微生物细胞的分离等。

五、按安装方式分类

按照不同的安装方式，水力旋流器可分为正装、倒装、斜装以及平装，如图 1-4-3 所示。

（1）正装

旋流器的轴线垂直于水平线，溢流口在上，底流口在下。分级、脱泥、浓缩、澄清和洗涤作业的旋流器多用正装，特别是单台用的旋流器。

（2）倒装

旋流器的轴线也垂直于水平线，但溢流口在下，底流口在上，同正装正好相反。选别作业中的重介质旋流器有时采用倒装。

（3）斜装

旋流器的轴线同水平线成某一角度。多台成组配置（特别是放射状配置）的旋流器或选别作业中的重质旋流器多采用斜装。

（4）平装

旋流器的轴线同水平线平行，处理纤维状浆体带有螺旋排矿装置的旋流器多采用平装，油水分离用的小型水力旋流器也多采用平装。

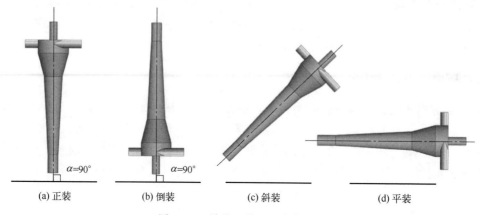

| (a) 正装 | (b) 倒装 | (c) 斜装 | (d) 平装 |

图 1-4-3　旋流器的不同安装方式

六、按分离场域特性分类

1. 磁场-旋流场耦合式水力旋流器

磁场与旋流场耦合分离的水力旋流器，简称磁旋耦合分离器，是利用旋流场的离心力和磁场辅助的作用来进行多相介质分离的设备。关于磁旋耦合分离的研究，最早始于 1963 年，B. B. Троцчкцй 开展了磁场旋流器和普通旋流器处理矿浆的试验研究。随着社会的发展，磁场强化分离的技术越发成熟，赵立新等人探索设计了一种在旋流场中添加磁芯的水力旋流器，其结构原理示意图如图 1-4-4 所示。在对油水混合液分离前，需在混合液中加入一定量密度和轻质油相相近的固体颗粒。磁芯未通电时油、水、磁性颗粒三相混合液通过双切向入口进入做螺旋运动，通电后，磁芯通过磁力带动磁性颗粒向中心运动，磁性颗粒在运动的过程中会携带或者推动油相向中心聚集，从而达到强化旋流分离性能的目的。

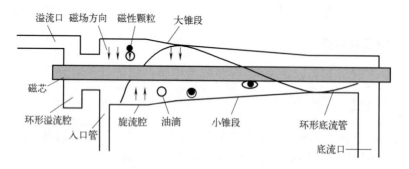

图 1-4-4　磁场-旋流场耦合式水力旋流器

2. 聚结场-旋流场耦合式水力旋流器

聚结场与旋流场耦合的水力旋流器主要是利用水力聚结器增大混合介质中的离散相粒径，以及对介质分布状态进行重构的方式，实现强化旋流分离器分离性能的目的。图 1-4-5 所示油水分离以聚结场-旋流场耦合式水力旋流器为例，均匀分布的油水两相混合介质由入口进入聚结器内部，在切向入口的作用下液流发生旋转运动。在聚结腔内由于油水两相间存在密度差，径向位置的轻质油相在离心力的作用下由边壁向轴心移动至聚结内芯表面，后贴近壁面旋转，在此过程中离散相油滴间轴向、径向及切向上均存在速度差，致使相互碰撞聚结，粒径由小变大，并沿着聚结器出口流入后端旋流器内。聚结器出口连接旋流分离器入口，从聚结器出口处流出的液流呈油相在内侧、水相在外侧的分布状态，致使聚结后粒径增大的油滴进入旋流器后距旋流器溢流口径向距离更小，进一步缩短分离时间，提高油水分离效率。

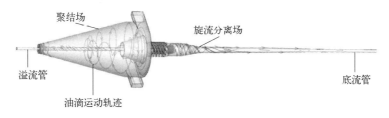

图 1-4-5 聚结场-旋流场耦合式水力旋流器

3. 电场-旋流场耦合式水力旋流器

电场-旋流场耦合式水力旋流器也被称作电旋流器，主要用于气-固及油水分离。例如，Pratarn 等人针对常规的水力旋流器，在旋流器的底部加入了一个除尘盒，除尘盒由电极、内部金属倒锥以及外部的金属圆筒组成，其结构原理示意图如图 1-4-6 所示。气-固两相通过入口进入水力旋流器内部进行旋流分离，轻质相气相向中心聚集，从溢流口流出，重质相固相会向边壁运动，从而顺着边壁由底流口流出。给中心处的内部金属倒锥施加正电极，外部的金属圆筒施加负电极以形成电场，固相颗粒在电场的作用下会更加迅速地向边壁运动，从而达到增强旋流器分离效率的目的。除此之外，相关学者对正负极的变化与电压、电流等参数的关系的研究推动了电旋流器的发展。

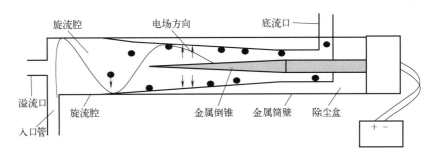

图 1-4-6 电场-旋流场耦合式水力旋流器示意图

4. 重力场-旋流场耦合式水力旋流器

重力场与旋流场耦合的水力旋流器主要是利用气体与液体密度差和重力作用共同实现强化旋流分离器分离性能的目的。图 1-4-7 所示为气-液分离以重力场-旋流场耦合式水力旋流器为例，气-液混合液由入口进入旋流器内部，流经叶轮，由直线运动转变为旋转运动，并产生离心力，经离心分离后气相聚集形成气芯，液相在气芯周围形成环形液膜。向上运动后，绝大部分液体沿内筒开孔段排出，大幅度降低对环形空间内液体振荡的干扰。气-液混合物进入重力分离腔后，环形液膜中的剩余液体在离心力的作用下沿内筒体的内壁被抛向四周，在重力的作用下，液相进入内筒体与外筒体之间的环腔内向下运动，气相继续向上运动。受振荡和气体携带的影响，部分液体会到达外筒体顶部，分离挡板可通过碰撞分离阻挡

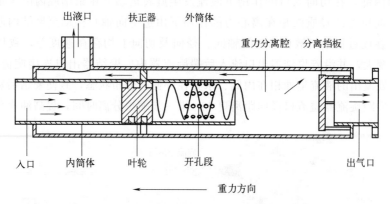

出液口 扶正器 外筒体 重力分离腔 分离挡板

入口 内筒体 叶轮 开孔段 出气口

重力方向

图 1-4-7 重力场-旋流场耦合式水力旋流器示意图

大部分到达分离器顶部的液体，防止其直接进入出气口。

第五节 水力旋流器分离性能评价方法

通常水力旋流器是用来分离两相介质的分离设备，其分离过程与其他许多工业上应用的分离设备一样，都是一种不完全分离。因而，必须引入分离效率这一概念来评定其分离性能。这里介绍几种常用的水力旋流器分离效率的表示方法。由于脱油处理中的净化相通常是底流，而在脱水处理中的净化相是溢流，所以两者分离效率的具体表达式略有不同，在此以脱油型水力旋流器为例进行讨论。

一、质量效率

总效率是从含油浓度降低的角度出发来评价分离效果的，它包括三个主要的效率概念。

若从净化角度出发，可将分离效率简单定义为溢流中所含油相的质量与水力旋流器入口油相总质量之比，称为质量效率，即

$$E_z = \frac{M_u}{M_i} \tag{1-5-1}$$

式中 M_u——溢流中油的质量；

M_i——入口液流中油的质量；

E_z——质量效率。

水力旋流器是连续运行的，因此进料的总质量应等于两种出口物料的质量之和，即

$$M_i = M_u + M_d \tag{1-5-2}$$

式中，M_d 为底流中油的质量。

因而质量效率 E_z 可由三股物流（进料、溢流和底流）中任意两股进行计算。这就给出了质量效率测定时的三个可能的液流组合。如果水力旋流器入口及出口流量及含油浓度（质量浓度）分别是 Q_i、Q_d、Q_u 和 C_i、C_d、C_u，分流比为 F，则质量效率可进一步写成

$$E_z = \frac{M_u}{M_i} = \frac{Q_u C_u}{Q_i C_i} = \frac{Q_i C_i - Q_d C_d}{Q_i C_i} = 1 - \frac{Q_d C_d}{Q_i C_i} = 1 - (1-F)\frac{C_d}{C_i} \tag{1-5-3}$$

将含油浓度 C 变为油相体积分数 n（%），该公式同样适用。下面通过一个例子来加以说明。

【例 1-5-1】 已知一脱油型水力旋流器入口含油浓度 C_i 为 1000mg/L，净化水含油浓度 C_d 为 50mg/L，分流比 F 为 5%，试求此水力旋流器的质量效率。

解：

$$E_z = 1 - (1-F)\frac{C_d}{C_i} = 1 - 0.95 \times \frac{50}{1000} = 95.25\%$$

从公式（1-5-3）可以看出，质量效率不但与含油浓度有关，还与分流比的大小有关，即该质量效率计算中包含了分流的部分，因此用它来衡量水力旋流器的效率具有一定的片面性。因为假设水力旋流器没有任何分离作用，即进口与两出口的浓度均相同，只起到分流器的作用，则水力旋流器的分离效率应等于零，但此时按该式计算的分离效率 E_z 为

$$E_z = 1 - (1-F) = F$$

即此时的效率等于分流比 F。这说明用式（1-5-3）表示水力旋流器的净化效果是不完全的。尤其当分流比较大时，质量效率 E_z 与水力旋流器实际的分离效果偏差较大。

二、简化效率

如果仅希望考察其分离效果，需将分流造成的影响消除掉，从而引入应用最为广泛的水力旋流器的简化效率 E_j。

简化效率的表达式为

$$E_j = \frac{E_z - F}{1 - F} \tag{1-5-4}$$

简化效率 E_j 满足了效率定义的基本要求，因为当没有分离效果（即 $E_z = F$）时，简化效率 E_j 为零，而当完全分离（即 $E_z = 1$）时，简化效率 E_j 为 1。

将质量效率表达式（1-5-3）代入简化效率表达式（1-5-4），得

$$E_j = 1 - \frac{C_d}{C_i} = 1 - \frac{n_d}{n_i} \tag{1-5-5}$$

该式可很好地表达出水力旋流器的实际处理效果，也是最为常用的水力旋流器效率的表达式。

【例 1-5-2】 计算例 1-5-5 中水力旋流器的简化效率。

解：

$$E_j = 1 - \frac{C_d}{C_i} = 1 - \frac{50}{1000} = 95\%$$

但简化效率没有考虑分流比对分离效果的影响，例如有两台水力旋流器，入口含油浓度、出口含油浓度、处理量等其他条件都一样时，分流比应当越小越好，所以为综合考虑这一因素，需进一步引入综合效率的概念。

三、综合效率

1980 年，Thew 等人提出了液-液分离水力旋流器综合效率的表达式，即

$$E = \frac{Q_d}{Q_i}\left(\frac{1-n_d}{1-n_i} - \frac{n_d}{n_i}\right) = (1-F)\frac{1}{1-n_i}E_j = (1-F)KE_j \tag{1-5-6}$$

式中　K——仅与入口油相体积分数有关的常数，等于 $\frac{1}{1-n_i}$；

n_i，n_d——水力旋流器入口及底流油相体积分数，%。

可见，它由简化效率、分流比及入口油相体积分数三者决定。一般说来，只有 $F > n_i$ 时才有可能将水中含的油尽可能去除掉，所以 $E < E_j$。在其他条件一致的情况下，分流比越大，综合效率 E 越小，这就修正了简化效率 E_j 表达式中不包含分流比这一因素的缺陷。

【例 1-5-3】 一台预分离水力旋流器，入口油相体积分数为 15%。分流比为 20% 时，净化水油相体积分数为 2000×10^{-6}；分流比为 25% 时，净化水油相体积分数为 1000×10^{-6}。试对比两种情况下水力旋流器的简化效率和综合效率的大小。

解：分流比 $F = 20\%$ 时，简化效率 $E_j = 1 - \dfrac{n_d}{n_i} = 1 - \dfrac{0.002}{0.15} = 98.67\%$，综合效率 $E = (1-F)\dfrac{1}{1-n_i}E_j = (1-0.20) \times \dfrac{1}{1-0.15} \times 0.9867 = 92.87\%$。

分流比 $F = 25\%$ 时，简化效率 $E_j = 1 - \dfrac{0.001}{0.15} = 99.33\%$，综合效率 $E = (1-0.25) \times \dfrac{1}{1-0.15} \times 0.9933 = 87.64\%$。

可见，分流比加大后，尽管净化水油相体积分数有所下降，但综合效率却也随之降低。因此，在实际应用时，不能一味追求获得低的底流油相体积分数，应考虑综合效率的大小，即在满足净化水处理指标要求的前提下，应尽量降低水力旋流器操作的分流比。

四、级效率

从设备设计和物料衡算的角度来说，总效率是基础，但是上述所有效率定义都存在着相同的缺陷，即对于任一具体的水力旋流器，其效率都没有考虑进料的粒径分布，因此用它们作为评定水力旋流器分离性能的标准还是不够的。因此，有必要引入级效率的概念。级效率概念是在固相分级中首先提出的，目前这一概念在固-液分离中得到了广泛应用。它对于液-液分离水力旋流器也同样适用，并且习惯上把它称为迁移率，在本书中称其为级效率。首先来看一下固-液分离水力旋流器级效率的定义。

进料中粒度为 x_i 的颗粒被分离下来的质量分数叫作级效率 $E_g(x_i)$。级效率随颗粒粒度的变化而变化，级效率与粒度的对应关系曲线叫作级效率曲线。在以颗粒或液滴的动力学为分离原理的水力旋流器中，颗粒或液滴一方面受到与 x^3 成正比的离心力作用，另一方面还受到与 x^2 成正比的各种阻力的作用，级效率曲线一般呈 S 形，图 1-5-1 是典型的固-液分离水力旋流器的级效率曲线。

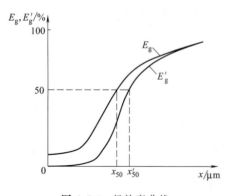

图 1-5-1 级效率曲线

级效率值具有概率特性。当仅有粒度为 x 的颗粒进入时，它可能被分离掉，也可能随流体离开该分离设备，因此级效率可以是 100% 或 0。当有两个粒度相同的颗粒进入时，级效率可以是 100%、50% 或 0，这取决于分离设备所分离下来的颗粒是一个、两个，还是没有。当具有相同粒度的颗粒进入分离设备时，所分离的颗粒数将达到某一概率值。

级效率具有这种概率特性是由于分离设备的进

料口和出料口的尺寸有限，分离设备中不同点的分离条件不尽相同，此外，液体的扰动会使颗粒产生破碎等，这些因素都影响着分离过程。

五、其他分离效率

除了上述分离效率计算方法之外，还有一些其他的分离性能计算方法，以固-液旋流器分离效率的评定方法为例，其可以按处理过程大致分为两类：图示法和计算法。

图示法是根据旋流器的效率曲线（分配率曲线）的形状来评定其分离过程进行的完善程度，它具有直观、形象和不受物料粒度组成限制的特点，但处理过程比较复杂而且无公认的定量标准。计算法是根据旋流器分离过程中的产物质量测定结果，运用目前公认的效率计算式的计算值来评定其分离过程进行的完善程度，它具有处理过程简便和定量概念确切的特点，但当产物质量用计算粒级含量作计算成分时，计算粒级的选定必须慎重考虑。

图示法分析处理过程复杂、有局限性，而计算法既能反映分离过程的量效率，又能反映分离过程的质效率，从而适应各种分离过程的设备性能、工艺参数和管理水平等技术比较。由于含砂工况的复杂多样，计算法的运用非常广泛。

近年来，根据固-液分离不同的含砂工况，相应的综合效率计算式被提出。

(1) 线性函数式 $[E_a f(\beta)]$——一类式

第一类综合效率计算式（一类式）中的汉考克式在我国选矿界影响较大，应用也比较普遍。现以汉考克式为基准介绍其基本形式、不同条件下的表达形式和在实际应用过程中必须注意的问题。

汉考克综合效率计算式是 1918 年汉考克（R. T. Hancock）首先提出，在不同的条件下有不同的表达形式。

就分级、脱泥、浓缩和澄清作业而言，可以采用如下表达式：

$$E_{汉} = \frac{(\alpha - \theta)(\beta - \alpha)}{\alpha(\beta - \theta)(100 - \alpha)} \times 100\% \qquad (1\text{-}5\text{-}7)$$

式中　$E_{汉}$——分级、脱泥等效率，%；

　　　α——给矿中计算级别含量，%；

　　　β——溢流中计算级别含量，%；

　　　θ——沉砂中计算级别含量，%。

就选别作业而言，式（1-5-7）原则上可以使用，但式中的 α、β、θ 等指标应为相应产物中有用矿物的含量，而不是元素或化合物的含量。

(2) 平方函数式 $[E_a f(\beta^2)]$——二类式

第二类综合效率计算式（二类式）是把分离过程中的质效率和量效率的乘积作为综合效率，在第二类综合效率计算式中，最常见的是弗莱明-史蒂文斯（M. G. Fleming-S. B. Stevens）式。就分级、脱泥、浓缩和澄清作业而言，弗莱明-史蒂文斯式的形式为

$$E_{弗\text{-}史} = \frac{\gamma\beta}{\alpha}\left(\frac{\beta - \alpha}{\beta_m - \alpha}\right) \times 100\% = \frac{\beta(\alpha - \theta)(\beta - \alpha)}{\alpha(\beta - \theta)(100 - \alpha)} \times 100\% \qquad (1\text{-}5\text{-}8)$$

就选别作业而言，弗莱明-史蒂文斯式的形式为

$$E'_{弗\text{-}史} = \frac{\gamma\beta}{\alpha}\left(\frac{\beta - \alpha}{\beta_m - \alpha}\right) \times 100\% = \frac{\beta(\alpha - \theta)(\beta - \alpha)}{\alpha(\beta - \theta)(\beta_m - \alpha)} \times 100\% \qquad (1\text{-}5\text{-}9)$$

将弗莱明-史蒂文斯式和汉考克式相比可以看出，弗莱明-史蒂文斯式比汉考克式多乘了

一个精矿品位 β，亦即它强调了精矿质量技术指标。

综合上述效率计算式可以看出：

一类式：对分级、脱泥、浓缩和澄清作业而言，因其产物质量是指特定粒级含量，而理想产物的质量达 100%，故可直接采用汉考克综合效率计算式来评定或计算旋流器的分离效率。对选别作业而言，因其产物质量指元素或化合物的含量，不是纯矿物，而理想的产物质量是纯矿物品位 (β_m)，故必须将产物的化验品位换算成矿物含量后，方能使用汉考克综合效率计算式来评定或计算旋流器的分离效率，例如重介质旋流器的选别作业等。

二类式：同一类式的主要差别就在于强调了产物的质量指标，就常见的弗莱明-史蒂文斯式而言，比一类式多乘了一个 β。

目前就分级、脱泥、浓缩和澄清等作业而言，这两类方法都很实用，可以应对大部分含砂工况。

六、压力降

由于水力旋流器具有两个出口，因此压力降 Δp 包括两个含义。设水力旋流器入口压力为 p_i，底流压力为 p_d，溢流压力为 p_u，那么底流压力降

$$\Delta p_d = p_i - p_d \tag{1-5-10}$$

溢流压力降

$$\Delta p_u = p_i - p_u \tag{1-5-11}$$

对于脱油型水力旋流器，底流将排出大量液体，因此 Δp_d 比较重要，更能代表液体流经水力旋流器所损失的能量的大小。介质在水力旋流器内的分离过程是依靠压力的损失来获取所需能量的，所以，在处理量相同的前提下，如果能获得一样的分离效果，压力降越低越好。在实际操作中，可以通过调节溢流和底流口径的大小来适当加以改变。而对于脱水型水力旋流器和固-液分离水力旋流器，溢流排出大量液体，故 Δp_u 更为重要。

七、压降比

水力旋流器的压降比 p_r 是指溢流压力降与底流压力降之比，即

$$p_r = \frac{\Delta p_u}{\Delta p_d} \tag{1-5-12}$$

初步研究表明，压降比的大小受溢流管直径 D_u 及分流比 F 等因素的影响，但与处理量 Q_i 无关。压降比的合理确定将有利于水力旋流器分离性能的充分发挥，对水力旋流器的实际应用也是非常有益的。

第六节　旋流分离器分离特性的影响因素

一、入口流量特性

作为分离设备，必然要对一定流量的混合液体进行处理。对于特定结构的水力旋流器而言，其最佳流量范围是基本不变的，即存在一个最佳处理量区。它可以通过试验加以确定。试验装置及简要流程如图 1-6-1 所示。

该装置中有一个水箱和一个油箱，用来分别容纳两种介质。通过主泵（离心泵即可）抽

吸蓄水槽中的液体进入主流程，利用往复计量泵将油注入到主泵附近（可以采用泵前注油或泵后注油的方式来控制混合液乳化程度的大小），与水混合配制成油水混合液，其浓度的大小由两者流量的比例关系加以控制。总流量通过浮子式流量计显示，油量则利用往复计量泵的刻度进行调节。经水力旋流器处理后的水排放到下水管线中，油则回到油箱以便重复利用。在水力旋流器的进、出口均安装有阀门和压力表，通过阀门调节控制其流量、分流比（溢流出口处的流量计可以显示溢流流量）及压力的大小。当然，图 1-6-1 中所示装置还可实现两级水力旋流器的并联及串联运行。在进、出口还分别安装有取样阀门，用来进行取样分析。为了更好地配制油水混合液，使其混合均匀，最好再安装一个静态混合器。

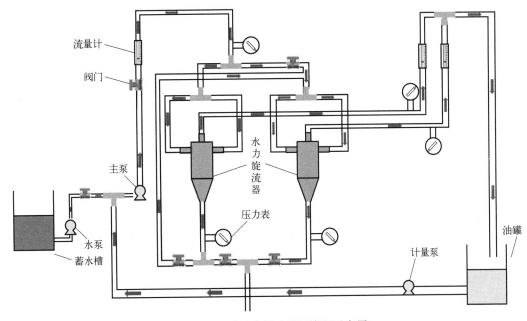

图 1-6-1 试验装置及简要流程示意图

由于原油凝固点比较高，在室温下一般处于凝固状态，因此在室内试验时通常采用机油进行模拟。图 1-6-2 为采用密度为 $0.885g/cm^3$ 的机油、入口含油浓度在 1000mg/L 以下、分流比为 5% 时对设计处理量为 $6m^3/h$ 的水力旋流器进行试验的流量-效率曲线。图 1-6-2 中绘有两条曲线，一条是入口流量 Q_i 与底流水出口含油浓度 C_d 之间的关系，另外一条是入口流量与分离效率 E_j 之间的关系曲线。可以看出，当入口流量 Q_i 小于一定数值时（图中是在 $3m^3/h$ 以下），底

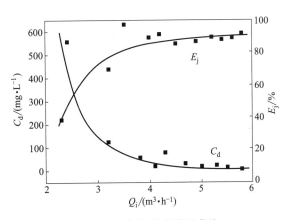

图 1-6-2 流量-效率关系曲线

流出口含油浓度较高，为 150mg/L 以上，分离效率仅有 70% 左右。显然，这是由于流量过低，液体在水力旋流器内部没有形成旋转速度足够高的涡流，只有粒度较大的油滴能够从混合液中分离出来，而许多小油滴则未能与水分离。在流量 Q_i 逐渐加大时，水力旋流器的分

离效率 E_j 逐渐提高，水中含油浓度也逐渐减少。当入口流量达到 $5m^3/h$ 时，底流水中的含油浓度只有 $50mg/L$，此时的分离效率达到了 95%。这时通过透明的有机玻璃样机用肉眼即可看到在水力旋流器轴心处存在一个非常明显的稳定的油核，该油核从小锥段一直到溢流口处，细而笔直。在流量为 $5\sim6m^3/h$ 时，分离效率最高。当超过 $6m^3/h$ 时，效率有所波动，且稍有下降的趋势。

有关学者都对此做了解释，即当流量过高时，由于液体在水力旋流器内部的旋转速度加快，使离散相油滴受到了过大的剪切应力的作用而发生破碎，粒径减小，使混合液的乳化程度加大，不利于分离，因此分离效率下降。

另外，液体在水力旋流器内部的运动除周向的旋转运动以外，还存在其他方向的附加干扰和搅动，流量过大会使搅动加剧，破坏水力旋流器内部流场的稳定性。因此说，对于一个固定结构的水力旋流器，在处理某一种混合液体介质时，存在一个最佳的处理量范围，可通过试验加以确定。为了使其在正常工作时能获得稳定的工作状态，该最佳处理量范围应该越宽越好。

同时，由于 $Q_i = A_i v_i$（A_i 为入口截面积大小，v_i 为入口液体流速），因此入口流量的大小决定了入口流速的大小，为了获得最佳处理效果，将入口流量控制在一定的范围内也就是控制入口流速的大小。

二、压力变化特性

水力旋流器的结构尺寸确定后，在给定液体介质的情况下，入口流量与压力降（压降）之间的关系也就基本确定了。由于常规应用中分流比一般在 10% 以下，因此分流比对压力降曲线影响不大，通常可以忽略。

水力旋流器的结构尺寸确定后，在给定的液体介质下，体积流量与静压力降的关系就确定了。也就是说，入口流量 Q_i 与压力降 Δp 这两个变量是互相依存的，压力降的增加必然导致流量的增加。在讨论压力降时，一般无须考虑动压力，即不必考虑流体的速度影响，而把水力旋流器作为一个分离设备整体，直接测出其两端的压力。压力降的大小即液体通过水力旋流器能量损失的大小，在水力旋流器中介质的分离是以压力降为代价的。

学者分析研究表明，水力旋流器压力降随着流量的增加急剧加大，成如下关系：

$$\Delta p_d = kQ_i^n \tag{1-6-1}$$

式中　k——与水力旋流器结构相关的试验常数；

　　　n——试验常数，一般为 $2\sim2.4$，许多试验结果都满足这一比例关系。

1. 压力降分布规律研究

根据水力旋流器的分离原理可以了解到，旋流分离是利用不同介质的密度差而进行离心分离的，重质相（如水）沿水力旋流器内壁向下由底流口排出，轻质相（如油）则反向溢流口排出。在整个分离过程中，锥体段（尤其是小锥体段）为主要的分离段，尾管段主要起稳定流场的作用。水力旋流器内部形成由准自由涡和准强制涡构成的组合涡结构，因此要想实现旋流分离，必须有一定的压力损耗，即水力旋流器是利用压力的消耗来换取分离所需能量的。但这容易产生一个理解上的误区，认为水力旋流器的压力降越大，分离效果越好。而事实上，水力旋流器消耗的全部压力降并非都是必要损失，同时在另一方面，根据现有的实践经验发现水力旋流器的应用往往又受到其压力降的限制，即过大的压力降不利于水力旋流器的推广应用，因此迫切需要降低水力旋流器不必要的压力降。但降低这部分压力降是否会影响到分离效果呢？有效压力降即换取油水两相分离所必须消耗的能量，哪些是无效压力降呢？为了摸清这些问题，有必要对水力旋流器的压力降情况进行了分段测定研究，找出其分布规律及节能降耗的有效途径。

将现有结构的 38mm 水力旋流器的入口与旋流腔的连接处以及圆柱尾管段与小锥体段的交界处分别安装一个精密压力计，同时利用水力旋流器入口前及底流管处的已有压力计（如图 1-6-3 所示，其中：p_i 为入口压力，p_d 为底流口压力，p_x 为旋流腔处压力，p_w 为尾管起始处压力），对水力旋流器的压力降分布情况进行分段测试。由于压力计均与旋流器的管壁相连，管壁处液体流速可基本认为是零，因此测得压力可以近似反映出各点处静压的大小，进而反映出其压力降分布的真实情况。

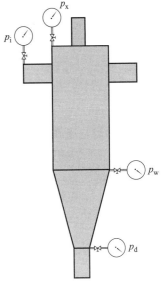

图 1-6-3 水力旋流器压力计安装位置示意图

水力旋流器内总体压力降随流量增加而急剧升高，在设计处理量（6m³/h）下，达到 0.232MPa。拟合得其关系式为

$$\Delta p_d = 0.00474 Q_i^{2.1726} \tag{1-6-2}$$

可见，完全符合式（1-6-1）的基本规律。

图 1-6-4 为各段压力降所占比例随入口流量的变化关系曲线。可以看出，各段压力降所占比例相对保持恒定。

其中，入口段压力降 Δp_{xw} 基本不随入口流量变化，始终占总体损失的近 40%。旋流腔及锥体段的压力损失 Δp_{tx} 稍微随入口流量的升高而增加，底流圆柱尾管段压力损失 Δp_{wd} 则基本相反。同时可以注意到，旋流腔及锥体段压力降所占比例最大，大多在 50% 以上，即有效压力降比例大；另一方面，底流尾管段压力降比例最小，这是人们所希望的。以前有一种看法，认为尾管段是一个细长管柱，流速又较快，液体流经此段时的压力降也就比较大。此次试验所得结论与此不同。因此可以适当加大尾管长度，以更好地起到稳定旋流场的作用。

由前面的分析可知，总体压力降当中有近 40% 被入口管消耗，而这部分消耗对整个分离过程又是无益的，相反却起到再次乳化的作用，因此应当适当改变入口管的结构或入口管与旋流腔连接处的尺寸，以降低这一部分压力

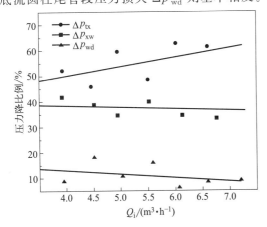

图 1-6-4 各段压力降比例与入口流量的关系曲线

降的大小，同时降低水力旋流器总体压力损耗。当然，这应当避免水力旋流器分离效率的大幅度下降。

为此，对一个非金属材料水力旋流器（额定流量 4m³/h）进行了低含油污水的脱油处理试验。分别加工了 4 种不同入口尺寸（入口横截面积不同）的入口管，对总体压力降及额定流量下的分离效果进行了测试。测试结果如表 1-6-1 所示。

表 1-6-1 中：$A_1 < A_2 < A_3 < A_4$。

可见，加大入口截面尺寸后，能有效地降低水力旋流器总体压力降的大小，同时并未降

低水力旋流器的分离效率。这将有利于水力旋流器的低压运行，对水力旋流器的推广应用有很大的指导意义。

表 1-6-1 不同入口管尺寸对总体压力降及分离效率的影响

入口横截面积/mm²	总体压力降/MPa	分离效率/%
A_1	0.44	98.4
A_2	0.39	98.5
A_3	0.34	98.2
A_4	0.30	98.3

2. 压力降与底流背压的关系

在现场实际应用过程中，由于水力旋流器后续工艺的要求不同，底流压力也随之不同，那么随着底流压力的加大，水力旋流器的整体压力降是否会增加呢？为此，可以对三种不同锥角组合的水力旋流器进行专门的实验研究。实验中，保持水力旋流器的入口流量不变，调节底流口阀门和溢流口阀门的开启程度，使分流比 F 保持在 10%。随着底流口压力的加大，溢流口压力和入口压力也随之升高，计算出了每种结构水力旋流器压力降的大小。

从不同锥角结构参数的水力旋流器的压力降与底流背压的关系研究中了解到，如果水力旋流器的入口流量和分流比保持不变，当底流背压升高时，入口压力、溢流口压力也随之升高，但底流压力降和溢流压力降基本不变。也就是说，入口压力、底流口压力和溢流口压力的高低不影响水力旋流器本身压力降的大小。

3. 压降比特性研究

在研究水力旋流器的压力特性时，还有一个必须提到的参数，即压降比 p_r，它在很多的情况下对于液-液分离水力旋流器是否具有应用前途起着决定性的作用，是间接与压力降和压力相联系的一个重要参数。对于固-液分离，可通过增大入口压力来提高旋流分离效率；但对于液-液分离则不然，入口压力过高会使入口流速过快，液滴（如油滴）破碎，增大分离的难度；另外，油田现场使用要求尽量减少额外的动力消耗，通常给定的来液压力很低，因此，这就要尽量减少旋流器本身的能量损失，使水力旋流器溢流口剩余一定的压力，来保证污油的排出；底流口要有一定的压力，使水力旋流器能与后续装置相配套。可见，研究水力旋流器的压降比对水力旋流器的应用尤为重要。

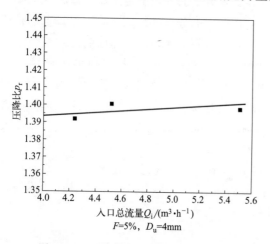

图 1-6-5 压降比与入口总流量的关系

(1) 压降比 p_r 与入口总流量 Q_i 的关系

图 1-6-5 为溢流口直径 D_u 及分流比 F 不变时（$D_u=4mm$，$F=5\%$），p_r 与 Q_i 的关系曲线，拟合关系式为

$$p_r=1.372+0.008Q_i \qquad (1-6-3)$$

其拟合误差为 3%。

由式（1-6-3）可知，其拟合直线的斜率只有 0.008，非常接近于零。即当 Q_i 改变时，旋流器的 p_r 值基本不变。

对于固定的 Q_i，脱油型水力旋流器的 Δp_d 是不变的，所以可以根据给定的 Q_i、p_i 及特定旋流器在此 F 和 D_u 时的 p_r 值计算出

p_u，以便在实际应用中先估计出溢流口所剩压力的大小，考虑其排油所需的压力情况。

（2）**压降比 p_r 与分流比 F 的关系**

图 1-6-6 为溢流口直径 D_u 和入口流量 Q_i 一定时压降比与分流比的关系曲线，其拟合关系式为

$$p_r = 0.659 + 0.13F \qquad (1\text{-}6\text{-}4)$$

其拟合误差更小，只有 0.9%。也就是说，在结构不变时，水力旋流器的压降比随着分流比的增加而加大。这是因为要增大分流比就必须开启溢流管路上的阀门，这就势必使溢流压力下降，使溢流压差上升，压降比增大。

显然，如果分流比加大会提高压降比的数值，使溢流压力下降，不利于水力旋流器溢流口污油的排出。

（3）**压降比 p_r 与溢流口直径 D_u 的关系**

图 1-6-7 为分流比不变时水力旋流器的压降比 p_r 与溢流口直径 D_u 的拟合关系曲线。

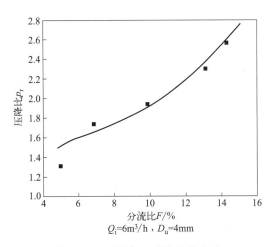

图 1-6-6 压降比与分流比的关系

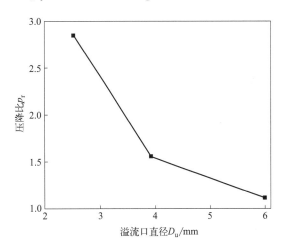

图 1-6-7 压降比与溢流口直径的关系

可以看出，在分流比不变时，压降比随着溢流口直径的加大而降低。这样，可以通过调节溢流口直径的大小来降低分流比，提高溢流口处的压力，以利于污油的排出。

对于不同浓度混合液的液-液分离，可以通过适当改变分流比来适应浓度的变化，同时适当改变溢流口直径的大小来调节压降比的数值。

在实验过程中还对水力旋流器大、小锥角变化对压降比的影响进行了研究。

（4）**小锥角变化对压降比的影响**

图 1-6-8 是大锥角为 $20°$，小锥角分别为 $1.5°$、$2°$、$2.5°$ 的三种水力旋流器的压降比-分流比实验曲线，从图中可以看出，小锥角对曲线的起点位置影响较大，小锥角越大，起点越向右移，即压降比增大。但三条曲线的斜率基本相同。

通过前面的分析可以知道，当小锥角变大时，溢流和底流的压力降都增加，如果入口压力一定，则溢流压力和底流压力将降低，由于压降比变大，所以溢流压力降增大得更多，溢流压力将降得很低。在现场实际生产工艺中，为了使后续处理工艺能够正常进行，要求溢流和底流必须保持一定的压力，因此为保证这一要求，当小锥角变大时，就必须提高入口压力，这就使系统压力提高。

（5）大锥角变化对压降比的影响

图 1-6-9 是小锥角为 1.5°，大锥角分别为 15° 和 20° 的两种水力旋流器的压降比-分流比实验曲线图。从图中可以看出，两条曲线的起点大致相同，但大锥角 20° 的曲线的变化率略大于 15° 的变化率。这表明，大锥角越大，分流比对压力的变化越敏感，也就易于通过调节压力的大小来控制水力旋流器的分流比。

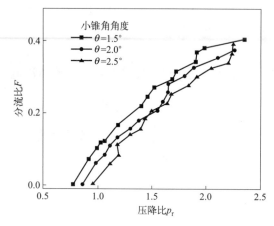

图 1-6-8 小锥角变化对压降比的影响

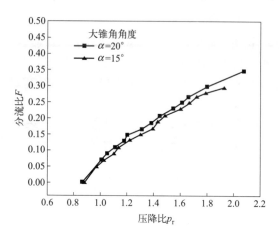

图 1-6-9 大锥角变化对压降比的影响

三、分流比变化特性

分流比 F 是水力旋流器的一个重要操作参数，它反映水力旋流器两出口之间流量的分配关系，对于常规的脱油型水力旋流器而言，分流比 F 通常是指其溢流量与总流量之比。

单纯从净化的角度考虑，分流比加大时有利于产品的净化，即水力旋流器的总效率会有所提高。图 1-6-10 所示为不同分流比下，水力旋流器的简化效率 E_{j} 与流量 Q_{i} 的关系曲线。试验是在图 1-6-1 所示的实验台上进行的，试验用水力旋流器的规格也如前所述。试验时，入口含油浓度控制在 700mg/L 左右，分流比分别为 2%、5% 和 8%。从图 1-6-10 可以看出，当入口流量较低时，随着分流比的加大，分离效率有所提高。但当流量进一步加大后，三种分流比下的效率差越来越小。流量达到设计处理量附近时，三者基本没有差别了。这就清楚地说明，分流比 F 只要选取恰当，再设计处理量就可达到较好的分离效果，一味加大分流比是不必要的。

如果考虑分流比 F 对综合效率 E 的影响，即综合效率 E 与分流比 F 的关系，情况就会有所不同。图 1-6-11 是将上述试验结果整理成综合效率 E 与分流比 F 的关系曲线。从曲线图上可以看出，对同一水力旋流器进行同一试验，分流比 F 改变时，其综合效率 E 与简化效率 E_{j} 有所不同。从效率计算公式可知，其他条件相同时，F 越大，E 越小。从图 1-6-11 也可以看出，在设计处理量附近，分流比 F 大的，综合效率 E 就低。如果单纯从净化角度考虑，不顾及被分离的介质与净化液体的排出量的比例，可以只根据净化结果（即 E_{j}）来选择分流比 F。但大多数场合下，不允许排放过多的废液，因此，必须考虑综合效率 E 来确定合理的分流比 F 的大小。

从上面的分析可以看出，分流比 F 的合理选择十分重要。大多数的分离过程既希望某种介质分离后十分纯净，又不希望另一种排出液（所谓废液）的量过大。如油水混合液分离后，一方面希望得到较纯净的油或较纯净的水，但也不希望另外排出较多的油水混合液废液，

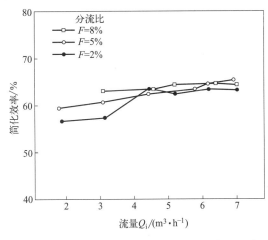

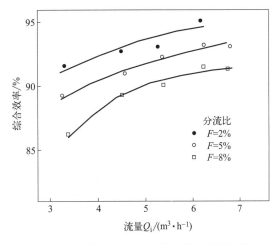

图 1-6-10　分流比对水力旋流器简化效率的影响　　　　图 1-6-11　分流比对水力旋流器综合效率的影响

否则，这部分液体仍需再处理。例如一般油田的污水处理站要求净化后的水中含油浓度小于 20mg/L，用水力旋流器进行油、水分离时，底流出口得到的净化水可以达到这一要求。但若不考虑旋流器的分流比，而选用过大的 F 值，那么溢流口排出的液体中就会仍含有大量的水（可能只有少量的油），这部分液体就需要经过再处理。溢流口排泄量越大，需要再处理的含油污水越多，综合效益也就降低。

分流比 F 的合理选择，应根据入口油相体积分数 n_i 确定。前面已提到过，最好使 $F = n_i$，而使理想的分离效率 $E_{ideal} = 100\%$。当然，这几乎是无法达到的。在固-液分离时，底流出口不可能全是固体，否则会使出口堵塞，一般底流出口中固体含量不能超过 $45\% \sim 50\%$（体积分数）。因此人们可以根据这一要求（如 $n_d = 45\%$），合理定出分流比 F 的大小。

液-液分离的情况要复杂些，可以分两种情况讨论，即针对脱油型和脱水型两种水力旋流器进行分析。

在离散相较连续相介质的密度大（如油中含一定量水）时，采用脱水型水力旋流器，往往希望轻质连续相（如油）的损失最小，而较重的离散相（如水）尽量从连续相中分离出，并通过底流口排走。为使水力旋流器有效运行，这种情况下应确定（水出口）分流比 $F = 1.10n_w$ 左右（n_w 为入口处水的体积分数），可保持分离效率 E 在 $95\% \sim 97\%$ 之间，而溢流口排出的油中含水量可小于 0.2%。

脱油型水力旋流器为液-液分离的另一种情况，离散相较连续相介质密度小（如水中含少量的油），这时往往需要从底流排出的连续相介质能尽可能得到净化，即水中尽量不含油，而对溢流口中轻质相含量的要求可相对放宽，达到尽可能少含连续相介质即可。如上述提到的油田污水处理站处理含油污水时，对净化后的水有明确的指标要求，但对被分离出的油中含水量并没有明确规定。从水力旋流器作为分离设备的要求来讲，当然也应该使分流比 F 与入口含离散相介质的体积分数 n_i 尽可能接近，以提高其总分离效率。问题是，有时离散相的体积分数较小，常常会小于 1%。例如，油田污水处理站处理的含油污水中，有时含油量仅为 1000×10^{-6}，即油相体积分数为 0.1% 左右。这种情况下若使 $F = n_i$，会使分离十分困难，而势必要加大分流比 F，而使 $F > n_i$。我们对此类问题做了专门的实验研究，目的是找出分离低体积分数离散相液体介质时合理的分流比 F。一般情况下，当离散相介质体积分数小于 1% 时，分流比也只能控制在 $2\% \sim 5\%$ 之间。分流比小于 2% 时，旋流器运行十分困难。对于预分离水力旋流器，通常采用的分流比 F 大小为 $(1.2\sim1.3)n_i$。

四、结构参数的影响

水力旋流器结构虽然比较简单，但几何参数的微小变化会对其分离特性产生极大的影响，因此有必要了解主要几何结构对水力旋流器分离特性的影响情况。

1. 水力旋流器主直径的影响

水力旋流器的主直径 D 是旋流器其他大多数几何结构参数确定的依据，它直接影响水力旋流器的处理量和分离精度，不能依靠简单地利用几何相似准则制造大尺寸的单体旋流器来获得与小尺寸旋流器同样的分离效率。Plitt 早在 1976 年就针对固-液分离水力旋流器提出了主直径 D 与分离效率为 50% 时可分离颗粒粒径 x_{50} 之间的关系

$$x_{50}\propto D^{1.18} \tag{1-6-5}$$

因此从一定意义上说，主直径越小的旋流器，分离精度越高，分离效率也越高，但在达到预期处理能力时需要并联的个数也越多，同时加工制造难度也越大。因此，在设计过程中可以根据实际需要来设计合适尺寸的旋流器，以在获得预期分离效果的同时减少单体旋流器的个数，降低加工难度，降低设备成本。

2. 溢流管伸入长度的影响

早期的固-液分离水力旋流器是没有溢流管的，溢流是通过水力旋流器旋流腔顶部的孔排放出去的，在旋流腔段由于存在由入口进入的液流和向上反向溢流口运动的液流，因此流场相对紊乱。如果溢流管与旋流腔顶部平齐，则会使部分未经分离的液流通过溢流口排出，而影响中心部位向上运动的溢流的正常排出，降低分离效率。在设计时通常是将其伸入长度定为与入口管内孔轴向长度尺寸相一致。

3. 锥角大小的影响

图 1-6-12 是小锥角为 1.5°，大锥角分别为 15°、20° 和 30° 的三种液-液分离水力旋流器在固定分流比条件下，分离效率随入口流量变化的曲线图。

根据以前的研究可以知道，对于每一种水力旋流器都有一个最佳的处理量，在该流量下液-液分离水力旋流器的分离效率达到最高，入口流量无论是低于该流量还是高于该流量时，水力旋流器的分离效率都要有所下降。从图 1-6-12 中可以看出，三条效率曲线基本交织在一起，表明三种水力旋流器的分离效率没有明显的不同，但是三种旋流器的最佳处理量却不同。大锥角 $\alpha=30°$ 的旋流器的最佳处理量约为 $2.2\text{m}^3/\text{h}$，$\alpha=20°$ 旋流器的最佳处理量约为 $2.6\text{m}^3/\text{h}$，而 $\alpha=15°$ 旋流器的最佳处理量约为 $2.8\text{m}^3/\text{h}$。因此可以看出，这三种水力旋流器的大锥角越大，最佳处理量越低。综上，根据图 1-6-12 可以得出这样的结论：大锥角在 15°~30° 之间变化时，并不对分离效率造成太大的影响，但对其最佳处理量的影响却比较明显。其最佳处理量随着大锥角的变大而降低。同时，在此范围内，大锥角越大，入口流量的适应范围越宽，更有利于实际应用。

图 1-6-13 是大锥角为 20°，小锥角分别为 1.5°、2° 和 2.5° 的三种液-液分离水力旋流器的分离效率曲线图。实验发现，小锥角为 1.5° 的液-液分离水力旋流器的分离效率明显低于其他两种液-液分离水力旋流器。

4. 旋流腔长度的影响

旋流腔的长度对水力旋流器的分离效率也有较大的影响。试验中发现（如图 1-6-14 和图 1-6-15 所示），其长度加大以后，旋流器的入口流量明显加大，最佳处理量有所增加。同

时，相对于标准结构而言，最佳处理量时的压力降增加；而在设计处理量下的压力降有所下降，这是由于旋流器内部容积增大所造成的。

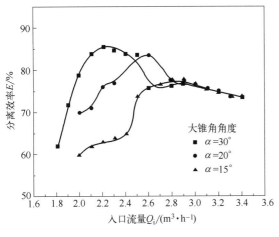

图 1-6-12 水力旋流器大锥角变化对
分离效率的影响

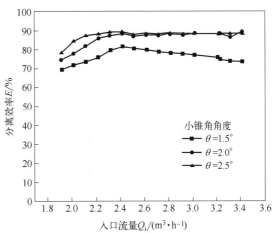

图 1-6-13 水力旋流器小锥角
变化对分离效率的影响

因为旋流腔段为液体进入水力旋流器的第一段，且同时存在切向进入的液流、周向旋转的液流和反向溢流口运动的液流，因此其流场紊乱程度比较严重。适当加大该段的长度对于稳定旋流腔内部流场，同时进一步稳定锥段这一主要的分离段起到了一定的作用。但如果过长，则会明显降低液流的旋转强度，不利于水力旋流器对两相介质的分离。

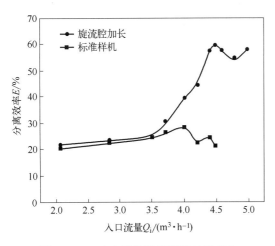

图 1-6-14 水力旋流器旋流腔长度变化
对分离效率的影响

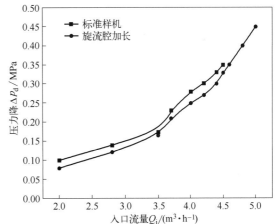

图 1-6-15 水力旋流器旋流腔长度对
压力降的影响

5. 尾管段长度的影响

尾管段是位于水力旋流器最下方的圆柱部分。在液-液分离水力旋流器中，少量的液体从溢流口排出，而大量的液体都是从底流排出的，所以尾管段长度是影响液-液分离水力旋流器性能的一个重要的参数。它影响水力旋流器的总体长度、压力降及分离效果的好坏。图 1-6-16 是在不改变其他参数的情况下，用油水混合液对三种不同的尾管段长度进行试验研究的结果。

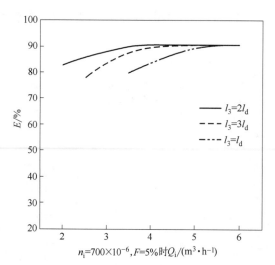

图 1-6-16　尾管段长度与分离效率之间的关系曲线

由曲线可以看出，尾管段长度 l_3 为 $2l_d$（l_d 为试验时采用的基本长度）时，分离效果最好。这说明在一定的范围内，尾管段长度增加使分离效率提高。长度过小，会使一部分已分离到核心的轻质相尚未沿轴向反向朝溢流口运动，就随底流净化后的液体一起排出；但当尾管段长度达到 $3l_d$ 时，效率有所下降，这是由于其增加了液体在水力旋流器内的紊流程度，反而减弱了分离的效果。因此，对于特定结构的水力旋流器存在最佳的尾管段长度。

6. 锥段长度的影响

在常规水力旋流器的标准结构设计当中，两锥段各自的大小半径之间都是 2 倍的比例关系，即 $D_1 = 2D = 4D_d$（D_1 为旋流器主直径，D 为大锥段小端直径，D_d 为底流管直径）。所谓加大锥段的长度就是在保证锥角不变的情况下，改变各段之间的这一比例关系。我们在试验中，分别做了大锥段延长和小锥段延长两种试验。发现同旋流腔延长类似，旋流器的最佳处理量都有所加大，最佳处理量下的压力降与标准结构的最佳处理量情况相比有所上升，这也是由于流量加大造成的。同时还发现在大锥段延长后明显提高了水力旋流器的分离效率。但由于这些试验是初步的，因此如果下结论说延长旋流器各段长度有利于加大旋流器最佳处理量、提高水力旋流器分离效率未免有些草率。这方面的工作还需进一步研究。不过，有一点是肯定的，即 Martin Thew 等人提出的水力旋流器的标准结构并非万能的，针对不同的介质、不同的工作条件，所需要的最佳结构会有所不同。

五、其他影响因素

1. 絮凝剂等的影响

在固体颗粒或液滴悬浮液中，加入絮凝剂或表面活性剂，以生成絮状物或团块，减少颗粒或液滴移动阻力能否有助于提高水力旋流器的分离性能是一个有争议的问题。传统的观念认为，水力旋流器中流体运动中高的剪切应力会破坏所有松散的絮状物或团块，因此加入絮凝剂只是一种浪费。但有些学者的实验却得出了不同的结论。

Svarovsky 等人用一些天然的絮凝物质进行试验时发现，某些絮状物可以经受剪切力，并在级效率曲线上表现出一个峰值。某些细颗粒通过团块作用，分离效率大为提高，并在某一种颗粒尺寸上出现最高值。有些文献上给出的证据是矛盾的，比如认为流体中的剪应力足以机械地使含固体悬浮液中的絮凝体部分或全部破坏，但同时又认为絮凝作用会使分离效率提高。Haas 测出了沉淀后的二氧化铁比按颗粒大小分析进行预测的分离效率更高，他认为这是由于沉淀时的团块作用造成的。

Dabir 等人进行了另一项有趣的研究工作，关于阻力减少剂对分离效率的影响。他们用一台 10mm 直径的水力旋流器分离水中含 2% 质量分数的高岭土。试验时在管道中加入高分子聚合物，结果有效地减少了管道中液体的流动阻力，减少了旋流器的能量损失。所加入的聚合物为聚丙烯酰胺或丙烯酸。他们的理论根据是：分离效率受紊流破裂现象的影响，即被分离颗粒的输送是由于紊流边界层周期性地破裂造成的。但试验结果没能得出准确的结论，有时分离效率提高，有时分离效率下降。他们认为这可能由两个因素决定：①聚合物在管道中是否发生机械裂解；②加入聚合物后液体的雷诺数值。

总之，絮凝剂和其他化学试剂在水力旋流器分离中的作用，似乎无法定量地说明。在其他分离方法中有效的化学试剂，在旋流器内高剪应力作用下可能失去效力。这是一个需要进一步研究的课题。

2. 空气核的影响

水力旋流器操作中轴线附近是一个低压带，因而沿其轴线常伴随出现一个直径很细的空气柱，称之为"气核"。气核的存在主要是由以下两方面因素造成的：一个是底流或溢流口通向大气，使空气进入轴线附近的低压带；另一个是原来溶于液体中的气体在低压下释放出来形成气核。实验证明，气核可通过控制两个出口的回压。

对于气核的存在对水力旋流器操作性能的影响，人们的认识尚不统一。大多数人认为，气核的出现是水力旋流器运转稳定的标志，但并不等于说不存在气核时，水力旋流器操作就不稳定。至于气核对分离效率的影响，目前还没有什么定量的分析说明。在工作中我们发现，液-液分离时溢流口的直径如果较小（例如只有几毫米），气核的直径不能太大，否则会影响分离效果。此外我们还发现，当水力旋流器运转正常、分离效果好时，气核成为沿轴心一条细而笔直的线。而旋流器内部加工不精确、运转不正常时，气核就会出现弯曲，呈波浪形，而且直径变粗。有的学者认为，气核的直径与操作者无关，这只是理论研究上或某些应用场合下感兴趣的问题。但它毕竟是水力旋流器运转中的一种现象，适当加以研究，了解它的作用还是必要的。

总的来说，空气核的存在虽然在水力旋流器的运转中并不是重要的影响因素，而且可以通过改变两个出口的压力加以控制，但也不是不必注意的问题，某些特殊情况下它会直接反映旋流器的运转是否正常。目前对它的研究还不够深入。

3. 磨损与腐蚀的影响

水力旋流器的磨损与腐蚀是其性能的一个重要方面，许多旋流器的失效是由于过度磨损与严重腐蚀使内壁受到严重损伤造成的。如处理钻井泥浆岩屑的旋流器，常常由于受到岩屑的严重磨损而损坏。旋流器的磨损与腐蚀的扩展受到它的材料与制造、设计结构、操作、安装方式等因素的影响。

液-液分离时，旋流器一般不会出现磨损问题，主要液体的腐蚀作用，除注意选择适当的防腐材料制造水力旋流器外，也要考虑其安装问题。在不运转情况下，长期水平放置时，残存在旋流器内的液体会使其内部严重腐蚀而分离性能大大下降。

固-液分离时，磨损就成为主要问题。用于钻井液净化的旋流除砂器在工作过程中，钻井液携带固体杂质以极高的速度进入水力旋流器，并沿着筒器运动。在离心力的作用下，固体杂质紧靠器壁，加剧了对水力旋流器的磨损，在降低水力旋流器使用寿命的同时使内壁变得粗糙，出现凹痕（如图1-6-17所示），破坏内部流场分布规律，影响水力旋流器的分离效果。为此，人们多使用新型材料，如高铬铸铁、工业陶瓷及聚氨酯等材料，具有很好的耐磨损、耐腐蚀性能。

从理论上分析，引起水力旋流器内壁磨损的主导因素是流速极高的切向液流。固-液分离水力旋流器正是依靠沿内壁高速旋转的液流的离心力作用分离出固体杂质的。根据离心分离原理得知，固体颗粒对旋流器内壁的压力（离心力）与速度的平方成正比，因此，造成水力旋流器磨损的主要因素是摩擦力，切向速度越大的部位，正压力越大，摩擦力也就越大，磨损越严重。由此可见，降低内壁的摩擦系数也是延长使用寿命、提高分离效率的主要途径。

图 1-6-17　水力旋流器磨损后的情况

固体颗粒的性质（包括颗粒的硬度、密度、形状、大小等）对磨损有相当大的影响。磨损情况受速度的影响最大，高速液体通过旋流器，意味着相对大的流量和压力降，旋流器在低压下工作要相对好些。所以，处理高压、高浓度时往往用串联的旋流器，减少每级的压力降，同时减少第二级的浓度。这样不但提高了分离效率，也减少了磨损。速度比旋流器直径对磨损的影响要大，在选择水力旋流器时，为达到所需的切割尺寸，推荐使用小直径水力旋流器在低压下运行，以延长使用寿命。

不能把提高壁厚作为延长使用寿命的办法，因为厚壁水力旋流器使用后期即使未发生穿孔现象，其内壁也已严重磨损，使分离性能极大降低。应当采用耐磨涂层等方式加以解决。

4. 内壁表面粗糙度的影响

如图 1-6-18 所示，当液体沿不平表面流动时，由于液体具有不可压缩性，因此在经过凸起（或凹陷）部位时会改变流动方向。在凸起部位的前沿，由于流线集中，流速增大，根据伯努利原理，将出现一个低压区。当压力小于蒸汽压力时，在凸起部位的前沿就会有气体聚集，形成气穴。气穴的出现破坏了液流的连续性。当气穴中的气体被带到下游压力较大的区域时，气穴消失，气泡溃灭的时间很短，通常在毫秒范围，它周围的液体迅速填补其空间，而产生很大的冲击压力，远超过一般材料所能承受的极限。强大的压力冲击器壁，会导致材料破坏、剥蚀。

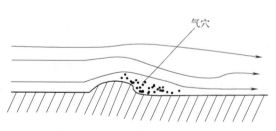

图 1-6-18　水力旋流器内壁的气穴现象

另外，当水力旋流器是由不同件组装时，连接件的设计必须保证内孔同轴度的要求，这一点尤为重要。否则将破坏水力旋流器的内部流场，产生不必要的紊流。

内壁的表面粗糙度对处理量及分离效率的影响比较小。

5. 增压方式的影响

由于在实际应用时水力旋流器入口处的压力通常不足以提供分离所需的压力大小，因此需要增压设备。常用的增压泵有离心泵、螺杆泵、叶片泵等。我们知道，油水混合液通过增压泵进行增压时，会使油滴受到一定程度的乳化，即油滴粒径变小而难以分离。通过试验研究发现，其中离心泵对油滴的乳化作用最大，因此最不利于水力旋流器的分离过程，但其使用寿命长，价格便宜，产品系列化；而叶片泵中的叶片寿命过短，材料不过关。因此相对来讲，螺杆泵由于其低剪切作用而成为比较理想的增压设备，一般首选单螺杆泵，但其价格比离心泵昂贵，使用寿命问题也未能很好地解决。

笔者团队曾针对大庆油田聚合物驱采出液的处理，对不同增压方式进行过对比。用试验验证前面所得出结论的同时，我们还对增压试验与不增压试验进行了对比，试验数据见表1-6-2。尽管是用动态水力旋流器进行的试验，但也说明了增压泵在分离性能方面所起的决定性作用。

表1-6-2　增压方式对水力旋流器分离性能的影响

增压方式	入口流量/(m³·h⁻¹)	入口压力/MPa	入口含油浓度/(mg·L⁻¹)	压力降/MPa	电机转速/(r·min⁻¹)	出口含油浓度/(mg·L⁻¹)	分离效率/%
不增压	3	0.15	19643	0.1	1680	303	98.5
	3.4	0.15	4085	0.1	1680	348	91.5
双螺杆泵增压	4	0.28	3500	0.17	2500	954	72.7
	5	0.32	3008	0.21	2500	898	70.1

可以看出，采用双螺杆泵增压与不增压相比，分离效率降低近20%。因此，合理选择增压设备对于提高水力旋流器的分离效率会起到很大的作用。

另外，由于水力旋流器对油滴粒径的大小非常敏感，即油滴粒径越大越好，进入水力旋流器的油滴受到的乳化作用越轻越好，因此，可以考虑使混合液采用低压进入旋流器入口、泵吸排出水力旋流器的方式，以最大限度地降低油的乳化影响，提高水力旋流器的分离效率。通过室内试验，我们也对由入口泵注方式改为出口泵吸方式是否会对水力旋流器的内部流场起到破坏作用、是否会因此降低其分离效率进行了研究，初步试验表明，出口泵吸方式并不会降低水力旋流器的分离效率。

对于固-液分离水力旋流器，安装倾角（不影响液-液分离水力旋流器的效率）、底流排放方式等都对分离性能有一定的影响，这里不再赘述。

6. 油滴粒径的影响

根据油在水中的存在形态，可分为浮油（粒径大于 $100\mu m$）、分散油（粒径介于 $10\sim100\mu m$ 之间）、乳化油（粒径介于 $0.1\sim10\mu m$ 之间）、溶解油（粒径小于 $0.1\mu m$）。由斯托克斯公式可知，油水两相分离的时间长短与离散相粒径大小有关，离散相粒径越小，体系越稳定，借助重力沉降实现油水两相分离的时间越长。因此浮油、分散油可直接通过重力沉降实现油水分离，而乳化油、溶解油粒径较小，并且乳化油表面覆盖一层带负电荷的双电层，本身体系非常稳定。此外，由于表面活性剂和纳米颗粒等物质的存在，进一步加强了乳化油的稳定性，因此重力沉降不再适用于乳化油、溶解油的分离。基于以上分析，选择一种合适的油水分离方式和设备至关重要。在诸多分离设备中，水力旋流器以其结构小巧、操作简单、处理量大及分离效率高等优点在石油开采领域得到了广泛的应用。然而常规水力旋流器也面临小粒径油滴分离效率不高的问题，因此提升水力旋流器对小粒径油滴的处理能力成为提高油田污水处理能力的技术关键。

7. 堵塞工况的影响

堵塞对旋流分离技术的影响不可忽视，可能带来多方面问题。首先，由于堵塞导致流体通过管道或设备的流速降低，这与旋流分离技术依赖高速旋转流体的设计相悖，可能损害设备性能，影响整个生产系统的效率。其次，堵塞可能降低分离效率。旋流分离器通常依靠在设备内部产生旋流，以分离不同密度或粒径的颗粒，堵塞会影响旋转流场的形成和稳定，使得设备难以有效完成颗粒分离工作。此外，堵塞还可能导致设备磨损加剧，流体中携带的颗粒增多，可能对旋流分离器内部部件造成额外磨损，导致更频繁的维护和更高的维修成本，影响设备可靠性和寿命，使得设备维护难度提高，增加生产系统停机时间，对整个生产过程带来不利影响。最后，由于流体通过设备的阻力增加，堵塞可能导致能耗上升，为维持旋流分离器的正常运行可能需要更多能量。这不仅增加了能耗成本，还可能对环境造成额外影响。

参 考 文 献

[1] 贺杰，蒋明虎. 水力旋流器 [M]. 北京：石油工业出版社，1996.

[2] Syed M S, Mirakhorli F, Marquis C, et al. Particle movement and fluid behavior visualization using an optically transparent 3D-printed micro-hydrocyclone [J]. Biomicrofluidics, 2020, 14 (6)：064106.

[3] 余大民. 水力旋流过程中油水两相的分离与乳化 [J]. 油田地面工程，1997，16 (1)：30-31.

[4] 冯钰润. 螺道式旋流分离器结构设计及数值模拟研究 [D]. 西安：西安石油大学，2020.

[5] 康万利，董喜贵. 三次采油化学原理 [M]. 北京：化学工业出版社，1997.

[6] 贺杰，蒋明虎，宋华. 水力旋流器液-液分离效率 [J]. 石油规划设计，1995，6 (05)：27-29，33，4.

[7] 斯瓦罗夫斯基. 固液分离 [M]. 2版. 朱企新，金鼎五，等译. 北京：化学工业出版社，1990.

[8] 车中俊，赵立新，葛怡清. 磁场强化多相介质分离技术进展 [J]. 化工进展，2022，41 (06)：2839-2851.

[9] Mofarrah M, Chen P, Liu Z, et al. Performance comparison between micro and electro micro cyclone [J]. Journal of Electrostatics, 2019, 101：1-5.

[10] 宋民航，赵立新，徐保蕊，等. 液-液水力旋流器分离效率深度提升技术探讨 [J]. 化工进展，2021，40 (12)：6590-6603.

[11] 邵海龙，曹成超，严海军，等. 螺旋多锥体旋流器在七角井铁矿选矿中的应用 [J]. 现代矿业，2020，36 (12)：109-111.

[12] 马佳伟，崔广文. 三锥角水介旋流器锥体结构优化及数值模拟 [J]. 煤炭工程，2020，52 (09)：147-151.

[13] Gay J C, Triponey G, Bezard C, et al. Rotary cyclone will improve oily water treatment and reduce space requirement/weight on offshore platforms [R]. Richardson, TX：SPE, 1987.

[14] 张刚刚，刘中秋，王强，等. 重力势能驱动旋流反应器及冶金特性实验研究 [J]. 过程工程学报，2010，10 (1)：25-30.

[15] Pratarn W, Wiwut T, Yoshida H. Classification of silica fine particles using a novel electric hydrocyclone [J]. Science and Technology of Advanced Materials, 2005, 6 (3/4)：364-369.

[16] 庞学诗. 水力旋流器工艺计算 [M]. 北京：中国石化出版社，1997.

[17] 波瓦罗夫. 水力旋流器 [M]. 吴振祥，芦荣富，译. 北京：中国工业出版社，1964.

[18] Thew M. Hydrocyclone redesign for liquid-liquid separation [J]. Chemical Engineering, 1986：17-23.

[19] Ni L, Tian J Y, Song T, et al. Optimizing geometric parameters in hydrocyclones for enhanced separations：a review and perspective [J]. Separation and Purification Reviews, 2019, 48 (1)：30-51.

［20］ 刘新平，王振波，金有海. 井下油水分离采油技术应用及展望［J］. 石油机械，2007，35（02）：51-53.

［21］ 唐文钢. 水力旋流器的基础理论及其应用研究［D］. 重庆：重庆大学，2006.

［22］ Ouzts J M. A field comparison of methods of evaluating remedial work on water injection wells［J］. Journal of Petroleum Technology，1964，16（10）：1121-1125.

［23］ Depriester C L，Pantaleo A J. Well stimulation by downhole gas-air burner［J］. Journal of Petroleum Technology，1963，15（12）：1297-1302.

［24］ Jokhio S A，Berry M R，Bangash Y K. DOWS（downhole oil-water separation）cross-waterflood economics［C］. Richardson，TX：SPE，2002.

［25］ Veil A J. Interest revives in downhole oil-water separators［J］. Oil & Gas Journal，2001，99（9）：47.

［26］ Denney D. Downhole oil-water separation systems in high-volume/high-horsepower application［J］. Journal of Petroleum Technology，2004，56（03）：48-49.

［27］ Jin L，Wojtanowicz A K. Experimental and theoretical study of counter-current oil-water separation in wells with in-situ water injection［J］. Journal of Petroleum Science and Engineering，2013，109：250-259.

［28］ Svedeman S J，Brady J L. Evaluation of downhole oil/water separation in a casing［R］. Richardson，TX：SPE，2013.

［29］ Rivera R M，Golan M，Friedemann J D，et al. Water separation from wellstream in inclined separation tube with distributed tappings［R］. SPE Projects，Facilities & Construction，2008，3（01）：1-11.

［30］ Sutton R P，Skinner T K，Christiansen R L，et al. Investigation of gas carryover with a downward liquid flow［R］. SPE Projects，Facilities & Construction，2008，23（01）：81-87.

［31］ 刘合，高扬，裴晓含，等. 旋流式井下油水分离同井注采技术发展现状及展望［J］. 石油学报，2018，39（04）：463-471.

［32］ 刘安生，蒋明虎，贺杰，等. 压降比——液-液旋流分离的一个重要性能参数［J］. 石油矿场机械，1997，26（01）：27-29，21.

［33］ 贺杰，刘安生，赵立新，等. 水力旋流器用于高含油油水混合液分离的试验［J］. 石油机械，1996（05）：22-25，62.

［34］ Plitt L R. A mathematical model of the hydrocyclone classifier［J］. CIM Bulletin，1976，69（776）：114-122.

［35］ Svarovsky G，Svarovsky L. Hydrocyclones Volume Ⅱ［M］. George Svarovsky，2013.

［36］ Hass P A，Nurmi E O，Whatley M E，et al. Midget hydrocyclones remove micron particles［J］. Chemical Engineering Progress，1957，53（4）：006665.

［37］ B Dabir，Wallace L B，Petty C A. The effect of drag reducing agents on the centrifugal efficiency of a 10mm hydrocyclone［C］//Proceeding of the International Symposium on Solids Separation Processes. Dublin，1980.

［38］ Hu Z Q，Wang B J，Bai Z S，et al. Centrifugal classification of pseudo-boehmite by mini-hydrocyclone in continuous-carbonation preparation process［J］. Chemical Engineering Research and Design，2020，154（C）：203-211.

［39］ Lv W J，Dang Z H，He Y，et al. UU-type parallel mini-hydrocyclone group for oil-water separation in methanol-to-olefin industrial wastewater［J］. Chemical Engineering and Processing，2020，149：107846.

［40］ 袁惠新，吴敏浩，付双成，等. 微型旋流器溢流口结构参数对 SCR 废催化剂分离性能的影响［J］. 机械设计与制造，2020（8）：159-162.

第二章

旋流分离理论基础

第一节　涡流运动基本理论

水力旋流器的分离过程，就是流体旋涡的产生、发展和消失的过程。因此，在研究水力旋流器的过程中，掌握流体旋涡运动的基础知识十分必要。

涡流即旋涡，是自然界中流体运动的基本形式之一，在日常生活和工程技术中都十分常见。例如，江河急流中的旋涡，大物体在静止水中沉降时尾部的旋涡，水从容器底孔中流出时水面的漏斗状旋涡，高速行驶汽车过后的旋风，自然界中的旋风和龙卷风，搅拌槽中矿浆的涡流及旋风分离器中流体的旋转运动等。

涡流运动就是流体的旋转运动。根据流体在旋转运动时质点有无自转的现象，将其分为自由涡运动和强制涡运动两大类。自由涡运动亦称为无涡或无旋运动，流体质点无围绕自身瞬时轴线旋转的运动叫自由涡运动。自由涡运动的标志是角速度矢量为零，即 $\omega = 0$。强制涡运动亦称有涡或有旋运动，流体质点有围绕自身瞬时轴线旋转的运动叫强制涡运动，强制涡运动的标志是角速度矢量不为零，即 $\omega \neq 0$。

强制涡是旋涡运动的主要形式，自由涡只有在理想的流体中才能实现。具有黏性的实际流体不会形成真正的自由涡，但当黏性对运动影响很小以至于忽略不计时，才能把实际流体按自由涡处理。实际流体是有黏性的，而黏性对其旋涡的形成和发展有决定性的作用。

在自然界和工程技术中，还经常见到中心为强制涡而外围为自由涡的组合涡运动和涡流与汇流组成的螺线涡运动等。例如自然界中的龙卷风和水力旋流器中的流体运动等。

流体在运动过程中形成旋涡的内在原因是黏性和压差。黏性使运动流体在相邻流层间产生切应力（即内摩擦力），从而出现速度差。速度较慢流层作用于速度较快流层的切应力是阻止快层前进的阻力，其方向与流动方向相反；而速度较快流层作用于速度较慢流层的切应力是加速慢层前进的动力，其方向与运动方向相同，从而在流层间产生切应力力偶，促使其间流层质点的转动，形成旋涡运动。流体在运动过程中由于各种原因总会产生波动，在波峰，流层的流束伸长，断面缩小，流速增大；在波谷，流层的流束缩短，断面增大，流速减小。按照伯努利原理，流速大的区域压力小，而流速小的区域压力大，因而在峰谷间产生压力差，形成压差力偶，促使其间流体质点的转动，诱发旋涡形成。

自然界中流体的旋涡运动，对人类的生活环境和物质生产既有利也有害，人类总是利用其有利方面造福于人类。在工程技术中，根据工艺要求和技术需要往往人为地造成旋涡运动，如水力旋流器中流体的旋涡运动就是明显的例证。

一、涡的定量表征

涡是描述流体旋转的性质，是衡量流体中旋转运动的一种方式，通常用矢量场表示。角速度是表征流体旋涡运动的标准，正如速度矢量一样，角速度也是矢量。

涡线是指流体中与涡矢量方向一致的线。沿着涡线，涡的强度保持不变。在任何时刻涡线上各点的切线方向与该点的角速度矢量相重合，见图 2-1-1，很明显，涡线就是流体质点的瞬时转动轴线。由一组涡线构成的管状表面叫涡管，见图 2-1-2。

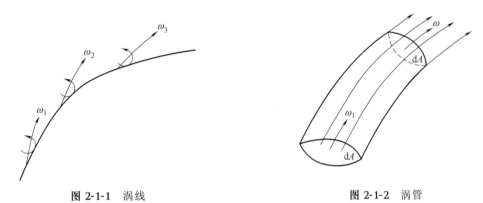

图 2-1-1　涡线　　　　　　　　　　　　　　图 2-1-2　涡管

涡管是指在流场中，涡旋围绕一个中心轴线形成的一个管状结构，涡管中涡线的总体叫涡束或元涡，单位面积上的涡束叫涡强，涡强是指涡的强度或大小，通常用一个标量表示，在数学上，涡强度可以用涡矢量的大小来表示。涡强度越大，表示涡越强烈，涡强计算公式如下：

$$\Omega = 2\omega \tag{2-1-1}$$

式中　Ω——涡强；

　　　ω——角速度。

涡管断面与涡强的乘积叫涡通量。如图 2-1-2 所示，微元涡管和有限涡管的涡通量分别为

$$\mathrm{d}J = \Omega\,\mathrm{d}A = 2\omega\,\mathrm{d}A \tag{2-1-2}$$

$$J = \int \mathrm{d}J = \int_A \Omega\,\mathrm{d}A = \int_A 2\omega\,\mathrm{d}A \tag{2-1-3}$$

应该指出，涡线与流线的区别就在于涡线是由角速度矢量构成，流线是由线速度矢量构成。在有质量力作用下的理想流体，自由涡始终是自由涡，强制涡始终是强制涡，两者不能互相转换。实际流体由于其黏性作用，可以使没有旋涡的流体发生旋涡，亦可把原有的旋涡削弱甚至于消失。因此，实际流体的运动情况要比理想流体复杂得多。

二、旋转流基本方程

如图 2-1-3 所示，当流体围绕垂直轴线做旋转运动时，在其半径 r 处取一宽度为 $\mathrm{d}r$ 和厚度为 $\mathrm{d}z$ 的长方形流管，则同一水平面上的伯努利方程为

$$H_b = \frac{P}{\rho g} + \frac{v_t^2}{2g} \qquad (2\text{-}1\text{-}4)$$

式中　H_b——总水头（水头即任意断面处单位重量水的能量）；

　　　　P——半径 r 处压力；

　　　　ρ——流体密度；

　　　　v_t——半径 r 处切向速度；

　　　　g——重力加速度。

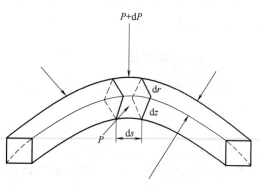

图 2-1-3　旋转流运动

将式（2-1-4）对半径 r 微分得

$$\frac{dH_b}{dr} = \frac{1}{\rho g} \times \frac{dP}{dr} + \frac{v_t}{g} \times \frac{dv_t}{dr} \qquad (2\text{-}1\text{-}5)$$

从式（2-1-5）可以看出，在旋转运动流体中，沿径向总水头的变化率与径向的压力和速度的变化率有直接关系。

就微元体积 $dr\,ds\,dz$ 流体而言，当作用于该体积上的压力和离心力相平衡时，沿径向的外力之和为零：

$$P\,ds\,dz - (P+dP)\,ds\,dz + \rho\,dr\,ds\,dz\,\frac{v_t^2}{r} = 0$$

即

$$dP\,ds\,dz = \rho\,dr\,ds\,dz\,\frac{v_t^2}{r}$$

上式两端各除以 $dr\,ds\,dz$，则得

$$\frac{dP}{dr} = \rho\,\frac{v_t^2}{r} = \rho\omega^2 r \qquad (2\text{-}1\text{-}6a)$$

或

$$dP = \rho v_t^2\,\frac{dr}{r} = \rho\omega^2 r\,dr \qquad (2\text{-}1\text{-}6b)$$

将式（2-1-6）代入式（2-1-5）则得

$$\frac{dH_b}{dr} = \frac{v_t}{g} \times \frac{dv_t}{dr} + \frac{1}{g} \times \frac{v_t^2}{r} \qquad (2\text{-}1\text{-}7a)$$

或

$$dH_b = \frac{v_t}{g}\,dr\left(\frac{dv_t}{dr} + \frac{v_t}{r}\right) \qquad (2\text{-}1\text{-}7b)$$

式（2-1-7）是旋转运动流体的微分方程，它反映出旋转运动流体在运动过程中的能量变化规律。式（2-1-7）也是旋转运动流体的基本方程，在不同的条件下，可以得到不同旋转运动流体的基本规律——速度和压力沿径向的分布规律。

三、自由涡运动

自由涡运动的主要特征是角速度矢量等于零，$\boldsymbol{\omega} = 0$，即流体质点在全部运动过程中，只有围绕主轴的公转，而无围绕自身瞬时轴线的自转。自由涡是势涡，是没有外部能量补充的圆周运动，即 $dH_b = 0$。根据基本式（2-1-7）有

$$\frac{v_t}{g}\,dr\left(\frac{dv_t}{dr} + \frac{v_t}{r}\right) = 0$$

很明显，$\dfrac{v_t}{g}dr \neq 0$，那么只有

$$\frac{\mathrm{d}v_t}{\mathrm{d}r}+\frac{v_t}{r}=0$$

或 $$\frac{\mathrm{d}v_t}{v_t}+\frac{\mathrm{d}r}{r}=0$$

积分上式得 $$\ln v_t r=\ln C(\text{常数})$$

即 $$v_t r=C \tag{2-1-8a}$$

或 $$v_t=\frac{C}{r} \tag{2-1-8b}$$

式（2-1-8）说明，流体呈自由涡运动时，其质点的切向速度与其旋转半径成反比，或切向速度与其旋转半径成双曲线规律变化。随着旋转半径的减小，切向速度越来越大。当 $r=\infty$，即无限远处，$v_t=0$；当 $r=0$，即涡核处，$v_t=\infty$。但 $v_t=\infty$ 的现象实际上不会实现，因为当旋转半径减小到一定程度时，切向速度就不遵从 $v_t r=C$ 的规律。

自由涡运动过程中的压力分布可由式（2-1-6）积分求得，即将式（2-1-8）代入式（2-1-6），经过积分得

$$P=-\frac{\rho}{2}\times\frac{C^2}{r^2}+C'=-\frac{\rho v_t^2}{2}+C'$$

当 $r=\infty$ 时则 $v_t=0$，其压力应为无限远处的压力，用 P_∞ 表示，则其积分常数 $C'=P_\infty$。再将 C' 代入上式则得自由涡运动流体沿径向的压力分布如下

$$P=P_\infty-\frac{\rho}{2}\times\frac{C^2}{r^2} \tag{2-1-9a}$$

或 $$P=P_\infty-\frac{\rho v_t^2}{2} \tag{2-1-9b}$$

亦即 $$h=H_b-\frac{v_t^2}{2g} \tag{2-1-10a}$$

$$h=H_b-\frac{C^2}{2gr^2} \tag{2-1-10b}$$

式中　P——自由涡任一半径处压力；

P_∞——自由涡无限远处压力；

如果将式（2-1-10）中的纵坐标由原点上移 H_b 时，则该方程为

$$-h=\frac{v_t^2}{2g} \tag{2-1-11a}$$

或 $$-h=\frac{C^2}{2gr^2} \tag{2-1-11b}$$

式中　h——自由涡任一半径处的压头。

式（2-1-11）是自由涡运动流体的自由面方程，式中轴向距离 h 和径向距离 r 均是变量，故其自由涡运动流体的自由面从两维的平面看为一双曲线；从三维的空间看为以该双曲线旋转所形成的双曲面。

从式（2-1-10）看出，当 $r=\infty$ 时，则 $v_t=0$ 和 $h=H_b$，这说明距涡核非常远的地方，自由涡运动流体的自由面是水平面；当 $r=r_m$ 时（即由自由涡向强制涡过渡时的过渡区），则 $v_t=v_{mt}$（最大切向速度），由伯努利原理可知其 $r=r_m$ 处的压力最小，或者说自由涡运

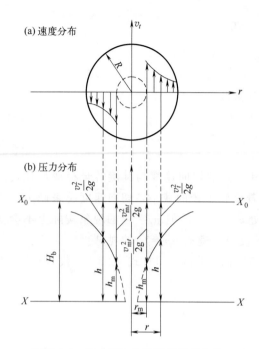

(a) 速度分布

(b) 压力分布

图 2-1-4 自由涡运动的速度和压力沿
径向分布的基本规律

动流体由无限远到 r_m 处的压力降最大；当 $r < r_m$ 时，则为强制涡，其速度和压力将按强制涡规律进行分布。自由涡运动流体的速度和压力沿径向分布的基本规律见图 2-1-4。

四、强制涡运动

强制涡运动的特征是角速度矢量不等于零，即 $\boldsymbol{\omega} \neq 0$。流体质点在运动过程中，不但有围绕主轴的公转，还有围绕自身瞬时轴线的自转。强制涡是在外力连续作用下形成和发展的流体旋转运动。理想流体做强制涡运动时，同刚体的转动很相似，即流体质点的切向速度与其旋转半径成正比：

$$v_{ct} = \omega r_c \qquad (2\text{-}1\text{-}12a)$$

又因 ω 是等角速度，则式（2-1-12a）亦可写成：

$$\frac{v_{ct}}{r_c} = C \qquad (2\text{-}1\text{-}12b)$$

式中，v_{ct} 为强制涡任一旋转半径的切向速度；r_c 为强制涡任一旋转半径。

将式（2-1-12）代入式（2-1-6）并经过有关积分，可得到强制涡运动流体沿径向的压力分布：

$$P_c = \frac{\rho}{2}\omega^2 r^2 + C'' = \frac{\rho}{2}v_{ct}^2 + C''$$

当 $r_c = 0$（涡核）时，则 $\omega = 0$，其压力应为涡核处压力，用 P_{co} 表示，则其积分常数 $C'' = P_{co}$，将其代入上式则得

$$P_c = \frac{\rho}{2}\omega^2 r_c^2 + P_{co} = \frac{\rho}{2}v_{ct}^2 + P_{co} \qquad (2\text{-}1\text{-}13a)$$

或

$$h_c = h_{co} + \frac{\omega^2 r_c^2}{2g} = h_{co} + \frac{v_{ct}^2}{2g} \qquad (2\text{-}1\text{-}13b)$$

式中，h_c 为强制涡任一半径压头；h_{co} 为强制涡涡核处压头；P_c 为强制涡任一半径处的压力。

强制涡运动流体的速度和压力沿径向分布的基本规律见图 2-1-5。正如图 2-1-5 所示，如果将其坐标原点沿轴向向上移动 h_{co}，则有

$$h_c = \frac{\omega^2 r_c^2}{2g} \qquad (2\text{-}1\text{-}14a)$$

或

$$h_c = \frac{v_{ct}^2}{2g} \qquad (2\text{-}1\text{-}14b)$$

从式（2-1-14）看出，强制涡运动流体的自由表面是一个旋转抛物面。从图 2-1-5 看出，坐标移动后 h_c 表示强制涡任一半径处的水平面高出原坐标平面 X_0—X_0 的距离。h_c 值的大

小取决于强制涡运动流体的切向速度，即同其切向速度的平方成正比。

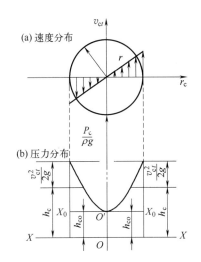 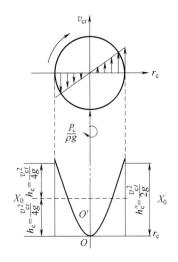

图 2-1-5 强制涡运动的速度和压力沿径
向分布的基本规律

图 2-1-6 强制涡运动特例

图 2-1-6 是强制涡运动的特例。当液体以等角速度 ω 围绕其轴线旋转时，其筒内的水面现象就是强制涡运动。当液体旋转时，则筒内中心水面下降，周边水面上升，即筒内水面不在原来静止的水面 X_0—X_0 平面上，而是下降了一个距离。转速越大，则周边水面的上升和中心水面的下降距离越大。这个上升或下降的距离，可用旋转前后流体体积不变的原则来确定，即根据抛物线旋转体体积等于同底同高圆柱体体积一半的数学性质求出。相对于原来的静止水面来说，则旋转时筒内水面沿筒壁的升高和中心水面的下降距离相等。当旋转圆筒的半径为 r_c 和角速度为 ω 时，则筒内水面沿筒壁升高或中心水面下降的距离为

$$h_c = \frac{v_{ct}^2}{4g} = \frac{\omega^2 r_c^2}{4g} \tag{2-1-15}$$

其绝对高度为

$$h_c'' = \frac{v_{ct}^2}{4g} + \frac{v_{ct}^2}{4g} = \frac{v_{ct}^2}{2g} = \frac{\omega^2 r_c^2}{2g} \tag{2-1-16}$$

五、组合涡运动

组合涡是由强制涡和自由涡合成的复合运动，它具有两种涡型的特性。涡核部分属强制涡运动，服从强制涡运动的速度和压力的分布规律；外围部分属自由涡运动，服从自由涡运动速度和压力的分布规律。组合涡运动的速度通式

$$v_t r^n = C \tag{2-1-17}$$

指数 n 的取值不同，则得到不同的旋涡运动形式。当 $n=1$ 时，$v_t = C/r$，表示自由涡运动；当 $n=-1$ 时，$v_t = Cr$，表示强制涡运动。

流体呈组合涡运动时，其质点的切向速度随旋转半径的不同而不同。自周边到涡核的切向速度分布：由同旋转半径成反比的自由涡域过渡到同旋转半径成正比的强制涡域，在自由涡与强制涡两种涡型交界处出现最大值。从平面看，最大切向速度的轨迹是组合涡运动的同心圆，其半径为 r_m。当 $r > r_m$ 时，属自由涡，遵从自由涡运动规律；当 $r < r_m$ 时，属强制

涡，遵从强制涡运动规律。

组合涡运动流体的涡域、速度和压力分布的基本规律见图 2-1-7。

图 2-1-7 中，在自由涡域（$r > r_m$）沿任一半径（在同一水平面的圆周线上）的伯努利方程为

$$\frac{P}{\rho g} + \frac{v_t^2}{2g} = H_b$$

或

$$\frac{P}{\rho g} = H_b - \frac{v_t^2}{2g} \qquad (2\text{-}1\text{-}18)$$

当 $r = \infty$ 时，则 $v_t = 0$，$P = P_\infty$，$H_b = P_\infty / \rho g$，将其代入上式可得

$$\frac{P}{\rho g} = H_b$$

或

$$h = H_b$$

式中 P——自由涡域（$r > r_m$）任一半径处压力；

P_∞——自由涡域（$r > r_m$）无限远处压力；

v_t——自由涡域（$r > r_m$）切向速度。

方程（2-1-18）是组合涡运动中自由涡（$r > r_m$）域的压力分布方程。从中看出，随着旋转半径的减小，流体质点的切向速度急剧增加，压力急剧下降，当达到自由涡与强制涡交界面（从三维空间看），即 $r = r_m$ 时，切向速度达到最大值（$v_t = v_{mt}$），而压力出现最小值（$P = P_{min}$）。而自由涡与强制涡交界处的最小压力：

$$\frac{P_{min}}{\rho g} = \frac{P_\infty}{\rho g} - \frac{v_{mt}^2}{2g} \qquad (2\text{-}1\text{-}19a)$$

或

$$h_{min} = H_b - \frac{v_{mt}^2}{2g} \qquad (2\text{-}1\text{-}19b)$$

式中 P_{min}——自由涡与强制涡交界处压力；

h_{min}——自由涡与强制涡交界处压头；

v_{mt}——自由涡与强制涡交界处切向速度。

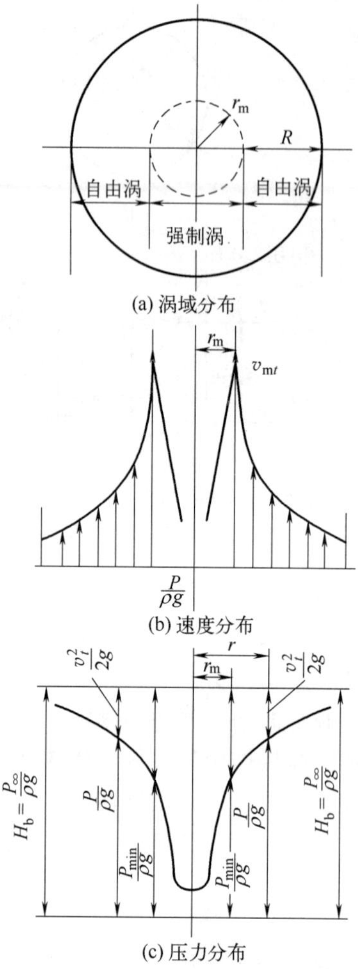

从式（2-1-19）看出，组合涡运动中，自由涡域的最大压力降为

$$\frac{P_\infty}{\rho g} - \frac{P_{min}}{\rho g} = \frac{v_{mt}^2}{2g} \qquad (2\text{-}1\text{-}20a)$$

或

$$H_b - h_{min} = \frac{v_{mt}^2}{2g} \qquad (2\text{-}1\text{-}20b)$$

组合涡运动中，强制涡域（$r < r_m$）运动流体沿径向的压力分布仍由式（2-1-6）积分求得，即对 $\mathrm{d}P_c = \frac{\rho v_{ct}^2}{2} \mathrm{d}r_c$ 积分得

$$P_c = \frac{\rho v_{ct}^2}{2} + C$$

(a) 涡域分布

(b) 速度分布

(c) 压力分布

图 2-1-7 组合涡运动的涡域、速度和压力分布

当 $r = r_m$ 时，则 $v_{ct} = v_{mt}$ 和 $P_c = P_{min}$，而积分常数存在：

$$\frac{C}{\rho g} = \frac{P_{min}}{\rho g} - \frac{v_{mt}^2}{2g}$$

将常数 C 代入上式，则得组合涡运动中强制涡域（$r < r_m$）满足：

$$\frac{P_{min}}{\rho g} - \frac{P_c}{\rho g} = \frac{v_{mt}^2}{2g} - \frac{v_{ct}^2}{2g} \qquad (2\text{-}1\text{-}21a)$$

或

$$h_{min} - h_c = \frac{v_{mt}^2 - v_{ct}^2}{2g} \qquad (2\text{-}1\text{-}21b)$$

通常自由涡与强制涡交界处的压力 P_{min} 等于或基本上等于外部空间的大气压力，从而可知方程（2-1-21）的压力 P_c 是低于外部空间的大气压的负压，其值越接近涡核，负压越大，即真空度越高。这样，更进一步证实了旋风和龙卷风中心的吸物及水力旋流器轴心的吸气现象，均是由于其负压引起的。

从方程（2-1-21）看出，自由涡与强制涡交界处压力的另一表达式为

$$\frac{P_{min}}{\rho g} = \frac{P_c}{\rho g} + \frac{v_{mt}^2 - v_{ct}^2}{2g} \qquad (2\text{-}1\text{-}22)$$

从方程（2-1-19）和方程（2-1-22）的关系，还可得到组合涡中强制涡域（$r < r_m$）压力分布的另一表达式：

$$\frac{P_c}{\rho g} = \left(\frac{P_\infty}{\rho g} - \frac{v_{mt}^2}{g} \right) + \frac{v_{ct}^2}{2g} \qquad (2\text{-}1\text{-}23a)$$

或

$$h_c = \left(H_b - \frac{v_{mt}^2}{g} \right) + \frac{v_{ct}^2}{2g} \qquad (2\text{-}1\text{-}23b)$$

又由于当 $r_c = 0$ 时，$v_{ct} = 0$ 而 $P_c = P_{co}$，故强制涡中心（涡核）的压力：

$$\frac{P_{co}}{\rho g} = \frac{P_\infty}{\rho g} - \frac{v_{mt}^2}{g} \qquad (2\text{-}1\text{-}24a)$$

$$h_{co} = H_b - \frac{v_{mt}^2}{g} \qquad (2\text{-}1\text{-}24b)$$

从式（2-1-24）看出，就组合涡运动的全过程而言，由旋涡的无限远处（$r = \infty$）到旋涡的涡核（$r_c = 0$）之间的最大压力降，等于无限远处与自由涡和强制涡交界处之间的压力降的二倍，即

$$\frac{P_\infty}{\rho g} - \frac{P_{co}}{\rho g} = \frac{v_{mt}^2}{g} \qquad (2\text{-}1\text{-}25a)$$

或

$$H_b - h_{co} = \frac{v_{mt}^2}{g} \qquad (2\text{-}1\text{-}25b)$$

又从式（2-1-20）和式（2-1-25）之间的关系不难看出，组合涡运动中强制涡域的最大压力降，即自由涡与强制涡交界处的压力与涡核间的压力差为

$$\frac{P_{min}}{\rho g} - \frac{P_{co}}{\rho g} = \frac{v_{mt}^2}{2g} \qquad (2\text{-}1\text{-}26a)$$

或

$$h_{min} - h_{co} = \frac{v_{mt}^2}{2g} \qquad (2\text{-}1\text{-}26b)$$

同样，从式（2-1-20）和式（2-1-26）看出，组合涡运动中，自由涡域的最大压力降

（无限远处压力与自由涡和强制涡交界处间的压力差）和强制涡域的最大压力降（自由涡和强制涡交界处压力与涡核间的压力差）相等，它们都同最大切向速度的平方成正比：

$$\frac{P_\infty}{\rho g} - \frac{P_{\min}}{\rho g} = \frac{P_{\min}}{\rho g} - \frac{P_\infty}{\rho g} = \frac{v_{mt}^2}{2g} \qquad (2\text{-}1\text{-}27a)$$

或

$$H_b - h_{\min} = h_{\min} - h_{co} = \frac{v_{mt}^2}{2g} \qquad (2\text{-}1\text{-}27b)$$

六、源流与汇流

当流体从平面坐标原点沿径向对称地在所有方向向外流动，则该点叫源点。源点是这样的点，即流体自该点不断地产生和流出，就像源泉一样，即为源流，如图 2-1-8 所示。单位时间内从源点流出的体积流量叫源强。源强不随时间变化的源流叫定常源流。源流的流线是一簇从源心发出的射线，其等压线是一簇同心圆，圆心就是源心。汇流是负的源流，其流线和等压线与源流相同，只是流动的方向与源流相反，如图 2-1-9 所示。

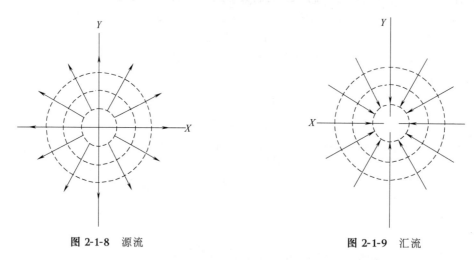

图 2-1-8 源流　　　　　　　　　　**图 2-1-9** 汇流

现以定常源流为主研究其速度和压力的分布规律，只需将其速度变为负值（改变速度方向），就可将其普遍规律应用于汇流。如图 2-1-8 所示，设 v_r 是距源心 r 处的径向流速，在单位时间内经过半径 r、厚度为 1 单位长度的圆环流出的体积流量为 $2\pi r v_r$，就定常源流而言，则有

$$2\pi r v_r = Q' = K$$

即

$$r v_r = \frac{Q'}{2\pi} = K_1 \qquad (2\text{-}1\text{-}28a)$$

或

$$v_r = \frac{K_1}{r} \qquad (2\text{-}1\text{-}28b)$$

式中　v_r——源流的径向速度；

r——距源心的径向距离；

Q'——源强；

K，K_1——常数。

式（2-1-28）是源流的基本方程之一，它说明以源流运动的流体质点，沿径向的速度与其半径成反比，或者说以源流运动的流体质点，沿径向的速度与其半径成双曲线规律变化。

随着半径的减小而径向速度越来越大，当 $r=0$（源心）时，$v_r=\infty$。

严格说来，源流与汇流实际上不可能准确实现，因为在源心和汇心的流体径向速度不可能达到无限大或无限小。若将源心或汇心附近部分除去，则流体从小孔流出并向四周散射，或从四周汇集并吸入小孔的流动现象，分别同源流和汇流的现象相似。源流与汇流的原理在许多工程技术的流动分析中应用得很广泛。

图 2-1-10 所示是类源流，可以用其描述源流运动的基本规律——速度和压力分布规律。

AB 为一立筒，筒下无底但有一圆形边缘 CD，其下垫一圆盘 EJ，其间距离为一常数 t，筒中盛水而且水头保持为 H_b，筒外水深保持为 h，则筒内的水将经厚度 t 空间沿径向流出。设 r 为圆周任一点 S 的半径，其周围的水流断面是 $2\pi rt$，按定常源流基本方程应有

$$2\pi r_1 v_{r1} t = 2\pi r_2 v_{r2} t = 2\pi r v_r t = 常数$$

设 r_1 为立筒半径，r_2 为边缘处半径，C、D、S 三点在同一水平面上，根据上述关系则有

$$r_1 v_{r1} = r_2 v_{r2} = r v_r \qquad (2\text{-}1\text{-}29a)$$

或 $$v_{r1} = \frac{r_2}{r_1} v_{r2}; \quad v_r = \frac{r_1}{r} v_{r1} \qquad (2\text{-}1\text{-}29b)$$

$$v_{r2} = \frac{r_1}{r_2} v_{r1}; \quad v_r = \frac{r_2}{r} v_{r2} \qquad (2\text{-}1\text{-}29c)$$

式中　r_1——立筒（C 点）半径；

　　　v_{r1}——立筒半径（C 点）处径向速度；

　　　r_2——边缘（D 点）半径；

　　　v_{r2}——边缘半径（D 点）处径向速度；

　　　r——任一点（S 点）半径；

　　　v_r——任一半径（S 点）处径向速度。

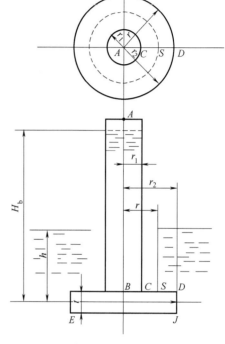

图 2-1-10　类源流

如果不计能量损失，沿水平线的伯努利方程应为

$$H_b = \frac{P_1}{\rho g} + \frac{v_{r1}^2}{2g} = \frac{P_2}{\rho g} + \frac{v_{r2}^2}{2g} = \frac{P}{\rho g} + \frac{v_r^2}{2g} = h' + \frac{v_r^2}{2g} \qquad (2\text{-}1\text{-}30)$$

将式（2-1-29）中的 $v_{r2} = \dfrac{r_1}{r_2} v_{r1}$ 代入式（2-1-30）则有

$$\frac{P_2}{\rho g} - \frac{P_1}{\rho g} = \frac{v_{r1}^2}{2g}\left[1 - \left(\frac{r_1}{r_2}\right)^2\right] \qquad (2\text{-}1\text{-}31)$$

又由式（2-1-30）得任一点的水头为

$$h' = H_b - \frac{v_r^2}{2g} \qquad (2\text{-}1\text{-}32)$$

如果 C、D、S 三点不在同一水平面，h_1、h_2 为不同点位水头，则有

$$\left(\frac{P_2}{\rho g} + h_2\right) - \left(\frac{P_1}{\rho g} + h_1\right) = \frac{v_{r1}^2}{2g}\left[1 - \left(\frac{r_1}{r_2}\right)^2\right] \qquad (2\text{-}1\text{-}33)$$

同样，由式（2-1-30）可得 C、D、S 三点不在同一水平面时：

$$\frac{P}{\rho g}+h'=H_{b}-\frac{v_{r}^{2}}{2g} \qquad (2\text{-}1\text{-}34)$$

上述公式中，P_1、P_2、P 分别为 r_1、r_2 和 r 处（即 C、D、S 三点）的压力，其他符号的物理意义见图 2-1-10。

上述方程也是源流运动的基本方程，运用这些方程可以测得源流不同半径的径向速度和压力。就图 2-1-10 而言，由式（2-1-29）和式（2-1-30）得

$$\frac{v_{r}^{2}}{2g}=\frac{v_{r2}^{2}}{2g}\left(\frac{r_{2}}{r_{1}}\right)^{2}=(H_{b}-h')\left(\frac{r_{2}}{r_{1}}\right)^{2} \qquad (2\text{-}1\text{-}35)$$

和
$$\frac{P}{\rho g}=H_{b}-(H_{b}-h')\left(\frac{r_{2}}{r_{1}}\right)^{2} \qquad (2\text{-}1\text{-}36)$$

式中符号的物理意义同前。很明显，C 点的径向流速最大而压力最小。

七、螺线涡运动

源流（或汇流）和涡流合成的运动叫螺线涡运动，见图 2-1-11 和图 2-1-12。图 2-1-11 是源流和涡流合成的螺线涡运动，其流体的运动方向是由内向外；图 2-1-12 是汇流和涡流合成的螺线涡运动，其流体的运动方向是由外向内。它们的基本性质相同，但其运动方向相反，这点应用时要特别注意。按有无外界能量补充的原则，螺线涡也有自由螺线涡和强制螺线涡两种。

1. 自由螺线涡

自由螺线涡是由源流（或汇流）和自由涡合成的，它不消耗能量也不需外界能量的补充。自由螺线涡具有源流（或汇流）和自由涡的特征和性质。

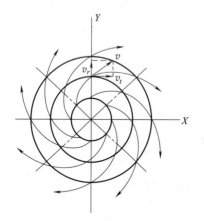

图 2-1-11 源流和涡流合成的螺线涡运动

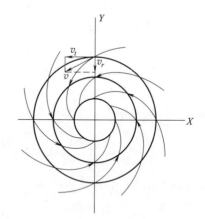

图 2-1-12 汇流和涡流合成的螺线涡运动

类自由螺线涡运动如图 2-1-13 所示，AB 为一立筒，筒下无底但有环形圆盘 F 和其下垫的圆盘 E，两盘的间距为常数 t，筒内盛水且始终保持其水头为 H_b，筒外水深保持为 h'。当 AB 立筒以常角速度围绕其轴线旋转时，AB 立筒外部的流体运动就是类自由螺线涡运动。下面研讨其速度和压力的分布规律。

设螺线涡运动的速度为 v，其径向分速为 v_r，切向分速为 v_t，螺线涡运动的速度 v 与切向速度 v_t 间的夹角为 α，两平板间在半径 r 处的过水断面为 $2\pi rt$，故

$$Q'=2\pi rtv\sin\alpha=2\pi rtv_{r}=常数$$

或 $$rv_r = rv\sin\alpha = C_1 \qquad (2\text{-}1\text{-}37)$$

$$rv_t = rv\cos\alpha = C_2 \qquad (2\text{-}1\text{-}38)$$

则式（2-1-37）和式（2-1-38）之比为

$$\tan\alpha = \frac{C_1}{C_2} = 常数$$

故 $$\alpha = 常数 \qquad (2\text{-}1\text{-}39)$$

式（2-1-39）表明自由螺线涡的流线是一组由源心（源流与自由涡合成的螺线涡运动）发出的等角度螺旋线，故自由螺线涡亦可称为等角度螺线涡。由于 $\alpha =$ 常数，则

$$rv = \frac{C_1}{\sin\alpha} = \frac{C_2}{\cos\alpha} = 常数$$

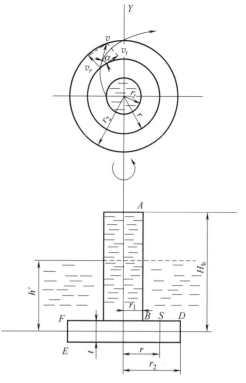

或 $$rv = r_1 v_1 = r_2 v_2 = C_3 \qquad (2\text{-}1\text{-}40)$$

式中，v_1、v_2 为自由螺线涡 B、D 两点的速度；C_1、C_2、C_3 均为常数。

式（2-1-40）是自由螺线涡运动的基本方程之一，它反映出自由螺线涡运动流体质点速度与其半径成反比的关系。

综合上述可以看出，当流体以源流、自由涡和自由螺线涡三种形式运动时，其速度与半

图 2-1-13 类自由螺线涡运动

径均成反比关系。这一共同特点，皆因没有外部能量补充的缘故。

当忽略摩擦损失时，自由螺线涡运动的压力分布按伯努利原理如下。

当各测定点在同一水平面时，有

$$H_b = \frac{P_1}{\rho g} + \frac{v_1^2}{2g} = \frac{P_2}{\rho g} + \frac{v_2^2}{2g} = \frac{P}{\rho g} + \frac{v^2}{2g} = h' + \frac{v^2}{2g} \qquad (2\text{-}1\text{-}41\text{a})$$

将式（2-1-40）代入式（2-1-41a），则有

$$\frac{P_2}{\rho g} - \frac{P_1}{\rho g} = \frac{v_1^2}{2g}\left[1 - \left(\frac{r_1}{r_2}\right)^2\right] \qquad (2\text{-}1\text{-}41\text{b})$$

或 $$\frac{P_2}{\rho g} - \frac{P_1}{\rho g} = \left(\frac{v_{r1}^2}{2g} + \frac{v_{t1}^2}{2g}\right)\left\{\left[1 - \left(\frac{r_1}{r_2}\right)^2\right]\right\} \qquad (2\text{-}1\text{-}41\text{c})$$

式中 P_1，P_2——分别为 r_1、r_2 处的压力；

v_1，v_2——分别为 r_1、r_2 处的螺线涡速度；

v_{r1}，v_{t1}——分别为 r_1 处的径向和切向速度；

r_1，r_2——测定点的径向距离（见图 2-1-13）。

自由螺线涡运动各速度间的矢量关系见图 2-1-14。

由方程（2-1-41）可以得到自由螺线涡运动流体任一点的压头如下。

当各测定点在同一水平面时：

$$h' = \frac{P}{\rho g} = H_b - \frac{v^2}{2g} \qquad (2\text{-}1\text{-}42)$$

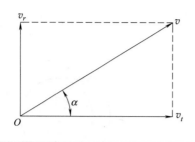 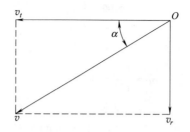

(a) 源流和涡流合成的螺线涡　　　　　　　(b) 汇流和涡流合成的螺线涡

图 2-1-14　自由螺线涡运动各速度间矢量关系

v_r—自由螺线涡任一点处的径向速度；v_t—自由螺线涡任一点处的切向速度

当各测定点不在同一水平面时，满足

$$H_b = h_1 + \frac{P_1}{\rho g} + \frac{v_1^2}{2g} = h_2 + \frac{P_2}{\rho g} + \frac{v_2^2}{2g}$$

或

$$\left(h_2 + \frac{P_2}{\rho g} \right) - \left(\frac{P_1}{\rho g} + h_1 \right) = \frac{v_1^2 - v_2^2}{2g} \tag{2-1-43}$$

式中　H_b——自由螺线涡运动的总水头；

P_1，P_2——自由螺线涡任一点处的压力；

v_1，v_2——自由螺线涡任一点处的速度；

h_1，h_2——自由螺线涡任一点的压头。

其他符号的物理意义见图 2-1-13。

很明显，上述方程中各相应速度与其相应常数有关，即同 C_1、C_2 和 C_3 有关。就自由螺线涡而言，其常数是可以求出的，试求得如下：

已知

$$H_b - h' = \frac{v_2^2}{2g}$$

则

$$v_2 = \sqrt{(H_b - h')2g}$$

故

$$C_3 = r_2 v_2 = r_2 \sqrt{2g(H_b - h')}$$

$$C_1 = r_2 v_2 \sin\alpha = r_2 \sqrt{2g(H_b - h')} \sin\alpha$$

$$C_2 = r_2 v_2 \cos\alpha = r_2 \sqrt{2g(H_b - h')} \cos\alpha$$

如果以图 2-1-13 中两盘中间的水平面为基准面，并用 $v_2 = \sqrt{(H_b - h')2g}$ 代入式（2-1-42），则任一点的压头为

$$\frac{P}{\rho g} = H_b - \frac{v^2}{2g} = H_b - \frac{v_2^2}{2g}\left(\frac{r_2}{r} \right)^2 = H_b - \left(\frac{r_2}{r_1} \right)^2 (H_b - h') \tag{2-1-44}$$

2. 强制螺线涡

强制螺线涡是由源流（或汇流）和强制涡合成的运动，它是在外力的连续作用下形成和发展的旋转运动，具有源流（或汇流）和强制涡的特征和性质。若将高出筒壁的流体以相等的速度由筒心连续补入，使其由旋转筒体的上缘连续溢出，则此流体运动类似于由源流和强制涡合成的强制螺线涡运动。若将筒体上缘封死，只在轴心处留一小孔，流体以相等的速度和相反的方向由筒壁连续补入，使其由旋转筒体的轴心连续排出，则此流体运动类似于由汇

流和强制涡合成的强制螺线涡运动。

设强制螺线涡运动的速度为 v_c，径向分速为 v_{cr}，切向分速为 v_{ct}，旋转筒体的角速度为 ω，根据伯努利原理则有如下关系。

当测定点在同一水平面时，由源流形成的压力差（压力降）和由强制涡形成的压力差分别为

$$\frac{P'_{c2}}{\rho g} - \frac{P'_{c1}}{\rho g} = \frac{v_{cr1}^2 - v_{cr2}^2}{2g} \qquad (2\text{-}1\text{-}45)$$

$$\frac{P''_{c2}}{\rho g} - \frac{P''_{c1}}{\rho g} = \frac{\omega^2}{2g}(r_{c2}^2 - r_{c1}^2) \qquad (2\text{-}1\text{-}46)$$

根据矢量关系，则强制螺线涡的压力差如下。

当各测定点在同一水平面时：

$$\frac{P_{c2}}{\rho g} - \frac{P_{c1}}{\rho g} = \frac{\omega^2(r_{c2}^2 - r_{c1}^2)}{2g} + \frac{v_{cr1}^2 - v_{cr2}^2}{2g} \qquad (2\text{-}1\text{-}47)$$

当各测定点不在同一水平面时：

$$\left(\frac{P_{c2}}{\rho g} + h_{c2}\right) - \left(\frac{P_{c1}}{\rho g} + h_{c1}\right) = \frac{\omega^2(r_{c2}^2 - r_{c1}^2)}{2g} + \frac{v_{cr1}^2 - v_{cr2}^2}{2g} \qquad (2\text{-}1\text{-}48)$$

如果将 $\omega = \dfrac{v_{ct}}{r_c}$ 代入上式，则强制螺线涡任意两点间的压力降就只是 v_{cr} 和 v_{ct} 的函数。根据源流和强制涡的特性：$r_c v_{cr} = C$ 和 $v_{ct} = C r_c$，可以通过其流动性质和水面位置确定 v_{cr} 和 v_{ct}，进而按式（2-1-47）和式（2-1-48）预测各相应点的压力。

3. 组合螺线涡

组合螺线涡是由自由螺线涡与强制螺线涡合成的复合螺线涡运动。当组合螺线涡是由源流与涡流合成时，运动流体在自由螺线涡域具有源流和自由涡的基本性质，在强制螺线涡域具有源流和强制涡的基本性质；当组合螺线涡是由汇流与涡流合成时，运动流体在自由螺线涡域具有汇流和自由涡的基本性质，在强制螺线涡域具有汇流和强制涡的基本性质。

第二节　旋流分离机理

由于水力旋流器属于分离设备，因此必须提到混合物的概念。混合物可以分为两大类：物系内部各处物料性质均匀而不存在相界面的，称为均相混合物或均相物系。溶液及混合气都是均相混合物。物系内部有隔开两相的界面存在，而且界面两侧的物料性质截然不同的，称为非均相混合物或非均相物系。含尘气体及含雾气体属于气态非均相物系；悬浮液、乳浊液以及含有气泡的液体，即泡沫液，都属于液态非均相物系。非均相物系里，处于分散状态的介质，如悬浮液中的固体颗粒、乳浊液中的微粒、泡沫液中的气泡，统称分散介质（或离散相）；包围着离散相物质而处于连续状态的流体，如气态非均相物系中的气体、液态非均相物系中的连续液体，则统称为连续介质（或连续相）。

非均相物系可采用机械方法加以分离，主要包括离心分离、重力沉降、过滤分离及磁力分离等。要实现这种分离必须使离散相与连续相之间发生相对运动，因此，这类分离操作遵循流体力学的基本规律。

一、离散相液滴的受力分析

对水力旋流器内部离散相液滴的受力进行分析，特别是径向受力分析，找出其运动规律，进而分析其对分离性能的影响、做出合理的效率预测等是当前液-液旋流分离技术开发与应用中的一项重要研究课题。由于水力旋流器内流场较为复杂，离散相介质的运动受到诸多因素的作用，其本身又容易变形与破碎，不论是试验研究还是理论分析都有相当的难度。对离散相液滴的径向受力，以往的理论研究大都将其简化为两个：一个力是由于液体在水力旋流器内高速旋转，离心加速度使存在密度差的轻质离散相与重质连续相产生了不同的离心力，它促使离散相液滴向轴心移动；另一个力是离散相液滴做径向运动时受到连续相液体对其的阻力，即所谓的斯托克斯力，这就是使离散相液滴做径向运动的外力。这种分析忽略了其他几个作用在液滴上的力，因而不够准确。

结合水力旋流器速度场的测定与分析，对离散相液滴的受力状态，主要是径向的受力状态做以下细致的分析。

1. 离心力

以双锥型水力旋流器为例，其主要分离区为小锥段，故在小锥段任取一截面，分析该截面上的切向速度分布及液滴所受的离心力，试验测出了此截面上的切向速度分布。根据测出的各点切向速度 v_t，可求出各点的离心加速度 a_t 为

$$a_t = \frac{v_t^2}{r} \tag{2-2-1}$$

式中，r 为截面上任一点距轴心 O 的径向距离。

各点的加速度分布如图 2-2-1 所示。可以看出，离心加速度的总体趋势与切向速度相似，最大切向速度点 r_m 处也对应最大离心加速度 $a_{t\max}$，以此为界将水力旋流器流场分成了两个区。从数值上分析，离心加速度比重力加速度一般大几千倍以上，所以在水力旋流器的实际计算中重力对液滴的作用是可以忽略不计的。

离散相液滴在离心加速度作用下产生的离心力 F_a 可表示如下

$$F_a = m_o a_t = \frac{\pi}{6} x^3 \rho_o \frac{v_t^2}{r} \tag{2-2-2}$$

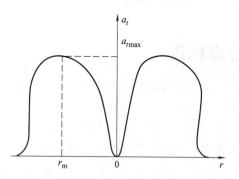

图 2-2-1 截面各点加速度分布图

式中　m_o ——离散相颗粒的质量；
　　　ρ_o ——离散相颗粒的密度；
　　　x ——离散相颗粒的直径。

毫无疑问，这个力是使离散相液滴向外（远离轴心）运动的力。

2. 径向梯度力

水力旋流器内的流场为一组合涡，而涡流运动的特点是外部压力最高，轴心处压力最低，径向存在压力差。这一径向压力差的存在也是造成离散相液滴径向流动的原因之一，下面计算其在径向产生的作用力的大小。

为了分析方便，在任意半径 r 处取一小微元体，设其质量为 m，当量直径为 x。小微元

体以切向速度 v_t 运动时，作用于其上的离心力为 $m\dfrac{v_t^2}{r}$。由于径向压力差的存在，假定微元体外侧压力为 $p+\mathrm{d}p$，而内侧压力为 p，径向上的压力梯度为 $\dfrac{\mathrm{d}p}{\mathrm{d}r}$。微元体周围的连续相介质可看作是做匀速圆周运动，其质量为 m_w 时，对直径为 x 的液滴在径向上由压差所产生的作用力 F_p 可写作

$$F_\mathrm{p}=\frac{\pi}{6}x^3\frac{\mathrm{d}p}{\mathrm{d}r}=m_\mathrm{w}\frac{v_t^2}{r}=\frac{\pi}{6}x^3\rho_\mathrm{w}\frac{v_t^2}{r} \tag{2-2-3}$$

式中，ρ_w 为连续相介质密度。

将式中 ρ_w 用离散相液滴密度 ρ_o 和它的质量 m_o 代入，则

$$F_\mathrm{p}=m_\mathrm{o}\frac{\rho_\mathrm{w}}{\rho_\mathrm{o}}\times\frac{v_t^2}{r} \tag{2-2-4}$$

比较式（2-2-3）和式（2-2-2），由于一般在液-液分离中，连续相为重质相，而 $\rho_\mathrm{w}>\rho_\mathrm{o}$，故 $\dfrac{\rho_\mathrm{w}}{\rho_\mathrm{o}}>1$，因此 $F_\mathrm{p}>F_\mathrm{a}$。

显然，F_p 是指向核心的，即压力梯度产生的径向力 F_p 是使离散相液滴向内部运动的力。在这个力的作用下，轻质离散相液滴向内部运动的速度大于连续相介质的速度，产生了分离。

3. 斯托克斯力

当离散相液滴沿径向相对于连续相介质运动时，液体的黏性会对液滴的运动产生阻力。如果水力旋流器中两相介质混合液的动力黏度为 μ，离散相液滴与连续相介质径向相对运动速度为 v_r，则其沿径向运动时液滴所受阻力用斯托克斯力 F_s 表示如下：

$$F_\mathrm{s}=3\pi\mu x v_r=\frac{18m_\mathrm{o}\mu v_r}{x^2\rho_\mathrm{o}} \tag{2-2-5}$$

显然，F_s 的方向指向壁面。

相对速度 v_r 可用下式计算：

$$v_r=\frac{\Delta\rho x^2}{18\mu}\times\frac{v_t^2}{r} \tag{2-2-6}$$

式中，$\Delta\rho$ 为连续相与离散相两相介质密度差。

粗略分析时可认为，以上三力（离心力 F_a、径向压力差产生的径向力 F_p 及斯托克斯阻力 F_s）的合力是使离散相液滴向内运动的力 F，即

$$F=F_\mathrm{p}-F_\mathrm{a}-F_\mathrm{s} \tag{2-2-7}$$

实际上，液滴在水力旋流器内的受力情况要复杂得多，不深入研究就无法从理论上准确分析，无法建立令人信服的数学模型，因而也不能确立设计准则，从而对分离效率进行预测。根据进一步的研究，至少有以下两种作用力必须加以考虑。

4. 马格纳斯力

马格纳斯（Magnus）对于平行流中旋转流体的受力情况进行试验研究后指出，一个圆柱体以角速度 ω 在流场中旋转，流体以速度 v 横向流过该圆柱体时，圆柱体上方由于其旋转方向与液流方向一致，使液体流速加快，而其下方的压力大于上方的压力，相当于给圆柱体作用了一个自下而上的垂直于液体流动方向的力，即所谓升力。在类似条件下，液流对其

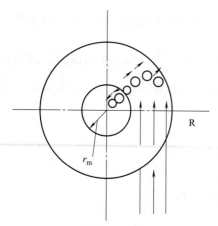

图 2-2-2　离散相液滴在流场中的旋转运动

他形状的物体，如球体，也会产生这种力，即所谓的马格纳斯力。

在水力旋流器内液体处于涡流状态，不同半径上沿圆周的切向速度不同，也就是说不同半径圆周上的液体之间有相对的速度差。离散相液滴由于受到各流层间内摩擦力的作用，会产生自身的旋转（图 2-2-2）。液滴的旋转方向以最大切向速度半径 r_m 分界，由于径向上的速度梯度不同，在内外涡流区中的旋转方向相反。液滴在流场中的旋转是产生马格纳斯力的原因。

从以上的分析可知，离散相液滴在水力旋流器流场中的旋转与以上情况相似，同时液滴在径向力的作用下还会有径向移动，促使液体流经液滴内外两侧的流速不同，因而在径向上附加了一个马格纳斯力。在外涡流区，即准自由涡中，液体内侧流体的流速加快，马格纳斯力的方向自外向内；而内涡流区，即准强制涡中，由于液滴旋转方向相反，其外侧液体流速加快，马格纳斯力由内向外。马格纳斯力的具体表达式如下：

$$F_M = k\rho_w x^3 \omega v_r \tag{2-2-8}$$

式中　F_M——马格纳斯力；

　　　k——常数；

　　　ω——离散相液滴旋转角速度。

前面已指出，由于液滴旋转方向不同，在内外涡流区马格纳斯力的作用方向不同。因此，离散相液滴在外涡流区的受力方程应写为

$$F_a + F_s = F_p + F_M \tag{2-2-9}$$

此式可进一步整理，这里不再赘述。由于在此区域内马格纳斯力是推动液滴向核心运动的力，对分离是有利的。

在准强制涡（内涡流区）：

$$F_a + F_s + F_M = F_p \tag{2-2-10}$$

在此区域内，马格纳斯力是使液滴离开核心向外运动的力。

马格纳斯力对分离性能有影响是确定无疑的，但由于常数 k 值在不同的文献中给出的值有所差别，且与连续相介质的性质有关，在水力旋流器内部如何取值，尚无这方面的详细资料。因而目前若想精确计算出马格纳斯力的大小尚有一定的困难，有待于做进一步的工作。

5. 切应力

如果说以上各种力主要是使离散相液滴沿径向运动的力，那么切应力主要是引起液滴旋转、变形及破碎等。涡流场内沿半径方向上由于各点的切向速度不同，存在着速度梯度 $\dfrac{dv_t}{dr}$，各流层之间有内摩擦力，使分布在流场各处的离散相液滴受到切向应力，虽然切应力不是径向上的作用力，但它是导致离散相液滴破碎，进而使之乳化的重要原因，也直接影响着两相介质的分离效率。因此，对切应力应加以认真研究。

对水力旋流器，无论是外旋流区的准自由涡还是内旋流区的准强制涡，都有下式存在：

$$v_t r^n = C \tag{2-2-11}$$

因此，离散相液滴所受的切应力可表示为

$$\tau = \mu \frac{\mathrm{d}v_t}{\mathrm{d}r} = -\mu n C r^{-n-1} \tag{2-2-12}$$

根据试验研究可得出这样的关系，即在同一截面中，指数 n 的值随水力旋流器流量的变化而改变，但常数 C 则随流量的增加而增加。所以，当水力旋流器流量加大时，离散相液滴所受的切应力也加大，这一点很容易理解。至于黏度 μ 的影响，由式（2-2-12）可知，μ 加大时，切应力 τ 的大小也相应加大，即黏度愈大的连续相介质对离散相液滴的切应力愈大。这就是黏度大的液体在水力旋流器中离散相液体介质乳化严重而难以分离的原因，如聚合物驱采出液的旋流分离即是典型的例证。

在准自由涡与准强制涡中，切应力公式的区别仅仅在于指数 n 的取值范围不同，根据对双锥体水力旋流器试验的结果可知，在外旋流区的准自由涡中 n 值为正值（$0<n<1$），这就意味着在此区域内切应力的方向与切向速度的方向相反。而在内旋流区的准强制涡中 n 值为负值（$-1<n<0$），所以此区域内切应力的方向与切向速度的方向相同。

总之，水力旋流器中，尤其是液－液分离用水力旋流器内的液体运动是决定其分离性能的内在因素。而影响液体运动的外部条件有很多，除结构参数外，操作条件的变化（流量、浓度、分流比等）也是重要原因。颗粒与液滴的运动规律更是人们关心的问题。但由于问题的复杂性，至今仍在研究阶段，各位学者提出的观点都还不够充分，有待从理论与实验两方面加以发展和完善，今后还有大量工作要做。

二、颗粒与流体的相互作用

1. 低浓度时颗粒与流体的相互作用

当颗粒浓度（体积分数）低于 5％时，由于各颗粒之间的距离很远，所以当颗粒通过流体运动时可认为不受其他颗粒的影响。如图 2-2-3 所示，当流体以一定速度绕过静止的固体颗粒流动时，流体的黏性会对颗粒有作用力。反之，当固体颗粒在静止流体中移动时，流体同样会对颗粒有作用力。这两种情况的作用力性质相同，通常称之为曳力或阻力。

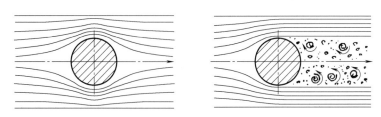

图 2-2-3 流体绕过颗粒的运动

阻力的大小随颗粒与流体间的相对运动速度而变，可仿照管内流动阻力的计算式写出如下关系：

$$F_D = \xi A \frac{\rho u^2}{2} \tag{2-2-13}$$

式中　F_D——阻力，N；

ξ——阻力系数；

A——颗粒在垂直于运动方向的平面上的投影面积，对球形颗粒 $A = \pi \left(\dfrac{x}{2} \right)^2$，$\mathrm{m}^2$；

u——颗粒与流体间的相对速度，$\mathrm{m/s}$；

ρ——流体的密度，$\mathrm{kg/m}^3$。

对于快速运动的粗颗粒，阻力主要是由于流体的惯性造成的，此时 ξ 是常数。对于缓慢运动的细颗粒，其阻力大小受黏性力的影响，此时阻力系数是颗粒与流体相对运动时的雷诺数 Re 的函数，即

$$\xi = f(Re) \tag{2-2-14}$$

而

$$Re = \frac{xu\rho}{\mu} \tag{2-2-15}$$

因此

$$\xi = f\left(\frac{xu\rho}{\mu} \right) \tag{2-2-16}$$

式中 μ——流体黏度，$\mathrm{Pa \cdot s}$；

x——颗粒直径，m。

此函数关系需由试验测定。球形颗粒的 ξ 试验数据如图 2-2-4 所示。图中曲线大致可分为三个区域。

① 当雷诺数较小时（$10^{-4} < Re < 1$），颗粒与流体的相对运动速度较小，此时黏性力是主要的，该区域是层流区。阻力系数 ξ 可由纳维-斯托克斯方程（Navier-Stokes 方程，N-S 方程）推得

$$\xi = \frac{24}{Re} \tag{2-2-17}$$

将式（2-2-17）和式（2-2-15）代入式（2-2-13），可推得阻力的表达式为

$$F_{\mathrm{D}} = 3\pi\mu u x \tag{2-2-18}$$

此式即为斯托克斯（Stokes）定律，是分离理论中的一个重要的关系式。

② 雷诺数 $1 < Re < 10^3$ 时为过渡区。在此区域内，ξ 可近似表示为

$$\xi = \frac{18.5}{Re^{0.6}} \tag{2-2-19}$$

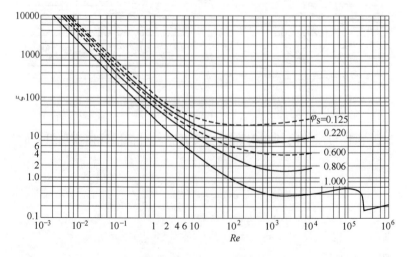

图 2-2-4 ξ-Re 关系曲线

③ 雷诺数 $10^3 < Re < 10^5$ 时，流体流态为湍流，该区域称为湍流区域。此区域内阻力系数 ξ 为常数，即

$$\xi = 0.44 \tag{2-2-20}$$

非球形颗粒在流体中运动时，所受的阻力与它的形状密切相关。颗粒形状与球形的差异程度，可用它的球形度来表示，即

$$\varphi_s = \frac{S}{S_p} \tag{2-2-21}$$

式中　φ_s——颗粒的球形度，或称形状系数；

　　　S_p——颗粒的表面积，m^2；

　　　S——与该颗粒体积相等的圆球的表面积，m^2。

球形度 φ_s 值越小，颗粒形状与圆球的差异越大。当颗粒为球形时，$\varphi_s = 1$。

几种 φ_s 值下的阻力系数 ξ 与雷诺数 Re 的关系曲线，已根据实验结果绘于图 2-2-4 中。对于非球形颗粒，雷诺数 Re 中的直径 x 要用颗粒的当量直径 x_e 代替。x_e 是与一个颗粒体积相等的圆球的直径，即 $\dfrac{\pi x_e^3}{6} = V_p$。

所以

$$x_e = \sqrt[3]{\frac{6V_p}{\pi}} \tag{2-2-22}$$

式中，V_p 为任意形状颗粒的体积，m^3。

由图 2-2-4 可见，颗粒的球形度越小，对应于同一 Re 值的阻力系数 ξ 越大，但 φ_s 值对 ξ 的影响在层流区内并不显著。随着 Re 值的增大，这种影响逐渐变大。

当流体带着颗粒旋转时，如果颗粒的密度大于流体的密度，则惯性离心力会将颗粒沿切线方向甩出，即使颗粒在径向与流体发生相对运动而远离中心。假设颗粒所在的位置上是一团与周围介质一样的流体，旋转时却不会将这团流体甩出。可见这个位置周围的流体对原有的颗粒有一个指向中心的作用力，此作用力恰好等于同体积流体维持圆周运动所需的向心力。若与重力场的情形相比，则此作用力与颗粒在重力场中所受介质的浮力相当。此外，由于颗粒在径向上与流体有相对运动，所以也会受到阻力。综上所述，此时颗粒在径向上受到三个力的作用。如果颗粒呈球形，其密度为 ρ_s，直径为 x，流体的密度为 ρ，颗粒质量为 m，颗粒离心加速度为 a，则颗粒在径向上受到的三个作用力分别是：

惯性离心力 ma，向心力 $\dfrac{m\rho a}{\rho_s}$，阻力 $3\pi\mu u x = \dfrac{18m\mu u}{x^2 \rho_s}$。

2. 悬浮液中颗粒与流体的相互作用

随着悬浮液中固体浓度的增加，颗粒间的距离缩短，将产生相互影响。如果分散在悬浮液中的颗粒分布不均匀，在颗粒稀少的区域，由于颗粒与流体的体积置换造成的回流占优势，其总效应会使沉降速度加快。这种影响只有在颗粒尺寸几乎相同的悬浮液中才较为明显。在多数情况下，含有多种尺寸颗粒的悬浮液中，絮凝团的存在时间较短，不足以影响沉降性能，而且由于回流的均匀分配，沉降速度将随浓度的增加而持续下降，这种沉降叫作受阻沉降。受阻沉降可通过三个不同的方法来近似加以描述：①引入校正因子；②采用与纯液体性质不同的悬浮液的表现性质；③修改著名的 Carmar-Kozeny 方程的固定床展开式。这三种方法得到的结果实际上是相同的。

在重力场中，悬浮液中几乎不存在能破碎絮凝物的剪应力，因而絮凝现象是常见的。它可以自然形成或由于化学添加剂的作用快速形成。在水力旋流器中，絮凝现象则不会发生，因为流体在旋流器中高速旋转时，流体内部产生很大的剪应力。传统的看法一直认为，由于疏松的絮凝物、聚集物或液滴将会快速破碎，所以任何试图在水力旋流器内进行人为絮凝的做法都是徒劳的。但最近有人对此提出了不同的看法，发现确实有一些絮凝物幸免于剪切应力的破碎。然而与重力分离不同，至今还没有一个理论模型能够计算水力旋流器中絮凝作用的影响。

三、旋流聚结机理

旋流聚结的根本原因是在旋流场中的碰撞使离散油滴之间的界面膜破裂，致使两个或两个以上的油滴合并成一个油滴。碰撞后液滴合并的条件是导致液滴合并的力超过水和油之间的界面张力。因此，为了在旋流场中实现聚结，液滴之间必须发生碰撞。液滴在旋流场中的碰撞主要有三种形式——径向碰撞、切向碰撞和轴向碰撞，具体表述如下。

1. 径向碰撞聚结

油滴在旋流场中绕中心做三维螺旋运动。在径向力的作用下，油滴的旋转半径在旋转过程中逐渐减小。最后，油滴的径向运动在聚结内芯处停止。假设旋流场中不存在衍生涡流，油滴所受径向合力可表示为

$$\sum F_r = F_p - F_a - F_s \pm F_M \tag{2-2-23}$$

当油滴处于旋流场的外部准自由涡中时，马格纳斯力的方向朝向中心，F_M 前面的符号是"＋"。油滴径向运动微分方程为

$$m_o \frac{dv_r}{dt} = F_P - F_a - F_s + F_M \tag{2-2-24}$$

油滴粒径为 d_o 时，径向运动速度可表示为

$$\frac{dv_r}{dt} = \frac{v_t^2}{r} \times \frac{\rho_w - \rho_o}{\rho_o} - \frac{18 v_r \mu_w}{d_o^2 \rho_o} + \frac{6 k \rho_w \omega v_r}{\pi \rho_o} \tag{2-2-25}$$

当油滴径向力在旋流场中达到平衡时，$\sum F_r = 0$，外部准自由涡中的油滴径向速度方程可表示为

$$v_r = \frac{v_t^2}{r} \times \frac{(\rho_w - \rho_o) \pi d_o^2}{18 \mu \pi - 6 k \rho_w \omega d_o^2} \tag{2-2-26}$$

当油滴处于内部准强制涡时，马格纳斯力的方向是朝向壁面的，F_M 前的符号为负号。外部准自由涡中油滴径向速度方程可表示为

$$v_r = \frac{v_t^2}{r} \times \frac{(\rho_w - \rho_o) \pi d_o^2}{18 \mu \pi + 6 k \rho_w \omega d_o^2} \tag{2-2-27}$$

上式表明，无论油滴是在内部准强制涡中还是在外部准自由涡中，不同直径油滴的径向速度是不同的。

油滴 a_o 以径向速度 v_{r1} 进入聚结器并向中心移动，直径较大的油滴 b_o 以径向速度 v_{r2} 稍晚进入聚结器。根据式（2-2-26）与式（2-2-27）可知，$v_{r1} < v_{r2}$，如图 2-2-5 所示，Δt_1

时间后两油滴分别移动到 a_1 和 b_1 位置并发生碰撞聚结。

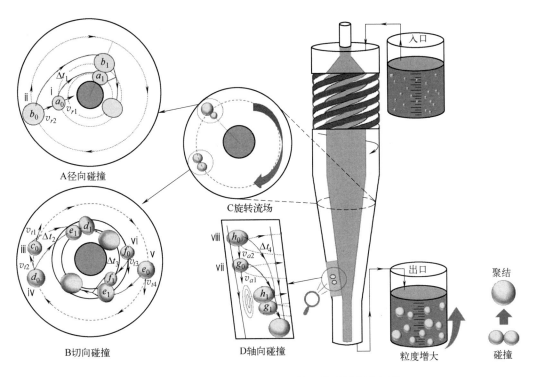

图 2-2-5 旋流场中油滴碰撞聚结的过程和原理

2. 切向碰撞聚结

旋流聚结器（水力聚结器）中液体流动以切向旋转为主，这是产生油水分离所需离心力的主要因素。根据液体流动的切向速度分布，旋流聚结器内的旋流场可分为内部准强制涡和外部准自由涡，切向速度可由下式表示：

$$v_t = Cr^{-n} \tag{2-2-28}$$

在外部准自由涡中，$n \in (0,1)$，切向速度随径向位置（即半径大小 r）的减小而增大。如图 2-2-5 所示，有两种类型的聚结。

一种情况是，油滴 c_0 以切向速度 v_{t1} 进入旋流聚结器，并且较大的油滴 d_0 以切向速度 v_{t2} 在同一径向位置进入旋流聚结器。由于液滴 d_0 直径较大，因此液滴 d_0 在径向上运动速度较快，但油滴 c_0 的切向速度较大，$v_{t1} > v_{t2}$。在 c_1 和 d_1 位置，Δt_2 时间后液滴 c_0 与液滴 d_0 以较大的旋转弧度发生碰撞，油滴 c_0 与 d_0 合并成较大的油滴。

另一种情况是，油滴 e_0 以切向速度 v_{t4} 先进入旋流聚结器，然后油滴 f_0 从更靠近旋流聚结器中心的位置进入旋流聚结器。但油滴 f_0 的直径小于油滴 e_0，且油滴 f_0 的切向速度大小为 v_{t3}。由于径向位置不同，有 $v_{t3} > v_{t4}$，又因为油滴 f_0 相比于直径更大的油滴 e_0 获得了更大的径向速度，因此，Δt_3 时间后两油滴会发生碰撞，随后油滴 e_1 和 f_1 会发生聚结。

在内部准强制涡中，$n = -1$，径向位置的切向速度分布与外部准自由涡相反，内部流体的转速小于外部流体的转速，旋转的形式类似于刚体。由于该区域的切向差异，切向碰撞聚结很少发生，但存在随机湍流作用下的聚结。

3. 轴向碰撞聚结

在准自由涡和准强制涡的过渡区，流体存在较大的轴向速度梯度，会引起油滴之间的轴向碰撞，并且在旋流聚结器的轴截面上存在大量由紊流引起的衍生涡流。当油滴 g_0 以轴向速度 v_{a1} 向出口移动的过程中，另一个油滴 h_0 以轴向速度 v_{a2} 在相同的径向位置跟随 g_0 时，存在 $v_{a2} < v_{a1}$。如果油滴 g_0 遇到轴向涡流，会降低 g_0 的轴向速度，此时 $v_{a1} < v_{a2}$，这将导致油滴 h_0 在 h_1 和 g_1 位置与油滴 g_0 碰撞，轴向聚结过程如图 2-2-5 所示。

第三节　水力旋流器内的速度场分布

水力旋流器内的液流呈现出复杂的流动状态，从旋涡运动的角度来看，有半自由涡与强制涡的组合运动；从轴向与切向运动的合成而言，有外旋流与内旋流之分；从径向与切向的综合流动分析，则有所谓的螺旋流存在。这些运动形式反映了水力旋流器内液流运动的主要态势，或者说反映了主分离区（溢流管以下区域）的流动状况。在主分离区以外的其他区域，还存在着若干附加的但仍是重要的液流运动形式，如沿盖顶边界层进入溢流的短路流（或称盖下流），在顶分离区（即溢流管与筒壁之间的区域）以及溢流管下端附近存在的循环涡流等。此外，在常规水力旋流器中心附近，存在一定尺寸的空气柱，其虽然不属于液流运动的范畴，但却与液流运动密切相关。

水力旋流器内之所以存在相当复杂的液流运动，是由于其存在特定的几何结构及进流方式：流体自旋流器边壁处沿切向进入，静压力大部分转变为液流的旋转运动；液流自边壁进入而从中心处排出，必然存在向内的径向流动；由于液流自上下两端以溢流及底流的形式产出，因此轴向流动势必存在方向上的转折点，所有这些转折点构成了所谓的零轴向速度包络面（LZVV）。正是切向、轴向和径向的三维流动以及它们之间的相互组合形成了水力旋流器内一系列独特的液流特征。显然，旋流器结构的变化必将影响这些流动特征的存在方式，甚至决定其存在与否。例如，减小溢流管外壁与筒壁之间的距离，可使预分离区内的双环涡流变为单环涡流并可减少短路流；当溢流管深部插入时，在旋流器锥体部分的溢流管与器壁间存在大范围的闭环涡流，但当溢流管显著缩短时，这种涡流则没有出现；当对旋流器底流口予以密封，或用固体芯柱占据中心位置时，旋流器内重要流动特征之一的空气柱便消失了；在使用厚壁溢流管的旋流器中，可使零轴向速度包络面扩展为楔形的轴向零速区等。从某种意义上来说，正是由于水力旋流器结构上的变化，才导致流动状态的多种多样，进而吸引如此众多的科学工作者致力于旋流器流场的探索与研究，尽管这种变化并不会改变水力旋流器中的液流运动的基本特性。

本部分内容将对水力旋流器内液流在切向、轴向及径向的流动问题展开阐述。章节内所牵涉到的液流运动速度都是指平均速度。

一、切向速度

在水力旋流器内的三维液流运动中，切向速度具有最重要的地位。这不仅是因为切向速度在数值上要大于其余两相速度，更重要的是切向速度产生的离心力是旋流器分离的基本前提。

1. 切向速度的数学模型

一般认为，水力旋流器内液流的切向速度分布符合准自由涡规律，但不同的研究者曾提出不同的数学表达式，表 2-3-1 列出了若干这样的公式。

表 2-3-1　水力旋流器液流切向速度公式

序号	作者	公式	提出时间/年
1	M. G. Driessen	$u_\theta = \dfrac{v_{in}(R-r_f)}{r}\dfrac{1+\ln(r/r_0)}{1+\ln(r_f/r_0)}$	1951
2	D. F. Kelsall	$u_\theta = K(r)G^{1.115}$	1952
3	F. J. Fontein，C. Dijksman	$u_\theta = \dfrac{k_1}{r} + k_2 r$	1953
4	K. Rietema	$u_\theta = \dfrac{v_m R}{r}\left\{ u - k\exp\left(\dfrac{ur}{v+\varepsilon}\right) \times \left[\dfrac{(v+\varepsilon)^2 - r(v+\varepsilon)}{u^2 R^2}\right]\right\}$	1961
5	M. F. Akonob	$u_\theta = \dfrac{A\exp(r/n) + B\exp(-R/n)}{r}$	1961
6	А. И. Жангаран	$u_\theta = A v_{in}\left(\dfrac{R}{r}\right)^{1-n}$	1962
7	E. O. Lilge	$u_\theta = 5.31 v_{in}\left(\dfrac{A_i}{A_c}\right)^{0.565}$	1962

注：u_θ 为在半径 r 处的切向速度；r_f 为进口半径；r_0 为溢流管半径；R 为旋流器半径；v_{in} 为进口处平均速度；v_m 为入口处最大速度（相当于在半径 R 到 r_f 处的流速）；u 为器壁处的径向流速；v 为运动黏度；ε 为湍流黏度；A，B，k，k_1，k_2，n 为常数，与旋流器结构及工作条件有关；G 为旋流器处理的液流量；$K(r)$ 为随半径 r 而变化的比例系数；A_c 为溢流管底口所在处旋流器横截面积；A_i 为旋流器进口截面积。

在所有描述水力旋流器准自由涡区液流切向速度的公式中，以 Bradley 和 Pulling 根据 Kelsall 的实验数据所提出的表达式最为简单，也最为常用：

$$u_\theta r^n = C_4 \tag{2-3-1}$$

式中，C_4 为常数，与旋流器操作条件及结构参数有关；n 为指数，其数值一般在 $0.4 \sim 0.9$ 之间。虽然 Bradley 本人曾认为从流体动力学角度很难对式（2-3-1）予以解释，但该式确能很好地拟合实验数据，因而现已成为水力旋流器准自由涡区液流切向速度的经典表达式。

在准自由涡与空气柱边界之间的过渡区内，Lilge 曾给出切向速度的经验式如下：

$$u_\theta = mr + b \tag{2-3-2}$$

式中的斜率 m 及截距 b 皆依赖于旋流器的工作条件。值得注意的是，该式中截距并不为零，说明切向速度并不符合强制涡规律。至于空气柱的运动，Stairmand 曾推测其如固体般以恒定角速度旋转。根据实验观察到的现象，这种推测大致是合理的，不过迄今为止，在技术上还未能实际测定水力旋流器空气柱内的速度分布。

2. 切向速度的测定

水力旋流器内液流运动的实际测定，一般首推 Kelsall 的测量结果。图 2-3-1 所示为 Kelsall 用光学观察法测出的切向速度分布，这是一个为广大水力旋流器研究者所熟知并得到广泛引用的测定结果。

毋庸置疑，Kelsall 的工作对后来的研究者产生了深远影响，但必须指出的是，他的测定结果由于一些原因，也存在一些不足之处。第一，他在测定时所用的旋流器在结构上显著

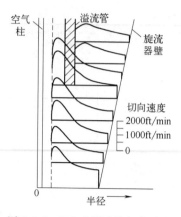

图 2-3-1 Kelsall 测出的切向速度
分布（1ft= 304.8mm）

不同于工业上广为应用的形式，即溢流管过深地插入旋流器的锥体部分（见图 2-3-1）；第二，他所测定的横截面较少，因此所得的某些结论（如相同半径处切向速度相同等）不具普遍性；第三，他根据数据点作出的曲线带有一定的主观性，这主要表现在对空气柱附近切向速度的处理方面。在准自由涡与空气柱之间，一般仅根据两个测点的数据就连成了直线，而且画出的速度突降点并非实际测出（见图 2-3-1），这样就会使后来的一些研究者产生某种思维上的定势，使他们误认为在空气柱附近的液流做强制涡运动而忽略了过渡区的问题。

运用激光测速技术研究水力旋流器内的液流运动引起了广泛的注意。而其中 Hsieh 等人的工作具有一定的代表性。图 2-3-2 即为他们对切向速度的测定结果。从中可见，如果说在流管下端附近切向速度可认为与轴向位置相关的话，则随测点的下移，轴向位置的影响趋明显，但最大切向速度的所在位置似乎是固定的，这与旋流器正常工作时空气柱尺寸的大致均匀性相对应。

3. 切向速度的对称性与相似性

流场的对称与否对水力旋流器工作效果的好坏有相当影响。从图 2-3-2 所示的切向速分布来看，在溢流管以下的一定区域内，切速度存在良好的对称性，但在柱体部分及接近底流口处，对称性较差。柱体部分流动的不对称显然与旋流器进流方式（即液流自一侧沿切向进入）有关；至于底流口附近的不对称流，Hsieh 等将其归因于流道的变窄而导致的湍流脉动的加强，这固然是可能的解释之一，不过在底流口附近空气柱形状及大小的变化较为突出，进而引起流场的较大波动也应是主要的原因。

所谓流动的相似性，指的是速度分布随进流压力保持线性变化的能力。Kelsall 测定了水力旋流器内切向速度分布随入口压力的变化情况。图 2-3-3 所示为切向速度分布与压力的关系。不难发现，切向速度分布存在良好的相似性。这一点在对旋风分离器的研究中也已得到证实（见图 2-3-4）。顺便指出，图 2-3-4 中心涡束部分的气体运动可看作准强制涡（轴线附近的切向速度测量难免有较大误差），这对分析水力旋流器内空气柱的流动有一定的参考作用。

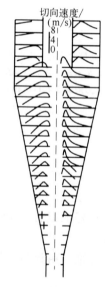

图 2-3-2 切向速度的
激光测定结果

二、轴向速度

在水力旋流器的三维液流运动中，流动方向发生明显改变的是轴向速度。尽管液流的轴向速度及其分布不像切向及径向流动那样，对颗粒在径向的位置有直接影响，但它却决定流体介质在溢流及底流中的分配。从大小上来看，轴向速度与其他两向速度一样，都取决于进口流速；从分布上来看，轴向速度则依赖于旋流器的内部结构，尤其是溢流口及底流口的尺寸及其相对大小。轴向速度分布的一个重要特点是零轴向速度包络面（LZVV）的存在。LZVV 是内旋流与外旋流的分界面，其位置对水力旋流器的分离粒度（旋流器的分离粒度定

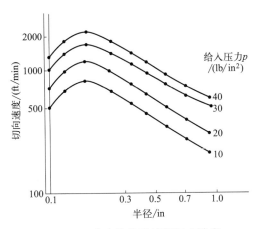

图 2-3-3　水力旋流器液流切向速度
随压力的变化❶

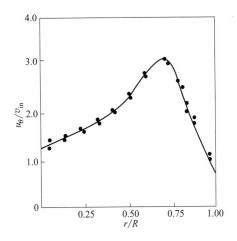

图 2-3-4　两种进口速度下旋风分离器中切向
速度的归一化分布

r—当前位置半径；R—旋流器半径；
r/R—当前位置在整个旋流器半径中占比

义为以相等概率进入溢流或底流的颗粒粒度）有重要影响。

为更准确地了解速度场的特点，如图 2-3-5 所示，分别在旋流器的不同轴向位置上（从旋流腔到小锥段）选取了八个截面。

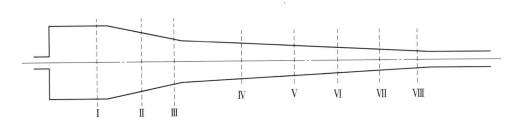

图 2-3-5　旋流器样机测量截面示意图

1. 轴向速度的测定

由于小锥段的流场最为稳定，因此以小锥段的截面Ⅴ为例来说明轴向速度的测定。由于轴向速度是关于轴心周向对称的，只测量某一半径上各点的轴向速度即可。测量时为观察其轴向对称性，在截面Ⅴ上将两束激光的交点从一侧边界逐点移至另一侧边界，测出了整个直径上的速度分布。图 2-3-6 为截面Ⅴ在某一进口流量下的轴向速度分布图（以溢流口方向为正方向）。可以看出，在旋流器器壁附近轴向速度指向底流口方向，达到最大值（负值）。随着半径减小，轴向速度亦减小，在某一点处为零，称为零轴向速度点（零速点）。半径继续减小时，轴向速度反向指向溢流口，在中心线附近（核心处）达到最大值（正值）。从中心向另一侧边界移动，半径逐渐加大时，轴向速度基本呈中心对称分布状，在边界层附近出现了一些不规则的变化，这是由边界层的流动状态及测量误差造成的。

---

❶ 图中单位 in 为非法定计量单位英寸，1in＝25.4mm；ft/min 中 ft 为非法定计量单位英尺，1ft＝304.8mm；lb/in² 也为非法定计量单位磅每平方英寸，1lb/in²≈6.9kPa。

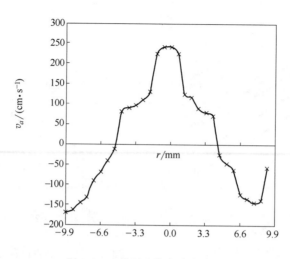

图 2-3-6 截面Ⅴ轴向速度分布

（1）轴向速度场的特点

对Ⅰ至Ⅷ各截面的轴向速度进行测量，可得出类似的结果，将这些速度点画在水力旋流器纵向剖面上，得出如图 2-3-7 所示的结果。由此可清楚看出，水力旋流器的轴向速度，以零轴向速度包络面为界分为两个旋流区：外旋流区轴向速度指向底流，这一区域的流体边旋转边向底流口流动，最终从底流口排出；而内旋流区的流体则边旋转边向溢流口流动，最终从溢流口排出。当然在水力旋流器的内部流体还存在着径向速度分量，内、外旋流区的液体沿径向会有一定的交换，轻介质逐渐移向轴心附近的内旋流区，而重介质向外移动至外旋流区，两相介质从不同的出口排出，达到分离的目的。所以说，轴向速度也是分离的重要因素。

图 2-3-7 水力旋流器各截面轴向速度分布图

（2）不同截面轴向速度的变化规律

在水力旋流器的不同截面上，轴向速度的分布虽然大体上相似，但轴向速度的大小按一定的规律变化，见图 2-3-8 和图 2-3-9，分别是大锥段与小锥段不同截面上的轴向速度分布图。在大锥段轴向速度随截面位置变化并不明显，可以看成没有什么变化。而在小锥段，截面越接近底流口，即距溢流口越远，旋流向上流动的速度愈小，而外旋流向下流动的速度愈大。这种结果正是希望得到的。因为两相介质的分离主要是在小锥段，底流圆柱段尾管不起分离作用，称为稳流段，轻质离散相介质在此段内一般不会再流至内旋流中，因此也不需要再有核心处向溢流口流动的内旋流。所以从实际工作要求来说，旋流器的尾管中不必有向溢流口流动的内旋流。

轴向速度的这种变化还说明，小锥段是分离的主要区域，在此区域内不断有轻质相介质沿径向运动至内旋流中，使内旋流的总量由小端向大端不断增加，轴向速度逐渐加快，愈接

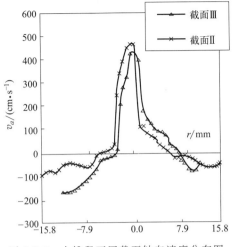
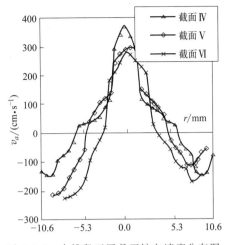

图 2-3-8 大锥段不同截面轴向速度分布图   **图 2-3-9** 小锥段不同截面轴向速度分布图

近尾管处其总流量愈小，轴向速度愈慢。大锥段不是分离的主要区段，因而内旋流的流量不会有明显的增加，所以轴向速度变化也不明显。至于外旋流，则由于愈接近尾管处流向内旋流的液体愈少，截面积也逐渐减小，因此向底流的轴向速度愈来愈大。

2. 轴向速度分布及其模型

在不同的角锥比（角锥比定义为溢流口直径 d_0 与底流口直径 d_s 之比，即 d_0/d_s）下，Kelsall 测出的液流轴向速度分布如图 2-3-10～图 2-3-12 所示（需要指出的是，通常所用的水力旋流器，其角锥比都大于 1，例如对分级用旋流器，Bradley 推荐的角锥比为 3。这里引用 Kelsall 在角锥比小于及等于 1 时的轴向速度测量结果，只是为了说明角锥比的变化对轴向流动的影响）。以常被研究者引用的图 2-3-10 为例，可见轴向速度分布有如下特点：第一，在溢流管外侧区域，轴向流动两次改变方向，这表明在该区域存在循环流及路流；第二，在溢流管以下区域向上的轴向流动比向下的流动要快得多，这表明大部分介质进入溢流；第三，轴向流动的转折点（即零速点）恰好处于液流区中，所有这些点构成的零轴向速度包络面（LZVV）呈倒锥面形状。LZVV 的位置显然受角锥比的制约。随角锥比的降低，LZVV 向内侧移动（见图 2-3-11）。当角锥比不小于 1 时，轴向速度的整体分布并未发生显著变化；但当角锥比小于 1 时（见图 2-3-12），轴向速度发生了质的改变，向上的液流运动范围明显缩小，在相当大的区域内存在循环流动（此时水力旋流器已失去其意义）。

Hsieh 和 Rajamani 近年来通过数值解及激光测速的方法研究了水力旋流器内的液流运动。他们所采用的运动方程为无量纲涡流函数的形式：

$$\frac{\partial \Omega^*}{\partial t^*} = \frac{1}{r^{*3}} \times \frac{\partial \xi^{*2}}{\partial z^*} + \frac{\partial (u_r^* \Omega^*)}{\partial r^*} - \frac{\partial (u_z^* \Omega^*)}{\partial z^*} + \frac{1}{Re}\left(\frac{\partial^2 \Omega^*}{\partial r^{*2}} + \frac{1}{r^*} \times \frac{\partial \Omega^*}{\partial r^*} - \frac{\Omega^*}{r^*} + \frac{\partial^2 \Omega^*}{\partial z^{*2}}\right)$$

$$(2\text{-}3\text{-}3)$$

$$\frac{\partial^2 \Phi^*}{\partial r^{*2}} \times \frac{1}{r^*} \times \frac{\partial \Phi^*}{\partial r^*} + \frac{\partial^2 \Phi^*}{\partial z^{*2}} = -r^* \Omega^* \tag{2-3-4}$$

$$\frac{\partial \xi^*}{\partial t^*} = -\frac{\partial (u_r^* \xi^*)}{\partial r^*} - \frac{u_r' \xi'}{r^*} - \frac{\partial (u_z^* \xi^*)}{\partial z'} + \frac{1}{Re}\left(\frac{\partial^2 \xi^*}{\partial r^{*2}} - \frac{1}{r^*} \times \frac{\partial \xi}{\partial r^*} + \frac{\partial^2 \xi^*}{\partial z^{*2}}\right) \tag{2-3-5}$$

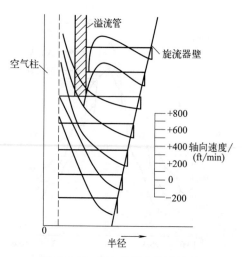

图 2-3-10 Kelsall 测出的液流轴
向速度分布 ($d_0/d_s = 3:2$)

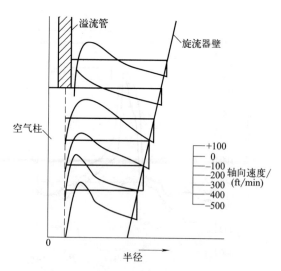

图 2-3-11 Kelsall 测出的液流轴向速度
分布 ($d_0/d_s = 1:1$)

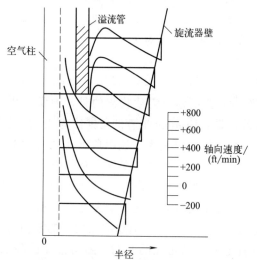

图 2-3-12 Kelsall 测出的液流轴向速度
分布 ($d_0/d_s = 2:3$)

式中有

$$t^* = \frac{t}{\frac{R_c}{v_{in}}}; r^* = \frac{r}{R_c}; z^* = \frac{z}{R_c}$$

$$u_r^* = \frac{u_r}{v_{in}}; \xi^* = \frac{\xi}{R_c v_{in}}; u_z^* = u_z/v_{in}$$

$$\Omega^* = \frac{\Omega}{\frac{v_{in}}{R_c}}; \Phi^* = \frac{\Phi}{R_c^2 v_{in}}$$

$$R_c = \frac{\rho v_{in} R_c}{\mu}$$

式中，t 为时间；R_c 为旋流器半径；v_{in} 为进口平均流速；r，z 为柱坐标系变量；Φ 为流函数；Ω 为涡量；ξ 为动量矩（$\xi = u_\theta r$）。关于式（2-3-3）～式（2-3-5），要指出以下两点：

其一，在得出该式时，Hsieh 等已事实上认为（尽管没有明确指出）涡矢量仅存在切向分量，即 $\Omega = \Omega_\theta = \dfrac{\partial u_r}{\partial z} - \dfrac{\partial u_z}{\partial r}$。在这样的假定下，动量矩 ξ（$\xi = u_\theta r$）应为常数，即切向速度符合自由涡运动规律，因此在式（2-3-5）中不应再出现 ξ 对 z 的偏导数。

其二，将涡量 Ω 及动量矩 ξ 作为瞬时量处理（即方程中有时间项。这在水力旋流器流场研究中是很少采用的方法，一般是将旋流器内的流动作稳定状态处理），但研究所得的结果却表征稳定时的流动状态。或许如 Chakraborti 及 Miller 所期盼的，Hsieh 等在不久的将来会发表他们的瞬时态研究结果。

图 2-3-13 所示为 Hsieh 和 Rajamani 对水力旋流器内轴向速度的数值分析与激光测定结果。从总体上来看，此图与 Kelsall 的早期结论（见图 2-3-10）并无本质上的区别，但有两点值得注意：一是 LZVV 的位置有外移趋势，这是因为 Hsieh 等所用的旋流器角锥比较大

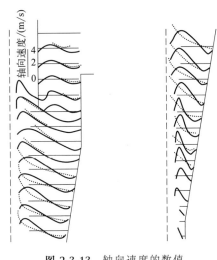

图 2-3-13 轴向速度的数值
分析与激光测定结果

[虚线代表数值分析；点线代表激光测定]

$(d_0/d_s = 2 : 1)$；二是随半径的减小以及向底流口的靠近，计算出的轴向速度与实测结果之间的差异渐大，在中心附近，测定结果完全不能反映预测的轴向速度下降趋势，这可能与研究者的预测模型中事实上假定动量矩 $u_\theta r$ 为常数有关。按模型条件，靠近中心处，切向速度仍与半径成反比，而实际上的切向速度在此区域的上升势头已经减缓（即处于向强制涡的过渡状态），这难免影响到轴向速度的预测准确性。此外，轴向速度也在溢流管所在的柱体区域及靠近底流口处呈现出不对称性。

关于轴向速度分布的数学模型，迄今很少有人提出。研究员曾根据实验数据用数学回归的方法拟合出水力旋流器溢流管以下区域内液流轴向速度的表达式：

$$u_z = \ln\left(\frac{r}{a+br}\right) \tag{2-3-6}$$

式中的常数 a，b 既与旋流器的操作及结构条件有关，也与轴向位置有关。对一组特定结构及工作条件的旋流器，a，b 的数值如表 2-3-2 所示（表中，S^2 为相关指数；d_f 为进口直径；P_f 为进流压力；α 为旋流器半锥角）。

表 2-3-2 式 (2-3-6) 中的常数 a，b

参数	截面位置 (距溢流管下端距离)/mm				
	45	75	105	135	165
a	6.91	-7.58	-6.92	-5.14	-3.48
b	1.50	1.51	1.67	1.75	1.73
S^2	0.893	0.953	0.882	0.911	0.847

注：$R_c = 41$mm；$d_o = 12$mm；$d_s = 6$mm；$d_f = 10$mm；$P_f = 0.9$kg/cm^2；$\alpha = 10°$。

Bloor 及 Ingham 从连续性方程及运动方程出发，给出水力旋流器内轴向速度的解析解如下：

$$u_z = \frac{1}{2}B(3\alpha - 5r/z)\frac{1}{r^{1/2}} \tag{2-3-7}$$

式中，α 为旋流器半锥角；r 为半径；z 为轴向位置；B 为常数。该式在定性分析上亦可反映轴向速度的分布特征（如零速点、流动方向的改变等）。

3. 零轴向速度包络面（LZVV）

在常规的水力旋流器中，存在着由零轴向速度点形成的倒锥形包络面，称为零轴向速度包络面（LZVV），简称零速包络面。大体上说来，LZVV 是内旋流与外旋流的分界面，外旋流可以通过径向流越过包络面进入内旋流，但只有少量的内旋流能以循环流动的方式再回到外旋流中。由于在包络面上回旋的固体颗粒进入溢流或底流的概率大致相等，因此通常认为 LZVV 的径向位置决定水力旋流器的分离粒度。尽管颗粒按其大小沿径向的排列只受切向及径向流动的影响，但轴向流动却决定这些规则排列的颗粒在何处分为两部分（如图 2-3-14 所示）。在半径处回旋的颗粒粒度为

$$d = \left[\frac{18\mu u_r r}{(\rho_s - \rho)u_\theta^2} \right]^{1/2}$$

式中，ρ_s 和 ρ 分别为颗粒和介质密度；μ 为介质的动力黏度；u_r 为颗粒和介质在径向上的相对运动速度；u_θ 为流体的切向速度。

可见在不同半径处回旋着不同粒度的颗粒。由于零轴向速度包络面的形状为倒锥面，因此若 u_r/u_θ^2 与轴向位置无多大关联，则在不同轴向位置的 LZVV 上所回转的颗粒具有不同的粒度。如图 2-3-14 所示的两个截面上，分离粒度分别为 d_1 及 d_2，显然 $d_1 > d_2$。不难发现，大颗粒多是从靠近溢流管的上部区域混入溢流，而小颗粒则多从下部区域混入底流。从理论上来说，若 LZVV 的形状为圆柱面，则分离粒度不随轴向位置而变，粗细颗粒的混杂现象会得到抑制。厚壁溢流管旋流器在一定程度上具有这样的作用。这种旋流器的溢流管壁采用超厚设计，其与旋流器器壁的距离比普通旋流器要小得多。在这种旋流器中，轴向速度的分布发生了一些重要变化，通常的零轴向速度包络面变成了楔形（wedge）的轴向零速过渡区（WZVV）。图 2-3-15 为普通旋流器与厚壁溢流管旋流器轴向速度的激光测定结果。注意到 WZVV 的内侧近似于圆柱面，因此分

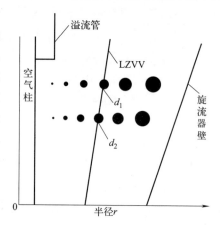

图 2-3-14 LZVV 的径向位置决定分离粒度

离粒度得到一定程度的稳定。此外，具有一定厚度的轴向零速过渡区的存在，可使被分离颗粒在进入内旋流或外旋流之前得到较多的分级机会，从而减少进入溢流或底流的可能性。这种厚壁溢流管旋流器还对抑制短路流及柱体部分的循环流以及降低能量损失等有一定作用。

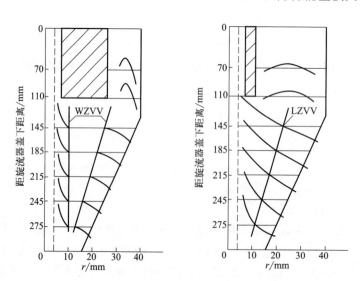

图 2-3-15 普通旋流器的 LZVV 与厚壁溢流管旋流器的 WZVV

三、径向速度

在水力旋流器内液流的三维运动中，相对而言，径向流动的研究不够充分，而且存在明显争议。究其原因，一是实际测定存在困难，二是长期以来人们受 Kelsall 的研究结果影响。与其他两向流动相比，径向运动的速度较小，这使得实验测定工作相当困难。即使运用现代化的激光测速技术，对水力旋流器内液流径向速度的测定也非常困难，器壁与介质的折射以及切向速度的干扰，使测点位置的确定及流动速度的测量都容易产生误差，因而需要比较复杂的校正处理。因此，一些研究者在测出轴向速度后，便试图依据以下连续性方程计算径向速度：

$$\frac{\partial u_r}{\partial r}+\frac{\partial u_z}{\partial z}+\frac{u_r}{r}=0 \tag{2-3-8}$$

如 Kelsall 及 Hsieh 等人的研究就是采用的这种方法。从连续性方程可见，计算径向速度 u_r，需测出轴向速度 u_z 沿轴向的变化，这就要求轴向速度的测量有较高的准确性，而且各截面之间的距离 Δz 不能过大，否则就会影响径向速度的计算。Kelsall 在测量轴向速度时，各截面间距为 0.5in（约 12.7mm），显然这样的间距是比较大的。但是 Kelsall 计算出的径向速度分布自问世以来很长一段时间内被当作结论性的意见而被广泛引用，极少有人对此提出疑问，这就在很大程度上制约了对水力旋流器内径向运动的进一步探讨。直到近年来，这种状况才有所变化。

1. 径向速度分布

Kelsall 从轴向速度的测定结果计算出的径向速度分布如图 2-3-16 所示。该图表明，向内的径向速度在器壁处取得最大值，然后随半径的减小而降低；在溢流管与器壁之间，径向速度降至零后转而向外，说明存在循环涡流；在溢流管以下区域，向内的径向流动终止于液气界面处。总的来说，Kelsall 关于径向速度方向的观点是正确的，但他关于径向速度在数值上与半径成正比的观点则很有商榷的必要。同样是根据测出的轴向速度计算径向速度，Hsieh 和 Rajamani 的研究结果却与 Kelsall 的不同。他们计算出的径向速度分布示于图 2-3-17，从该图可见，大体来说，径向速度的数值随半径的减小而增大，只在靠近空气柱处转而下降。注意到 Hsieh 等测量轴向速度时使用的是比较先进的激光测速技术，而 Kelsall 当年所用的是光学观察法，因此前者测得的轴向速度应更为准确，计算出的径向速度应更为可信。另外一些研究工作者使用激光测速仪对水力旋流器内的液流径向速度进行了直接测定，其结果分别如图 2-3-18～图 2-3-20 所示。分析径向速度的测定结果，有两点值得注意：一是在溢流管以下的锥体区域内，径向速度的数值与半径成反比（靠近空气柱处例外）；二是径向速度出乎意料地大，尤其在半径较小的时候。以米每秒为单位的径向流动速度与水力旋流器的实际通过量之间确实存在矛盾，而且这一矛盾似乎难以解释，因为至少图 2-3-19 及图 2-3-20 的测定结果已排除了器壁及介质折射的影响。另外，

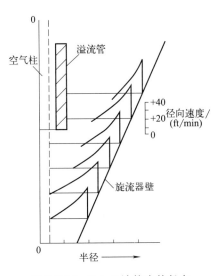

图 2-3-16 Kelsall 计算出的径向速度分布 （$d_0 : d_s = 3 : 2$）

在对旋风分离器的径向速度测定中，也发现了同一数量级的径向速度，而且该测定是将激光光线从旋风分离器的顶部射入的，已不存在器壁折射的问题。

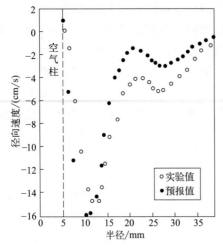

图 2-3-17　Hsieh 和 Rajamani 计算出的
径向速度分布（$d_0 : d_s \approx 2 : 1$）

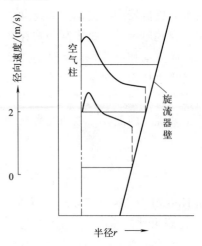

图 2-3-18　水力旋流器径向速度激光
测定结果（$d_0 : d_s \approx 1 : 1.8$）

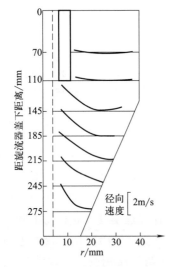

图 2-3-19　水力旋流器径向速度激光
测定结果（$d_0 : d_s \approx 2 : 1$）

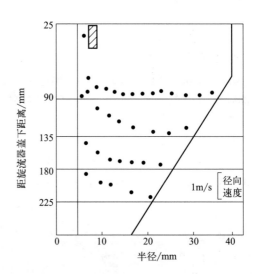

图 2-3-20　水力旋流器径向速度激光
测定结果（$d_0 : d_s \approx 1 : 1.14$）

2. 径向速度分布的理论分析

在已知切向速度分布的前提下，运用运动方程或连续性方程对水力旋流器内液流的径向流动做出某种近似分析是可行的。下面是从不同角度对径向速度的分析结果。

(1) 从 N-S 方程分析径向速度

在柱坐标系统下，对稳定的轴对称流动（水力旋流器内液流的运动可近似看作这种运动），N-S 方程之一为

$$\rho\left(u_r\frac{\partial u_\theta}{\partial r}+u_z\frac{\partial u_\theta}{\partial z}+\frac{u_r u_\theta}{r}\right)=\mu\left(\frac{\partial^2 u_\theta}{\partial r^2}+\frac{1}{r}\times\frac{\partial u_\theta}{\partial r}+\frac{\partial^2 u_\theta}{\partial z^2}-\frac{u_\theta}{r^2}\right)$$

若忽略切向速度随轴向位置的变化（一般认为切向速度在轴向变化很小），则该式为

$$\rho\left(u_r\frac{\mathrm{d}u_\theta}{\mathrm{d}r}+\frac{u_ru_\theta}{r}\right)=\mu\left(\frac{\mathrm{d}^2u_\theta}{\mathrm{d}r^2}+\frac{1}{r}\times\frac{\mathrm{d}u_\theta}{\mathrm{d}r}-\frac{u_\theta}{r^2}\right) \tag{2-3-9}$$

将切向速度的表达式代入，可解出径向速度如下：

$$u_r=-\frac{\mu(1+n)}{\rho}\times\frac{1}{r} \tag{2-3-10}$$

可见，径向速度与流动半径成反比关系，式中的"一"号表示流动方向指向中心。

（2）从雷诺方程分析径向速度

若考虑水力旋流器内液流的湍流运动，且忽略切向速度沿轴向的变化，则从雷诺方程之一可得

$$\rho\left(u_r\frac{\partial u_\theta}{\partial r}+\frac{u_ru_\theta}{r}\right)=\mu\left(\frac{\partial^2u_\theta}{\partial r^2}+\frac{1}{r}\times\frac{\partial u_\theta}{\partial r}-\frac{u_\theta}{r^2}\right)-\rho\left(\frac{\partial}{\partial r}\overline{u_r'u_\theta'}+\frac{2}{r}\overline{u_r'u_\theta'}+\frac{\partial}{\partial z}\overline{u_\theta'u_z'}\right)$$

$$\tag{2-3-11}$$

式中，带"'"的为参数的脉动量，脉动量上方有"—"的表示对脉动量的时均化。记

$$\begin{cases}\tau_{r\theta}=-\rho\overline{u_r'u_\theta'}\\\tau_{\theta z}=-\rho\overline{u_\theta'u_z'}\end{cases} \tag{2-3-12}$$

这里，$\tau_{r\theta}$，$\tau_{\theta z}$ 称为雷诺应力。为解出径向速度 u_r，可采用 Boussinesq 假设，引进湍流黏性系数 μ_T 作为雷诺应力与时均流动变形率之比，即

$$\begin{cases}\tau_{r\theta}=\mu_T\left(\dfrac{\partial u_\theta}{\partial r}-\dfrac{u_\theta}{r}\right)\\[2mm]\tau_{\theta z}=\mu_T\dfrac{\partial u_\theta}{\partial z}\end{cases} \tag{2-3-13}$$

从以上三式可得

$$\rho u_r\left(\frac{\mathrm{d}u_\theta}{\mathrm{d}r}+\frac{u_\theta}{r}\right)=(\mu+\mu_T)\left(\frac{\mathrm{d}^2u_\theta}{\mathrm{d}r^2}+\frac{1}{r}\times\frac{\mathrm{d}u_\theta}{\mathrm{d}r}-\frac{u_\theta}{r^2}\right) \tag{2-3-14}$$

再将切向速度表达式代入式（2-3-14），解出径向速度为

$$u_r=-\frac{(\mu+\mu_T)(1+n)}{\rho}\times\frac{1}{r} \tag{2-3-15}$$

该式同样表明径向速度与半径间的反比关系。比较式（2-3-15）与式（2-3-10），可见在湍流条件下径向流动得到了强化。

（3）从连续性方程分析径向速度

为分析径向速度的分布规律，可将连续性方程写成如下形式：

$$\frac{\partial(u_rr)}{r\partial r}=-\frac{\partial u_z}{\partial z} \tag{2-3-16}$$

对该式可分三种情况予以讨论。

① 若 $\partial u_z/\partial z=0$，则有

$$\mu_rr=常数 \tag{2-3-17}$$

这与从运动方程推导出的结论完全相同。这种轴向速度与轴向位置无关的假定在柱体旋流器（即锥角为 $180°$ 的水力旋流器）中可能存在。这样的旋流器在实践中早有应用，如 Trawinski 的固-液分离器、Lakos 的旋流分离器，以及 Miller 等的充气式旋流器等。

② 若 $\partial u_z/\partial z>0$（这是常规水力旋流器中的情形），则 $\partial(u_rr)/\partial r<0$。考虑到径向速度

指向中心（即 $u_r < 0$），应有

$$\frac{\partial(|u_r|r)}{\partial r} > 0 \qquad (2\text{-}3\text{-}18)$$

即当半径增大时，$|u_r|r$ 也增大。此时径向速度的绝对值沿径向的分布可分三种情况：$|u_r|＝$常数、$|u_r|$ 与 r 成正比、$|u_r|$ 与 r^m（$0 < m < 1$）成反比。这三种情况都可满足式（2-3-18）。其中，第二种情况即为 Kelsall 根据其所测得的轴向速度计算出的结果，但与从运动方程推出的结论相反；第三种情况为经验表达式，定性上符合运动方程导出的结果，而且与直接测出的结果定性吻合。因此，力旋流器液流的径向速度可表示为

$$u_r r^m = -C \qquad (2\text{-}3\text{-}19)$$

式中，C 为常数，m 的取值在 $0 \sim 1$ 之间，式中的"－"号表示径向速度的方向指向旋流器轴线。

③ 若 $\partial u_z / \partial z < 0$，仍可推出 $|u_r|$ 与半径成反比的结论，不过 $\dfrac{\partial u_z}{\partial z} < 0$ 的情况在水力旋流器中不可能出现，因此这里不作讨论。

最后，需要分析从连续性方程计算径向速度时，什么样的原因可能导致计算结果与理论分析的不一致。实际计算时，连续性方程可写为

$$\frac{\Delta u_r}{\Delta r} = -\left(\frac{\Delta u_z}{\Delta z} - \frac{|u_r|}{r}\right) \qquad (2\text{-}3\text{-}20)$$

这里，Δr，Δz 为沿径向及轴向的变化步长；Δu_r，Δu_z 为相应的步长内速度的改变；Δz 及 Δu_z 从实测结果得出。上式满足的边界条件为：$r = R$ 时，$u_r|_{r=R} = -|u_z|_{r=R}\tan\alpha$。其中，$\alpha$ 为旋流器的半锥角。

计算时从边壁处开始，沿半径减小的方向逐点进行。例如，在半径 $r_1 = R + \Delta r$（$\Delta r < 0$）处，按式（2-3-20）计算出 Δu_r 后，可得该点的径向速度为 $u_{r1} = u_r|_{r=R} + \Delta u_r$，再将 $r = r_1$，$u_r = u_{r1}$ 代入式（2-3-20），算出在 $r_2 (= r_1 + \Delta r)$ 处的 Δu_r 及 u_{r2}，如此逐点进行，可得 u_r 沿径向的分布。从式（2-3-20）可见，影响径向速度计算结果准确性的因素为轴向速度的测定误差及轴向步长的选取。实际上，由于 $|u_r|/r$ 与 $\Delta u_z/\Delta z$ 之间的差别很小，因此轴向速度的测量误差很容易导致式（2-3-20）右侧括号内的量改变符号，而这种符号的改变则可使 u_r 的径向分布发生质的变化（即 $|u_r|$ 与半径成正比还是反比）。显然，在 Kelsall 的测定中，$\Delta u_z/\Delta z > |u_r|/r$，而在 Hsieh 等人的测定中，$\Delta u_z/\Delta z < |u_r|/r$，因而他们的径向速度分布计算结果截然相反。

附带指出，有的学者认为，由于半径越小，切向速度越高，离心力越大，因此径向速度的数值不可能随半径的减小而增大。这种把离心力与径向流动相对立的观点其实并不准确。一个明显的例子就是自由螺旋涡运动，随着半径的减小，离心力增大，径向速度的数值同样增大。众所周知，水力旋流器中液流的径向与切向运动的合成与这样的自由螺旋涡运动是非常相似的。

3. 径向速度分布的测试方法

水力旋流器内部速度场中的径向速度是三个速度分量中数量级最小的，也是最难测定的。一般试验中所采用的激光测速仪的工作原理是将两束交叉激光打到被测试的位置，所测得并计算出的速度的方向与这两束交叉光线所在的平面相垂直。若通过这种方法测量径向速度，必然要将激光的发射方向与水力旋流器轴向平行，且光束位于水力旋流器

内部，这显然是不可能的。国内外学者都对此做了专门的研究，探索了一些较为可行的测试方法。

（1）两次测试法

原成都科学技术大学科研人员利用两次测试法测出了水力旋流器的径向速度大小。其原

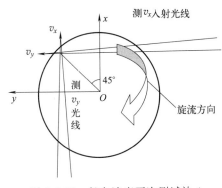

图 2-3-21 径向速度两次测试法 1

理如图 2-3-21 所示，在与水力旋流器 x 方向成 $45°$的半径上分两次分别测定相互垂直的两个分速度v_x 和 v_y，然后采用速度合成法确定合速度的大小及方向，经过换算可求得其径向分速度 v_r 的大小，从而得出截面的径向速度分布。

这种方法较好地解决了采用一维激光测速仪进行多维测试的难题。由于水力旋流器边壁曲率较大，当测量点靠近水力旋流器边壁时，激光要产生大角度的偏移，影响测量的准确性，需要对测量结果进行修正。另外，这种测试方法需要将激光测速仪旋转 $90°$，给测量工作带来很大的不便，也需要做很大的修正。

我们在实践摸索中找出了另外一种比较可行的方法，也是利用两次测试的原理，但不是对同一点进行两次测试，而是对对称的两点进行分别测试。因为我们在水力旋流器的结构设计上采用的是双入口形式，因此可以认为水力旋流器内部流场是轴对称的，即同一截面的同一半径处各点的各速度分量均相同，这是该方法的假设前提。测量如图 2-3-22 所示，在距离水力旋流器截面的赤道上方和下方相同位置处分别对一对对称点进行测试。

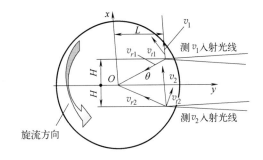

图 2-3-22 径向速度两次测试法 2

每次测量出的速度 v_1 和 v_2 为该点处合速度的垂直分量，在数值上等同于该点处的切向速度和径向速度垂直分量的和。

在前面提到的假设条件下，两点的切向速度和径向速度相同，即

$$v_{t1} = v_{t2} \tag{2-3-21}$$

且

$$v_{r1} = v_{r2} \tag{2-3-22}$$

另外，径向速度与垂直方向的夹角 θ 可用下式求得

$$\tan\theta = \frac{H}{L} \tag{2-3-23}$$

式中　H——激光光束对称中心线与水力旋流器赤道间的高度差；

　　　L——测量点距水力旋流器截面轴心的水平距离，$L = \sqrt{r^2 - H^2}$，r 为测量点所在半径。

因此有

$$v_{t1}\cos\theta - v_{r1}\sin\theta = v_1$$

$$v_{t2}\cos\theta + v_{r2}\sin\theta = v_2$$

根据式（2-3-21）～式（2-3-23），整理得

$$v_r = \frac{v_2 - v_1}{2H}r \qquad (2\text{-}3\text{-}24)$$

采用这种测量方式时应当使激光光束中心线距离截面赤道比较近，以避免由于激光光速靠近水力旋流器边壁而引起的光束偏移角度过大的问题，使之易于修正。利用该方法还可同时计算出切向速度的大小：

$$v_t = \frac{v_1 + v_2}{2L}r \qquad (2\text{-}3\text{-}25)$$

即同时实现了对二维速度的测定。

当然，采用这种方法也有一定的缺陷，即应当保证上下两点的对称性，以使式（2-3-21）和式（2-3-22）成立。这就要求上下两次测试时高度差 H 必须一致，同时上下两次测试中测试点向水力旋流器核心移动的间距也必须相同。

前面已经提到，这种测试方法是以速度分布轴向对称的假设前提作为依据的，认为任意截面相同半径处的切向速度相同。那么如果已经做过切向速度测试（一般沿旋流器赤道进行），不妨采用以下的一次测试方法。

（2）一次测试法

所谓一次测试法是根据已有的切向速度测试结果，对赤道上方（或下方）H 处某一截面进行测点水平移动测试（如图 2-3-23 所示），根据下式进行计算

$$v_t\cos\theta + v_r\sin\theta = v \qquad (2\text{-}3\text{-}26)$$

其中，v_t 利用已有切向速度测试数据，v 则为本次测试数据。可见，在已经开展过切向速度测试的情况下，采用这种一次测试法对径向速度进行测试更为简便，但必须保证测试点 $1'$，$2'\cdots$ 与点 1，2$\cdots$ 在半径上一一对应。

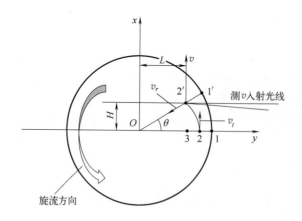

图 2-3-23 径向速度一次测试法

第四节 水力旋流器内的压力分布与能量损失

水力旋流器是一种将流体的压力能转变为动能，进而在离心力场中实现对悬浮浆体的分级、浓缩或选择性分离的设备。显然，在水力旋流器的工作过程中，各种各样的能量损失是

不可避免的。研究这些损失的表现形式、它们在旋流器内部各区域的分配等，对于充分利用旋流器的输入能量，降低不必要的消耗具有重要意义。理论上，以流体压头形式表示的水力旋流器的能量损失 ΔH 可写成如下公式：

$$\Delta H = \Delta h_i + \Delta h_o \tag{2-4-1}$$

式中，Δh_i 为旋流器的内部损失，Δh_o 为出口损失。所谓出口损失就是出口处流体的速度头。然而对于水力旋流器的内部损失 Δh_i，一般认为是由于旋流器的壁面粗糙度、几何形状、流体黏性等所致。对于特定的旋流器来说，这些因素当然是难以改变的，因而内部能量损失也是无法降低的。这种观点对于传统的水力旋流器而言自然是合理的，但对于内部结构有所改变的旋流器（例如无空气柱旋流器）来说，则需重新考虑。

考察水力旋流器的内部能量损失，应包括两方面的基本内容：一是内部能量损失的大小，这关系到旋流器工作时所需要的给入压力；二是内部能量损失在旋流器内不同区域的分配，这涉及输入能量的合理利用问题。无疑，上述这些问题都与旋流器内的径向压力分布密切相关。

一、水力旋流器内的压力分布

水力旋流器内的压力分布从理论上来说，应包括压力沿径向的分布与沿轴向的分布，但通常人们对后者并不多加注意，因为在旋流器中，重力的影响往往可以忽略不计。因此这里着重讨论径向的压力分布，而对轴向压力的变化仅略微涉及。

从描述水力旋流器内流体运动（假定为不可压缩流体的对称、稳定运动）的 N-S 方程，可得径向压力梯度及轴向压力梯度分别为

$$\frac{\partial P}{\partial r} = \mu\left(\frac{\partial^2 u_r}{\partial r^2} + \frac{1}{r} \times \frac{\partial u_r}{\partial r} + \frac{\partial^2 u_r}{\partial z^2} - \frac{u_r}{r^2}\right) - \rho\left(u_r\frac{\partial u_r}{\partial r} + u_z\frac{\partial u_r}{\partial z} - \frac{u_\theta^2}{r}\right) \tag{2-4-2}$$

$$\frac{\partial P}{\partial z} = \mu\left(\frac{\partial^2 u_z}{\partial r^2} + \frac{1}{r} \times \frac{\partial u_z}{\partial r} + \frac{\partial^2 u_z}{\partial z^2}\right) - \rho\left(u_r\frac{\partial u_z}{\partial r} + u_z\frac{\partial u_z}{\partial z}\right) \tag{2-4-3}$$

显然，这样的压力梯度表达式过于复杂。若不计黏性力并忽略径向流动，则得到简化了的压力梯度公式

$$\frac{\partial P}{\partial r} = \rho\frac{u_\theta^2}{r} \tag{2-4-4}$$

$$\frac{\partial P}{\partial z} = -\rho u_z\frac{\partial u_z}{\partial z} \tag{2-4-5}$$

式（2-4-4）就是得到了广泛应用的水力旋流器内的径向压力梯度公式。该式同样可以通过简单的受力分析得到。在图 2-4-1 中，对距旋流器中心距离 r、长和高都为 1 个单位长度、宽为 $\mathrm{d}r$ 的流体微团，设其内外两侧所受的流体静压力分别为 P 及 $P + \mathrm{d}P$，微团的切向速度为 u_θ，则该微团所受的径向合压力及离心力分别为 $\mathrm{d}P$ 及 $\rho\mathrm{d}r\dfrac{u_\theta}{r}$。当上述二力相等时，微团处于平衡状态，于是满足式（2-4-4）。需要说明的是，从受力分析所得的结果与 N-S 方程所得的结果［式（2-4-2）］并无矛盾。

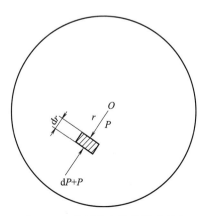

图 2-4-1 分析水力旋流器内径向压力梯度的示意图

因为在对图 2-4-1 中的流体微团进行径向受力分析时，没有考虑微团内外两侧流体的径向流动对微团的惯性作用力，也没有涉及微团上下表面（垂直于 z 方向）及前后表面（垂直于 r 方向）上所受周围流体的切应力，若将这些力考虑在内，则可得出式（2-4-2）。

式（2-4-4）表明，随流动半径的减小，压力降低，并且降低的压力能全部用于加强流体的切向运动。该式形式简单，未能反映流体的黏性损失以及径向流动的影响。这里，不妨仔细考察一下式（2-4-4）忽略上述两类因素的依据是否充分。在式（2-4-2）中的黏性项可表达为

$$\mu \frac{\partial}{\partial r}\left[\frac{1}{r} \times \frac{\partial (u_r r)}{\partial r}\right] + \mu \frac{\partial^2 u_r}{\partial z^2} \tag{2-4-6}$$

根据对自由螺旋涡运动的分析，径向速度在理论上可表示为 $u_r r = $ 常数，于是式（2-4-6）为零；同样，式（2-4-2）中惯性项部分的 $u_z \dfrac{\partial u_r}{\partial z}$ 也为零。于是，即使对于实际流动（即径向速度并不严格符合 $u_r r = $ 常数的关系式），也可从式（2-4-2）中略去黏性项及惯性项中与轴向速度 u_z 有关的部分，式（2-4-2）成为

$$\frac{\partial P}{\partial r} = \rho \left(\frac{u_\theta^2}{r} - u_r \frac{\partial u_r}{\partial r}\right) \tag{2-4-7}$$

而对于式（2-4-7）中的 $-u_r \dfrac{\partial u_r}{\partial r}$ 项是否保留，则取决于该项与 $\dfrac{u_\theta^2}{r}$ 的比值。若像大部分研究所认为的，该项可以忽略不计，则式（2-4-7）成为式（2-4-4）；若考虑另一些研究的结果，则径向压力梯度的表述应为式（2-4-7）。

式（2-4-7）当然也可从流体微团的受力分析得到。仍如图 2-4-1，不计微团各相应表面上所受的切向应力但考虑微团的惯性加速度，则由牛顿第二定律可得

$$P - (P + \mathrm{d}P) + \rho \mathrm{d}r \frac{u_\theta^2}{r} = \rho \mathrm{d}r \frac{\mathrm{d}u_r}{\mathrm{d}t} \tag{2-4-8}$$

式中，$\dfrac{\mathrm{d}u_r}{\mathrm{d}t}$ 为流体微团在半径 r 处的径向加速度，其应为微团的时间加速度与位置加速度之和。在柱坐标系下，微团的径向速度为空间坐标（r，θ，z）与时间 t 的函数为

$$u_r = f(r, \theta, z, t) \tag{2-4-9}$$

u_r 对时间 t 的全微分为

$$\frac{\mathrm{d}u_r}{\mathrm{d}t} = \frac{\partial u_r}{\partial r} \times \frac{\mathrm{d}r}{\mathrm{d}t} + \frac{\partial u_r}{\partial \theta} \times \frac{\mathrm{d}\theta}{\mathrm{d}t} + \frac{\partial u_r}{\partial z} \times \frac{\mathrm{d}z}{\mathrm{d}t} + \frac{\partial u_r}{\partial t} = u_r \frac{\partial u_r}{\partial r} + \frac{u_\theta}{r} \times \frac{\partial u_r}{\partial \theta} + u_z \frac{\partial u_r}{\partial z} + \frac{\partial u_r}{\partial t}$$

$$\tag{2-4-10}$$

考虑到运动的对称性、稳定性并忽略 u_r 沿轴向的变化（原因已如前述），则有

$$\frac{\mathrm{d}u_r}{\mathrm{d}t} = u_r \frac{\mathrm{d}u_r}{\mathrm{d}r} \tag{2-4-11}$$

代入式（2-4-8），整理可得式（2-4-7）。

式（2-4-7）考虑了径向速度影响的压力分布，若忽略径向流动则成为式（2-4-4）。显然，径向速度的考虑应使压力梯度增大，即流体静压力除转变为切向流动外，还需转变为径向流动（当然流体的压力也须转变为轴向流动，不过这主要体现在轴向压力的变化上）。在式（2-4-7）中，由于径向速度的方向向内（即与径向坐标 r 的方向相反）且在数值上与半

径成反比，因此式（2-4-7）中的 $-u_r \partial u_r / \partial r$ 为正。根据实测的切向及径向速度，计算出在所测定旋流器（筒体直径 80mm，溢流口直径 12mm，底流口直径 6mm，进料口直径 10mm，旋流器锥角 20°，给入压力 $0.9 \mathrm{kg/cm}^2$）某一水平截面上与径向速度有关的静压力 P_r 占总静压力 P 的百分率（如表 2-4-1 所示）。可见，径向速度对压力分布的影响不可忽视，且随半径的减小，此项影响增大。

表 2-4-1 P_r/P 的径向分布

r/mm	5	10	15	20	25	30
$\dfrac{P_r}{P}/\%$	28.67	20.62	18.10	16.91	16.21	15.74

式（2-4-7）或式（2-4-4）为水力旋流器内径向压力梯度的通式，在不同的流动区域内，将不同的速度表达式代入并考虑相应的边界条件，积分可得压力分布，进而可分析旋流器内的能量损失问题。

二、水力旋流器内的能量损失

1. 能量损失的理论表述

水力旋流器内部能量损失（以压力形式表示）的大小，从理论上准确确定是困难的，因为旋流器工作时总有底流排出。但在湍流条件下，旋流器的内部损失应正比于进口速度的平方，即

$$\Delta h_i = \xi \frac{V_{in}^2}{2g} \qquad (2\text{-}4\text{-}12)$$

式中，V_{in} 为旋流器入口截面上的平均流速；g 为重力加速度；无量纲系数 ξ 亦称阻力系数。式（2-4-12）也可从径向压力梯度的表达式（2-4-7）或式（2-4-4）积分再经若干变换而得。

在旋流器的准自由涡范围内，理论分析与实际测定表明，切向与径向速度可用下列两式分别表示

$$u_\theta r^n = k \qquad (2\text{-}4\text{-}13)$$

$$u_r r^m = -c \qquad (2\text{-}4\text{-}14)$$

式中，k，c，n，m 皆为常数。将这两式代入式（2-4-7），积分可得

$$P = -\frac{\rho}{2n} u_\theta^2 - \frac{\rho}{2} u_r^2 + P_c \qquad (2\text{-}4\text{-}15)$$

其中，P_c 为积分常数。下面介绍几种从式（2-4-15）得出阻力系数 ξ 的方法。

方法一：不计径向速度，认为式（2-4-13）可以应用到入口处，即

$$u_\theta r^n = V_{in} R^n \qquad (2\text{-}4\text{-}16)$$

于是式（2-4-15）成为

$$P = -\frac{\rho}{2n}\left(\frac{R}{r}\right)^{2n} V_{in}^2 + P_c \qquad (2\text{-}4\text{-}17)$$

令旋流器壁处（$r=R$）的压力为 P_k，则积分常数为

$$P_c = P_k + \frac{\rho}{2n} V_{in}^2 \qquad (2\text{-}4\text{-}18)$$

再设 $r = r_o$（r_o 为溢流管半径）时，$P = P_o$，从而有

$$P_o = P_k + \frac{\rho}{2n} \left[1 - \left(\frac{R}{r_o} \right)^{2n} \right] V_{in}^2 \qquad (2\text{-}4\text{-}19)$$

记

$$\Delta h_i = \frac{P_k - P_o}{\rho g} \qquad (2\text{-}4\text{-}20)$$

则

$$\Delta h_i = \frac{1}{n} \left[\left(\frac{R}{r_o} \right)^{2n} - 1 \right] \frac{V_{in}^2}{2g} \qquad (2\text{-}4\text{-}21)$$

比较该式与式（2-4-12），可得阻力系数为

$$\xi = \frac{1}{n} \left[\left(\frac{R}{r_o} \right)^{2n} - 1 \right] \qquad (2\text{-}4\text{-}22)$$

方法二：不计径向速度，并认为

$$u_\theta r^n = u_{\theta k} R^n = a V_{in} R^n \qquad (2\text{-}4\text{-}23)$$

式中，$u_{\theta k}$ 为旋流器器壁处的切向速度，a 为与流量有关的系数。Bradley 给出：

$$a \propto Q^{0.14} \qquad (2\text{-}4\text{-}24)$$

当 $Q = 10 L/min$ 时，$a = 0.45$。采用与前面类似的推导方法，Bradley 得出的阻力系数为

$$\xi = \frac{a^2}{n} \left[\left(\frac{R}{r_o} \right)^{2n} - 1 \right] \qquad (2\text{-}4\text{-}25)$$

显然，与式（2-4-22）相比，该式所得的阻力系数降低了。

方法三：根据实验结果，考虑径向速度对压力分布的影响，可得另一阻力系数公式。将式（2-4-13）应用到旋流器溢流管半径处与最大切向速度所在处：

$$u_{\theta o} r_o^n = u_{\theta m} r_m^n \qquad (2\text{-}4\text{-}26)$$

这里，$u_{\theta o}$、$u_{\theta m}$ 分别为溢流管半径处的切向速度与最大切向速度，r_o、r_m 分别为 $u_{\theta o}$、$u_{\theta m}$ 所对应的半径位置。内部损失 Δh_i 则按下式定义：

$$\Delta h_i = \frac{P_f - P_o}{\rho g} \qquad (2\text{-}4\text{-}27)$$

其中，P_f 为旋流器的给入压力。仿照前面的推导方法，将式（2-4-14）代入，可得阻力系数：

$$\xi = \frac{1}{n} \left[\beta^2 \left(\frac{r_m}{r_o} \right)^{2n} - 1 \right] + \xi_r \qquad (2\text{-}4\text{-}28)$$

式中

$$\begin{cases} \beta = \dfrac{u_{\theta m}}{V_{in}} \\ \xi_r = \beta^2 \left(\dfrac{c}{k} \right)^2 \dfrac{r_m^{2n}}{r_o^{2m}} \end{cases} \qquad (2\text{-}4\text{-}29)$$

β 的取值一般为 $1.5 \sim 3.0$，可取 1.5。ξ_r 表示径向速度对能量损失的影响。由于必须测出 n、m、k、c 的值（这些数值都与流场特性有关）才能算出 ξ_r，因此确定 ξ_r 的工作有些困难。考虑实测结果，可近似地取

$$\xi_r = 0.2\xi \qquad (2\text{-}4\text{-}30)$$

从而得阻力系数：

$$\xi = \frac{1.25}{n} \left[2.25 \left(\frac{r_m}{r_o} \right)^{2n} - 1 \right] \qquad (2\text{-}4\text{-}31)$$

以上为根据理论分析并结合实测结果所导出的计算水力旋流器内部损失的几个公式。此外，还有一些完全根据试验结果所得出的经验公式，如 Dahlstrom 给出的压降经验公式为

$$\frac{I_V}{(\Delta P)^{1/2}} = 7.4 \times 10^{-6} \left(\frac{D_o}{D_i}\right)^{0.9} \tag{2-4-32}$$

Plitt 给出的关于压力 P 的经验公式为

$$P = \frac{1.3 \times 10^5 I_V^{1.78} \exp(0.55 n_V)}{D_c^{0.37} D_i^{0.94} H_c^{0.28} (D_u^2 + D_o^2)^{0.87}} \tag{2-4-33}$$

式中，I_V 为旋流器的体积处理量；D_c、D_o、D_u、D_i 分别为旋流器、溢流管、底流管、进料管直径；H_c 为旋流器溢流管底部到底流口的距离；n_V 为旋流器进料的体积分数。这些公式中经验参数较多，形式一般也较为复杂，它们多用于水力旋流器的自动控制，而很少作为分析压力损失的依据。

2. 水力旋流器分离区的能量分配

水力旋流器内的工作区域可分为预分离区与主分离区，前者指的是溢流管底口所在截面以上的环柱体部分，后者则为除空气柱以外的其余区域的总称（见图 2-4-2）。顾名思义，主要的分离过程将在溢流管以下的主分离区完成，而预分离区的分离作用不大。溢流管插入柱体部分一定深度只是为了限制短路流而不是造成预分离区。因此，在旋流器内部能量的分配上，自然是主分离区所占比例愈大愈好。

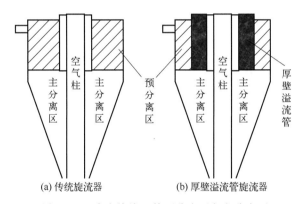

图 2-4-2　水力旋流器的预分离区与主分离区

为增加能量在主分离区的分配率，可行的办法是减小预分离区能量消耗。而减小预分离区的途径有两种：一是缩小溢流管插入深度，但这将增大短路流量，影响旋流器的正常工作；二是增大溢流管壁的厚度〔见图 2-4-2（b）〕，事实证明，这是降低预分离区能量消耗的一种有效方法。

准确地给出水力旋流器不同区域的能量分配显然非常困难，但对于改变溢流管壁厚对预分离区能量分配的影响却可大致地进行定量分析。假定在预分离区内能量均匀分布并且分布密度不随区域大小而变化，则能量在该区域的分配额与区域的体积成正比。设增厚溢流管壁前后该环柱体区域的径向宽度分别为 L_0 及 L，能量分配率（即总能量用于该区域的份额）分别为 E_0 及 E，旋流器直径为 D。假定总能量不变，则有

$$E = \frac{L(D-L)}{L_0(D-L_0)} \times E_0 \tag{2-4-34}$$

研究水力旋流器内能量分配及其损失时，还应考虑空气柱的问题。

参 考 文 献

［1］ 清华大学水力学教研组. 水力学（上）［M］. 北京：高等教育出版社，1981.

［2］ 米尔恩-汤姆森. 理论流体动力学［M］. 北京：机械工业出版社，1984.

［3］ 佟庆理. 两相流动理论基础［M］. 北京：冶金工业出版社，1982.

［4］ 庞学诗. 水力旋流器工艺计算［M］. 北京：中国石化出版社，1997.

［5］ 戴莱，哈里曼. 流体动力学［M］. 郭子中，陈玉璞，译. 北京：人民教育出版社，1981.

［6］ 徐正凡. 水力学［M］. 北京：高等教育出版社，1986.

［7］ 翟荣祖. 工程流体力学［M］. 北京：纺织工业出版社，1987.

［8］ 庞学诗. 水力旋流器分离理论与实际应用［C］//第二届旋流分离理论与应用研讨会暨旋流器选择与应用学习班论文集，2006：7-19.

［9］ Kelly E G，Spottiswood D J. Introduction to mineral processing［M］. Hoboken：John Wiley & Sons，1982.

［10］ 庞学诗. 螺旋涡的基本性质及其在旋流器中的应用［J］. 有色金属（选矿部分），1991（4）：30-34.

［11］ Kelsall D F. A study of the motion of solid particles in a hydraulic cyclone［J］. Resent Development in Mineral Dressing，1952（21）：209-227.

［12］ 徐继润，罗茜，邓常烈. 水封式旋流器压力分布与能量分配的研究［J］. 有色金属（选矿部分），1989（1）：30-35.

［13］ 徐继润，罗茜，邓常烈. 水力旋流器的径向速度［J］. 有色金属，1985（5）：10-15.

［14］ 徐继润，罗茜，邱继纯. 无强制涡水力旋流器流场的研究（上）［J］. 有色金属，1991（1）：40-43.

［15］ 顾方履，李文振. 旋流器内流体速度场的研究［J］. 选煤技术，1988（4）：3-4.

［16］ 庞学诗. 水力旋流器分离粒度的计算［J］. 矿冶工程，1986（1）：24-29.

［17］ 黄枢，许德明. 重选专论［M］. 长沙：中南工业大学出版社，1987.

［18］ 徐继润，罗茜. 水力旋流器流场理论［M］. 北京：科学出版社，1998.

［19］ 波瓦罗夫. 选矿厂水力旋流器［M］. 王永嘉，译. 北京：冶金工业出版社，1982.

［20］ Bradley D. The hydrocyclone：a volume in international series of monographs in chemical engineering［M］. Amsterdam：Elsevier，1965.

［21］ 庞学诗，水力旋流器生产能力的计算［J］. 矿冶工程，1986（04）：22-25.

［22］ Renner V G，Cohen H E. Measurement and interpretation of size distribution of particles within a hydrocyclone［J］. Trans IMM（C），1978（87）：C139-C145.

［23］ Rietema K. Performance and design of hydrocyclones［J］. Chem Eng Sci，1961，15：298-325.

［24］ Xu J R，Luo Q，Qiu J C. Research on the preseparation space in hydrocyclones［J］. International journal of mineral processing，1991，31（1/2）：1-10.

［25］ Rhodes N，Pericleous K A，Drake S N. The prediction of hydrocyclone performance with a mathematical model［C］//Proceedings of the 3rd International Conference on Hydrocyclones. 1987.

［26］ Pericleous K A. Mathematical simulation of hydrocyclones［J］. Applied Mathematical Modelling，1987，11（4）：242-255.

［27］ Luo Q，Deng C L，Xu J R，et al. Comparison of the performance of water-sealed and commercial hydrocyclones［J］. International Journal of Mineral Processing，1989，25（3/4）：297-310.

［28］ 熊广爱. 高效率分级设备-离旋器［J］. 有色金属（选矿部分），1982，5：15-19.

［29］ Xu J R，Luo Q，Qiu J C. A new hydrocyclone with solid core and thick vortex finder wall［C］//Innovations in Mineral Processing. Proceedings of the Innovations in Mineral Processing Conference：Laurentian University，1994：365.

［30］ Xu Jirun，Luo Qian，Qiu Jicun. Studying the flow field in a hydrocyclone with no forced vortex：Part Ⅰ：average velocity ［J］. Filtration and Separation，1990，27（4）：276-278.

［31］ 赵学端. 廖其奠. 粘性流体力学 ［M］. 北京：机械工业出版社，1983.

［32］ Douglas J F，Gasiorek J M，Swaffield J A. Fluid mechanics ［M］. Pitman，1979.

［33］ 郑洽徐. 鲁钟琪. 流体力学 ［M］. 北京：机械工业出版社，1983.

［34］ 徐继润，罗茜. 强制涡与水力旋流器 ［J］. 矿冶工程，1989（02）：29-33.

［35］ 徐继润. 微细粒悬浮液稳定性判据与时间及表面电位的数学关系式 ［J］ 矿冶工程，1987，04：20-23.

［36］ Driessen M G. Theory of flow in a cyclone ［J］. Rev L'Industrie Min Spl，1951，3：267-273.

［37］ Fontein F J，Dijksman C. Recent developments in mineral dressing，institution of ming and metallurgy ［J］. Inst Min Met，1953，32：229-245.

［38］ Rietema K. Stabilizing effects in compressible filter cakes ［J］. Chemical Engineering Science，1953，2（2）：88-94.

［39］ Lilge E O. Fundamentals of hydrocyclones ［J］. Transactions Institution Min Metall，1962，71：285-337.

［40］ Bradley D，Pulling D J. Flow patterns in the hydraulic cyclone and their interpretation in terms of performance ［J］. Transactions Institution of Chemical Engineers，1959，37：34-38.

［41］ Bradley D. The hydrocyclone ［M］. England：Pergamon，1965.

［42］ Stairmand C J. The design and performance of cyclone separators ［J］. Trans Inst Chem Eng，1951，29：356-362.

［43］ Hsieh K T，Rajamani K. Phenomenological model of the hydrocyclone：model development and verification for single-phase flow ［J］. International Journal of Mineral Processing，1988，22（1/4）：223-237.

［44］ 许宏庆. 旋风分离器的实验研究（下）［J］. 实验技术与管理，1984（2）：35-43.

［45］ Hsieh K T. Phenomenological model of the hydrocyclone ［D］. Salt Lake City：The University of Utah，1988.

［46］ Hsieh K T，Rajamani K. Mathematical model of the hydrocyclone based on physics of fluid flow ［J］. AIChE Journal，1991，37（5）：735-746.

［47］ Chakraborti N，Miller J D. Fluid flow in hydrocyclones：a critical review ［J］. Mineral Processing and Extractive Metullargy Review，1992，11（4）：211-244.

［48］ 徐继润. 两种水力旋流器速度场的研究 ［D］. 沈阳：东北工学院，1985.

［49］ Bloor M I G，Ingham D B. Theoretical aspects of hydrocyclone flow ［J］. Progress in Filtration and Separation，1983，21：57-147.

［50］ 褚良银. 水力旋流器固液两相流场研究 ［D］. 成都：成都科技大学，1992.

［51］ Trawinski H. Zentrifugen und hydrozyklone ［J］. Chemieingenieurtechnik，1985，57（12）：1053-1062.

［52］ Trawinski H F. The application of hydrocyclones as versatile separators in chemical and mineral industries ［C］//International conference on hydrocyclones cambridge england，1980：179-187.

［53］ Bruce D A，Lloyd C L，Leizear W R，et al. Improved hydrocyclone ［J］. Filt and Sep，1983，20（3）：218-220.

［54］ Miller J D，Hupka J. Water de-oiling in an air-sparged hydrocyclone ［J］. Filt and Sep，1983，20（4）：279-282.

［55］ 陈广振. 一种新型水力旋流器的研究 ［D］. 沈阳：东北大学，1995.

［56］ Kelsall D F. A further study of the hydraulic cyclone ［J］. Chemical Engineering Science，1953，2（6）：254-272.

［57］ Bloor M I G，Ingham D B．The leakage effect in the industrial cyclone［J］．Trans Int Chem Engrs，1975，53：7-10.

［58］ Tarjan G．Computation of the peripheral velocity appearing on the radius of the hydrocyclones from of the velocity of entering slurry［J］．Acta techn hung，1961，33（2）：119-133.

［59］ Bednarski S．Vergleich der methoden zur berechnung von hydrozyklonen［J］．Chem Tech，1968，20（1）：12-16.

［60］ Bradley D．The determination of tangential velocities in hydraulic cyclones［J］．American Mathematical Society，1962，5：30-88.

［61］ Duijn G V，Rietema K．Segregation of liquid—fluidized solids［J］．Chemical Engineering Science，1982，37（5）：727-733.

［62］ Rajamani K．Improvements in the classification efficiency of a hydrocyclone with an impeller installation around the vortex-finder［J］．Particulate science and technology，1987，5（1）：83-94.

［63］ Milin L，Hsieh K T，Rajamani R K．The leakage mechanisms in the hydrocyclone［J］．Minerals engineering，1992，5（7）：779-794.

［64］ 褚良银，罗茜．锥齿形高效水力旋流器［P］．CN93229713.7，1994-11-30.

［65］ 徐继润，罗茜．一种水力旋流器［P］．CN95230086.9，1996-03-20.

［66］ Tarján，Gusztáv．Mineral processing［M］．Budapest：Akadémiai Kiadó，1981.

［67］ 庞学诗．水力旋流器生产能力的计算方法［J］．国外金属矿选矿，1988（08）：15-21.

［68］ 庞学诗．水力旋流器生产能力计算方法的研究及应用［J］．湖南有色金属，1988（3）：16-18，30.

［69］ 申柯连科．黑色金属矿选矿手册［M］．殷俊良，等译．北京：冶金工业出版社，1985.

［70］ 选矿设计参考资料编辑组．选矿设计参考资料［M］．北京：冶金工业出版社，1972.

［71］ 选矿设计手册编委会．选矿设计手册［M］．北京：冶金工业出版社，1988.

［72］ Tarján Gusztáv．On the theory and use of the hydrocyclone［M］．Budapest：Akadémiai Kiadó，1953.

［73］ 达尔扬．匈牙利选矿科学技术［M］．北京：煤炭工业出版社，1958.

［74］ Plitt L R．A mathematical model of the hydrocyclone classifiers［J］，CIM Bull，December 1976，79：114-123.

［75］ Lynch A J，Rao T C．Modelling and scale up of the hydrocyclones classifiers［J］，Int Miner Process，1976，11：245-269.

［76］ Weiss N L，Editor R．SME mineral processing handbook［J］．Materials Science，1985，3：10-46.

［77］ Austin L G，Klimpel R R，Luckie P T．Process engineering of size reduction：ball milling［J］．Society，1984，1：155-158.

［78］ 中国国外科学技术文献编译委员会．国外金属矿选矿［M］．北京：中国科学技术情报研究所，1964.

［79］ 姚书典，隋志宇．高浓度条件下水力旋流器的分离粒度［J］．有色金属（选矿部分），1988（03）：31-37，30.

［80］ 庞学诗．水利旋流器分离粒度的计算方法［J］．国外金属矿选矿，1992（5）：15-24.

［81］ Holland-Batt A B．A bulk model for separation in hydrocyclones［J］．Transactions-Institution of mining and metallurgy，Section C：Mineral processing & extractive metallurgy，1982，91（1）：C21-C25.

［82］ Bradley D．Performance of hydrocyclones［M］．Elsevier Ltd，1965.

［83］ 斯瓦罗夫斯基．固液分离［M］．2 版．朱企新，金鼎五，译．北京：化学工业出版社，1990.

［84］ Doheim M A，Ibrahim G A，Ahmed A A．Rapid estimation of corrected cut point in hydrocyclone classification units［J］．International journal of mineral processing，1985，14（2）：149-159.

［85］ Bagnold R A. Experiments on a gravity-free dispersion of large solid spheres in a newtonian fluid under shear ［J］. Proceedings of the Royal Society A：Mathematical，Physical and Engineering Sciences，1954，225 (1160)：49-63.

［86］ Fahlstrom P H. Studies of the hydrocyclone as a classifier ［C］//Int Mineral Processing Congr，1963，6：87-112.

［87］ Wills B A. Factors affecting hydrocyclone performane ［J］. Min Mag，1980，3：142-146.

［88］ Brown W E，Dahlstrom D A，Grothe J D，et al. Cyclone operating factors and capacities on coal and refuse slurries-discussion ［J］. Transactions of the American Institute of Mining and Metallurgical Engineers，1949，184 (11)：418-422.

［89］ Yoshioka N，Hotta Y. Liquid cyclone as a hydraulic classifier ［J］. Chem Eng JPN，1955，19：632-635.

［90］ Schubert H，Neese T. Role of turbulence in wet classification ［J］. Int Mineral Processing Congr，1973，10：213-239.

［91］ Wills B A，Napiermunn T. Mineral processing technology：an introduction to the practical aspects of ore treatment and mineral recovery ［M］. Pergamon Press，1988.

［92］ Arterburn R A. The sizing and selection of hydrocyclones ［J］. Design and Installation of Comminution Circuits，1982，1：597-607.

［93］ Mular A L，Jull N A. The selection of cyclone classifiers，pumps and pump boxes for grinding circuits ［C］. Mineral Processing Plant Design，AIMME，New York，1978，15：108-118.

［94］ Doheim M A，庞学诗. 水力旋流器分级校正分离粒度的迅速测定 ［J］. 国外金属矿选矿，1986 (06)：23-29.

［95］ Arato E G. Reducing head or pressure losses across a hydrocyclone ［J］. Filtration and Separation，1984，21 (3)：181-182.

［96］ Boadway J D. A hydrocyclone with recovery of velocity energy ［C］//Proceedings of the Second International Conference on Hydrocyclones，1984：153-162.

［97］ Xu J R，Luo Q，Qiu J C. The investigation of the internal pressure loss in hydrocyclones ［J］. Separation Science and Technology，1989，24 (14)：1167-1178.

［98］ Luo Q，Deng C L，Xu J R，et al. Comparison of the performance of water-sealed and commercial hydrocyclones ［J］. International Journal of Mineral Processing，1989，25 (3-4)：297-310.

［99］ 孙启才，雷明光，陈文梅. 水力旋流器内单相液体速度场的研究 ［J］. 流体工程，1988 (06)：1-6，64.

［100］ Bradley D，Pulling D J. Flow patterns in the hydraulic cyclone and their interpretation in terms of performance ［J］. Transactions Institution of Chemical Engineers，1959，37：34-37.

［101］ 徐继润. 水力旋流器强制涡及内部损失的研究 ［D］. 沈阳：东北大学，1989.

［102］ Dahlstrom D A. Fundamentals and applications of the liquid cyclone ［C］//Chemical Engineering Progress Symposium Series，1954，15 (50)：41-46.

［103］ Plitt L R. A mathematical model of the hydrocyclone classifier ［J］. CIM Bulletin，1976，69 (776)：114-123.

［104］ 孙玉波. 重力选矿 ［M］. 北京：冶金工业出版社，1982.

［105］ Witbeck W O，Woods D R. Pressure drop and separation efficiency in a flooded hydrocyclone ［J］. The Canadian Journal of Chemical Engineering，1984，62 (1)：91-98.

［106］ Xu J R，Luo Q，Qiu J C. Turbulence reynolds number and internal loss in hydrocyclones ［C］//Proceedings of the First International Conference on Modern Process Mineralogy and Mineral Processing：September 22-25，1992，Beijing，China：International Academic Publishers，1992：50-55.

[107] 李富成. 流体力学及流体机械 [M]. 北京：冶金工业出版社，1980.

[108] 张远君. 流体力学大全 [M]. 北京：北京航空航天大学出版社，1991.

[109] Bloor M I G，Ingham D B. The influence of vorticity on the efficiency of the hydrocyclone [C]//2nd International Conference on Hydrocyclones，1984，2：19-21.

[110] Fontein F J，Kooy J G，Leniger H A. The influence of some variables upon hydrocyclone performance [J]. British Chemical Engineering，1962，7（1）：410-420.

[111] 庞学诗. 水力旋流器技术与应用 [M]. 北京：中国石化出版社，2010.

第三章
旋流分离技术研究方法

第一节　数值模拟方法

任何流体运动的动力学特性都是由质量守恒定律、动量守恒定律和能量守恒定律所确定的。这些基本定律可由数学方程组来描述，如欧拉方程（Euler 方程）、纳维-斯托克斯方程（Navier-Stokes 方程）等。利用数值方法通过计算机求解描述流体运动的数学方程，揭示流体运动的物理规律，称为计算流体力学（computational fluid dynamics，CFD）。计算流体力学是近代流体力学、数值数学和计算机科学相结合的产物，以计算机为工具，应用各种离散化的数值方法，对流体力学的各类问题进行数值实验、计算机模拟和分析研究，以解决实际中的流动问题，揭示新的研究方向。CFD 包括对各种类型的流体（气体、液体及特殊情况下的固体）在计算机上进行数值模拟的计算。用 CFD 对流体流动过程进行数学模拟与相应的实验流体力学研究相比，具有以下优点。一是花费少，预测同样的物理现象，计算机运行费用通常比相应的实测研究费用少几个数量级；二是设计计算速度快、周期短，设计人员可以在很短时间内研究若干流动结构，并选定最优设计计算方案；三是信息完整，数值模拟可以全面、深入地揭示流体的内部结构，不存在因测试手段限制而检测不到的"盲区"；四是仿真模拟流动能力强，原则上可以进行任何复杂流动的计算，可模拟任何物理状态和任何比例尺的流动及其变化过程，并可对物理模型中无法实现的纯理想化流动进行模拟，而所需改变的只是计算参数。尽管水力旋流器的结构相对比较简单，但影响其分离效率的结构参数和操作参数却很多，这些参数的最佳值要完全通过实验确定，其实验量是非常大的。随着计算机技术的发展，采用数值模拟的方法来描述旋流器的流场特性，成为旋流器流场研究的重要手段。例如采用欧拉-欧拉方法可以得到旋流器内速度场、压力场、浓度场、分离效率；利用欧拉-拉格朗日方法可以实现对旋流器内离散相运动轨迹、速度及坐标位置随时间的变化等的分析；利用群体平衡模型（PBM）可以实现对旋流器内离散相粒径分布特性的分析及聚结破碎特性的预测等。

一、湍流模型

水力旋流器在工作时，其内部流体处于一种湍流状态，湍流是一种极其复杂的流动现象，也是流体动力学研究的主要问题之一。在采用 CFD 模拟计算旋流过程时湍流过程的正确描述十分重要，建立或选择合理的湍流模型是模拟过程的关键。

一般认为，无论湍流运动多么复杂，非稳态的连续方程［式（3-1-1）］和动量守恒方程［式（3-1-2）］对于湍流的瞬时运动是适用的。

连续性方程为

$$\frac{\partial \rho}{\partial t} + \frac{\partial}{\partial t}(\rho u_j) = S_m \tag{3-1-1}$$

式中，ρ 为流体密度；u_j 为速度在 j 方向上的分量，下标 j 可以取值 1、2、3，分别代表 x、y、z 三个空间坐标；S_m 为质量源项。

根据牛顿第二定律，微元流体的动量对时间的变化率等于作用在该微元体上的各种力之和。由动量守恒定律可以得出流体在各个流动方向上应遵循的动量守恒方程，对于黏性不可压缩的流体，通式为

$$\frac{\partial (\rho u_i)}{\partial t} + \frac{\partial}{\partial x_j}(\rho u_i u_j) = -\frac{\partial p}{\partial x_j} + \frac{\partial}{\partial x_j}\left(\mu_t \frac{\partial u_i}{\partial x_j}\right) + (\rho - \rho_a)g_j \tag{3-1-2}$$

式中，μ_t 为湍流黏性系数；u_i、u_j 为时均速度分量；x_j 为坐标分量，ρ_a 为参考密度；g_j 为重力加速度在 j 方向的分量。

若考虑不可压缩流动，使用笛卡儿坐标系，速度矢量 $\boldsymbol{u}$ 在 x、y 和 z 方向的分量分别为 u、v 和 w，单位质量流体湍流瞬时控制方程如下

$$\mathrm{div}(\boldsymbol{u}) = 0$$

$$\frac{\partial u}{\partial t} + \mathrm{div}(u\boldsymbol{u}) = -\frac{1}{\rho} \times \frac{\partial p}{\partial x} + v\,\mathrm{div}(\mathbf{grad}\ u)$$

$$\frac{\partial v}{\partial t} + \mathrm{div}(v\boldsymbol{u}) = -\frac{1}{\rho} \times \frac{\partial p}{\partial x} + v\,\mathrm{div}(\mathbf{grad}\ v) \tag{3-1-3}$$

$$\frac{\partial w}{\partial t} + \mathrm{div}(w\boldsymbol{u}) = -\frac{1}{\rho} \times \frac{\partial p}{\partial x} + v\,\mathrm{div}(\mathbf{grad}\ w)$$

引入 Reynolds（雷诺）平均法，任一变量的时间平均值定义为

$$\overline{\phi} = \frac{1}{\Delta t}\int_T^{T+\Delta t} \phi(t)\,\mathrm{d}t \tag{3-1-4}$$

式中，$\phi(t)$ 为变量 ϕ 在时间 t 的瞬时值。因此湍流运动被看作由时均流动和瞬时脉动叠加而成，即

$$u = \overline{u} + u' \tag{3-1-5}$$

代入式（3-1-3）后即为时均形式的 N-S 方程——RANS 方程，即 the Reynolds-averaged Navier-Stokes 方程（Reynolds 平均 N-S 方程）

$$\mathrm{div}(\overline{u}) = 0$$

$$\frac{\partial \overline{u}}{\partial t} + \mathrm{div}(\overline{u}\ \overline{\boldsymbol{u}}) = -\frac{1}{\rho} \times \frac{\partial \overline{p}}{\partial x} + v\,\mathrm{div}(\mathbf{grad}\ \overline{u}) + \left[-\frac{\partial \overline{u'^2}}{\partial x} - \frac{\partial \overline{u'v'}}{\partial y} - \frac{\partial \overline{u'w'}}{\partial z}\right]$$

$$\frac{\partial \overline{v}}{\partial t} + \mathrm{div}(\overline{v}\ \overline{\boldsymbol{u}}) = -\frac{1}{\rho} \times \frac{\partial \overline{p}}{\partial y} + v\,\mathrm{div}(\mathbf{grad}\ \overline{v}) + \left[-\frac{\partial \overline{u'v'}}{\partial x} - \frac{\partial \overline{v'^2}}{\partial y} - \frac{\partial \overline{v'w'}}{\partial z}\right] \tag{3-1-6}$$

$$\frac{\partial \overline{w}}{\partial t} + \mathrm{div}(\overline{w}\ \overline{\boldsymbol{u}}) = -\frac{1}{\rho} \times \frac{\partial \overline{p}}{\partial z} + v\,\mathrm{div}(\mathbf{grad}\ \overline{w}) + \left[-\frac{\partial \overline{u'w'}}{\partial x} - \frac{\partial \overline{v'w'}}{\partial y} - \frac{\partial \overline{w'^2}}{\partial z}\right]$$

同时考虑平均密度的变化，采用张量符号重写式（3-1-6）为式（3-1-7）（为方便起见，

除脉动值的时均值外，下式中去掉了表示时均值的上划线符号）：

$$\frac{\partial \rho}{\partial t} + \frac{\partial}{\partial x_i}(\rho u_i) = 0$$

$$\frac{\partial}{\partial t}(\rho u_i) + \frac{\partial}{\partial x_j}(\rho u_i u_j) = -\frac{\partial p}{\partial x_i} + \frac{\partial}{\partial x_j}\left(\mu \frac{\partial u_i}{\partial x_j} - \overline{\rho u_i' u_j'}\right) + s_i \tag{3-1-7}$$

式中，s_i 代表源项或源项向量。这里的 i、j 指标取值范围是 1、2、3，根据张量的有关规定，当某个表达式中一个指标重复出现两次，则表示要把该项在指标的取值范围内遍历求和。可以看到，时均流动方程里面多出了与 $-\overline{\rho u_i' u_j'}$ 相关的项，它被定义为雷诺（Reynolds）应力项，雷诺应力的出现导致了描述湍流的控制方程组不封闭，需引进湍流模型才能封闭方程组来进行求解。

关于湍流的工程模式和计算机数值模拟一直是流体动力学中非常活跃的研究领域，湍流数值模拟方法的分类如图 3-1-1 所示，包括直接数值模拟（direct numerical simulation，DNS）、大涡模拟（large eddy simulation，LES）和 Reynolds 平均法（RANS）。

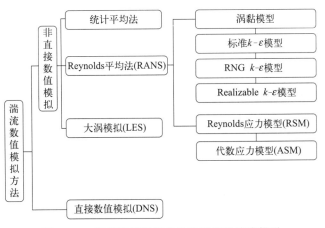

图 3-1-1 湍流数值模拟方法及相应的湍流模型

1. 直接数值模拟（DNS）

直接数值模拟（DNS）是直接用瞬时的 N-S 方程对湍流进行描述。它的最大好处就是无须引入任何简化模型，在对湍流无任何简化和近似的基础上提供每个瞬间所有变量在流场中的全部信息。模拟结果可以作为标准数据库来检验现有的湍流模型，可以揭示湍流的细观结构，增加人们对湍流的根本认识。DNS 是目前最精确的数值模拟手段，直接数值模拟不需要对湍流建立模型，对于流动的控制方程直接采用数值计算求解。由于湍流是多尺度的不规则流动，要获得所有尺度的流动信息，对于空间和时间分辨率要求很高，因而计算量大、耗时多、对于计算机内存依赖性强。直接数值模拟只能计算雷诺数较低的简单湍流运动，例如槽道或圆管湍流，现如今它还难以预测复杂湍流运动。

2. 大涡模拟（LES）

由于受计算机能力的限制，有必要寻求一种较 DNS 计算要求低而同时仍能详细描述湍流结构的湍流模型，大涡模拟（LES）便应运而生。LES 的基本思想是：湍流运动是由许多大小不同的旋涡组成，大旋涡对平均流动有比较明显的影响。大部分的质量、动量、能量交换是通过大旋涡实现的，而流场的形状和障碍物的存在都会对大旋涡产生比较大的影响，使它具有明显的不均匀性。小旋涡则通过非线性的作用对大尺度运动产生影响，它的主要作用表现为耗散，因此它的运动具有共性而接近各向同性，较易于建立有普遍意义的模型。LES就是采用滤波的方法将瞬时运动分解成大尺度运动和小尺度运动，对大尺度运动直接求解，对小尺度运动则采用亚网格尺度模型模拟。虽然 LES 对计算机能力的要求仍旧很高，但由于计算量远小于 DNS，被认为是一种潜在的可用于工程问题模拟的手段。在计算旋流分离器流场中湍动能和涡流方面，RSM 模拟丢失了整体的湍动能生成信息，不能得到小尺度涡结构；LES 运用亚格子尺度模型可以更加精确地计算湍动能和小尺度涡结构，具有绝对优势。使用大涡模拟方法可准确有效地捕捉到水力旋流器流场内零轴向速度包络面、溢流口周围循环流及短路流等水力旋流器内特有的流动现象。

3. Reynolds 平均法（RANS）

湍流模式理论是目前能够广泛用于工程计算的方法，它是依据湍流的理论知识、实验数据或直接数值模拟结果，对雷诺应力做出各种假设，假设各种经验的和半经验的本构关系，从而使湍流的平均雷诺方程封闭。根据模式处理出发点不同，可以将湍流模式理论分类成涡黏性封闭模式（涡黏模式）和二阶矩封闭模式（雷诺应力模式）。

（1）涡黏模型

涡黏模型是工程湍流问题中应用比较广泛的模型，是由 Boussinesq 仿照分子黏性的思路提出的，假设雷诺应力为湍流统观模拟的湍流模型，以雷诺平均运动方程与脉动运动方程为基础，依靠理论和经验结合引进一系列模型假设，从而建立的一组描写湍流平均量的封闭方程组。它在 Boussinesq 假设的基础上，逐渐建立了各种关于雷诺应力的模型假设，使雷诺应力方程得以封闭，并能够求解。二阶矩封闭模式直接构建雷诺应力方程，并将新构建的雷诺应力方程与控制方程联立进行求解。这种模式理论，由于保留了雷诺应力的方程，可以较好地反映湍流运动规律，但同时雷诺应力方程的保留意味着需要求解更多的方程，其计算量较涡黏性封闭模式大很多。

Boussinesq 假设是将雷诺应力与平均速度梯度相关联，表达式为

$$-\rho\overline{u_i u_j} = \rho K\left(\frac{\partial u_i}{\partial x_j} + \frac{\partial u_j}{\partial x_i}\right) - \frac{2}{3}\rho k\delta_{ij} \tag{3-1-8}$$

式中，K 为张量形式的涡运动黏性系数；k 为湍动能；δ_{ij} 为克罗内克函数，当 $i=j$ 时，$\delta_{ij}=1$；当 $i \neq j$ 时，$\delta_{ij}=0$。

根据决定 K 所需求解的微分方程的个数，可将湍流模型分为零方程模型、单方程模型和双方程模型等。目前比较普遍使用的是双方程模型，其中的 k-ε 系列模型应用最广泛。

① k-ε 模型 k-ε 模型使用湍动能 k 和湍动能耗散率 ε 来表示 μ_t，湍动能 k 方程和湍动能耗散率 ε 方程分别为

k 方程：

$$\frac{\partial}{\partial t}(\rho k) + \frac{\partial}{\partial x_j}(\rho u_j k) = \frac{\partial}{\partial x_j}\left[\left(\frac{\mu_t}{\sigma_{k0}}\right)\frac{\partial k}{\partial x_j}\right] + G_k - \rho\varepsilon \tag{3-1-9}$$

式中：

$$G_k = \mu_t \frac{\partial u_i}{\partial x_j}\left(\frac{\partial u_j}{\partial x_i} + \frac{\partial u_i}{\partial x_j}\right) \tag{3-1-10}$$

ε 方程：

$$\frac{\partial}{\partial t}(\rho\varepsilon) + \frac{\partial}{\partial x_j}(\rho u_j\varepsilon) = \frac{\partial}{\partial x_j}\left[\left(\frac{\mu_t}{\sigma_{\varepsilon 0}}\right)\frac{\partial\varepsilon}{\partial x_j}\right] + \frac{\varepsilon}{k}(C_{\varepsilon 1}G_k - C_{\varepsilon 2}\rho\varepsilon) \tag{3-1-11}$$

式中，$C_{\varepsilon 1}=1.44$，$C_{\varepsilon 2}=1.92$，$\sigma_{\varepsilon 0}=1.3$，$\sigma_{k0}=1.0$。

由湍动能 k 和湍动能耗散率 ε 的定义可以得出 μ_t 的表达式，即

$$\mu_t=\rho C_\mu \frac{K^2}{\varepsilon} \tag{3-1-12}$$

式中，$C_\mu=0.09$。

k-ε 模型是基于各向同性的假设推导得出的，认为 μ_t 是一个标量，在流场中的每一个确定的点处对应一个确定的涡黏性，其值与方向无关，这种模型称为标准 k-ε 模型。

② RNG k-ε 模型 RNG k-ε 模型是 Yokhot 和 Orszag 等人应用重整化群（renormalization group，RNG）理论在 k-ε 模型的基础上发展起来的改进形式，它的基本思想是把湍流视为受随机力驱动的输运过程，再通过频谱分析消去其中的小尺度涡，并将其影响归并到涡黏性中，以得到所需尺度上的输运方程。

RNG k-ε 模型的 ε 方程中多了一个附加项，增加了对快速流动的计算准确性。在 RNG k-ε 模型中考虑了旋涡对湍流的影响，即湍流的各向异性效应，提高了对旋转流动的预报结果。同时，RNG k-ε 模型中的系数是由理论公式算出的而不是靠经验来确定的，因此其适应性更强。

RNG k-ε 模型湍动能和湍动能耗散率的输运方程为

$$\frac{\partial}{\partial t}(\rho k)+\frac{\partial}{\partial x_i}(\rho u_i k)=\frac{\partial}{\partial x_j}\left[\left(\mu+\frac{\mu_t}{\sigma_k}\right)\frac{\partial k}{\partial x_j}\right]+G_k-\rho\varepsilon \tag{3-1-13}$$

$$\frac{\partial}{\partial t}(\rho\varepsilon)+\frac{\partial}{\partial x_i}(\rho u_i \varepsilon)=\frac{\partial}{\partial x_j}\left[\left(\mu+\frac{\mu_t}{\sigma_\varepsilon}\right)\frac{\partial\varepsilon}{\partial x_j}\right]+C_{1\varepsilon}\frac{\varepsilon}{k}G_k-C_{2\varepsilon}\rho\frac{\varepsilon^2}{k}-R_\varepsilon \tag{3-1-14}$$

式中，$R_\varepsilon=\dfrac{\rho C_\mu \eta^3(1-\eta/\eta_0)\varepsilon^2}{1+\beta\eta^3}\times\dfrac{\varepsilon^2}{k}$；$\eta=Sk/\varepsilon$，$\eta_0=4.38$，$\beta=0.012$。$S$ 为特征速度梯度。

模型常数：$C_{1\varepsilon}=1.42$，$C_{2\varepsilon}=1.68$。

其他常数：$C_\mu=0.0845$，$\sigma_k=1.0$，$\sigma_\varepsilon=1.3$。

湍流黏性系数 μ_t 与湍动能 k 和湍动能耗散率 ε 关联式仍旧为

$$\mu_t=\rho C_\mu \frac{K^2}{\varepsilon} \tag{3-1-15}$$

可以看出 RNG k-ε 模型与标准 k-ε 模型的主要区别在于：RNG k-ε 模型中的常数是由理论推出的，其适用性更强，它可以用于低雷诺数流动的情况，并且通过修正湍动黏度考虑了平均流动中的旋转及旋流流动的情况；而在耗散率方程中增加了反映主流的时均应变率项，体现了时均应变率对耗散项的影响。从而使 RNG k-ε 模型可以更好地处理高应变率及流线弯曲程度较大的流动。

③ Realizable k-ε 湍流模型 Realizable k-ε 湍流模型的提出是为了保证对正应力进行的某种数学约束的实现。它的 k 方程和标准 k-ε 模型的形式上完全一样，只是模型常数不同，而 ε 方程和标准 k-ε 模型以及 RNG k-ε 模型的 ε 方程有很大的不同，即湍流生成项中不包括 k 的生成项，它不含相同的 G_k 项。

k 方程和 ε 方程分别是

$$\frac{\partial}{\partial t}(\rho k)+\frac{\partial}{\partial x_i}(\rho u_i k)=\frac{\partial}{\partial x_j}\left[\left(\mu+\frac{\mu_t}{\sigma_k}\right)\frac{\partial k}{\partial x_j}\right]+G_k-\rho\varepsilon \tag{3-1-16}$$

$$\frac{\partial}{\partial t}(\rho\varepsilon)+\frac{\partial}{\partial x_i}(\rho u_i\varepsilon)=\frac{\partial}{\partial x_j}\left[\left(\mu+\frac{\mu_t}{\sigma_\varepsilon}\right)\frac{\partial\varepsilon}{\partial x_j}\right]+\rho C_2\frac{\varepsilon^2}{k+\sqrt{v\varepsilon}} \tag{3-1-17}$$

式中，常数 $C_2=1.9$，$\sigma_k=1.0$，$\sigma_\varepsilon=1.2$。

涡黏性系数与湍动能 k 和湍动能耗散率 ε 关联为如下形式：

$$\mu_t=\rho C_\mu\frac{k^2}{\varepsilon} \tag{3-1-18}$$

不同于标准 k-ε 模型和 RNG k-ε 模型，此时 C_μ 不再是常数：

$$C_\mu=\frac{1}{A_0+A_s\dfrac{kU^*}{\varepsilon}} \tag{3-1-19}$$

其中：

$$U^*=\sqrt{S_{ij}S_{ij}+\widetilde{\Omega}_{ij}\widetilde{\Omega}_{ij}}\,,\ \widetilde{\Omega}_{ij}=\Omega_{ij}-2\varepsilon_{ijk}\omega_k\,,\ \Omega_{ij}=\overline{\Omega}_{ij}-\varepsilon_{ijk}\omega_k$$

式中，$\overline{\Omega}_{ij}$ 是以 ω_k 为角速度的旋转坐标系下，旋转速度张量的平均值；S_{ij} 为应力张量的一部分；ε_{ijk} 是 Levi-Civita 符号，也称为 Levi-Civita 张量或排列张量；模型常数 A_0、A_s 分别为 $A_0=4.0$（或 4.04），$A_s=\sqrt{6}\cos\theta$。

(2) 雷诺应力模型（RSM）

雷诺应力模型（Reynolds stress model，RSM）与 k-ε 系列模型的最大区别主要在于它完全摒弃了基于各向同性涡黏性的 Boussinesq 假设，包含了更多物理过程的影响，考虑了湍流各向异性的效应，在很多情况下能够给出优于各种 k-ε 模型的结果。

雷诺输运方程为

$$\frac{\partial}{\partial t}(\rho\overline{u_i'u_j'})+\frac{\partial}{\partial x_k}(\rho u_k\overline{u_iu_j})=D_{T,ij}+P_{ij}+\phi_{ij}+\varepsilon_{ij}+F_{ij} \tag{3-1-20}$$

式中，u_k 为平均速度分量；x_k 表示空间坐标的第 k 个分量。式中有：

湍流扩散项

$$D_{T,ij}=\frac{\partial}{\partial x_j}\left[\rho\overline{u_iu_ju_k}+\overline{p(\delta_{ij}u_i'+\delta_{ij}u_j')}\right]$$

剪应力产生项

$$P_{ij}=-\rho\left(\overline{u_i'u_k'}\frac{\partial u_i'}{\partial x_k}+\overline{u_j'u_k'}\frac{\partial u_i}{\partial x_k}\right)$$

压力应变项

$$\phi_{ij}=p\left(\frac{\partial u_i'}{\partial x_j}+\frac{\partial u_j'}{\partial x_i}\right)$$

耗散相

$$\varepsilon_{ij}=-2\mu\overline{\frac{\partial u_i'}{\partial x_j}\times\frac{\partial u_j'}{\partial x_i}}$$

系统旋转产生项

$$F_{ij}=2\rho\Omega_k\left(\overline{u_j'u_m'}\varepsilon_{ikm}+\overline{u_i'u_m'}\varepsilon_{jkm}\right)$$

式中，Ω_k 为系统旋转的角速度在第 k 个方向的分量；ε_{ikm} 为 Levi-Civita 符号（或称为三阶单位反对称张量）；ε_{jkm} 为 Levi-Civita 符号的另一个分量。

由于标准 k-ε 模型假定湍流为各向同性的均匀湍流，所以在水力旋流器这种非均匀湍流问题的计算中存在着很大测量误差。虽然修正的 k-ε 模型相对于标准的有所改进，但这种改进主要体现在模型系数及耗散附加项等方面，并没有突破涡黏性假设下的各向同性的框架，其各种改进形式往往具有很大的局限性和条件性。雷诺应力模型（RSM）完全摒弃了涡黏性假设，直接求解雷诺应力微分输运方程，得到了各应力分量，考虑了雷诺应力的对流和扩散。

水力旋流器内部的流场属于强螺旋流，鉴于实际流动中的湍流性，数值模拟应采用湍流模式。在湍流与螺旋流的相互作用中，流线弯曲、流动斜交、回流及压力梯度等都是影响因素，特别是湍流对旋流所产生的体积力十分敏感，更为复杂的是它们的综合作用不同于它们独立作用的叠加。雷诺应力模型（RSM）是当前对于油水分离旋流器的最佳湍流模型，相对其他各种湍流模型，该模型能更好地模拟油水分离旋流器的内流场流动状态，用该模型模拟油水分离旋流器得到的理论计算结果与实验数据误差较小。

二、多相流模型

自然和工程中多数流动现象都是多相的混合流动。物理上，物质的相分为气相、液相和固相，但在多相流系统中相的概念意义更广泛。在多相流中，相被定义为一种对其浸没其中的流体及势场有特定的惯性响应及相互作用的可分辨的物质。例如，同一种物质的不同尺寸固体颗粒可以被看作不同的相，因为相同尺寸的颗粒集合对于流场具有相似的动力学响应。

多相流以两相流动最为常见。两相流主要有四种类型：气-液两相流，液-液两相流，气-固两相流和液-固两相流。多相流总是由两种连续介质，或一种连续介质和若干种不连续介质（如固体颗粒、水泡、液滴等）组成。连续介质称为连续相，不连续介质称为离散相（或非连续相、颗粒相等）。根据所依赖的数学方法和物理原理不同，FLUENT 软件中多相流的理论模型有流体体积（VOF）模型、混合（mixture）模型、欧拉（Euler）模型及离散相模型（DPM）。

旋流器的数值模拟在模型选择时，通常先判断采用何种最能符合实际流动的模式，然后根据以下原则来挑选最佳的模型，包括如何选择含有气泡、液滴和粒子的流动模型。离散相模型（DPM）适用于体积分数小于 10% 的气泡、液滴和粒子负载流动；混合模型或者欧拉（Euler）模型适用于离散相混合物或者单独的离散相体积分数超出 10% 的气泡、液滴和粒子负载流动；VOF 模型适用于栓塞流、泡状流以及分层/自由面流动；欧拉（Euler）模型还适用于沉降。

1. 流体体积（VOF）模型

流体体积（volume of fluid，VOF）模型是一种在固定的欧拉网格下的表面跟踪方法，通过求解单独的动量方程和处理穿过区域的每一流体的体积分数来模拟两种或三种不能混合的流体。当需要得到一种或多种互不相溶流体间的交界面时，可以采用这种模型。VOF 模型可有效捕捉旋流器内气-液相、液-液两相间的交界面，瞬态分析可得到交界面的演化过程，可模拟得到旋流器内空气柱及油核等现象。

VOF 模型公式依赖于以下事实：两种或多种流体（或相）不互溶。对于添加到模型中的每个附加流体相，都会引入一个变量，计算单元中该相的体积分数。在每个控制体中，所有相的体积分数之和为 1。这个流场的所有变量和属性都由相共享，并表示为体积分数值，每个相的体积分数在每个位置都是已知的。因此，任何给定单元中的变量和性质是纯粹代表一个相，还是代表一个相的混合物，取决于体积分数值。

对旋流器进行数值模拟时做出如下假设：流体均视为不可压缩流体且与外界不存在热交换；黏性力和界面张力在流体流动中起到主导作用。动量守恒方程中将界面张力作为一个源项加入，则动量方程和连续性方程可分别通过式（3-1-21）和式（3-1-22）计算：

$$\frac{\partial}{\partial t}(\rho u) + \nabla \cdot (\rho uu) = -\nabla p + \nabla \cdot [\mu(\nabla u + \nabla u^{\mathrm{T}})] + \rho g + F_s \tag{3-1-21}$$

$$\frac{\partial \rho}{\partial t} + \nabla \cdot (\rho u) = 0 \tag{3-1-22}$$

式中，p 为压力；u 为速度矢量；μ 为每个控制体中的动力黏度；ρ 为每个控制体中的密度；g 为重力加速度；F_s 为界面张力源项，只存在于包含界面的控制单元内。

模拟采用 VOF 模型进行相界面的捕捉，计算控制体内的目标相体积分数用流体体积函数 α 表示。如果 $\alpha=1$，表示该计算控制体内只含目标相；如果 $\alpha=0$，表示该计算控制体内不含目标相；如果 $0<\alpha<1$，则表示该计算控制体内同时存在目标相和非目标相。每个控制体内的物性参数取目标相与非目标相的体积平均值，如式（3-1-23）和式（3-1-24）所示。

$$\rho = \alpha \rho_d + (1-\alpha)\rho_c \tag{3-1-23}$$
$$\mu = \alpha \mu_d + (1-\alpha)\mu_c \tag{3-1-24}$$

式中，μ_c 和 μ_d 分别为连续相和离散相的动力黏度；ρ_c 和 ρ_d 分别为连续相和离散相的密度。

在 VOF 模型中关于目标相体积分数 α 的 VOF 扩散方程可由式（3-1-25）计算获得。

$$\frac{\partial \alpha}{\partial t} + u \cdot \nabla \alpha = 0 \tag{3-1-25}$$

2. 混合（mixture）模型

混合模型是一种简化的多相流模型，可用于模拟旋流器内两相或多相（流体或颗粒）具有不同速度的流动。混合模型主要实现求解混合相的连续性方程、动量方程、能量方程、第二相的体积分数及相对速度方程的功能。典型应用包括低质量载荷的粒子负载流、气泡流、沉降以及旋风分离器等。混合模型也可用于没有离散相相对速度的均匀多相流，具体如下。

混合相连续性方程可表示为

$$\frac{\partial \rho}{\partial t} + \nabla \cdot (\rho u) = 0 \tag{3-1-26}$$

式中，u 为质量平均速度，有

$$u = \frac{\sum\limits_{k=1}^{n} \alpha_k \rho_k u_k}{\rho} \tag{3-1-27}$$

式中，ρ 为混合相密度，有

$$\rho = \sum\limits_{k=1}^{n} \alpha_k \rho_k \tag{3-1-28}$$

式中，α_k 为第 k 相的体积分数。

混合相动量方程可表示为

$$\frac{\partial}{\partial t}(\rho u) + \nabla (\rho uu) = -\nabla p + \nabla [\mu(\nabla u + \nabla u^{\mathrm{T}})] + \rho g + F - \nabla \left(\sum\limits_{k=1}^{n} \alpha_k \rho_k u_{\mathrm{dr},k} u_{\mathrm{dr},k}\right)$$

$$\tag{3-1-29}$$

式中，n 为混合相的数量，即有几相；$\boldsymbol{F}$ 为体积力；μ 为混合相黏度；$\boldsymbol{u}_{\mathrm{dr},k}$ 为相 k（跟混合相的质量平均速度相对）的拖曳速度，有

$$\boldsymbol{u}_{\mathrm{dr},k} = \boldsymbol{u}_k - \boldsymbol{u} \tag{3-1-30}$$

相对滑移速度定义为次级相（p）对于初级相（q）速度的速度：

$$\boldsymbol{u}_{pq} = \boldsymbol{u}_p - \boldsymbol{u}_q \tag{3-1-31}$$

任意相（k）的质量分数定义为

$$C_k = \frac{\alpha_k \rho_k}{\rho_{\mathrm{m}}} \tag{3-1-32}$$

式中，ρ_{m} 表示混合相的密度。滑移速度的代数方程是基于短距离内不同相之间的平衡方程，可表示如下：

$$\boldsymbol{u}_{pq} = \frac{\tau_p}{f_{\mathrm{drag}}} \times \frac{\rho_p - \rho}{\rho_p} \boldsymbol{a} \tag{3-1-33}$$

式中，$\boldsymbol{a}$ 是次级相粒子的加速度；τ_p 是次级相（p）粒子松弛时间，可表示如下：

$$\tau_p = \frac{\rho_p d_p^2}{18 \mu_q} \tag{3-1-34}$$

式中，μ_q 是初级相（q）的黏度；d_p 是次级相 p 粒子（或液滴或气泡）的直径。f_{drag} 为拖曳系数：

$$f_{\mathrm{drag}} = \begin{cases} 1 + 0.15 Re^{0.687} & (Re \leqslant 1000) \\ 0.0183 Re & (Re > 1000) \end{cases} \tag{3-1-35}$$

3. 欧拉（Euler）模型

欧拉（Euler）模型可以模拟旋流器内多相流动及相间的相互作用。相可以是气体、液体、固体的任意组合。采用欧拉模型时，任意多个第二相都可以模拟。然而，对于复杂的多相流动，解会受到收敛性的限制。欧拉模型没有液-液、液-固的差别，其颗粒流是一种简单的流动，定义时至少有一相被指定为颗粒相。

数值模拟过程中两相的连续性方程如下：

$$\frac{\partial}{\partial t}(\alpha_{\mathrm{c}} \rho_{\mathrm{c}}) + \boldsymbol{\nabla}(\alpha_{\mathrm{c}} \rho_{\mathrm{c}} \boldsymbol{u}_{\mathrm{c}}) = 0 \tag{3-1-36}$$

$$\frac{\partial}{\partial t}(\alpha_{\mathrm{d}} \rho_{\mathrm{d}}) + \boldsymbol{\nabla}(\alpha_{\mathrm{d}} \rho_{\mathrm{d}} \boldsymbol{u}_{\mathrm{d}}) = 0 \tag{3-1-37}$$

式中，α_{c} 为连续相的体积分数；ρ_{c} 为连续相的密度；$\boldsymbol{u}_{\mathrm{c}}$ 为连续相的速度；α_{d} 为离散相的体积分数；ρ_{d} 为离散相的密度；$\boldsymbol{u}_{\mathrm{d}}$ 为离散相的速度。

对于不可压缩流体，其平均动量方程可表示为

$$\frac{\partial}{\partial t}(\alpha_{\mathrm{c}} \rho_{\mathrm{c}} \boldsymbol{u}_{\mathrm{c}}) + \mu_{\mathrm{c}} \boldsymbol{\nabla}(\alpha_{\mathrm{c}} \rho_{\mathrm{c}} \boldsymbol{u}_{\mathrm{c}}) = \alpha_{\mathrm{c}} \boldsymbol{\nabla} p + \boldsymbol{\nabla} \left[\alpha_{\mathrm{c}}(\tau_{\mathrm{c}}^{\mathrm{l}} + \tau_{\mathrm{c}}^{\mathrm{t}}) \right] + \alpha_{\mathrm{c}} \rho_{\mathrm{c}} \boldsymbol{g} + \boldsymbol{F} \tag{3-1-38}$$

式中，$\boldsymbol{g}$ 为重力；p 为静压；τ 为应力张量，上标 l 和 t 分别表示层流和湍流；$\boldsymbol{F}$ 为油水相间的动量交换或转移项，它由阻力、升力、虚拟质量力、湍流弥散力和其他相关的相间力组成。

考虑油滴直径以及油水两相间的密度差相对较小，因此忽略升力和虚拟质量力对油滴的影响，只考虑曳力和湍流耗散力。其中，曳力的计算公式可表示为

$$F_{\mathrm{drag}} = \frac{3 \alpha_{\mathrm{d}} \alpha_{\mathrm{c}} \rho_{\mathrm{c}} C_{\mathrm{D}} |\boldsymbol{u}_{\mathrm{d}} - \boldsymbol{u}_{\mathrm{c}}| (\boldsymbol{u}_{\mathrm{d}} - \boldsymbol{u}_{\mathrm{c}})}{4 d_{\mathrm{d}}} \tag{3-1-39}$$

式中，d_d 为离散油滴的直径。

根据 Schiller-Naumann 经验公式，曳力系数 C_D 可通过下式计算

$$C_D = \begin{cases} \dfrac{24}{Re_d}(1+0.15Re_d^{0.687}) & (Re_d < 1000) \\ \\ 0.44 & (Re_d \geqslant 1000) \end{cases} \tag{3-1-40}$$

式中，Re_d 为离散相的雷诺数。

湍流耗散力可以表示为

$$F_{td} = C_{TD} C_D \frac{\nu_{t,c}}{\sigma_{t,d}} \left(\frac{\boldsymbol{\nabla} \alpha_d}{\alpha_d} - \frac{\boldsymbol{\nabla} \alpha_c}{\alpha_c} \right) \tag{3-1-41}$$

式中，C_{TD} 为湍流耗散系数；$\nu_{t,c}$ 表示连续相湍流运动黏度；$\sigma_{t,d}$ 为离散相湍流施密特数。

4. 离散相模型（DPM）

在由流体（气体或液体）和离散相（液滴、气泡或尘粒）组成的弥散多相流体系中，将流体相视作连续介质、离散相视作离散介质处理，这种模型称为分散颗粒群轨迹模型或离散相模型（discrete phase model，DPM）。其中，连续相的数学描述采用欧拉方法，求解时均形式的 N-S 方程得到速度等参量；离散相采用拉格朗日方法描述，通过对大量质点的运动方程进行积分运算得到其运动轨迹。因此这种模型属欧拉-拉格朗日型模型，或称为拉格朗日离散相模型。离散相与连续相可以交换动量、质量和能量，即实现双向耦合求解。如果只考虑单个颗粒在已确定流场的连续相流体中的受力和运动，即单向耦合求解，则模型称为颗粒动力学模型。DPM 可用于旋流场内部离散相油滴的运移轨迹的模拟分析。

考虑到水力旋流器内部流动为不可压缩、强旋流和各向异性湍流流动，故采用 RSM 预测湍流流场。控制方程包含质量、动量守恒方程和 Reynolds 应力运输方程，其方程可表示如下。

连续性方程：

$$\frac{\partial \rho}{\partial t} + \frac{\partial \rho u_i}{\partial x_i} = 0 \tag{3-1-42}$$

动量方程：

$$\frac{\partial(\rho \overline{u_i})}{\partial t} + \frac{\partial(\rho \overline{u_i u_j})}{\partial x_j} = -\frac{\partial \overline{p}}{\partial x_i} + \frac{\partial}{\partial x_j} \left[\mu \left(\frac{\partial \overline{u_j}}{\partial x_i} + \frac{\partial \overline{u_i}}{\partial x_j} \right) - (\rho \overline{u_i' u_j'}) \right] \tag{3-1-43}$$

式中，t 为时间；u_i、u_j 分别为流体时均速度分量；μ 为流体动力黏度；ρ 为流体密度；p 为压力。

雷诺应力方程：

$$\frac{\partial}{\partial t}(\rho \overline{u_i' u_j'}) + C_{ij} = D_{T,ij} + D_{L,ij} + P_{ij} + \phi_{ij} + \varepsilon_{ij} \tag{3-1-44}$$

式中，C_{ij} 为对流项；$D_{T,ij}$ 为湍流扩散相；$D_{L,ij}$ 为分子黏性扩散相；P_{ij} 为雷诺剪应力产生相；ϕ_{ij} 为压力应变相；ε_{ij} 为黏性耗散项。

通过在拉格朗日坐标系下积分颗粒作用力微分方程来求解离散相颗粒的运动轨道，液滴受力微分方程的形式为

$$\frac{\mathrm{d}u_{\mathrm{p},i}}{\mathrm{d}t} = F_{\mathrm{D}}(u_i - u_{\mathrm{p},i}) - \frac{\rho_{\mathrm{p}} - \rho}{\rho_{\mathrm{p}}} g_i + F_i \tag{3-1-45}$$

式中，u_i，$u_{\mathrm{p},i}$ 分别为流体和颗粒的速度；$F_{\mathrm{D}}(u_i - u_{\mathrm{p},i})$ 为颗粒在 i 方向的单位质量曳力，可由下式计算

$$F_{\mathrm{D}} = \frac{18\mu}{\rho_{\mathrm{p}} d_{\mathrm{p}}^2} \times \frac{C_{\mathrm{D}} Re_{\mathrm{p}}}{24} \tag{3-1-46}$$

式中，μ 为流体的黏度；ρ_{p} 为流体密度；d_{p} 为颗粒直径；Re_{p} 为颗粒雷诺数；C_{D} 为液滴的曳力系数。

式（3-1-45）中 $(\rho_{\mathrm{p}} - \rho)g_i/\rho_{\mathrm{p}}$ 为颗粒受到的重力。F_i 为颗粒在流场所受的其他作用力，旋流器中的液滴运动非常复杂，除了受流体曳力和重力外，还受其他外力，包括萨夫曼（Saffman）升力、压力梯度力、虚拟质量力、巴塞特（Bassett）力、马格纳斯（Magnus）力等。

三、基于欧拉-欧拉方法的流场特性分析

欧拉-欧拉方法即欧拉-欧拉数值模拟方法，特点是把离散相和连续流体相一样看作是连续介质，并同时在欧拉坐标系中考察离散相和连续流体相的运动。当离散介质的体积浓度较低且按体积平均计算时所选取的控制体积与流场尺寸相比较小时，连续介质假设将失效，并可能导致较大的计算误差。所以欧拉-欧拉方法主要用于模拟离散相浓度比较高的场合。本小节以油水分离水力旋流器为例，采用欧拉-欧拉方法对旋流器内介质分布特性进行分析。

1. 示例结构、网格划分及边界条件

以常规四段式液-液分离水力旋流器为数值模拟示例，采用欧拉-欧拉数值模拟方法对其内部流场分布特性进行模拟分析。示例水力旋流器主要流体域模型如图 3-1-2 所示。

图 3-1-2 目标旋流器三维示意图

首先对水力旋流器流体域模型进行网格划分。由于结构性网格相对于非结构性网格来说，具有计算速度快、精度高、收敛性强等优点，所以选用六面体结构性网格对其进行网格划分。经网格无关性检验后，得出流体域模型适用的网格总数为 251886 个，同时对旋流器从溢流口端到底流口方向做截面，对旋流器内部不同位置处的网格划分情况进行展示，得出目标水力旋流器的具体网格划分情况，如图 3-1-3 所示，网格质量检验结果显示网格有效率为 100%。图中不同颜色表示的是网格锥度比情况，即通过网格间单元夹角来计算网格锥度，其范围在 0 到 1 之间，颜色由蓝色到红色渐变。当其锥度比为 0 时表示网格质量最好，显示为蓝色。当其值为 1 时代表网格质量最差，显示为红色。一般通过锥度比判断网格质量时，需要将锥度比控制在 0 到 0.4 之间。由图 3-1-3 所示网格情况可以看出，此时网格锥度

比控制在 0 到 0.3 之间，且多数锥度比值均为 0。数值模拟时采用速度入口条件，离散相油滴的初始速度值与连续相水的速度值相同，在入口截面处的油滴均匀分布，且进入流场初始时刻互不干涉，溢流及底流均采用自由出口，油相体积分数 2%，油相粒径 0.2mm，分流比 20%，入口流量为 4m³/h。壁面条件设置不可渗漏，无滑移固壁。

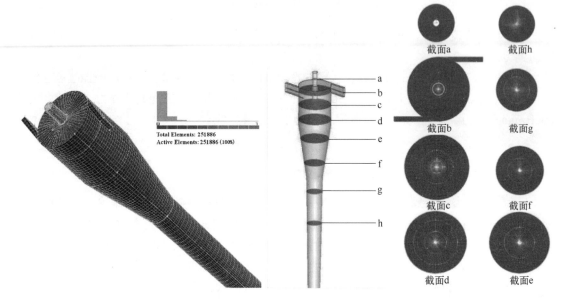

图 3-1-3 水力旋流器的网格划分

2. 流场特性分析

通过数值模拟得出水力旋流器内油相体积分数分布情况，如图 3-1-4 所示。图 3-1-4 左侧曲线为不同截面（Ⅰ～Ⅴ）处的含油径向分布曲线，结合右侧云图可以明显地看出该结构内离散油相在溢流口、圆柱段旋流腔、大锥段、小锥段等位置的整体分布情况。即油相主要

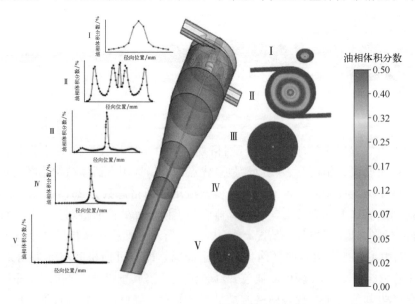

图 3-1-4 水力旋流器内部油相体积分数分布情况

集中在旋流器轴心区域且在溢流口底部区域油相分布较多，油核更为明显。

为了进一步定量分析水力旋流器内部油相分布情况，对数值模拟所得到的旋流器内部油相体积分数分布云图及过轴心截线上的油相体积分数进行分析，得到如图 3-1-5 所示旋流器内轴心油相体积分数分布情况。由图 3-1-5 可以明显看出，旋流分离器内油核几乎全部分布在轴心区域内，这是由于离散相油相相较连续相水相密度更小，在强旋流所形成的离心力作用下，不断向轴心处运移形成油核。进一步对过轴截面轴心线上的油相体积分数的变化曲线进行分析，可以发现随着轴向位置的增大（即更靠近底流出口），油相体积分数变化总体呈现先增大后减小的趋势，且油相体积分数较高处主要集中于旋流器锥段位置，并在小锥段位置达到油相体积分数最大值。通过对旋流分离器内 $S_{\rm I} \sim S_{\rm V}$ 五个分析截面上油相体积分数分布云图变化进行分析，发现越靠近溢流口位置处，油相体积分数越大。当改变旋流器的结构参数或操作参数时，轴心的油相分布情况会发生变化，但只要呈现出较好的分离效果，均会在轴心处形成稳定的油核。

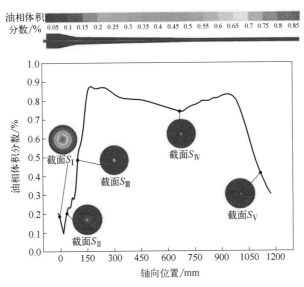

图 3-1-5　水力旋流器内轴心油相体积分数分布情况

第二节　分离性能实验方法

一、气-液旋流分离性能实验

1. 实验方法及工艺流程

气-液旋流分离实验研究，根据不同的水力旋流器结构，目前形成了很多不同的实验方案，涉及的主要装置有空气压缩机、储气罐、储水罐、泵、气体及液体流量计、压力表及高压调节阀门等。本节以微型气-液旋流分离器性能测试实验为例展开介绍。实验采用的工艺流程如图 3-2-1 所示。利用 3D 打印技术对气-液旋流分离器样机进行加工，为了便于直观分析气-液分离过程，采用透明树脂立体光固化 3D 打印成型。实验采用水相作为连续相，采用空气作为离散相实验用气。实验时，液相静置于蓄水槽内，其通过水泵增压进入实验工艺管道内，气相通过连接在空气中的智能蠕动气泵增压输送至管道内，通过变频器调节离心泵以

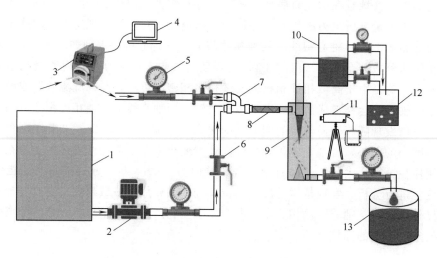

图 3-2-1 实验装置及工艺流程图

1—蓄水槽；2—离心泵；3—智能蠕动气泵；4—蠕动气泵控制系统；5—流量计；6—球阀；7—变径三通；8—静态
混合器；9—气-液旋流分离器；10—液体缓冲罐；11—高速摄像机；12—液体收集罐；13—底流液相收集罐

及蠕动泵实现液相流量及气相体积分数的定量控制。气-液两相经过静态混合器后进入气-液旋流分离器，分离后的气相及携带的液相沿溢流口流入液体缓冲罐内，液相沉积在罐底，气相通过液体缓冲罐顶部排气管经气体流量计计量后排到空气中。通过调节与溢流管及底流管连接的阀门，可以实现旋流器分流比的定量控制。研究过程中为了减小实验误差，每种工况分别进行三次实验，取三次均值作为性能分析的最终结果。同时，为了定性分析不同参数下的气-液分离性能，借助高速摄像技术，对气-液分离过程中的气核分布形态进行录制。

2. 分离性能影响因素及效果评价

(1) 分离效果评价方法

评判气-液旋流分离器分离效率，可以通过气相出口处气相体积分数或液相出口处液相体积分数来断定，要尽可能实现气-液两相完全分离，即气相出口排出的气相体积分数越大，气相分离效率越高，液相出口排出的气相体积分数越小，液相分离效率越高，气-液综合分离效率应充分考虑气相分离效率与液相分离效率，因此气-液旋流分离器综合分离效率的表达式为

$$E=\frac{M_{oa}\times M_{iw}-M_{ow}\times M_{ia}}{M_{ia}\times M_{iw}}\qquad(3\text{-}2\text{-}1)$$

式中　E——综合分离效率；

M_{oa}——气相出口中气体的含量；

M_{ow}——气相出口中液体的含量；

M_{ia}——入口混合相中气体的含量；

M_{iw}——入口混合相中液体的含量。

(2) 分流比对分离性能的影响

溢流分流比（即分流比）是溢流口流体排出总量与入口流量间的比值，是影响旋流器的分离性能的主要操作参数。针对优化后的气-液旋流分离器结构，开展溢流分流比在1%～40%范围内变化时的分离性能测试。针对数值模拟结果分别进行气相分离效率、液相分离效

率及气-液两相平均效率的计算，待室内实验流场稳定分离后对液相效率进行计算，以此实现对旋流器分离性能的综合分析。控制入口流速为 0.25m/s（入口流量 10.125L/h），气相体积分数为 5%。得出不同溢流分流比下的性能测试结果如图 3-2-2 所示。由图 3-2-2 可知，随着溢流分流比的逐渐升高，无论是模拟值还是实验值，液相分离效率均呈现逐渐降低趋势。这是因为溢流分流比越大，由溢流排出的液相越多，从底流流出的液相越少，致使分离效率逐渐降低，模拟结果与实验结果呈现出较好的一致性。气相分离效率模拟值随着分流比的增加先快速升高后趋于平稳，这是因为溢流分流比较小时，虽然此时溢流口排液相对较少，但部分气体也无法由溢流口排出，致使气相分离效率相对较小，随着分流比的增大，越来越多的气相由溢流口排出，致使分离性能逐渐升高。当分流比达到一致值后，气相几乎完全由溢流口排出，因此继续增大分流比，气相分离效率无明显升高，但会使排出的气体携带更多的液相，所以液相分离效率明显降低。在溢流分流比 $F=6\%$ 时平均分离效率模拟值达到最大值 99.18%，由气核分布结果显示，此参数下气相经过入口进入旋流腔后汇聚在轴心临近溢流口区域，且气核成型位置轴向上靠近倒锥顶部，在实现溢流口排气量最大化的同时保障底流口处无明显气相排出。

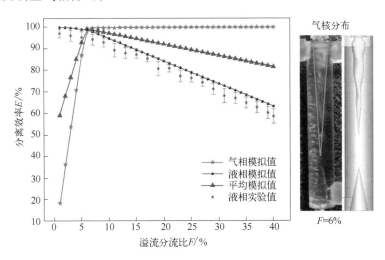

图 3-2-2 溢流分流比对分离性能的影响

（3）入口流量对分离性能的影响

为了分析优化后气-液旋流分离器在不同入口流量条件下的适用性，针对优化后结构开展入口流量在 $2.025\sim18.225$L/h（即入口流速在 $0.05\sim0.45$m/s）范围内变化时的模拟及实验性能测试。固定溢流分流比为 6%，气相体积分数控制为 5%。得出不同入口流量下性能测试结果如图 3-2-3 所示。由图 3-2-3 可知，随着入口流量的增加，液相分离效率呈现缓慢升高趋势，气相分离效率变化幅度较大，从 5% 升至 99% 以上。这是因为入口流量较低时旋流腔内流体的切向速度值较低，离心力较小，致使气相收到的径向梯度力较小，无法快速运移至旋流器轴心位置并由底流口排出。随着入口流量的增大，液流旋转速度逐渐升高，气相向轴心聚集程度增加，致使越来越多的气相由溢流口排出，因此分离效率明显升高。当入口流量达到 13.77L/h 时，平均分离效率模拟值达到最大值 99.48%，此后平均分离效率模拟值随着入口流量升高无明显变化。由于底流口处压力损失 Δp 随着入口流量的增大逐渐升高，因此确定气-液旋流分离器最佳入口流量为 13.77L/h。

（4）气相体积分数对分离性能的影响

为了研究出优化后气-液旋流分离器对气相体积分数的适用情况，开展优化结构在不同气相体积分数条件下的分离性能模拟及实验分析。针对优化后结构开展气相体积分数在 1%～30% 范围内变化时的分离性能分析。控制溢流分流比为 6%，入口流量为 13.77 L/h（入口流速 0.34m/s）。得出气相体积分数对优化结构旋流器分离性能影响如图 3-2-4 所示。气相体积分数在 1%～5% 增加时，气相效率无明显变化。随着气相体积分数的继续升高，气相效率呈明显降低趋势。这是因为气-液旋流分离器溢流口最大

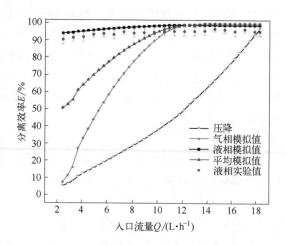

图 3-2-3　入口流量对分离性能的影响

排气量受溢流管直径及溢流分流比限制，超过最大排气量后越来越多的气体将从底流口排出，致使分离性能降低。气-液平均分离效率模拟值随含气量的升高呈先增加后降低的趋势，并在气相体积分数为 5.5% 时达到了最大值 99.66%。此时，通过对比实验及模拟气核分布情况可以看出，气相聚集在溢流口附近，夹杂液相较少，底流处附近几乎无气体排出，无论是气核形态还是液相分离效率分布，模拟结果与实验结果均呈现出较好的一致性。

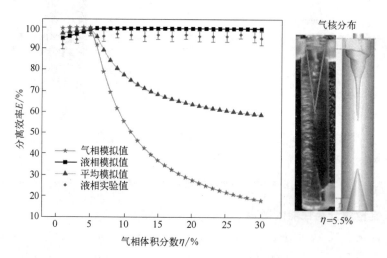

图 3-2-4　气相体积分数对分离性能的影响

二、固-液旋流分离性能实验

1. 实验方法及工艺流程

以除砂旋流器为例进行固-液旋流分离实验，实验工艺流程图如图 3-2-5 所示，分离性能的实验系统由混合单元、供液单元、计量单元、分离单元和收液单元组成。实验时，将按一定比例配制的液砂倒入水箱，由循环泵将其混合均匀。液砂混合液由凸轮泵经电磁流量计计量后进入入口接头和螺旋导流溢流管围成的环形空间，在起旋段，经螺旋片导流形成强螺旋流。液砂混合相继续下行，进入旋流锥段，由于固-液两相存在密度差，较重的砂相随外旋

流运动到器壁处，经底流口进入沉砂尾管，在重力沉降作用下，沉入尾管底部。较轻的液相则经内旋流，经由溢流管，通过出口接头，经电磁流量计计量后回到水箱内，从而实现液砂分离。由于沉砂尾管底部放砂阀在工作时关闭，使底流形成了封闭的空间，在砂相下行的同时，必有一部分沉砂尾管内的液体上行重新进入旋流锥段内，并最终通过出口接头回到水箱内。在入口接头和出口接头处分别安装有压力表和取样口，用于压力的计量和取样。实验流程如下：向储液罐中注入水，加入某一粒径一定比例的石英砂，打开循环泵，将液砂混合均匀；开启凸轮泵，调节变频调速器，调整入口流量到实验值，分别从出口和入口处取样；测量取样的体积，用滤布过滤得到出入口的砂粒，将滤布烘干称重，得到出入口砂相的质量，计算出口分离效率；调整实验参数，分别改变砂相比例、砂相粒径、混合液黏度，完成实验内容，分析得到不同参数时分离效率和压力降的数值；改变实验因素的参数水平值，进行较为全面的实验，得到各因素对分离性能的影响规律。

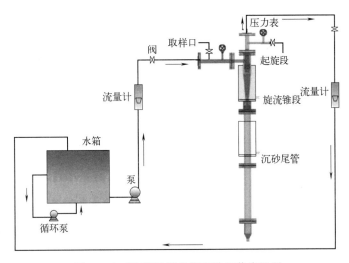

图 3-2-5 固-液旋流分离实验工艺流程图

2. 分离性能影响因素及效果评价

（1）分离性能影响因素

① 入口流量对分离效率的影响　入口流量的波动会影响固-液分离水力旋流器内的流场分布特性和分离性能。因此，了解固-液分离水力旋流器的分离性能随流量的变化规律，是合理调节流量、获得高分离性能的重要基础。对于固定入口尺寸的固-液分离水力旋流器，流量的改变直接体现为入口流速的变化。入口流速的变化将影响流场和固-液两相的分布规律，并最终影响固-液分离水力旋流器的分离性能。以闫月娟前期开展的固-液两相旋流分离结果为例，研究得出入口流速对分离效率及压力损失的变化规律如图 3-2-6 所示。可以看出随着入口流速增大，分离效率增加。这主要是因为入口流速增大，切向速度也不断增大，为离

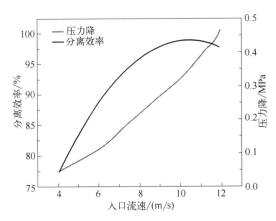

图 3-2-6 入口流速变化对分离效率及压力损失的影响

心分离提供了足够动力。但分离效率不是线性增加的，这是因为速度增加缩短了固相颗粒在固-液分离水力旋流器旋流段停流的时间，固-液两相还没有充分分离，即已离开了旋流体。随着入口流速增大，压力降在不断增加。因为流速增加，固-液分离水力旋流器内部湍流强度增大，总的能量损失增加。因此不能仅依靠提高流速来提高分离效率。

② 液体介质黏度的影响　固-液分离水力旋流器内液相黏度变化可改变其内部平均速度场、压力场、湍动流场和固相颗粒的分布规律，这最终将引起固-液分离水力旋流器分离效率的变化。固-液分离水力旋流器在不同液相黏度条件下分离效率和压力降变化情况如图 3-2-7 和图 3-2-8 所示。从图 3-2-7 中可以看出，随液相黏度增加，分离效率均呈下降趋势，速度越低，分离效率下降得越快。在相同液相黏度时，速度越高分离效率越高。这是因为在速度相同条件下，流体液相黏度大，内摩擦阻力大，流体的动能损失增加，导致流体的切向速度急剧降低，从而降低分离能力。在相同液相黏度条件下，提高入口流速，可提高旋流分离的切向速度，延长沉砂尾管段螺旋流的强度和保持时间，因此同时可以提高旋流分离和沉降分离的效率，使得固-液分离水力旋流器的综合分离效率得以提高。由图 3-2-8 可知，随着液相黏度增加，出口压力降略有减小。这主要是因为，旋流器是靠损失压力来提高切向速度，由于液相黏度增大，切向速度下降，因此压力降下降得较小。但压力降受入口流速的影响却很大，随速度提高，虽然分离效率提高，但压力降也下降得很大。

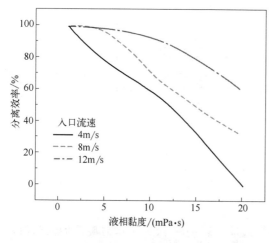

图 3-2-7　液相黏度变化对分离效率的影响　　图 3-2-8　液相黏度变化对压力降的影响

③ 固相粒径对分离效率的影响　固相在固-液分离水力旋流器中分离与否取决于两相的密度差、颗粒的粒径、流体的流速、流体的黏度等多种因素。固相颗粒粒径越小，颗粒所受的离心力较小，从短路流流出的颗粒越多；由于颗粒在下行过程中，较小的颗粒无法进入外旋流，因此颗粒粒径越小，小颗粒随内旋流从溢流口流出越多；在底流口处，粒径较小时，离心分离出的固相颗粒无法及时沉降，会从底流口重新返回到旋流段，因此固-液分离水力旋流器溢流口处小粒径颗粒的分离效率较低。随着粒径增大，上述三种现象均呈现减小的趋势，固-液分离水力旋流器的分离效率逐渐提高。固-液分离水力旋流器在不同工况下，分离不同粒径的固体颗粒时均有适合的操作参数和相应的分离性能。图 3-2-9 给出了不同液相黏度下实测和数值模拟的分离效率随入口流速变化曲线图，由图可知，不同液相黏度下，实测和数值模拟中分离效率的变化趋势基本一致，但实测结果均低于数值模拟结果，这主要是因为数值模拟的固相颗粒是在单一粒径假设基础上进行的，而实测时砂相中存在粒径较小的砂

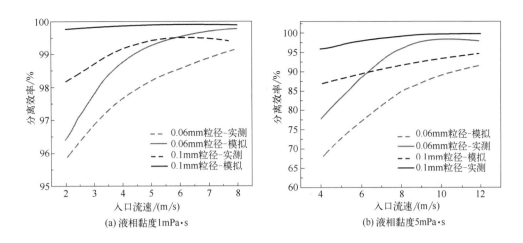

(a) 液相黏度1mPa·s   (b) 液相黏度5mPa·s

图 3-2-9   固-液分离水力旋流器内不同粒径颗粒分离效果对比

粒，这部分砂粒的分离效率较低，从而降低了除砂器最终的分离效率。

④ 固相含量对分离效率的影响   在固相颗粒含量较低时，固相颗粒含量变化对分离效率的影响不大。当固相颗粒含量较高，达到特定值时，底流口处出现了拥挤现象，固相颗粒含量难以进入沉砂尾管内，使固-液分离水力旋流器完全失效。研究得出固相颗粒（砂相）含量对固-液分离水力旋流器分离效率的影响曲线如图 3-2-10 所示。从图中可以看出，在液相黏度和入口流速一定情况下，砂相含量变化及粒径变化对分离效率的影响不大。但当黏度为 10mPa·s，砂相含量达到 5% 时，底流口处出现了拥挤现象，砂相难以进入沉砂尾管内，使除砂器完全失效，因此当固-液分离水力旋流器用于分离黏度较高的产出液时，应格外关注砂相含量大小。

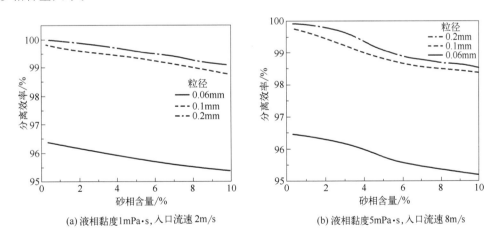

(a) 液相黏度1mPa·s,入口流速2m/s   (b) 液相黏度5mPa·s,入口流速8m/s

图 3-2-10   固相颗粒含量对分离效率的影响

(2) 分离效果评价

评判固-液分离水力旋流器分离效率，可以通过底流口固相体积分数或液相出口处液相体积分数来断定。用量筒分别测定取得的底流样品和溢流样品体积，再将取样样品倒入烧杯中，在恒温箱中进行烘干，用上皿式电子天平测定样品固相质量，进而求得底流浓度和溢流浓度。如果旋流器内无颗粒的质量积累，为避免受进口浓度的影响（实际上，进口浓度是瞬时变化的），分离效率可以用式（3-2-2）计算。

溢流浓度和底流浓度分别为

$$C_0 = \frac{(M_1 - M_2) \times 10^3}{V_0} \tag{3-2-2}$$

$$C_u = \frac{(M_1 - M_2) \times 10^3}{V_u} \tag{3-2-3}$$

式中　C_0——溢流浓度，g/L；

　　　C_u——底流浓度，g/L；

　　　M_1——取样中细砂质量＋烧杯质量，g；

　　　M_2——烧杯质量，g；

　　　V_0——溢流取样体积，mL；

　　　V_u——底流取样体积，mL。

$$E_t = \frac{Q_u C_u}{Q_u C_u + Q_o C_o (\rho_o / \rho_u)} \tag{3-2-4}$$

式中　E_t——分离总效率，%；

　　　Q_u——底流质量，m^3/h；

　　　Q_o——溢流流量，m^3/h；

　　　ρ_o——溢流密度，kg/m^3；

　　　ρ_u——底流密度，kg/m^3。

计算时默认溢流和底流密度相同。由于底流的密度一定大于溢流的密度，因此这样计算得到的分离效率会比实际的分离效率稍小。

三、液-液旋流分离性能实验

1. 实验方法及工艺流程

以典型的脱油式液-液分离水力旋流器为例，实验工艺流程图如图 3-2-11 所示。实验时，水相及油相分别储存在水罐及油罐内，水相由螺杆泵输送，通过变频控制器调节螺杆泵频率

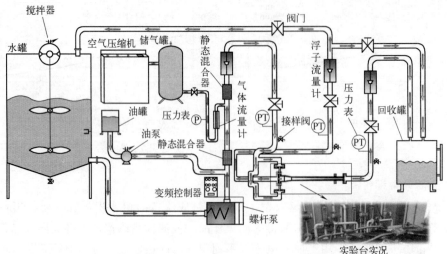

图 3-2-11　液-液分离实验工艺流程图

进而控制进液量。油相由计量柱塞泵增压，通过调节量标尺控制柱塞泵供液量，进而控制介质含油浓度。水罐内可实现持续加热，保证恒定的介质温度。油水混合液通过静态混合器实现两相介质均匀混合，静态混合器后端连有浮子流量计及压力表，可实现入口处的压力、流量实时监测，被测量后的油水混合液进入实验样机内。在开展分离性能实验时，分别连接入口、底流口及溢流口管线，油水混合介质由入口管线进入分离器内，实现油水两相旋流分离后，油相由溢流口流出，水相由底流口流出，油水两相均循环至回收罐内。安装在入口及两个出口管线上的截止阀用来完成分流比的调控。同时在连接入口、溢流口及底流口的管线上分别装有 A、B、C 三个取样点，用来完成旋流分离前后的取样工作，进而通过含油分析对实验样机的分离性能进行评估。

2. 分离性能影响因素

① 流量对分离效率的影响　作为分离设备，必然要对一定流量的混合液体进行处理，对于特定结构的水力旋流器而言，其最佳流量范围是基本不变的，即存在一个最佳处理量区。图 3-2-12 为采用密度为 0.885g/cm^3 的机油、入口含油浓度在 1000mg/L 以下、分流比为 5% 时对设计处理量为 $6 \text{m}^3/\text{h}$ 的水力旋流器进行试验得到的流量-效率和流量-浓度曲线。图 3-2-12 中绘有两条曲线，一条是入口流量 Q_i 与底流水出口含油浓度 C_d 之间的关系曲线，另外一条是入口流量与分离效率 E_i 之间的关系曲线。可以看出，当入口流量 Q_i 小于一定数值时（图中是在 $3 \text{m}^3/\text{h}$ 以下），底流口含油浓度较高，为 200mg/L 以上，分离效率仅有 65% 左右。显然，这是由于流量过低，液体在水力旋流器内部没有形成旋转速度足够高的涡流，只有粒度较大的油滴能够从混合液中分离出来，而许多小油滴未能与水分离。在入口流量 Q_i 逐渐加大时，水力旋流器的分离效率 E_i 逐渐提高，水中含油浓度也逐渐减少。当入口流量达到 $5 \text{m}^3/\text{h}$ 时，底流水中的含油浓度只有 50mg/L 左右，此时的分离效率达到了 95%。这时通过透明的有机玻璃样机用肉眼即可看到在水力旋流器轴心处存在一个非常明显的稳定的油核，该油核从小锥段一直延伸到溢流口处，整体呈现形式细长而笔直。在入口流量为 $5 \sim 6 \text{m}^3/\text{h}$ 时，分离效率最高。当超过 $6 \text{m}^3/\text{h}$ 时，分离效率有所波动，且稍有下降的趋势。

② 分流比 F 对分离效率的影响　单纯从净化的角度考虑，分流比加大有利于产品的净化，即水力旋流器的总效率会有所提高。如果考虑到分流比 F 对综合效率 E 的影响，即综合效率 E 与分流比 F 的关系，情况就会有所不同。图 3-2-13 是将上述试验结果整理成综合

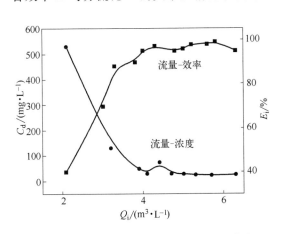

图 3-2-12　流量-效率和流量-浓度关系曲线

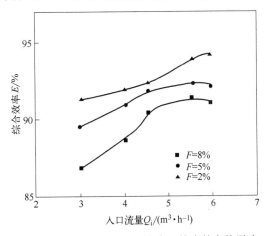

图 3-2-13　分流比对水力旋流器综合效率的影响

效率 E 与分流比 F 的关系曲线。从曲线图上可以看出，对同一水力旋流器进行同一试验，分流比 F 改变、其他条件相同时，F 越大，E 越小。如果单纯从净化角度考虑，不顾及被分离的介质与净化液体的排出量的比例，可以只根据净化结果（即 E_j）来选择分流比 F。但大多数场合下，不允许排放过多的废液，因此，必须考虑综合效率 E 来确定合理的分流比 F 的大小。

③ 锥角大小、旋流腔长度、尾管段长度对分离效率的影响　具体内容见第一章第六节。

第三节　流场测试方法

一、基于 LDV 的速度场测试

1. LDV 技术的原理

激光多普勒测速法（laser Doppler velocimetry，LDV）作为一种先进的测量技术，正在诸多领域中得到迅速发展和广泛应用。激光多普勒测速技术是利用流体中的运动微粒散射光的多普勒频移来获得速度信息的，其基本原理可以采用条纹模型来进行解释，即当两束相干的入射光相交于一点时，相交区是一个椭球体，沿椭球体的短轴方向会形成一组明暗相间的干涉条纹，当粒子穿过干涉条纹时，会产生和粒子速度呈线性关系的多普勒信号，如图 3-3-1 所示。

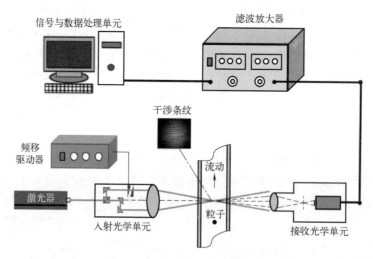

图 3-3-1　激光测速系统原理示意图

LDV 用于多相流测量时，一般只适用于离散相浓度较低的情况。对离散相浓度较高（固含率大于 1.5%，气含率大于 5%）的研究应用很少，这主要是因为 LDV 技术存在以下问题：激光及其散射光在穿过多相混合物时，光强度会随穿过的距离迅速减弱，造成测量信噪比下降。为使颗粒散射光光强增大，有两种方法：其一是增大入射光的光强，即要增大激光器的功率，但这种方法有很大的局限性；其二是缩短激光及散射光在床内多相区的穿行距离，在激光功率不变的情况下，激光与散射光的光强与穿行距离成指数关系衰减，因此当距离缩短时，接收到的散射光强度将大幅度提高，所以采用这种方法可一定程度解决离散相浓度较高体系的速度测量问题。

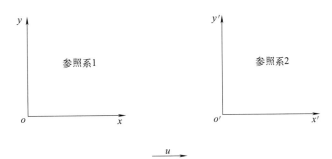

图 3-3-2 相对速度为 u 的两个参照系

根据爱因斯坦提出的相对论，相对速度为 u 的参照系 1 和参照系 2（图 3-3-2）之间满足洛伦兹变换，参照系 1 中的时空坐标 x_1、y_1 和 t_1 与参照系 2 中的时空坐标 x_2、y_2 和 t_2 满足以下关系

$$x_2 = \frac{x_1 - ut_1}{\beta} \tag{3-3-1}$$

$$y_2 = y_1 \tag{3-3-2}$$

$$t_2 = \frac{t_1 - ux_1/c^2}{\beta} \tag{3-3-3}$$

式中，c 为光速，$\beta = \left(1 - \dfrac{u^2}{c^2}\right)^{1/2}$。相应地，坐标 2 和坐标 1 间的逆变换为

$$x_1 = \frac{x_2 + ut_2}{\beta} \tag{3-3-4}$$

$$y_2 = y_1 \tag{3-3-5}$$

$$t_1 = \frac{t_2 + ux_2/c^2}{\beta} \tag{3-3-6}$$

在坐标系 1 中，有一束光与 x_1 轴的夹角为 θ_1，则平面波 E 表示为

$$E = E_0 \cos(2\pi) f_1 \left(t_1 - \frac{x_1 \cos\theta_1}{c} - \frac{y_1 \sin\theta_1}{c} + \delta\right) \tag{3-3-7}$$

式中，f_1 为光的频率；δ 为光的初相位有关的量。如图 3-3-3 所示，被测物体以速度 u 运动，则在参照系 2 中观察这束光时，得其平面波为

$$E = \frac{E_0}{\beta} \cos(2\pi) f_1 \left(1 - \frac{u\cos\theta_1}{c}\right) \left(t_2 + \frac{u/c - \cos\theta_1}{1 - u/c\cos\theta_1} \times \frac{x_2}{c} - \frac{\beta\sin\theta_1}{1 - u/c\cos\theta_1} \times \frac{y_2}{c} + \delta\right)$$

$$\tag{3-3-8}$$

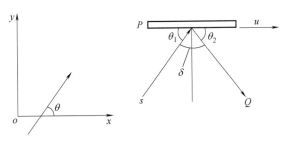

图 3-3-3 激光多普勒测速原理示意

根据相对论，参照系 2 中的平面波也应满足与式（3-3-8）类似的表达式，有

$$E = E_0 \cos(2\pi) f_2 \left(t_2 - \frac{x_2 \cos\theta_2}{c} - \frac{y_2 \sin\theta_2}{c} + \delta \right) \tag{3-3-9}$$

对比两式，可得

$$\begin{cases} f_2 = f_1 \dfrac{1 - u\cos\theta_1/c}{\beta} \\[2mm] \cos\theta_2 = \dfrac{\cos\theta_1 - u/c}{1 - u\cos\theta_1/c} \\[2mm] \sin\theta_2 = \dfrac{\beta\sin\theta_1}{1 - u\cos\theta_1/c} \end{cases} \tag{3-3-10}$$

由此可见，光的频率在坐标系 1 和坐标系 2 中发生了变化，这就是光的多普勒效应，对应的多普勒频差为

$$\Delta f = f_2 - f_1 = \left(\frac{1 - u\cos\theta_1/c}{\beta} - 1 \right) f_1 \tag{3-3-11}$$

用向量表示如下，其中 $\boldsymbol{n}$ 和 $\boldsymbol{n}_s$ 分别为入射和散射光的单位向量

$$\Delta f = \frac{(\boldsymbol{n} - \boldsymbol{n}_s) u}{\lambda} \tag{3-3-12}$$

$$\Delta f_1 = \frac{(\boldsymbol{n}_1 - \boldsymbol{n}_s) u}{\lambda}, \ \Delta f_2 = \frac{(\boldsymbol{n}_2 - \boldsymbol{n}_s) u}{\lambda} \tag{3-3-13}$$

式中，λ 为光的波长。则检测装置中，两束光的频差为

$$\Delta f = \Delta f_1 - \Delta f_2 = \frac{(\boldsymbol{n}_1 - \boldsymbol{n}_2) u}{\lambda} \tag{3-3-14}$$

当入射光相对被测物体沿物体表面对称时，可得

$$\Delta f = \frac{2}{\lambda} u \sin\phi \tag{3-3-15}$$

得被测颗粒的速度与频差的关系为

$$u = \frac{2}{\lambda} \Delta f \sin\phi \tag{3-3-16}$$

因此，通过测量两束光所得的多普勒频差，可获得被测颗粒的运动速度 u。

2. LDV 技术特点

(1) LDV 技术的优势

LDV 为非接触测量，测量过程对流场无干扰；空间分辨率高，一般测量点可小于 $10^{-4}\,\mathrm{mm}^3$，相当于一到两个普通催化裂化剂颗粒的体积，因而可以获取颗粒的微观运动信息；动态响应快，可进行实时测量，获取局部的颗粒速度瞬时信号；测量精度高，重复性好，测量精度可达 $\pm 0.1\%$；测量范围大，可测量 $0.1 \sim 2000\mathrm{m/s}$ 的速度；频率响应范围宽，可以分离和测量分速度，在具有频移系统的情况下，可以方便地测量反向速度；对温度、密度和成分的变化适应能力强。

(2) LDV 技术的缺点

LDV 是利用检测流体中和流体以同一速度运动的微小颗粒的散射光来测定流体速度的仪器，由此也带来了一定的局限性：被测流体要有一定的透光度；测纯净流体时需人工加入跟随粒子；价格昂贵；使用时有一定的防振要求，使管道与光学系统无相对运动。

二、基于 PIV 的速度场测试

1. PIV 技术原理

粒子图像测速 (particle image velocimetry, PIV) 是由固体力学散斑法发展起来的一种流场显示与测量技术。PIV 突破了传统单点测量的限制, 可以同时无接触测量流场中一个截面上的二维速度分布或三维速度场, 实现了无干扰测量, 且 PIV 方法具有较高的测量精度。经过多年的发展, PIV 技术在图像采集和数据处理算法上已经日益成熟, 获得了人们的普遍认可, 并且作为研究各种复杂流场的一种强有力的手段, 广泛应用于各种流动测量中。

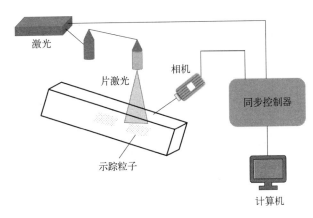

图 3-3-4　PIV 系统示意图

图 3-3-4 为 PIV 系统示意图。在利用 PIV 技术测量流速时, 需要在二维流场中均匀散布跟随性、反光性良好且密度与流体相当的示踪粒子。将激光器产生的光束经透镜散射后形成厚度约 1mm 的片光源入射到流场待测区域, 将 CCD (电荷耦合器件) 相机以垂直片光源的方向对准该区域。利用示踪粒子对光的散射作用, 记录下两次脉冲激光曝光时粒子的图像, 形成两幅 PIV 底片 (即一对相同待测区域、不同时刻的图片)。底片上记录的是整个待测区域的粒子图像。整个待测区域包含了大量的示踪粒子, 很难从两幅图像中分辨出同一粒子, 从而无法获得所需的位移矢量。采用图像处理技术将所得图像分成许多很小的区域 (称为查问区), 使用自相关或互相关统计技术求取查问区内粒子位移的大小和方向。由于脉冲间隔时间已设定, 粒子的速度矢量即可求出 (见图 3-3-5)。对查问区中所有粒子的数据进行统计平均可得出该查问区的速度矢量, 对所有查问区进行上述判定和统计可得出整个速度矢量场。在实测时, 对同一位置可拍摄多对曝光图片, 这样能够更全面、更精确地反映出整个流场内部的流动状态。

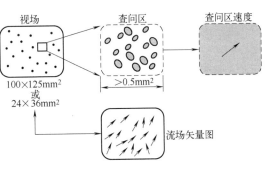

图 3-3-5　PIV 原理图

PIV 是最直接的流体速度测量方法。在已知的时间间隔 Δt 内, 流场中某一示踪粒子在二维平面上运动, 它在 x、y 两个方向的位移是时间 t 的函数。该示踪粒子所在处水质点的二维速度可以表示为

$$v_x = \frac{\mathrm{d}x(t)}{\mathrm{d}t} \approx \frac{x(t+\Delta t)-x(t)}{\Delta t} = \overline{v}_x \tag{3-3-17}$$

$$v_y = \frac{\mathrm{d}y(t)}{\mathrm{d}t} \approx \frac{y(t+\Delta t)-y(t)}{\Delta t} = \overline{v}_y \tag{3-3-18}$$

式中, v_x、v_y 为水质点沿 x、y 方向的瞬时速度; $\overline{v}_x$、$\overline{v}_y$ 为水质点沿 x、y 方向的平

均速度；Δt 为测量的时间间隔。上式中，当 Δt 足够小时，$\overline{v}_x$、$\overline{v}_y$ 的大小可以精确地反映 v_x、v_y。PIV 技术就是通过测量示踪粒子的瞬时平均速度实现对二维流场的测量。

2. PIV 技术在旋流场测量中的应用

主要以磁性转子驱动的三维旋转流场为研究对象，借助 PIV 技术开展旋流场内的径向、轴向及切向速度测量。构建的 PIV 实验系统实物布置形式如图 3-3-6 所示。实验系统由激光发生器（Dual Power 200-15）、CCD 相机（FlowSense EO 4M，分辨率 2048 像素×2048 像素，最大频率 20Hz）、片光透镜组、同步器、PIV 控制软件及图像数据处理系统和磁力搅拌器组成。旋流场区域采用 1000mL 烧杯，流体域半径为 53mm，高度为 100mm，转子的旋转半径为 12.5mm。在对流场速度进行测量时，首先通过双脉冲激光发生器产生激光，激光经控制器、导光臂、片光源镜头后，以片光的形式照射到待

图 3-3-6 PIV 实验实物布置图

测区域。测量过程中根据测量工况，可以通过调节控制器来对激光的厚度及强度进行调节。激光照射在均布在流场内的示踪粒子上发生散射，同时通过垂直于待测流场截面的 CCD 相机获取示踪粒子的运动图像，通过互相关算法确定出粒子位移与时间的关系。

（1）实验方法

实验时，首先向烧杯内加入 800mL 蒸馏水，打开磁力搅拌器并加入适量的示踪粒子，待搅拌均匀后开启 PIV 测量系统。测量时，首先打开 CCD 相机调整焦距至流场内分析截面清晰可见，放入标定尺完成流场标定。然后开启激光发生器，调整片光源照射位置，直至片光与分析截面重合后进行流场速度测量。为了全面获取旋流场内的速度分布，实验设计两种不同工况，其中工况一用来获取旋流场内轴向截面的径向速度及轴向速度，相机及光源的摆放如图 3-3-7 位置 1 所示，此时相机从流场侧面垂直拍摄，而激光从流场上方照射，以完成示踪粒子在轴向及径向上的同步追踪。工况二主要用来获取流场的切向截面的速度，相机及光源布置如图 3-3-7 位置 2 所示。不同工况时待测流场、CCD 相机与光源的实物布置如图 3-3-8 所示。

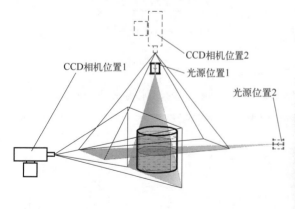

图 3-3-7 不同工况时相机及光源位置布置

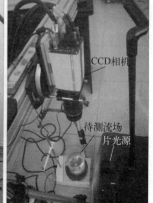

图 3-3-8 不同工况实验装置实物布置图

（2）**工况一测量结果分析**

以磁性转子转速1040r/min为例，对采用工况一所示测量方式获取的旋流场轴向待测区域影像及结果进行分析。实验获得转子转速在1040r/min时旋流场轴向待测区域影像结果如图3-3-9所示，可以清晰地看出气核位置及形貌特征。在对测量结果进行分析时，选择分析区域如图中红色选区所示。同时为了获取旋流场轴向截面上不同位置的速度数据，按照图3-3-9中截线Ⅰ-Ⅵ所示位置提取轴向及径向速度值。

PIV测试结果的合成图像速度矢量分布如图3-3-10所示，可以看出待测旋流场的轴向分析截面上，在靠近气核边缘区域流场的径向速度逐渐增大，最大值分布在$0.015 \sim 0.02\text{m} \cdot \text{s}^{-1}$范围内。靠近气核区域内流场整体呈径向上向轴心运动的趋势，而在其他区域内轴向速度及径向速度分布并无明显规律。同时可以看出在轴向截面上有明显的衍生涡流，且在远离流场中心区域衍生涡流较多，靠近气核区域衍生涡流明显减少。

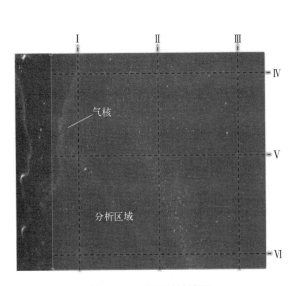

图 3-3-9　分析区域选取

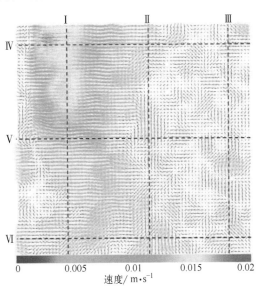

图 3-3-10　轴向分析截面速度矢量分布图

为了准确分析测量流场的速度分布情况，获取截线Ⅰ—Ⅲ位置径向速度分布数据如图3-3-11所示。数据显示靠近气核的截线Ⅰ位置径向速度由上到下呈逐渐降低趋势，而截线Ⅱ、截线Ⅲ无明显的分布规律，径向速度值在小于$0.005\text{m} \cdot \text{s}^{-1}$范围内波动。截线Ⅳ、Ⅴ、Ⅵ位置轴向速度分布结果如图3-3-12所示，可以看出分析位置的轴向速度分布亦无明显规律。在流场轴向截面上径向速度及轴向速度分布无明显规律是因为PIV实验所选用示踪粒子密度与水相同，而旋流场内切向的旋转运动为介质的主要运动形式，示踪粒子在流场所受离心力、径向运动阻力以及随机作用力与流体介质相同，所以径向与轴向的速度分布并不规律，但受到流场随机特性的影响，在轴向上存在明显的衍生涡流。

（3）**工况二测量结果分析**

为了获取目标流场的切向速度数据，采用工况二方式对流场切向速度分布规律进行测量及分析。测量时调整转子转速分别为850r/min、1040r/min、1260r/min、1490r/min、1860r/min、2050r/min，获取不同转子转速对流场切向速度分布的影响。图3-3-13所示为在对转子转速1040r/min进行测量时CCD相机获取的切向分析截面影像，为了便于分析，将分析截面划分为气核扰乱区及稳定区两部分，图中虚线表示分析截线，提取该截线上的速

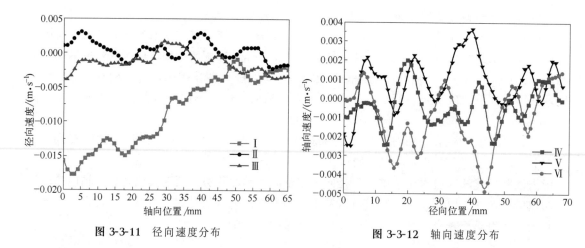

图 3-3-11　径向速度分布　　　　　　　图 3-3-12　轴向速度分布

度数据开展进一步分析。

　　对切向分析截面速度场进行分析得到图 3-3-14 所示速度分布矢量图，通过图 3-3-14 可以明显地看出气核所在位置，分析发现围绕气核周围流场切向速度值分布较大且速度变化梯度较大，而在远离气核的稳定区内切向速度较稳定，流场运动方向也比较规律，呈现出明显的绕气核中心的旋转运动。为了进一步分析切向截面上的切向速度、角速度及合速度值，以径向穿过稳定区且过气核中心的截线为速度数据分析位置，获取该截线上的速度数据，得到图 3-3-15 所示的切向速度、径向速度及合速度的分布曲线。图中横坐标为距离气核中心（流场轴心）的径向距离。可以看出在气核扰乱区内距气核中心距离越远切向速度值越大，而在稳定区内距轴心距离越大切向速度值越小。实际上在测量过程中气核区域无法连续清晰地拍摄到示踪粒子，即很难保障气核扰乱区测量结果的准确性。为此，把稳定区的测量结果作为主要的分析对象。通过图 3-3-15 可以看出，在稳定区内径向速度值基本无明显变化，切向速度及合速度值随远离轴心方向呈逐渐降低趋势。因为流场的切向旋转主要由于轴心处高速旋转的磁性转子产生，所以距离转子越近的流体切向速度越大。

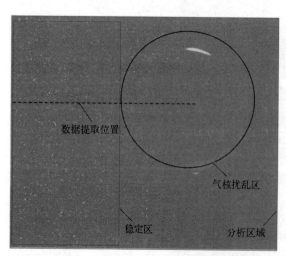

图 3-3-13　CCD 相机获取切向分析截面影像

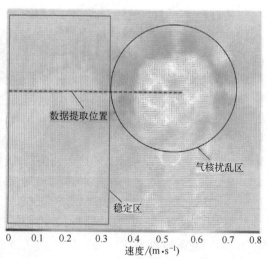

图 3-3-14　转速 1040r/min 时切向分析
截面速度分布矢量图

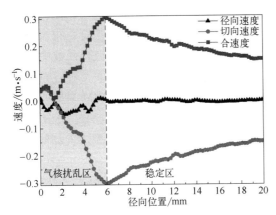

图 3-3-15　分析截线位置的速度分布规律

为了对比不同转子转速对流场速度场的影响，调整磁力搅拌器转速分别为 850r/min、1040r/min、1260r/min、1490r/min、1860r/min、2050r/min，并对不同转速时的流场逐一进行速度测量，获取不同转速条件下流场切向截面流体迹线对比，如图 3-3-16 所示。通过分析迹线图可以清晰看到气核的大小及位置，不难发现，随着转子转速的不断升高，气核逐渐增大，气核扰乱区流体迹线也越发混乱，分析范围内稳定区逐渐缩小。通过观察图 3-3-17 所示的速度分布矢量云图可以发现，随着转子转速 n 的逐渐升高，气核扰乱区的速度值随气核的逐渐增大而增大，同时稳定区的速度值也逐渐升高。

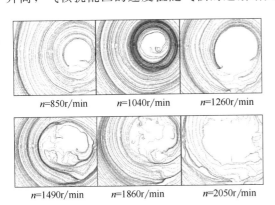

图 3-3-16　不同转速 n 时流体迹线对比

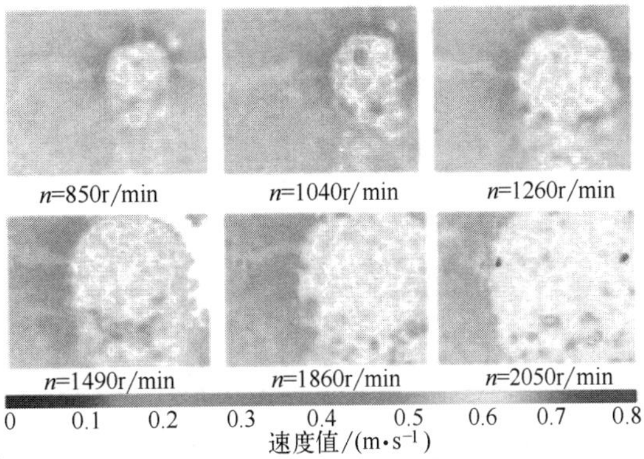

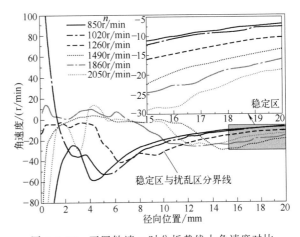

图 3-3-17　不同转速 n 切向截面速度矢量云图

采用图 3-3-18 所示的数据分析截线位置，对不同转速时分析截线上的角速度进行分析，得到图 3-3-18 所示的角速度对比曲线。可以发现当转速为 850r/min 时，气核扰乱区的扰乱半径约为 5mm，随着转速的逐渐增加扰乱半径逐渐增大。当转速为 2050r/min 时，气核扰乱半径约为 15mm。在流场稳定区内随着转速的增加，流场角速度值逐渐增大且在径向上随着距轴心距离的增大呈缓慢降低的趋势。

选取不同转速时流场稳定区的速度数据进行对比分析，得出图 3-3-19 所示

图 3-3-18　不同转速 n 时分析截线上角速度对比

不同转速稳定区流场切向速度拟合结果。通过图 3-3-19 可以看出稳定区的切向速度值随着距轴心距离的增大逐渐降低，转速为 850r/min 随着径向距离的增加切向速度值由 0.275m/s 降低到 0.15m/s，当转速增大到 2050r/min 时，切向速度值分布在 0.425～0.375m/s 之间，

随着转速的增加，稳定区的切向速度值呈明显的升高趋势。为了准确地描述出稳定区切向速度随径向距离的变化规律，对不同转速时稳定区切向速度测量值进行指数拟合，得出不同速度时切向速度随径向距离变化的指数函数方程，具体方程见图 3-3-19，各拟合函数中自变量 x 为距离的径向位置，因变量 y 为切向速度值。分析调整拟合度 R^2，结果表明不同转速时的拟合方程与实验数据间均存在较高的拟合度，充分说明可以用不同转速时所对应的拟合函数来表征稳定区域流场的切向速度分布规律。

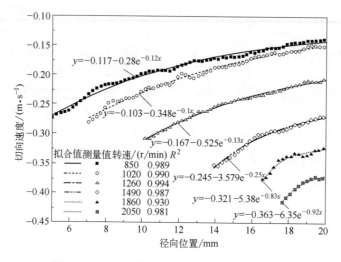

图 3-3-19　不同转速稳定区切向速度拟合结果

三、基于 HSV 的离散相运动行为分析

高速摄像机（high-speed camera）是一种能够以小于 1/1000s 的曝光或以超过 250 帧/s 的帧速率捕获运动图像的设备，它拍摄的视频称为高速视频（high-speed video，HSV）。它用于将快速移动的物体作为照片图像记录到存储介质上。录制后，存储在媒体上的图像可以慢动作播放。早期的高速摄像机使用胶片记录高速事件，但被完全使用电荷耦合器件（CCD）或互补金属氧化物半导体（CMOS）有源像素传感器的电子设备取代，通常超过 1000 帧/s 的影像会被记录到动态随机存储器上，随后可供研究人员缓慢回放，研究瞬态现象。

1. 高速摄像系统工作原理

高速摄像机可以在很短的时间内完成对高速目标的快速、多次采样，当以常规速度放映时，所记录目标的变化过程就清晰、缓慢地呈现在人们眼前。高速摄像机技术具有实时目标捕获、图像快速记录、即时回放、图像直观清晰等突出优点。高速运动目标受到自然光或人工辅助照明灯光的照射产生反射光，或者运动目标本身发光，这些光的一部分透过高速成像系统的物镜，经物镜成像后，落在光电成像器件的像感面上，受驱动电路控制的光电器件，会对像感面上的目标像快速响应，即根据像感面上目标像光能量的分布，在各采样点即像素点产生相应大小的电荷包，完成图像的光电转换。带有图像信息的各个电荷包被迅速转移到读出寄存器中。读出信号经信号处理后传输至电脑中，由电脑对图像进行读出显示和判读，并将结果输出。因此，一套完整的高速成像系统由光学成像、光电成像、信号传输、控制、图像存储与处理等几部分组成。

2. 旋流场内离散油滴碰撞行为的 HSV 实验研究

以三维旋转流场内油滴间的碰撞聚结行为为研究目标，基于高速摄像技术构建以磁性转子驱动的旋流场内油滴运动特性及碰撞后续发展行为的实验监测系统。

(1) 实验设备及工艺

构建的旋流场观测系统主要由高速摄像机、磁力搅拌器、遮光板以及光源等部分组成。其中，高速摄像机采用奥林巴斯的 i-SPEED-3 系列，用来完成实验过程的图像获取，其最高帧速率为 150000 帧/s，并通过专用配套软件 i-SPEED Control Software Suite 完成视频图像的观察及分析；磁力搅拌器的转速范围为 $0\sim2040r/min$，流场温度变化范围为 $0\sim100℃$，磁性转子长轴长度为 25mm；由于流场转速较快，设置帧速率较高时需要对观测区域进行光照补强，实验中选取的光源功率为 1000W，光照强度可调；遮光板为高透白板，主要用来削弱光强，同时使光均匀地照射在待测旋流场内，以此提高高速摄像机所获取画面的清晰度。实验设备布置形式如图 3-3-20 所示。

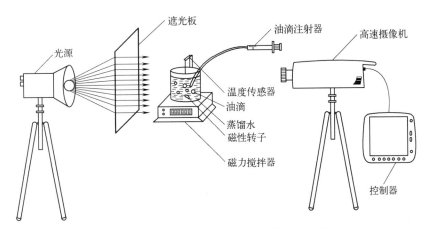

图 3-3-20 旋流场内油滴运动分析实验工艺

(2) 实验的主要方法及流程

① 按照图 3-3-20 所示位置完成实验装置摆放，并完成各实验仪器的电源及信号传输线路连接，将注射器吸满实验用油；②烧杯内放入实验选用的磁性转子，加入适量蒸馏水后启动磁力搅拌器，调整流场温度及转速，直至流场转速及温度稳定在设定值；③依次打开光源及高速摄像系统，调整高速摄像机焦距及光强至控制器屏幕上显示清晰的流场区域；④调整高速摄像机至合适帧速率后，将注射器针头放入流场内，缓慢推动注射器至针头均匀地出现油滴颗粒，此时油滴颗粒在增大的过程中在流场的作用下逐一与针头脱离，随流场做旋转运动；⑤按动控制器上的"Record"键，开始对旋流场内的油滴运动行为展开追踪记录，获取油滴运动过程中的碰撞聚结等相关运动特性图像；⑥依据不同的研究内容调整流场转速、注射器大小及油滴注入量，获取不同的实验图像；⑦关闭系统，导出实验结果，实验结束。

通过图 3-3-21 所示实验系统获取的旋流场及油滴图像如图 3-3-22 所示，依照实验设计将图像划分成油滴入射区、观察区、旋流发生区等部分。

3. 旋流场内油滴聚结形式及碰撞过程

油滴聚结的形式主要有湿润聚结与碰撞聚结两种，离散相油滴在旋流场内的聚结形式以碰撞聚结为主。油滴在碰撞过程中运动动能以及流场湍流作用会使相互接触的单个或多个油滴界面膜发生破裂，致使油滴间发生聚结。本部分研究三维旋流场内油滴间以及油滴与油核

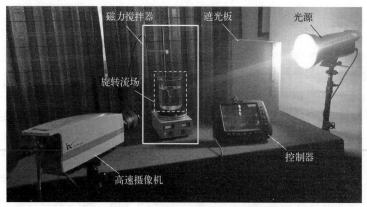

图 3-3-21 高速摄像可视化实验系统

间碰撞过程及碰撞后的发展行为,描述油滴碰撞聚结过程,完善油滴聚结形式以及从形态学上直观地反映并揭示旋流场内油滴的聚结机理。

通过调整磁力搅拌器转速来控制旋流场强度,在实验过程中发现随着磁力搅拌器转速的增大,气核向容器底部逐渐延伸,当磁力搅拌器转速增大到 1800r/min 后,流场轴心的气核会与转子发生连续撞击形成大量气泡干扰流场,且不利于捕获离散相油滴影像。同样在转速小于 800r/min 时,油滴碰撞后基本不会发生聚结,即流场旋转强度过低,无法使注射器注入流场的油滴液膜破裂

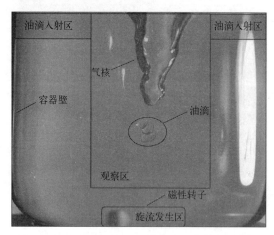

图 3-3-22 高速摄像可视化实验图像的区域划分

进而实现碰撞聚结。所以在研究过程中,为了在保障流场旋转强度的同时获得清晰的油滴图像,应控制转速在 800～1800r/min 范围内变化。为了降低旋转过程中水中溶解气泡对观测结果的干扰,采用蒸馏水作为流场介质,烧杯内流体域体积为 800mL,并打开磁力搅拌器的温度传感器及加热开关,使流场温度稳定在 25℃。

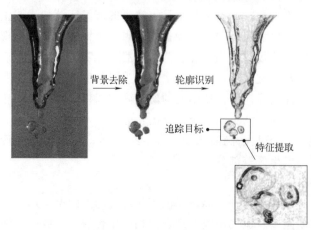

图 3-3-23 目标图像处理过程

对观察区内油滴碰撞过程的形变特性进行系统分析。随机选取的观察区图像及图像处理过程如图 3-3-23 所示。首先完成背景去除后采用索贝尔算子对图像进行卷积计算完成轮廓识别,然后着重对追踪目标进行形貌特征提取,继而完成追踪目标的形貌特征描述。实验获取的旋流场内离散相油滴的碰撞形式,主要可分为两类:一种是油滴间的碰撞,另一种是油滴与油核间的碰撞。本部分通过对拍摄出的油滴运

动过程轮廓进行识别，完成这两类碰撞过程及结果的描述与分析。

4. 油滴间的碰撞聚结行为

(1) 两油滴间的碰撞聚结过程

对高速摄像可视化实验获取的油滴运动过程进行关键帧选取，以表征油滴聚结过程中的主要形貌特征及形变规律。分析过程中用 f 表示当前关键帧图像的帧数，Δt 表示相邻两图像的间隔时间。

图 3-3-24 所示为旋流场内两个油滴发生对心碰撞后聚结到一起的过程。图 3-3-24 显示，在 $f-329$ 时，一大一小两个油滴开始接触，黏附在一起后开始在流场的作用下旋转，同时做相向运动，$f=385$ 时，在小油滴的挤压作用下，大油滴在接触面处发生明显的凹陷变形；在 $f=386$ 时，大油滴达到变形极限，对小油滴呈包裹形式；在 $f=387$ 时，两油滴界面膜发生破裂，开始聚结；至 $f=475$ 时，两个油滴完全聚结成一个类球形油滴。两个油滴从界面膜开始接触至完全聚结成一个单独的油滴共用时 0.301s。

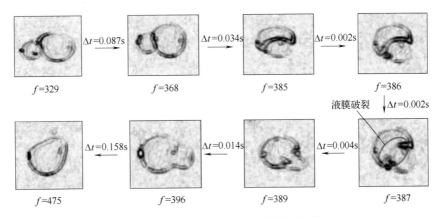

图 3-3-24 两个油滴间的对心碰撞聚结过程

图 3-3-25 所示为两个油滴在旋流场内聚结—分离—聚结的过程。由图 3-3-25 可以看出，两个油滴在 $f=15$ 时发生碰撞，碰撞后两油滴液膜粘连到一起，随后在旋流场的作用下沿着接触点开始自转，直至 $f=195$ 时，两油滴产生相向运动，并在碰撞的过程中，图像上方的油滴发生明显变形。在此过程中两个油滴均随流场做绕流场轴心的旋转运动，同时图像下

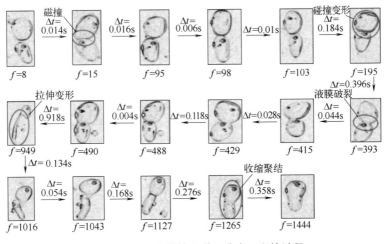

图 3-3-25 两个油滴聚结—分离—聚结过程

方的油滴在自转的同时轴向向顶部运动挤压上方油滴。当 $f=393$ 时，液膜发生破裂，聚结成"8"字形油滴。在 $f=949$ 时，下方的油滴被流场拉长成细丝状，与上方油滴界面膜发生分离。细丝状油滴经旋转收缩后又开始与上方油滴做相向运动，至 $f=1265$ 时，油滴发生收缩聚结，0.358s 后两油滴完成聚结。两次聚结过程分别耗时 0.216s 和 0.358s。

图 3-3-26 所示为两油滴碰撞—反弹—聚结的过程。图 3-3-26 显示两液滴做相向运动，在 $f=89$ 时，发生首次碰撞并均产生一定的变形，两油滴在碰撞后液膜未发生破裂而是在油滴弹性力的作用下开始做反向运动，在反弹过程中油滴间存在抽丝现象，将两个油滴连在一起，如 $f=205$ 图像所示。反弹抽丝 0.032s 后在流场及油丝拉力的作用下两油滴再次做相向运动，发生二次碰撞，至 $f=563$ 时，两液滴间液膜破裂，并在 $f=933$ 时，两油滴完成聚结，两液滴从碰撞到完全聚结共耗时 1.688s。

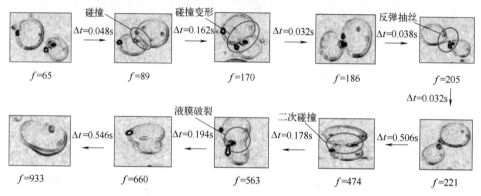

图 3-3-26 两油滴碰撞—反弹—聚结过程

（2）多油滴间的碰撞聚结过程

在旋流场的随机作用下，离散相油滴间的碰撞及聚结形式除了两油滴间的作用外，还有多油滴颗粒间的作用。图 3-3-27 所示为三个油滴相互挤压最终聚结为一个大油滴的过程。在 $f=84$ 时，三个油滴相互接触发生碰撞，并在随流场做旋转运动的同时在竖直方向上相

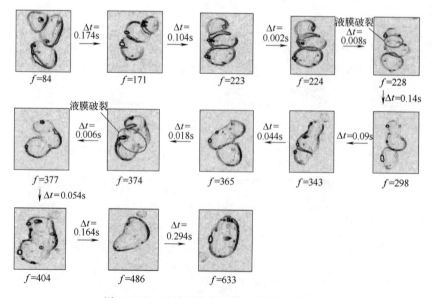

图 3-3-27 三油滴的相互挤压堆叠聚结过程

互挤压。至 $f=224$ 时，中间油滴在上下两油滴挤压作用下发生明显变形，并在 $f=228$ 时上端的两个油滴间液膜发生破裂聚结到一起。此时三个油滴的相互作用变成了上端两个油滴聚结后的大油滴与下端较小油滴的接触运动过程。至 $f=374$ 后，下端油滴液膜破裂，与上端油滴聚结到一起。至 $f=633$ 时，聚结后的三个油滴在流场作用下变形成一个类球形的大油滴。三个油滴从接触到完全聚结并变形成为类球形油滴共耗时 1.098s。

图 3-3-28 所示为三个油滴相互碰撞后两个油滴在另一个油滴的回弹撞击下完成聚结的过程。分析图 3-3-28 可知，至 $f=128$ 时，三个油滴中的两个碰撞到一起，并做相向运动，致使相互碰撞的油滴变形逐渐增大。至 $f=228$ 时，另一个较小的油滴也与这两个油滴发生接触，但至 $f=258$ 时，小油滴在两个油滴恢复变形的影响下被弹回，与之发生分离。至 $f=278$ 时，小油滴在流场作用下与粘连在一起的两个油滴发生二次碰撞，在流场及小液滴二次撞击的共同作用下，粘连的两个油滴液膜破裂聚结到一起，两液滴粘连到一起运动了 0.45s 后受到第三个液滴的二次撞击，并在 0.04s 后实现聚结。

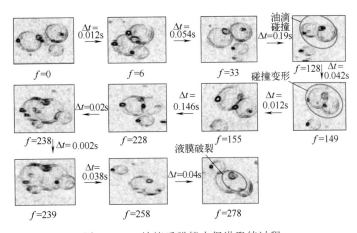

图 3-3-28 油滴反弹撞击促进聚结过程

图 3-3-29 所示为油滴粒子群共同聚集在气核下方，在流场作用下发生连续聚结的过程。图像结果显示，$f=265$ 时，粒子群在气核下方聚集，由粒子群构成的油核在流场的作用下发生摆动，摆动过程中油核逐渐脱离气核，同时部分油滴粒子聚结到一起，见 $f=431$ 时图像。油核脱离气核后继续在流场作用下做旋转运动，同时油滴粒子群逐渐聚结，至 $f=1292$

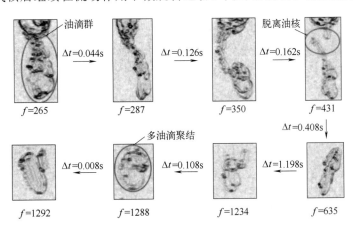

图 3-3-29 油滴粒子群的聚结过程

时，粒子群聚结成为一个边界清晰的油滴粒子。

5. 油滴与油核间的碰撞行为

通过高速实验获得了在旋流场作用下，水中离散相油滴与旋流场轴心油核间的碰撞形式及聚结过程。实验结果显示，在油滴与油核的碰撞过程中存在着碰撞聚结、缠绕聚结、蠕动吞噬聚结以及滑动脱落等多种形式。

图 3-3-30 所示为油滴进入流场后与油核撞击后产生明显的拉伸变形，变形后的油滴做旋转运动，最终与油核缠绕聚结的过程。图像结果显示，在 $f=17$ 时，追踪的油滴对象与油核未发生接触，但径向上逐渐向油核靠拢。至 $f=35$ 时，油滴与油核发生撞击，同时发生明显的变形，变形后的油滴缠绕在油核上逐渐与油核聚结为一体。油滴从与油核接触至与油核聚结为一体共用时 0.052s。

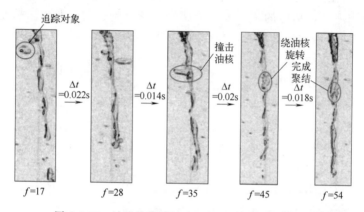

图 3-3-30 油滴沿油核运动细长变形缠绕聚结过程

图 3-3-31 所示为流场转速在 1000r/min 时，依附在油核上的较大油滴在油核的摆动变形作用下与之聚结的过程。图像显示，在 $f=21$ 时，追踪油滴边界清晰依附在油核表面。在流场的作用下油滴绕油核做旋转运动，同时油核也在不断地摆动变形。至 $f=1260$ 时，油滴液膜破裂，与油核开始聚结。随着油核的继续摆动，油滴轮廓逐渐缩小，至 $f=1490$ 时被油核完全吞噬。从油滴与油核接触至油滴完全与油核融为一体共耗时 2.812s。

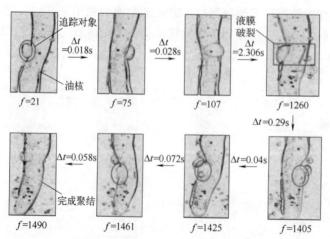

图 3-3-31 较大油滴低转速沿油核运动逐渐与油核聚结过程

图 3-3-32 所示为流场转速在 1500r/min 时，较小油滴沿油核做螺旋运动至油核底部时

与油核聚结的过程。可以看出较图 3-3-31 而言，增大流场转速会使油核呈细长状。在 $f=201$ 时，油滴与油核发生接触并沿油核做轴向向下的螺旋运动。在 $f=453$ 时，油滴与油核间的液膜破裂，通过观察油核摆动形态可以发现，沿轴向向下油核摆动的幅度逐渐增大。当油滴运动到临近油核末端时受到油核摆动产生的撞击力逐渐增强，加速了液膜破裂。至 $f=530$ 时，油滴与油核完全聚结为一体。油滴接触油核至与油核完全聚结共用时 0.658s，较转速为 1000r/min 的流场而言油滴与油核的聚结时间明显减少。

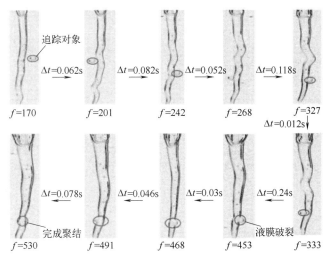

图 3-3-32　较小油滴高转速沿油核螺旋运动逐渐与油核聚结过程

图 3-3-33 所示为油滴在油核末端与油核发生碰撞—挤压—变形—聚结的过程。由图中可以看出从第 18 帧（$f=18$）至第 60 帧（$f=60$）油滴逐渐向油核运动并与油核发生碰撞。碰撞后的油滴沿油核末端做旋转运动的同时在轴向上也逐渐向上运动，运动过程中可以清晰地看到在油滴的作用下油核表面发生明显的凹陷。随着油滴轴向运动，油核凹陷变形逐渐增大，至 $f=1028$ 时，液膜破裂，油滴与油核发生聚结。

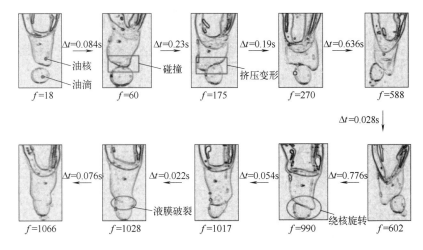

图 3-3-33　油滴在油核末端与油核挤压聚结过程

通过对实验结果分析发现并非所有沿油核运动的油滴都会与油核聚结到一起。图 3-3-34 所示为两个依附在油核表面并沿油核做螺旋运动的两个油滴，最终运动至流场底端与油核脱离的过程。由图 3-3-34 可以看出从第 4 帧（$f=4$）油滴依附在油核上开始，两个油滴便沿着油核做轴向向下的螺旋运动，在此过程中油核不断地发生摆动及变形，但均未能使油滴的界面膜发生破裂。在 $f=417$ 时，第一个油滴脱离油核，至 $f=618$ 时，两个油滴均与油核完全脱离。油滴与油核从接触到完全脱离共用时 1.228s。

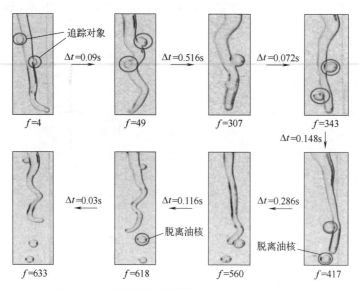

图 3-3-34 油滴沿油核旋转运动后与油核脱离过程

6. 旋流场内油滴沉降过程的 HSV 实验研究

运用高速摄像配套软件 i-SPEED Control Software Suite 对获取的图像进行分析，随机选取初始时刻整体呈圆球形且运动过程中未被转子打碎的几组不同粒径油滴进行追踪，并分别测出油滴直径及质心距该油滴终止径向运移位置（平衡位置）所对应的像素尺寸。选取部分目标油滴，并对其在旋流场内初始位置运动至平衡位置过程进行描述。为了方便表述，将追踪油滴进行编号，同时为了更清晰地表示出油滴运动过程中的位置及形貌信息，对油滴运动的关键帧图像进行背景去除后再进行轮廓识别。图 3-3-35 为 1[#] 油滴分离过程部分关键帧经轮廓识别后的图像显示。可以看出 1[#] 油滴从初始位置开始做绕气核轴心的旋转运动，旋转半径逐渐减小，直至油滴达到平衡位置，缠绕在气核表面。

按照同样的方式对其他目标油滴分离过程进行观察及分析，得出不同目标油滴的平衡时间，并通过距平衡点的距离得出目标油滴运动过程中的平均径向速度，结果如表 3-3-1 所示。

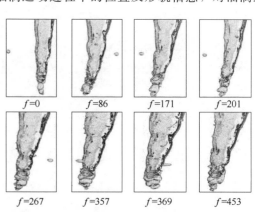

图 3-3-35 油滴初始位置及分离过程

为了进一步将实验结果与前述油滴径向沉降理论计算结果进行对比，以径向速度作为评价指标，分别对比粒径值比较相近但径向距离不同的 1[#] 油滴与 5[#] 油滴、2[#] 油滴与 6[#] 油滴。因为两组油滴粒径相近，所以将 1[#] 油滴与 5[#] 油滴看作相同粒径，2[#] 油滴与 6[#] 油滴看作相同粒径做对比。同时对比距平衡点位置

表 3-3-1　目标油滴平衡参数表

油滴	油滴粒径/mm	径向位置/mm	平衡时间/s	平均径向速度/m·s^{-1}
1$^\#$	2.677	19.93	0.902	0.0221
2$^\#$	4.112	22.57	1.002	0.0225
3$^\#$	6.610	39.79	0.784	0.0531
4$^\#$	2.950	21.35	1.660	0.0219
5$^\#$	2.714	30.21	1.514	0.0200
6$^\#$	4.106	38.43	2.226	0.0173
7$^\#$	4.391	20.50	0.752	0.0273

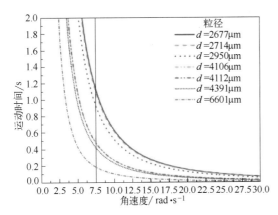

图 3-3-36　不同粒径目标油滴运动
时间随角速度变化关系曲线

相近但油滴粒径不同的 1$^\#$ 油滴与 7$^\#$ 油滴、3$^\#$ 油滴与 6$^\#$ 油滴。把 1$^\#$ 油滴与 7$^\#$ 油滴、3$^\#$ 油滴与 6$^\#$ 油滴看作相同径向距离进行对比，得出图 3-3-36 所示旋流场内不同粒径油滴的运动时间随角速度变化的关系曲线。可以看出旋流场内随着角速度的增大油滴径向运动时间逐渐降低，同时结果显示相同角速度条件下，粒径越大，相同距离运动的时间越短。

分别对比粒径值比较相近、径向距离不同的 1$^\#$ 油滴与 5$^\#$ 油滴、2$^\#$ 油滴与 6$^\#$ 油滴，得到近似的相同粒径、不同径向距离油滴在旋流场内的径向速度理论值对比情况，如图 3-3-37（a）所示。结果显示，距离平衡点位置越近，油滴向轴心的平衡位置运动的速度越大，这是由于所研究的旋流场涡流是在轴心磁性转子的高速旋转下产生的，所以在越靠近轴心位置、流场的切向旋转速度越大，油滴的径向沉降速度越大。将实验测得的 1$^\#$ 油滴与 5$^\#$ 油滴、2$^\#$ 油滴与 6$^\#$ 油滴参数对比整理得出图 3-3-37（b）所示结果。结果显示 2$^\#$ 油滴径向速度明显大于 6$^\#$ 油滴，同样地，1$^\#$ 油滴径向速度大于 5$^\#$ 油滴。目标旋流场内，当油滴粒径相同时径向距离越小、径向速度越大，实验结果与理论分析结

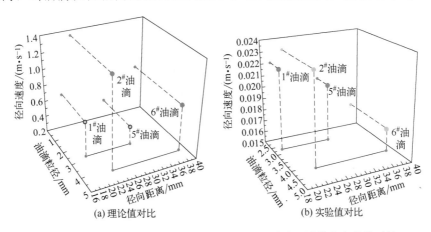

(a) 理论值对比　　　　　　　(b) 实验值对比

图 3-3-37　不同径向距离油滴在旋流场内径向速度理论值和实验值对比

果呈现出了相同的规律性。

同时对比距平衡点位置相近、油滴粒径不同的 $1^\#$ 油滴与 $7^\#$ 油滴、$3^\#$ 油滴与 $6^\#$ 油滴，得到图 3-3-38（a）所示相近距离、不同粒径油滴在旋流场内的径向速度对比图。可以看出在距平衡点位置相近时，油滴粒径较大的 $7^\#$ 油滴径向速度要高于 $1^\#$ 油滴，同样的，$6^\#$ 油滴的径向速度也明显高于 $3^\#$ 油滴。为了完成实验值与理论值的对比，得出图 3-3-38（b）所示相同径向距离、不同粒径油滴的实验值对比结果。图 3-3-38（b）显示粒径较大的 $6^\#$ 与 $7^\#$ 油滴径向速度明显高于 $3^\#$ 与 $1^\#$ 油滴，即油滴粒径较大的油滴沉降时间较短，同时平均径向速度值也较大。

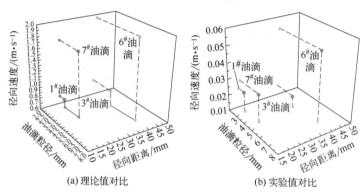

图 3-3-38　不同粒径油滴在旋流场内径向速度理论值和实验值对比

四、基于染色法的流场测试

1. 染色法的基本原理

染色线流动显示属液体示踪粒子流动显示，多用于水洞或水槽中。其基本原理是在被测的流场中设置若干点，在这些点上不断释放某种颜色的液体，它随流过该点的流体微团一起往下游流去，这样，流经该点的所有流体微团都被染上了颜色。这些流体微团组成了可视的染色线，用以显示流动特性。

根据脉线的定义，染色线即脉线，在某个时刻通过流体某点的脉线（染色线）是在该点处染上色的所有流体微团组织的一条看得见的线。在定常流动中，染色线和流场中的流线或迹线是重合的，这样染色线就显示了流场中的流线；但是在非定常流动中所显示的染色线既不是流线也不是迹线，且难以直接建立它们之间的转化关系。因此，很难利用染色线来分析和解释各种复杂的流动现象。然而，如果将这些染色点设置在绕流物体的分离点或分离线处，则那些染过色的带有涡量的流体微团都将随自由剪切层（或称自由涡层）进入旋涡中，从而使流场中的旋涡被显示出来。所以，染色线流动显示技术是显示旋涡运动的流动结构和涡运动中的各种流动现象的有力工具。在水洞和水槽中，染色线显示技术依然是研究复杂流动的重要手段。

2. 实验装置

染色线法的试验装置十分简单。首先需要一个可盛装染色液的罐，该罐安装在可上下自由移动的支架上，利用塑料导管将染色液罐与模型上的小孔连接，这样可使罐中的染色液通过塑料导管和模型上的小孔释放到流场中。还可以通过细塑料管或钢管，利用注射管直接将染色液放置到流场中所需观察的位置。由于这种位置在试验前是难以精确确定的，所以难以在模型上给出正确的染色液注入孔；此外，随着来流条件和模刮姿态的变化，分离线在物面上的位置也随之改变，固定在模型上的开孔难以满足始终在分离线上注入染色液的要求。用注射管根据需要在不同位置注入染色液的方式能够解决这一问题。但要注意应使管子对所研究的流动状态干扰减到最小。

3. 方法基本要点

① 选用的染色材料应使染色线扩散慢、稳定性好、无毒。常用的染料有墨水、高锰酸钾、牛奶、食用颜料和苯胺染料等。利用荧光颜料与适当的灯光照明配合，可以增强染色线的可见度。

② 染色液应当与水的密度基本相同，以避免由于染色线在水中上浮或下沉所引起的轨迹偏差。必要时可以在染色液中混入适量的酒精或某些适当密度的液体。在染色液中加入适量的牛奶，可提高染色线的可见度和稳定性。

③ 当将染色液注入水中时，应使注入速度与该处水流速度基本相等，以避免由于射流不稳定所引起的染色线的脉动。为了使染色液注入的速度保持不变，装染色液的罐应有足够的容积。

④ 为了使记录染色线流谱的相片或录像更清晰，选用染料的颜色和流场背景应形成强反差。通常在水槽的透明壁外放置涂有白色无光漆的壁板。利用荧光染料也是提高染色线可见度的重要方法。

4. 应用

图 3-3-39 是利用染色线显示的在涡旋发生器中形成的旋涡流动。它是利用注射器将染色液注入到旋涡中形成的。可以看到在旋涡破裂之前，涡核以柱状形态稳定地流动，破裂时涡核突然扩张成泡状破裂。用染色线显示技术可以十分简便地显示出旋涡的破裂位置。

图 3-3-39　染色线显示的涡流泡状破裂

染色线与片光组合可以清晰地显示空间断面状态。如图 3-3-40 所示为锥柱体模型头部脱体涡。用染色线与片光组合显示的头部脱体涡，片光位于头部锥体和柱体结合部，可以使人们清楚地看出涡核的位置。

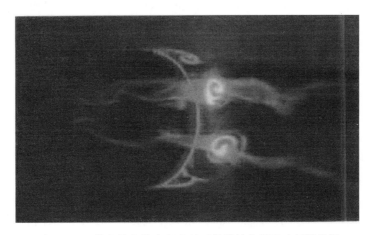

图 3-3-40　染色线与片光组合显示的锥柱体模型头部脱体涡

五、其他流场测试方法

1. 激光诱导荧光技术

激光诱导荧光（laser induced fluorescence，LIF）技术是在现代荧光材料支撑下由着色流动显示法发展而来的流动显示技术，广泛应用于液相及气相流场中物质浓度、混合比例、温度等参数的定量测量，可在一定程度上再现流体的演化过程，是一种具备高时空分辨率的分子特异性可视化方法。首先，在流场中布撒荧光标记物（荧光粒子或荧光染料），在激光片光源的照射下，标记物将吸收能量而被激发至更高的电子能量状态，随后将多余的能量以不同于入射光波长的荧光形式释放，其荧光特征将随着浓度或温度等参数的变化而改变；然后，采用带有滤光片的图像采集系统，实现荧光信息的单独记录，并通过信号处理将所记录的荧光信息转化为浓度场或温度场。图 3-3-41 所示为混合流的 LIF 测试系统及成像效果。液体测量的常用荧光染料为罗丹明 6G（用于浓度测量）以及罗丹明 B（用于温度测量）；气相流测量的常用示踪剂为酮，例如丙酮。然而，LIF 无法实现流场速度信息的获取，因此在舰船领域主要应用于具有强烈气-液两相流特征的流场测试，例如上浪撞击、船首气泡下扫等。

 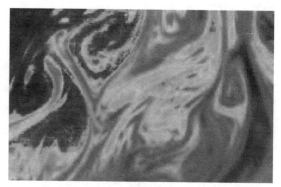

(a) 测试系统　　　　　　　　　　　　　　　　　(b) 成像效果

图 3-3-41　混合流的 LIF 测试系统与成像效果

2. 声学多普勒测速技术

声学多普勒测速（acoustic Doppler velocimetry，ADV）技术是以声学多普勒效应为基础的流体测速技术，其相关测试仪器为声学多普勒流速剖面仪（acoustic Doppler current profiler，ADCP）。目前，该技术广泛应用于海洋、河流等大范围水体的流速剖面信息的获取，与 LDV 方法类似，ADV 通过获取水体中自然粒子的声学多普勒频移信息，从而实现水体流速的判断。ADCP 需配备若干可同时发射及接收声学信号的换能器，通过建立坐标系统来判断流速方向，若采集三维速度信息，则至少需要 3 个换能器。最常见的 4 个换能器配置如图 3-3-42（a）所示，即 Janus 结构，其发射的声波信号可集中在一个较窄的范围，类似于光学测试中的片光源，根据声波信号范围内自然粒子的反射声波频率即可判断水体的速度信息。ADCP 的接收信号为连续的回波信号，不同时间段的信号包含不同深度水体的流速信息，图 3-3-42（b）所示为其速度测量原理图，其中：纵轴 Z 为待测流体的深度；横轴 t 为时间，在 t_0 时刻，开始发射脉冲信号，持续数个周期 T 之后，脉冲信号结束；$t_1 \sim t_6$ 分别为 $Z_1 \sim Z_6$ 深度反射的初始声波信号以及 $Z_0 \sim Z_5$ 深度反射的结束声波信号传递至换能器的时间节点；θ 为声波信号入射方向与垂直方向的夹角；图中射线即声波的传播轨迹，通过分析 $t_1 \sim t_6$ 时刻声波信号的多普勒频移即可获取对应深度的流速信息。该方法的缺陷在于，其过分依赖水体自然粒子的密度与跟随性，当水体自由粒子含量过高或存在水底走砂时，将导致测量结果失真。

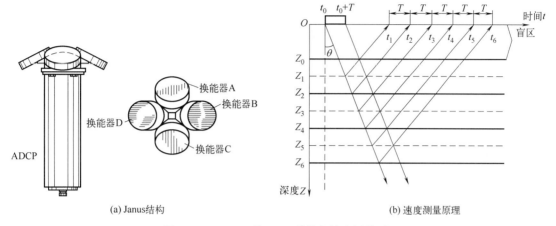

(a) Janus结构   (b) 速度测量原理

图 3-3-42 ADCP 的 Janus 结构与速度测量原理

3. 磁共振测速技术

磁共振测速技术是基于磁共振成像（magnetic resonance imaging，MRI）发展而来的流场测速技术，MRI 是一种利用静态和梯度磁场及射频脉冲提供物体内部空间分辨率图像的技术。图像的信号源自外部强磁场作用下质子的共振，外部磁场使质子的自旋方向与磁场保持一致，通过施加短时间的射频脉冲，质子的自旋将倾斜 $90°$；当脉冲结束后，自旋状态即恢复至与所施加的磁场方向一致，从而产生磁共振信号，通过采集磁共振信号和质子弛豫时间即可得到磁共振图像。因磁共振信号对相对运动十分敏感，当梯度磁场作用于流体时将发生相位偏差，因此，利用相位偏差幅值与流体速度间的相关性，即可获取流场的三维空间速度分量。在进行磁共振测速时，需要采用特殊的溶液作为流动介质，以增强磁共振图像的信噪比，例如硫酸铜水溶液等，且溶液浓度需要在 $0.06\mathrm{mol/L}$ 以内，以保持与纯水相近的物理性质；同时，MRI 的信号强度对温度极其敏感，所以在试验时需将待测流体置于磁共振扫描仪的内部。

4. 热线热膜风速技术

热线热膜风速技术，即恒温热线测速技术（constant temperature anemometry，CTA），是一种将流体速度信号转变为电信号的测速方法，其基本原理是将热线探头置于待测流场中，通过电流加热探头的金属丝（一般直径小于 $5\mu\mathrm{m}$），使其温度高于流体温度，当流体流过金属丝时，会导致热线温度变化并引起电阻变化，从而在电信号与流速信号之间建立一一对应关系，因此，通过测量电信号就可以得出流场流速。热线热膜风速仪主要由热线探头、信号处理器、A/D（模数）转换模块组成，由于热线探头极易损坏，通常采用由石英或硼硅玻璃制成的热膜作为探测元件。热线热膜风速仪的主要优势在于其具有极高的时间分辨率（数百千赫兹）及空间分辨率（0.1mm）。然而，在实际测量过程中，热线探头易受环境及流体杂质的干扰，其测量受最低流速的限制，所以目前主要应用于风洞环境下的流场测试。田于逵等利用热线热膜风速仪在风洞中对舰船尾部流场进行了测量，证明了热线热膜风速仪具备高精度、高灵敏度及高频响特性等优势，适用于获取较高脉动频率的舰船尾流场特性。此外，该技术可以获取脉动振幅和时域统计数据，从而实现舰船绕流场中包括平均速度、湍流强度、高阶矩、功率谱等信息的有效输出。目前，国际上的主流 CTA 系统主要包含丹麦 Dantec Dynamics 公司的 Streamline Pro 以及美国 TSI 公司的 IFA 300，两者探头如图 3-3-43 所示。表 3-3-2 所示为这两款 CTA 系统的主要参数对比，两者在硬件参数上基本一致，但 Streamline Pro 探头更小巧，对流场的扰动更小，测量精度更高。

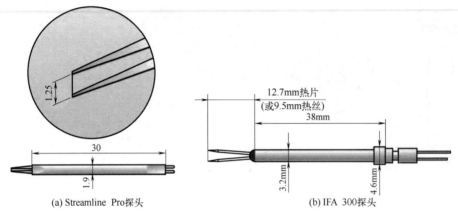

(a) Streamline Pro探头　　　　　　　　(b) IFA 300探头

图 3-3-43　探头结构对比

表 3-3-2　两款 CTA 系统主要参数对比

参数名称	Streamline Pro	IFA 300
测速范围/(m·s^{-1})	0.02～300	0.15～300
系统频响/kHz	≥250	≥250
数据采集	8 通道,16bit,同步采集	16 通道,12bit,单端采集
标定器	全自动标定器	半自动标定器
标定范围/(m·s^{-1})	0.02～300	0.15～140

第四节　结构参数优化方法

　　结构参数优化的本质是通过系统地调整设计中的各种参数，以最大化或最小化特定目标函数。这些参数可能涉及材料的选择、几何形状的设计、结构的排列方式等多个方面。通过结构参数优化能够在满足约束条件的前提下，使系统达到最佳性能状态。这种方法对于资源的有效利用、成本的降低以及系统可靠性的提升都具有重要意义。近年来，随着计算能力的不断提升和优化算法的发展，结构参数优化方法得以更加深入和广泛地应用。仿真技术的进步使得研究人员能够模拟复杂系统的行为，从而更好地理解参数之间的相互关系。目前，结构参数优化设计领域涌现出多种试验方法，为研究人员提供了广泛的选择。本节针对水力旋流器研究过程中常见的参数优化方法进行简要介绍。

一、试验设计基础

1. 试验设计的基本概念

　　数学统计是用部分来说明整体的，即通过样本了解总体。如何使选取的部分能够客观反映实际是统计科学领域研究的问题，这就是试验设计。试验设计也是数理统计的一个重要分支。

2. 试验设计的目的与任务

试验设计的目的就是避免系统误差，控制、降低试验误差，从而对样本所在总体做出可靠、正确的推断。

试验设计的任务是根据研究项目的需要，应用数理统计原理，做出周密安排，力求用较少的人力、物力和时间，最大限度地获得丰富而可靠的资料，通过分析得出正确的结论，明确回答研究项目所提出的问题。如果设计不合理，不仅达不到试验的目的，甚至可能导致整个试验失败。因此，能否合理地进行试验设计，已成为科研工作的关键。

3. 试验设计常用术语

① 试验指标 试验中具体测定的性状或观测的项目。
② 试验因素 影响试验指标的原因。
③ 水平 试验因素所处的某种特定状态或数量等级。
④ 处理 事先设计好的、实施在试验单位上的具体项目。
⑤ 重复 在试验中，将一个处理实施在两个或两个以上的试验单位上。
⑥ 试验单位 在试验中能接受不同试验处理的独立的试验载体。

4. 试验的基本要求

(1) 试验条件要有代表性

作为主要研究对象，如优化参数、设计变量、个体要有代表性，并要有足够的数量。例如，进行品种的比较试验时，所选择的个体必须能够代表该品种，不要选择性状特殊的个体。并要根据个体均匀程度，在保证试验结果具有一定可靠性的条件下，确定适当的试验单位数量。代表性决定了试验结果的可利用性，如果一个试验没有充分的代表性，再好的试验结果也不能推广和应用，就失去了实用价值。

(2) 试验数据要有正确性

试验数据的正确性包括试验数据的准确性和精确性。试验数据的准确性是指观测值与真实值的接近程度，越是接近，准确性越高。试验数据的精确性是指试验数据相互的接近程度，越是接近，精确性越高。在进行试验的过程中，应严格执行各项试验要求，将非试验因素的干扰控制在最低水平，以避免系统误差，降低试验误差，提高试验数据的正确性。

(3) 试验结果要有重演性

重演性是指在相同条件下，重复进行同一试验，能够获得与原试验相类似的结果，即试验结果必须经受得起再试验的检验。试验的目的在于能在生产实践中推广试验结果，如果一个在试验中表现好的结果在实际生产中却表现不出来，那么试验就失去了意义。由于试验受试验单位之间差异和复杂的环境条件等因素影响，不同地区或不同时间进行的相同试验的结果往往不同；即使在相同条件下的试验，结果也有一定出入。因此，为了保证试验结果的重演性，必须认真选择供试单位，严格把握试验过程中的各个环节，在有条件的情况下，进行多次或多点试验，这样所获得的试验结果才具有较好的重演性。

二、单因素法

常假定 $f(x)$ 是定义区间 (a, b) 的单峰函数，但 $f(x)$ 的表达式是并不知道的，只有从试验中才能得出在某一点 x_0 的数值 $f(x_0)$。应用单因素优选法，就是用尽量少的试验

次数来确定 $f(x)$ 的最大值的近似位置。这里 $f(x)$ 指的是试验结果，区间 $(a，b)$ 表示的是试验因素的取值范围。

1. 来回调试方法

优选法来源于来回调试法，如图 3-4-1，选取一点 x_1 做试验得 $y_1=f(x_1)$，再取一点 x_2 做试验得 $y_2=f(x_2)$。假定 $x_2>x_1$。如果 $y_2>y_1$，则最大值肯定不在区间 $(a，x_1)$ 内，因此只需考虑在 $(x_1，b)$ 内求最大值的问题。再在 $(x_1，b)$ 内取一点 x_3 做试验得 $y_3=f(x_3)$。如果 $x_3>x_2$，而 $y_3<y_2$，则去掉 $(x_3，b)$，再在 $(x_1，x_3)$ 中取一点 x_4……不断做下去，通过来回调试，范围越缩越小，总可以找到 $f(x)$ 的最大值。

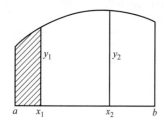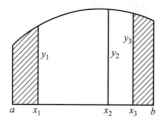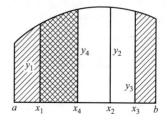

图 3-4-1 来回调试法图例

这种方法取点是相当任意的，只要不断缩小取值范围就行了。那么怎样取 x_1，x_2…可以最快地接近客观上存在的最高点呢？也就是怎样安排试验点才是最好的？下面介绍几种减少试验次数的试验方法。

2. 黄金分割法（0.618 法）

所谓黄金分割指的是把长为 L 的线段分为两部分，使其中一部分对于全部之比等于另一部分对于该部分之比，这个比例就是 $\omega=\dfrac{\sqrt{5}-1}{2}=0.6180339887\cdots$，它的三位有效近似值就是 0.618。所以黄金分割法又称为 0.618 法。

黄金分割法（如图 3-4-2），就是将第一个试验点 x_1 安排在试验范围内的 0.618 处（距左端点 a 距离占总长 0.618），即

$$x_1=a+(b-a)\times 0.618 \tag{3-4-1}$$

得到试验结果 $y_1=f(x_1)$；再取 ab 上 x_1 的对称点 x_2，即

$$x_2=b-(b-a)\times 0.618=a+(b-x_1)=a+(b-a)\times 0.382 \tag{3-4-2}$$

做一次试验，得到试验结果 $y_2=f(x_2)$；比较结果 $y_1=f(x_1)$ 及 $y_2=f(x_2)$ 哪个大，如果 $f(x_1)$ 大，就去掉 $(a，x_2)$，如图 3-4-2 所示，在留下的 $(x_2，b)$ 中已有了一个试验点 x_1，然后再用以上的求对称点的方法做下去，一直做到达到要求为止。

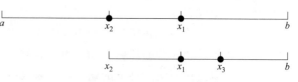

图 3-4-2 黄金分割法图例

在黄金分割法中，不论是哪一步，所有相互比较的两个试验点都在所在区间的两个黄金分割点上，即 0.618 和 0.382 处，而且这两个点一定是相互对称的。

3. 分数法

在介绍分数法之前，引进如下数列：

$$F_0 = 1, \; F_1 = 1, \; F_n = F_{n-1} + F_{n-2} \quad (n \geqslant 2)$$

该数列称为菲波那契数列,即为

$$1, \; 1, \; 2, \; 3, \; 5, \; 8, \; 13, \; 21, \; 34, \; 55, \; 89, \; 144, \; 233, \; \cdots$$

已经知道,任何小数都可以表示为分数,则 0.618 也可近似地用分数 $\dfrac{F_n}{F_{n+1}}$ 来表示,即

$$\frac{3}{5}, \; \frac{5}{8}, \; \frac{8}{13}, \; \frac{13}{21}, \; \frac{21}{34}, \; \frac{34}{55}, \; \frac{55}{89}, \; \frac{89}{144}, \; \frac{144}{233}, \; \cdots$$

分数法适用于试验点只能取整数的情况。例如,在配制某种清洗液时,要优选某材料的加入量,其加入量用 150mL 的量杯来计算,该量杯的量程分为 15 格,每格代表 10mL,由于量杯是锥形的,所以每格的高度不等很难量出几毫升或几点几毫升,因此不便用 0.618 法。这时,可将试验范围定为 0～130mL,中间正好有 13 格,就以 8/13 代替 0.618。第一个试验点在 8/13 处,即 80mL 处,第二个试验点选在 8/13 的对称点 5/13 处,即 50mL 处,然后来回调试便可找到满意的结果。

4. 对分法

前面介绍的几种方法都是先做两个试验,再通过比较,找出最好点所在的倾向性来不断缩小试验范围,最后找到最佳点,但不是所有的问题都要先做两点,有时可以只做一个试验。例如,称量质量为 20～60g 某种样品时,第一次砝码的质量为 40g,如果砝码偏轻,则可判断样品的质量为 40～60g,于是第二次砝码的质量为 50g,如果砝码又偏轻,则可判断样品的质量为 50～60g,接下来砝码的质量应为 55g,如此称下去,直到天平平衡为止。称量过程如图 3-4-3 所示。

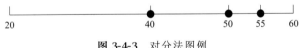

图 3-4-3 对分法图例

这个称量过程中就使用了对分法,每个试验点的位置都在试验区间的中点,每做一次试验,试验区间长度就缩短一半,可见对分法不仅分法简单,而且能很快地逼近最好点。但不是所有的问题都能用对分法,只有符合以下两个条件的时候,才能用对分法。

首先要有一个标准(或具体指标),对分法每次只有一个试验,如果没有一个标准,就无法鉴别试验结果是好是坏;其次要预知该因素对指标的影响规律,也就是说,能够从一个试验的结果直接分析出该因素的值是取大了还是取小了,如果没有这一条件,就不能确定舍去哪段,保留哪段,也就无法进行下一次试验。对于上例,可以根据天平倾斜的方向来判断是砝码重,还是样品重,进而可以判断样品的质量范围,即试验区间。

5. 抛物线法

不管是 0.618 法,还是分数法,都只是比较两个试验结果的好坏,而不考虑试验的实际值,即目标函数值,而抛物线法是根据已得的三个试验数据,找到这三点的抛物线方程,然后求出该抛物线的极大值,作为下次试验的根据。具体方法如下。

首先,由三个试验点 x_1、x_2、x_3($x_1 < x_2 < x_3$),分别得试验值 y_1、y_2、y_3,根据拉格朗日插值法可以得到一个二次函数,即

$$y = y_1 \frac{(x-x_2)+(x-x_3)}{(x_1-x_2)+(x_1-x_3)} + y_2 \frac{(x-x_3)+(x-x_1)}{(x_2-x_3)+(x_2-x_1)} + y_3 \frac{(x-x_1)+(x-x_2)}{(x_3-x_1)+(x_3-x_2)}$$

(3-4-3)

此处，当 $x=x_i$ 时，$y=y_i$（$i=1$，2，3）。该函数的图形是一条抛物线。

其次，设上述二次函数在 x_4 取得最大值，这时

$$x_4=\frac{1}{2}\times\frac{y_1(x_2^2-x_3^2)+y_2(x_3^2-x_1^2)+y_3(x_1^2-x_2^2)}{y_1(x_2-x_3)+y_2(x_3-x_1)+y_3(x_1-x_2)}\qquad(3\text{-}4\text{-}4)$$

然后，在 $x=x_4$ 处做试验，得试验结果 y_4。如果假定 y_1、y_2、y_3、y_4 中的最大值是由 x_i 给出的，除 x_i 外，在 x_1、x_2、x_3 和 x_4 中取较靠近 x_i 的左右两点，将这两三点记为新的 x_1、x_2、x_3 行，此处 $x_1<x_2<x_3$，若在 x_1、x_2、x_3 处的函数值分别为 y_1、y_2、y_3，则根据这三点又可得到一条抛物线方程，如此继续下去，直到函数的极大点（或充分邻近极大点的一个点）被找到为止。

粗略地说，如果穷举法（在每个试验点上都做试验）需要做 n 次试验，对于同样的效果，黄金分割法只要数量级为 $\lg n$ 次就可以达到。抛物线法效果更好些，只要数量级为 $\lg(\lg n)$ 次，原因就在于黄金分割法没有较多地利用函数的性质，仅是做了两次试验，对比后，选取结果，抛物线法则对试验结果进行了数量方面的分析。

抛物线法常常用在已使用 0.618 法或分数法取得一些数据的情况下，这时能收到更好的效果。此外，建议做完了 0.618 法或分数法的试验后，用最后三个数据按抛物线法求出 x_4 并计算这个抛物线在点 $x=x_4$ 处的数值，预先估计一下在点 x_4 处的试验结果，然后将这个数值与已经试得的最佳值作比较，以此作为是否在点 x_4 处再做一次试验的依据。

6. 分批试验法

在生产和科学实验中，为加速试验的进行，常常采用一批同时做几个试验的方法，即分批试验法。分批试验法可分为均分分批试验法和比例分割分批试验法两种。

均分分批试验法：假设第一批做 $2n$ 个试验（n 为任意正整数），先把试验范围等分为 $2n+1$ 段，在 $2n$ 个分点上做第一批试验，比较结果，留下较好的点及其左右一段，然后把这两段都等分为 $n+1$ 段，在分点处做第二批试验（共 $2n$ 个试验），这样不断地做下去，就能找到最佳点。如图 3-4-4 表明了均分分批试验法 $n=2$ 的情形。

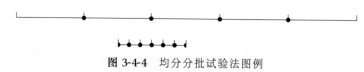

图 3-4-4 均分分批试验法图例

比例分割分批试验法：假设每一批做 $2n+1$ 个试验。第一步，把试验范围划分为 $2n+2$ 段，相邻两段长度为 a 和 b（$a>b$），这里有两种排法：一种自左至右先排短段，后排长段；另一种是先长后短。在 $2n+1$ 个分点上做第一批试验，比较结果，在好试验点左右留下一长一短（也有两种情况，长在左短在右，或是短在左长在右）两段，试验范围变成 $a+b$。第二步，把 a 分成 $2n+2$ 段，相邻两段为 a_1、b_1（$a_1>b_1$），且 $a_1=b$，即第一步中短的一段在第二步变成长段。这样不断地做下去，就能找到最佳点。

图 3-4-5 表示了比例分割分批试验法 $n=2$ 的情形，每批做 5 个试验。

注意，这里长短段的比例不是任意的，它与每批试验次数有关。设 $\dfrac{b}{a}=\dfrac{b_1}{a_1}=\lambda$，则可以证明

$$\lambda=\frac{1}{2}\left[\sqrt{\frac{n+5}{n+1}}-1\right]\qquad(3\text{-}4\text{-}5)$$

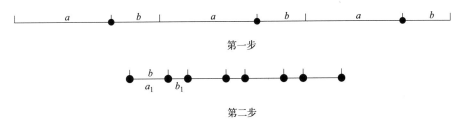

第一步

第二步

图 3-4-5 比例分割分批试验法图例

把 n 值代入就能算出两段的比例。

三、最陡爬坡法

最陡爬坡法或译作最陡上升法，是勃克思和威尔逊在 1951 年提出的一种多因素试验设计方法，目前在试验研究工作中应用得非常广泛。我们知道在登山时，若沿最陡坡攀登，路线将最短。试验指标的变化速度，也可看作是一种坡度；最陡爬坡法，就是要沿试验指标变化最快的方向寻找最优条件，其试验步骤可归结如下：

首先查找最陡坡，利用二水平多因素正交试验，查找各因素对试验指标的效应。各因素效应的大小代表了该方向上指标的变率即坡度，故下一步调优时，应使各因素水平的变动幅度与各自效应的大小成比例，这就是最陡坡。其次沿最陡坡登山，沿着已确定的最陡方向安排一批试点，逐步调优，直至试验指标不再改进为止。再次检验顶点位置，以登山时找到的最优试点为中心，重新安排一组正交试验，检验该处是否已达"山顶"，如果不是，就要找出新的最陡方向，继续登山。到达顶点后，一般即可结束试验。如果要求描述试验指标与因素条件间的对应关系，求解回归模型，则还需安排一组更细致的试验。

1. 数学原理

设以 E 表示各种矿物加工过程或作业的效率判据，则此目标函数与各因素间的关系可用下式表示：

$$E = f(x_1, x_2, \cdots, x_n) \tag{3-4-6}$$

式中，x_1，x_2，$\cdots$，x_n 表示各工艺变数。其图形为 n 维空间的一个平面或曲面，常称为响应面。

采用最陡爬坡法调优时，常首先假定响应面的某一区段为一斜平面，此时响应面方程即为线性回归方程：

$$\hat{E} = b_0 + b_1 x_1 + b_2 x_2 + \cdots + b_n x_n \tag{3-4-7}$$

式中，b_0 为常数项，即 x_1，x_2 等的取值均为 0 时的 $\hat{E}$ 值；b_i 为回归系数，表示在 x_i（$i = 1$，2，$\cdots$，n）方向上该平面的斜率，即 $\hat{E}$ 对 x_i 的偏导数，也相当于 x_i 的效应。若将上式分别对 x_1，x_2，$\cdots$，x_n 取偏导数，则可得

$$\frac{\partial \hat{E}}{\partial x_1} = b_1, \ \frac{\partial \hat{E}}{\partial x_2} = b_2, \cdots, \frac{\partial \hat{E}}{\partial x_n} = b_n$$

可见 b_i 的物理意义就是，当其他因素不变时，因素 i 的取值 x_i 每变化一个单位，所引起的目标函数 $\hat{E}$ 的变化量，取正值时为增量，取负值时为减量。若 x_i 均以步为单位，则 b_i 就是每变动一步时，目标函数 $\hat{E}$ 的变化量。

下面再讨论如何判断最陡方向的问题。

当自变量的数目 $n=2$ 时，回归方程为一个二元一次方程：

$$\hat{E}=b_0+b_1x_1+b_2x_2 \tag{3-4-8}$$

在等值线上（即 $\hat{E}$ 取某一恒定值 $\hat{E}$ 时），x_2 与 x_1 的关系可写成：

$$x_2=-\frac{b_1}{b_2}x_1+C \tag{3-4-9}$$

式中，C 为新的常数项，$C=(\hat{E}_a-b_0)/b_2$，$\hat{E}_a$ 取不同值时，C 亦有不同值，表明等值线为一簇具有不同截距 C 的平行直线，其斜率为 $-b_1/b_2$。

显然，等值线（相当于地形图上的等高线）的法线方向就是目标函数变化最快的方向，即最陡坡。而由几何学可知，二垂线的斜率互为负倒数，故等值线法线的斜率应为 b_2/b_1，换句话说，在最陡坡上 x_2 对 x_1 的变率等于 b_2/b_1。类似地可以证明，n 维空间的最陡方向上，$x_1:x_2:\cdots:x_n=b_1:b_2:\cdots:b_n$。这就是为什么要按照各因素效应大小的比例确定各因素步长的原因。

2. 应用条件

采用上述最陡爬坡法的条件是：

① 目标函数为一单峰函数，即只有一个极大值。

② 在试验范围内响应面接近一斜面，而没有突然的转折点。一般来说，若目标函数对工艺条件的变化很敏感，就可能出现突变点。此时若采用二水平的正交试验，就不易找到"坡度"。

③ 对所研究的对象或工艺过程比较熟悉，因而在寻找最陡坡时能够有把握使所选用的两个水平恰好落在山坡上，而不是落在山脚外或横跨山岭。所谓落在山脚外，是指所选用的两个试点的指标都不好，因而无法显出坡度。所谓横跨山岭，是指由于步长太大，一个水平小于最优值，另一个水平却已超过了最优值，因而将指错调优方向。当然，步长也不能小到使试验结果的变化均落入试验误差范围内，那样也显不出坡度。

只有满足了以上三项条件，才能将试验范围内的响应方程近似地看作线性方程，并按线性模型寻找最陡坡。为了判断线性模型与试验数据的拟合程度，除了可对回归方程的显著性进行统计检验外，还可根据中心效应和交互效应的大小做出初步估计。为此，在试验设计时，最好在二水平正交试验的基础上，加一个中心点，即各因素水平均为 0 的试点。若该点的指标与二水平正交试验各点指标的总平均值相差很大，即中心效应很显著，就表明该响应曲线性很显著，不能采用线性模型。交互作用很显著时，则应注意避免与主效应混杂而导致弄错调优方向。只要交互效应没有与主效应混杂，一般就仍可按线性回归方程所确定的最陡方向安排登高试点，否则应考虑改用二次模型。

四、正交试验设计

在工业生产和科学研究的实践中，所需要考察的因素往往比较多，而且因素的水平数也常常多于 2 个，如果对每个因素的每个水平都相互搭配进行全面试验，试验次数是惊人的。例如，对于 3 因素 4 水平的试验，若在每个因素的每个水平搭配（或称水平组合）上只做 1 次试验，就要做 $4^3=64$ 次试验，对于 4 因素 4 水平的试验，全面试验次数至少为 $4^4=256$ 次试验，对于 5 因素 4 水平的试验，全面试验次数至少为 $4^5=1024$ 次试验，可见，随着因素数的增加，试验次数增加得更快，另外，对这么多试验数据进行统计分析计算要用相当长的时间，是非常繁重的任务，要花费大量的人力、物力。如果用正交设计来安排试验，则试验次数会大大减少，而且统计分析的计算也将变得简单。

正交试验设计简称正交设计，它是利用正交表（orthogonal table）科学地安排与分析多因素试验的方法，是常用的试验设计方法之一。

1. 等水平正交表

正交表是一种特殊的表格，它是正交设计中安排试验和分析试验结果的基本工具。所谓等水平的正交表，就是各因素的水平数是相等的。下面看两张常用的等水平正交表，见表3-4-1与表3-4-2。

表 3-4-1　正交表 $L_8(2^7)$

试验号	列　　号						
	1	2	3	4	5	6	7
1	1	1	1	1	1	1	1
2	1	1	1	2	2	2	2
3	1	2	2	1	1	2	2
4	1	2	2	2	2	1	1
5	2	1	2	1	2	1	2
6	2	1	2	2	1	2	1
7	2	2	1	1	2	2	1
8	2	2	1	2	1	1	2

表 3-4-2　正交表 $L_9(3^4)$

试验号	列　　号			
	1	2	3	4
1	1	1	1	1
2	1	2	2	2
3	1	3	3	3
4	2	1	2	3
5	2	2	3	1
6	2	3	1	2
7	3	1	3	2
8	3	2	1	3
9	3	3	2	1

两表中的 $L_8(2^7)$、$L_9(3^4)$ 是正交表的符号，等水平的正交表可用如下符号表示：

$$L_n(r^m)$$

其中，L 为正交表代号；n 为正交表横行数（需要做的试验次数）；r 为因素水平数；m 为正交表纵列数（最多能安排的因数个数）。

所以正交表 $L_8(2^7)$ 总共有 8 行、7 列（见表3-4-1），如果用它来安排正交试验，则最多可以安排 7 个 2 水平的因素，试验次数为 8，而 7 因素 2 水平的全面试验次数为 $2^7=128$ 次，显然正交试验大大地减少了试验次数。

部分等水平正交表记号如下：

2 水平正交表：$L_4(2^3)$，$L_8(2^7)$，$L_{12}(2^{11})$，$L_{16}(2^{15})$，…

3 水平正交表：$L_9(3^4)$，$L_{18}(3^7)$，$L_{27}(3^{13})$，…

4 水平正交表：$L_{16}(4^5)$，$L_{32}(4^9)$，$L_{64}(4^{21})$，…

5 水平正交表：$L_{25}(5^6)$，$L_{50}(5^{11})$，$L_{125}(5^{31})$，…

上述等水平正交表都具有以下两个重要的性质。

① 表中任一列，不同的数字出现的次数相同。也就是说每个因素的每一个水平都重复相同的次数。例如，在表 $L_8(2^7)$ 中不同数字（或称水平）只有"1""2"两个，在每列中它们各出现 4 次；表 $L_9(3^4)$ 中，不同数字"1""2""3"在每列中各出现 3 次。

② 表中任意两列，把同一行的两个数字看成有序数字对时，所有可能的数字对（或称水平搭配）出现的次数相同。这里所指的数字对实际上是每两个因素组成的全面试验方案。例如，在表 $L_8(2^7)$ 中的任意两列中，同一行的所有可能有序数字对为 (1，1)，(1，2)，(2，1)，(2，2)，共 4 种，它们各出现 2（$8/2^2$）次；表 $L_9(3^4)$ 的任意两列中，同一行的所有可能有序数字对为 (1，1)，(1，2)，(1，3)，(2，1)，(2，2)，(2，3)，(3，1)，(3，2)，(3，3)，共有 9 种，它们各出现 1（$9/3^2$）次。

这两个性质合称为"正交性"，这使试验点在试验范围内排列整齐、规律，也使试验点在试验范围内散布均匀，即整齐可比、均衡分散。

2. 正交试验设计的优点

它的主要优点表现在如下几个方面：

① 能在所有试验方案中均匀地挑选出代表性强的少数试验方案。

② 通过对这些少数试验方案的试验结果进行统计分析，可以推出较优的方案，而且所得到的较优方案往往不包含在这些少数试验方案中。

③ 对试验结果作进一步的分析，可以得到除试验结果之外的更多信息。例如，各试验因素对试验结果影响的重要程度、各因素对试验结果的影响趋势等。

3. 正交试验设计的基本步骤

正交试验设计总的来说包括两部分：一是试验设计，二是数据处理。基本步骤可简单归纳如下：

(1) 明确试验目的，确定评价指标

任何一个试验都是为了解决某一个问题，或为了得到某些结论而进行的，所以任何一个正交试验都应该有一个明确的目的，这是正交试验设计的基础。

试验指标是表示试验结果特性的值，如结构参数的大小、产品的产量、产品的纯度等。可以用它来衡量或考核试验效果。

(2) 挑选因素，确定水平

影响试验指标的因素很多，但由于试验条件所限，不可能全面考察，所以应对实际问题进行具体分析，并根据试验目的，选出主要因素，略去次要因素，以减少要考察的因素数。如果对问题了解不够，可以适当多取一些因素。确定因素的水平数时，一般尽可能使因素的水平数相等，以方便试验数据处理。最后列出因素水平表。以上两点主要靠专业知识和实践经验来确定，是正交试验设计能够顺利完成的关键。

(3) 选正交表，进行表头设计

根据因素数和水平数来选择合适的正交表。一般要求，因素数≤正交表列数，因素水平数与正交表对应的水平数一致，在满足上述条件的前提下，选择较小的表。例如，对于 4 因素 3 水平的试验，满足要求的表有 $L_9(3^4)$，$L_{27}(3^{13})$ 等，一般可以选择 $L_9(3^4)$，但是如果要求精度高，并且试验条件允许，可以选择较大的表。

表头设计就是将试验因素安排到所选正交表相应的列中。

（4）明确试验方案，进行试验，得到结果

根据正交表和表头设计确定每个试验的方案，然后进行试验，得到以试验指标形式表示的试验结果。

（5）对试验结果进行统计分析

对正交试验结果的分析，通常采用两种方法：一种是直观分析法（或称极差分析法），另一种是方差分析法。通过试验结果分析可以得到因素主次顺序、优方案等有用信息。

（6）进行验证试验，做进一步分析

优方案是通过统计分析得出的，还需要进行试验验证，以保证优方案与实际一致，否则还需要进行新的正交试验。

4. 正交试验设计优化案例

（1）表头设计

水力聚结器结构参数较多，其中入口区域及螺旋流道部分的结构参数参照优化后的最匹配结构设计，而出口管直径又与后端旋流器相连接尺寸为定值。因此本文在正交优化部分仅针对螺旋流道出口后端的结构参数进行参数优化，具体包括锥段聚结腔长度 L_4、出口管长度 L_5 以及聚结内芯底径 D_3，检验上述参数对聚结器底流出口处油滴粒径分布均值的影响并以此评价聚结器的聚结性能，初步确定各因素水平数为 4。其中，锥段聚结腔长度取值范围为 $300 \sim 500\text{mm}$、出口管长度取值范围为 $60 \sim 120\text{mm}$、内芯底径取值范围为 $10 \sim 25\text{mm}$，形成 3 因素 4 水平的正交试验方案，本次正交试验选用 $L_{16}(4^5)$ 正交表，根据随机分配确定各因素水平数的排序，确定结构参数因素水平如表 3-4-3 所示。

表 3-4-3　聚结器结构参数因素水平表

水平	A	B	C
	锥段聚结腔长度 L_4/mm	出口管长度 L_5/mm	聚结内芯底径 D_3/mm
1	400	80	20
2	600	100	15
3	500	60	10
4	300	120	25

（2）正交试验结果分析

按照水力聚结器结构优选正交表，采用数值模拟方法对不同组合试验进行相同工况的模拟分析，对正交表中列举的每一号方案进行严格的模拟，为了降低模拟分析过程中产生的误差，对试验数据进行多次随机的重复试验，得到 16 组不同匹配方案下的聚结器出口处油滴粒径平均值，分别采用直观分析方法及方差分析方法，对正交试验所得数据进行分析及准确性评价。

① 直观分析　模拟得出本次正交试验的 16 组匹配方案所对应的试验结果如表 3-4-4 所示，指标为聚结器出口面的油滴平均粒径值。表中 $K_1 \sim K_4$ 表示的是不同因素水平号分别为 $1 \sim 4$ 时试验结果之和，而 $k_1 \sim k_4$ 表示的是不同因素水平号分别为 $1 \sim 4$ 时试验结果的平均值，极差 R 为各因素所对应列上 K 的最大值与最小值之差，极差最大列所对应的因素水平变化对试验结果影响最大，对于本次试验而言，直观分析结果显示各因素对出口平均粒径影响从主到次的顺序为 $C > A > B$。空列所对应的极差可反应各因素间的交互作用，由于本

次试验空列所对应极差值均小于各因素极差值，因此可以忽略各因素间的交互影响。

表 3-4-4 正交试验设计表

试验序号	A	B	空列1	C	空列2	组合	平均粒径/μm
1	1	1	1	1	1	$A_1B_1C_1$	301.07
2	1	2	2	2	2	$A_1B_2C_2$	353.18
3	1	3	3	3	3	$A_1B_3C_3$	442.34
4	1	4	4	4	4	$A_1B_4C_4$	263.96
5	2	1	2	3	4	$A_2B_1C_3$	512.84
6	2	2	1	4	3	$A_2B_2C_4$	307.17
7	2	3	4	1	2	$A_2B_3C_1$	347.55
8	2	4	3	2	1	$A_2B_4C_2$	360.50
9	3	1	3	4	2	$A_3B_1C_4$	296.07
10	3	2	4	3	1	$A_3B_2C_3$	451.70
11	3	3	1	2	4	$A_3B_3C_2$	392.40
12	3	4	2	1	3	$A_3B_4C_1$	309.52
13	4	1	4	2	3	$A_4B_1C_2$	323.43
14	4	2	3	1	4	$A_4B_2C_1$	276.87
15	4	3	2	4	1	$A_4B_3C_4$	252.62
16	4	4	1	3	2	$C_4B_4C_3$	354.17
K_1	1360.55	1433.41	1354.81	1235.01	1365.89		
K_2	1528.06	1388.91	1428.15	1429.52	1350.96		
K_3	1449.69	1434.92	1375.79	1761.04	1382.46		
K_4	1207.09	1288.14	1386.64	1119.80	1446.07		
k_1	340.14	358.35	338.70	308.75	341.47		
k_2	382.01	347.23	357.03	357.38	337.74		
k_3	362.42	358.73	343.95	440.26	345.61		
k_4	301.77	322.036	346.66	279.95	361.52		
极差 R	320.97	146.77	73.34	641.24	95.10		

处理效应 $T=5545.38$
区组效应 $Q=2000811.35$
误差效应 $P=1921954.05$

由于本次试验中水力聚结器的聚结性能是通过出口处油滴粒径的平均值来评价，即平均粒径值越大，说明该参数下的聚结器具有越好的聚结性能，所以在筛选最优方案时需选取 k 值较大时对应的水平数。由表 3-4-4 得出 A 因素列 $k_2>k_3>k_1>k_4$，B 因素列 $k_3>k_1>k_2>k_4$，C 因素列 $k_3>k_2>k_1>k_4$，最终可确定出结构参数最优匹配方案为 $C_3A_2B_3$，即聚结内芯底径 $D_3=10mm$，锥段聚结腔长度 $L_4=600mm$，出口管长度 $L_5=60mm$。

② 方差分析　为了评估正交试验的误差大小及精确地估计出各因素对试验结果的重要程度，进而完成显著性检验，需对正交结果进行方差检验。检验各因素的显著性可通过比较 F_A、F_B、F_C 与 F 临界值的大小得出。如果 $F_A>F$ 临界值，则因素 A 对试验结果影响显著。在进行显著性分析时通过对比 $\alpha=0.01$、$\alpha=0.05$、$\alpha=0.10$ 这 3 个水平的显著性进行检验，得到本次试验临界值 $F_{0.01}(3,6)=9.78$，$F_{0.05}(3,6)=4.76$，$F_{0.10}(3,6)=3.29$，通过计算离差平方和、自由度与平均离差平方和，并根据 F 分布表对比得出本次试验的方差分

析表如表 3-4-5 所示。由表 3-4-5 可以看出，各因素对试验指标影响的主次顺序为 C>A>B，方差检验结果与直观分析结果一致。

表 3-4-5　方差分析表

差异源	离差平方和 SS	自由度 df	平均离差平方和 MS	F	F 临界值	显著性
A	14223.10	3	4741.03	$F_A=14.04$	$F_{0.01}(3,6)=9.78$	＊＊＊
B	3556.09	3	1185.36	$F_B=3.51$	$F_{0.05}(3,6)=4.76$	＊
C	59051.73	3	19683.91	$F_C=58.28$	$F_{0.10}(3,6)=3.29$	＊＊＊
误差 e	2026.39	6	337.73			
总和	78857.31	15				

注：＊表示显著，＊＊＊表示非常显著。

（3）数值模拟验证

正交试验的直观分析结果显示，聚结器结构参数的最优方案为 $C_3A_2B_3$，而进行的 16 组试验中并没有该组合，说明直观分析给出的最优方案为已经开展的试验组数之外的另一方案，定义其为 17# 试验。为了完成最优方案的聚结性能验证，参照表 3-4-3 的表头设计，按照 $C_3A_2B_3$ 参数完成最优方案建模，采用与其他试验组相同的数值模拟方法开展 17# 试验，并将 17# 试验与正交表中已经开展的 16 组试验中聚结性能最佳的 5# 试验进行对比分析，以此验证直观分析给出的最优方案的准确性。得出的 17# 试验与 5# 试验聚结器内油滴粒径分布云图对比情况如图 3-4-6 所示，可以看出由入口到出口聚结器内油滴粒径明显增加，呈现出了较好的聚结性能，两组试验出口处油滴粒径分布规律基本相同，均呈现出由边壁到轴心油滴粒径先升高后降低的趋势。且粒径最大值均出现在临近聚结内芯的环形区域内，但 17# 试验最大粒径值较 5# 试验的略高，同时 17# 试验出口截面上的平均粒径值 d_m 为 512.8μm，略高于 5# 试验结构，呈现出了更好的聚结性能。

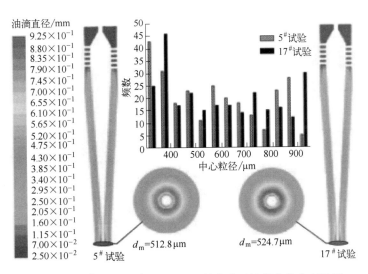

图 3-4-6　17# 试验与 5# 试验聚结器轴向截面油滴粒径分布云图

为了进一步定量分析两组试验出口截面的油滴粒径分布情况，得出 17# 试验与 5# 试验出口处的油滴粒径频数统计结果对比情况如图 3-4-7 所示。可以看出 17# 试验出口处不存在

粒径小于 $300\mu m$ 的油滴，而 $5^{\#}$ 试验出口处粒径小于 $300\mu m$ 的油滴频数分布在 $10\sim20$ 范围内。粒径在 $300\sim900\mu m$ 的油滴两试验组内频数差距不大，但 $17^{\#}$ 试验大于 $900\mu m$ 的油滴频数明显高于 $5^{\#}$ 试验。以上充分说明 $17^{\#}$ 试验的聚结器结构具有更好的聚结性能，验证了正交试验直观分析所得最优方案的合理性及准确性。

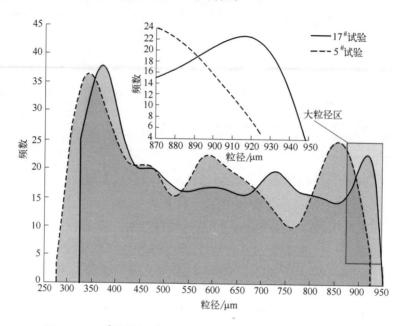

图 3-4-7 $17^{\#}$ 试验与 $5^{\#}$ 试验聚结器出口油滴粒度频数统计对比

五、响应曲面设计

1. 响应曲面概述

正交设计能很好地解决多因素、多水平影响下的响应问题并可指出优化方向。正交设计是以线性模型为基础的，因子的水平特别整齐，这使得它使用特别方便，结论也特别清楚。但当响应达到最优点附近，需要进行细致的优化时，正交设计的缺点就显现出来了，而响应面法正好可以弥补这方面的不足。响应面法是数学方法和统计方法结合的产物，是一种最优化方法，用于对感兴趣的响应受多个变量影响的问题进行建模和分析，以优化这个需要。例如，研究温度（x_1）、压强（x_2）的变化使产率（y）达到最大，此处产率是温度和压强的函数，即

$$y = f(x_1, x_2) + \varepsilon \tag{3-4-10}$$

此函数统称为响应函数，其中 ε 表示响应 y 的观测误差或噪声，通常假定其在不同的试验中是独立的，而且其均值为 0，方差为 σ^2。记

$$E(y) = f(x_1, x_2) = \eta \tag{3-4-11}$$

则

$$\eta = f(x_1, x_2) \tag{3-4-12}$$

表示的曲面称为响应曲面。

2. 响应曲面试验流程

(1) 试验设计模型

在响应曲面设计之前，需要从全部自变量中选取响应较为显著的影响因子，以减小试验

次数。通常可以通过单因子试验、PB（Plackett-Burman）试验设计等方法挑选影响显著的几组影响因子进行响应曲面设计。

构建响应曲面近似模型之前应该明确设计变量与分析目标之间的关系，选择合适的函数形式描述当前设计变量与分析目标之间的关系。目前构造响应曲面的方法主要有多项式、指数函数和对数函数拟合，以及神经网络等近似方法。根据著名的 Weierstress 多项式最佳逼近定理，许多类型的函数都可以用多项式去逼近，多项式近似模型可以处理相当广泛的非线性问题，因此在实际应用中，无论设计变量和目标函数的关系如何，总可以采用多项式近似模型进行分析。

其近似一阶模型是

$$y = \beta_0 + \beta_1 x_1 + \beta_2 x_2 + \cdots + \beta_k x_k + \varepsilon \tag{3-4-13}$$

如果系统有弯曲，则必须用更高阶的多项式，如二阶模型

$$y(x) = \beta_0 + \sum_{i=1}^{k} \beta_i x_i + \sum_{i=1}^{k} \beta_{ii} x_i^2 + \sum_{i<j}^{k} \beta_{ij} x_i x_j + \varepsilon \tag{3-4-14}$$

响应曲面设计是在目标最优点附近区域进行的。当试验点远离最优点时，系统可能只有微小的弯曲，拟合出的模型可能会与实际产生较大差异。可以通过如最陡爬坡试验找到最优点附近区域。

（2）响应曲面设计方法

响应曲面分析的试验设计方法有中心组合设计（central composite design，CCD）和 Box-Behnken 设计（BBD）、二次饱和设计、均匀设计、田口设计等。其中较为常见的设计方法主要为 CCD 及 BBD 两种。试验设计的试验点按照类别可以分为中心点、立方点及轴向点三种，不同类别试验点位置示意图如图 3-4-8 所示。

① 中心组合设计（CCD） CCD 试验点分布如图 3-4-9 所示，包括中心点、立方体点和轴向点。立方体点代表两水平的全面试验点，试验点各方向坐标有 +1 和 −1 两种取值，代表该试验参数取值为高水平或低水平，中心点代表各因素均取零水平的试验点，且通常会在中心点进行多组试验以减小误差，此时即完成了第一阶段的全因子试验。当模型出现弯曲，可以增加轴向点补充完成第二阶段试验。第一阶段得到的试验数据可以继续使用，这体现了序贯性设计的思想。轴向点的轴向位置取值 α 有多种取值方法，常用的为

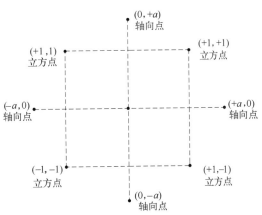

图 3-4-8 试验设计中的立方点、
轴向点、中心点分布位置

$$\alpha = 2^{\frac{k}{4}} \tag{3-4-15}$$

该取值方法可以保证旋转性，即各点预测响应值方差仅与距离有关，和方向无关。

② Box-Behnken 设计（BBD） BBD 试验点分布如图 3-4-10 所示，包括中心点和立方体棱上中点。这表明 BBD 试验时不会同时取到各试验参数高（低）水平值，相对 CCD 试验更容易达到。

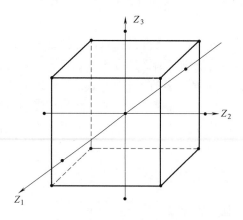

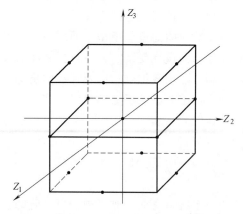

图 3-4-9　CCD 设计试验点　　　　　　　图 3-4-10　BBD 设计试验点

可以看出，BBD 试验无序贯性，其所有试验点与设计中心等距离，其试验次数相对 CCD 试验更少，且 BBD 试验所得结果数据均在设定的水平范围内。相比较而言，CCD 试验设计有利于更好地拟合出各因素与输出指标间的响应关系，但在超出水平范围内存在危险或违背实际工况要求的情况下不适用。

（3）响应曲面设计后处理

在完成响应曲面设计的试验后，会根据试验数据，拟合出相应的最佳方程模型。对该模型进行显著性分析及误差检验等，验证模型可靠性。验证模型准确可靠后，可以对该模型进行后处理分析，得出目标结果。

响应曲面设计及后续数据处理相关案例将在本书第六章和第七章内进行详细展示。

六、提升模拟分析效能的快速优化方法

1. 结构优化方法概述

与常规旋流器相比，相同入口流速或入口压力条件下微旋流器表现出更好的分离效率，结构优化作为进一步提升微旋流器分离效率的一种手段，被人们广泛研究。其原因是针对不同的待分离介质，微旋流器具有不同的最佳结构参数值，这一点与常规旋流器相似。因此针对某一特定待分离介质，在应用微旋流器前通常需要对微旋流器进行结构参数优化，以期获得更好的分离性能。不同领域待处理的介质物性参数存在较大差异，因此研究人员需要根据介质参数首先选择合适的旋流器结构类型和初始结构参数，选择过程主要基于前人的经验，如图 3-4-11 中阶段 2 和阶段 3 所示。然后通过相关优化手段对获得的初始结构参数进行优化。随着计算流体力学（CFD）软件的快速发展，为了提高优化效率，基于 CFD 数值模拟的结构参数优化逐渐替代了传统通过加工不同结构参数的旋流器来进行优化的过程（图 3-4-11 的阶段 4），这使得 CFD 模拟软件 FLUENT 逐渐成为旋流器优化的重要工具。图 3-4-11 中的阶段 5 和阶段 6 是对优化后的旋流器样机进行加工和试验研究。如果试验结果不能满足要求的分离性能指标，则需要返回阶段 4，否则进入应用阶段（阶段 7）。

与试验研究相比，数值模拟在初始结构选型及优化方面节省了大量的时间。此外，CFD 模拟相比试验方法可以更有效地对旋流器进行可视化研究和分析，并以此提出改进的意见。这些优势使得 CFD 模拟在旋流器的结构优化领域获得广泛的应用。在旋流器的待优化结构参数中，溢流管伸入长度对旋流器的分离性能具有较明显的影响。Tian 等人（2017）和

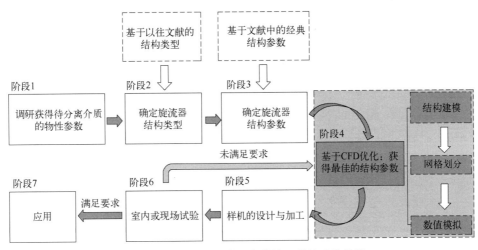

图 3-4-11 具体工业中开发旋流器所涉及的阶段

Wang 等人（2019）分别通过在环境和石化领域的固-液旋流分离研究发现：溢流管伸入长度对固-液分离效果具有明显的影响。Wang 等人（2008）的研究分析了溢流管伸入长度对气-液-固三相混合物的分离性能影响。在 Elsayed 等人（2013）的 CFD 数值模拟中，分析了溢流管伸入长度对气-固旋风分离器中的流场速度和静压分布的影响规律。因此本章也将以溢流管伸入长度为例，开展结构参数优化研究。

目前，通过 CFD 数值模拟对微旋流器的结构参数优化研究大多基于单因素优化法（SFOM）。该方法在优化期间保持其他结构参数不变，通过改变某待优化结构的参数值来获得最佳的参数值或范围。SFOM 方法的广泛采用归因于其优化流程相对简单和相对较高的优化精度。在 SFOM 优化方法中，待优化结构的每个参数值对应的分离能都需要重复建模、网格划分和模拟的过程，虽然最终可获得优化结果，但其工作量相对较大，其过程可归纳为图 3-4-12。

与 SFOM 方法相比，正交试验设计和响应面分析法等可通过合理的试验方案设计来减少待优化参数值的数量。然而，对于所选择的每个结构参数值，也都需要重新建模、重新划分网格和重新模拟的过程。为了避免重复性操作问题，有人提出了一种基于网格变形的旋流器形状优化方法，其原理是通过改变某结构参数（如旋流器锥段截面的直径）来自动检索达到特定分离性能指标的最佳结构参数值。对于网格变形优化法，可以避免重复建模、划分网格及重复模拟的过程。然而，该方法在模拟优化过程中仅追求单一分离性能指标（如分离效率）达到最佳状态，忽略了其他分离性能指标，如压力损失，切割粒径等。

针对以上优化方法存在的问题，本章提出了一种新的优化方法：基于 CFD-动网格耦合的优化方法（DUOM），并将其首次应用于微旋流器的结构参数优化。DUOM 方法可以通过 FLUENT 软件中的用户自定义功能（UDF）编写相关控制程序以控制待优化结构的参数值。DUOM 方法可避免重复建模、划分网格和重复模拟的过程，无论待考虑的参数值数量多少，均只需两次模拟。第一次模拟是为了获得初始结构的结果，第二次模拟将在第一次模拟的基础上，通过动网格结合 UDF 程序来改变待优化的结构参数值。鉴于 CFD 优化阶段（图 3-4-11）通常需要大量时间和人力资源，DUOM 简单的操作优化过程有利于提高微旋流器从选型到应用的综合效率。相比网格变形方法中的单分离性能指标优化，DUOM 方法在优化过程中可同时获得并综合分析每个参数值对应的所有分离性能指标，并根据实际指标要

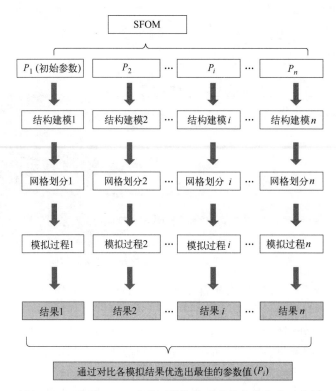

图 3-4-12　常规 SFOM 方法对微旋流器结构参数优化示意图

求获得最佳的结构参数。此外，对要求优化精度更高的情况，DUOM 方法可以通过增加待优化结构参数值数量来细化优化结果，而无须增加结构建模、网格划分及模拟的次数。表 3-4-6 列出了 SFOM、正交试验设计法、响应面分析法、网格变形优化法和 DUOM 之间的比较。

表 3-4-6　各种微旋流器结构参数优化方法对比

优化方法	可避免重复建模、重复划分网格及重复模拟	可减少模拟组数	可全面分析分离性能指标
单因素优化法(SFOM)	×	×	√
正交试验设计法	×	√	√
响应面分析法	×	√	√
网格变形优化法	√	√	×
CFD-动网格耦合优化法(DUOM)	√	√	√

　　本节以对微旋流器分离性能具有显著影响的溢流管伸入长度 L_v 为例，开展结构参数优化，对提出的 DUOM 微旋流器快速优化方法的可行性进行研究分析。此外，将 DUOM 方法与常规 SFOM 方法进行对比，对比因素包括相同条件下两种方法对应的微旋流器出口颗粒浓度分布，锥段中部位置的切向速度分布、微旋流器压力损失及分离效率变化规律。

2. DUOM 方法概述及原理

　　该部分内容将通过以下 4 部分内容专门对提出的 DUOM 方法的优化过程及原理进行分析。前两部分分别描述了动网格技术以及 FLUENT 软件中用户自定义功能（UDF）模块。第三部分将详细分析 DUOM 对微旋流器结构优化的实施过程。第四部分提供了 SFOM 和 DUOM 两种方法在时间消耗上的对比条件。

(1) 动网格技术

FLUENT 软件中的动网格模块目前主要用于研究流体域的形状在整个模拟过程中由于域边界的运动而发生变化时的流动类型。其常用的手段是通过控制网格单元来改变流体域的结构，研究流体域结构变化对流场带来的影响。由于流体域结构变化的情况在工业中普遍存在，使动网格技术在诸多领域得到了广泛应用，具体包括飞机投弹、船舶运动、阀门操作、机翼动力学、火箭分离、降落伞和气球动力学、心脏阀门和仿生工程等。在涉及动网格的实际模拟过程中，网格的运动会导致网格质量的下降（特别是对于结构化网格，如六面体网格），例如网格单元的偏斜度增加。这将可能导致模拟收敛失败。因此，目前大多数研究人员使用非结构网格或将结构简化为二维形式，然后再基于动网格技术进行数值模拟。

迄今为止，尚未将动网格技术应用在旋流器的结构参数优化方面。可能的原因是通过动网格进行的 CFD 模拟通常应用于待模拟的流体域形状随时间变化的情况（例如导弹的投射工程、阀门的开关过程），而特定结构的旋流器在稳定运行中处于动态平衡状态（即流体域的形状不会发生变化），因此流体域的网格边界保持不变。采用动网格技术，将微旋流器的结构参数优化过程中涉及的不同参数值看作一次模拟中流体域形状变化的过程，其间，利用合适的 UDF 程序控制流体域边界的运动或变形，就形成了微旋流器结构参数的快速优化方法（DUOM）。与传统的 SFOM 方法相比，无论待模拟的参数值数量多少，DUOM 方法均只需通过两次数值模拟过程，并可同时考虑所有的分离性能指标（如压力损失、分离效率、浓度场、压力场、速度场分布等），来获得最佳的参数值。任取一个流体域边界上存在运动的控制体微元 V，一般标量 ϕ 的动网格守恒方程如公式（3-4-16）所示：

$$\frac{\mathrm{d}}{\mathrm{d}t}\int_V \rho\phi\,\mathrm{d}V + \int_{\partial V}\rho\phi(\boldsymbol{u}-\boldsymbol{u}_\mathrm{g})\cdot\mathrm{d}A = \int_{\partial V}\Gamma\,\nabla\phi\cdot\mathrm{d}A + \int_V S_\phi\mathrm{d}V \qquad (3\text{-}4\text{-}16)$$

式中，ρ 为流体密度；∂V 为控制体 V 的边界；$\boldsymbol{u}$ 为流速的矢量表达形式；$\boldsymbol{u}_\mathrm{g}$ 为网格运动的速度矢量形式；A 为截面积；Γ 为扩散系数；S_ϕ 为源项。

(2) 用户自定义功能（UDF）

UDF 是 FLUENT 软件提供的附加用户界面。当 FLUENT 软件中的基本功能无法满足模拟需要时，可采用 UDF 接口将编写的相关程序导入软件中来实现一些更高阶的模拟要求。

在 DUOM 优化过程中，微旋流器的三维流体域结构网格数量较多，改变溢流管伸入长度 L_v 的实施过程相对复杂。此外，对于 L_v 变化过程的模拟阶段，需要明确达到某一 L_v 值时对应的网格运动的速度、运动及变形所需的时间，以确保获得准确的模拟结果。FLUENT 软件中动网格模块的默认功能无法满足这些要求。因此，在 DUOM 的第二阶段动网格模拟过程中，溢流管伸入长度的变化过程需要特定的 UDF 程序来控制网格运动速度、运动和变形的时间。

(3) DUOM 对微旋流器结构优化的实施过程

① 初始模型和网格 以溢流管伸入长度 L_v 为例，对 DUOM 方法原理进行分析，由于旋流器中流体的高湍流状态，模型无法简化为 2D（二维）对称模型，因此选择 3D 模型进行分析。图 3-4-13（a）为 $L_\mathrm{v}=0\mathrm{mm}$ 情况下的微旋流器（主直径 $D_\mathrm{c}=10\mathrm{mm}$）流体域结构模型。坐标原点设置在旋流腔顶面的中心，XOZ 笛卡儿坐标系用于空间参考。在下面的描述中，网格空间属于流体域，而非网格空间构成了微旋流器的实体结构。

流体域的网格质量直接影响模拟的准确性、稳定性和收敛速度。对于 DUOM 方法，其网格质量包括第一次模拟采用的初始网格质量和第二次模拟过程中（结构参数发生变化的过程）对应的网格质量。在第二次模拟过程中，通过 DUOM 方法更新或改变网格时，存在出现负网格的风险，会导致模拟无法收敛。因此通过在流体流动方向上采用对齐的六面体形状网格，可以提高模拟精度的同时降低模拟收敛失败的风险。图 3-4-13（b）表示 $L_v = 0$mm 时微旋流器的流体域网格划分结果，在微旋流器溢流和壁面附近进行了局部网格细化。

通过对初始网格质量的检验表明，所有网格单元的偏斜度均低于 0.51。通常，相对较低的偏斜度意味着六面体单元与标准六面体更相似，这有助于提高模拟过程准确性。根据相关文献，较高的偏斜度会恶化收敛结果，甚至可能会损害模拟本身的收敛性。此外，采用压力损失作为性能指标，对网格数量进行了独立性测试。综合考虑到计算资源、计算速度和精度，确定了第一次模拟中对应的网格单元数量为 559090 个。在 DUOM 方法的第二次模拟过程中存在网格运动的情况，在模拟前使用动网格模块中提供的网格运动预览功能，发现采用传统的动网格方法，观察到与溢流管伸入长度 L_v 变化相对应的网格运动会导致全局网格质量的严重恶化，产生负网格。因此，引入了网格接口边界（interface boundary）方式来处理这一问题，结果表明使用网格接口边界后微旋流器整体网格质量较好，无异常出现。

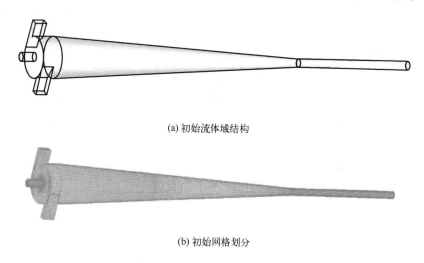

(a) 初始流体域结构

(b) 初始网格划分

图 3-4-13　DUOM 方法中微旋流器的初始流体域结构及初始网格划分结果

② DUOM 方法改变溢流管伸入长度实施过程　设定待分析的微旋流器溢流管伸入长度 L_v 的变化范围为 $0 \sim 9.8$mm，DUOM 方法的第一步是将微旋流器 L_v 设置为最大值 9.8mm，其流体域模型和网格的纵截面如图 3-4-14（a）所示。将可以使溢流管伸入长度变化的结构作为单独的流体域模型，这里称其为溢流管壁模型（VFWM），并对 VFWM 进行构建和网格划分，如图 3-4-14（b）所示。VFWM 的初始长度为 9.8mm，形状为环形柱状，其几何模型和网格与微旋流器流体域本体（$L_v = 9.8$mm 时）分开建立且刚好能够与微旋流器的筒体内无网格的空间［见图 3-4-14（a）］配合。图 3-4-14（b）显示了 VFWM 与 $L_v =$ 9.8mm 的微旋流器流体域网格之间的合并过程。VFWM 和微旋流器模型的接触面之间的网格单元尺寸、形状均相同，保证模拟结果的准确性。具体通过图 3-4-14（b）、（c）可发现，VFWM 和微旋流器之间的三对接触界面用于有效合并这两个流体域网格模型，其中 VFWM 包括接触面 v1、w1、w3，$L_v = 9.8$mm 的微旋流器包括接触面 v2、w2、w4。图 3-4-14（c）显示了两个流体模型合并后的结果，VFWM 流体域模型填充到微旋流器后形成了

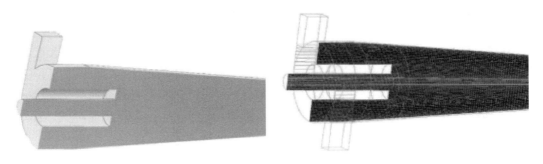

(a) 流体域模型及其纵向截面的网格(XOZ)

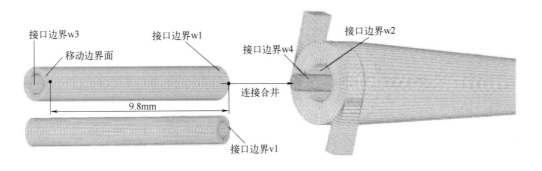

(b) 溢流管壁模型以及其与微旋流器流体域合并过程

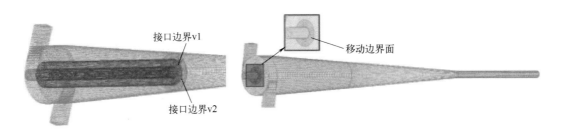

(c) 溢流管壁模型以及与微旋流器流体域合并后的状态

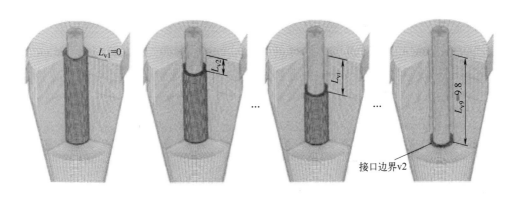

(d) 剖面条件下不同L_v的状态

图 3-4-14 DUOM 方法实施原理

L_v＝0mm 微旋流器流体域。VFWM 的顶部网格表面被定义为移动边界面，移动边界面从 Z＝0 沿 Z 轴正方向移动，同时保持接触面 v1 的位置不变。这种运动会导致 VFWM 的另外两个接触面 w1 和 w3 发生变形，从而促使 VFWM 的高度逐渐减小，而 VFWM 长度的减少即表明溢流管伸入长度 L_v 的增加，通过以上过程最终实现不同的 L_v，见图 3-4-14（d）。为了成功实现这一过程，还需要使用 3 种 UDF 代码：a. 用于改变移动边界面与参考点 Z＝0mm 之间的距离；b. 用于控制 VFWM 模型的接触面 w1 的变形；c. 用于控制 VFWM 模型的接触面 w3 的变形。

图 3-4-15 给出了常规 SFOM 方法与 DUOM 方法在优化原理上的差异。当 L_v 在 0～9.8mm 范围内变化时（分别为 L_v＝0mm、1.4mm、2.8mm、4.2mm、5.6mm、7.0mm、8.4mm、9.8mm），图 3-4-15（a）给出了常规 SFOM 方法的优化过程，每个 L_v 都需要重新建模、重新划分网格和重新模拟，并且这种重复在 SFOM 优化期间共需要执行 8 次。对于 DUOM 方法，除了使用动网格与 UDF 外，其余的模拟方法、进出口边界条件和操作参数均相同。而 DUOM 方法优化过程中，结构建模和网格划分只需要一次，同时仅需两次模拟即可获得这 8 组不同 L_v 的分离性能，并优选出最佳的 L_v。第一次模拟是获得初始状态 L_v＝0mm 的模拟结果，其目的是使模拟首先达到一个收敛状态。第二次模拟则是在第一次模拟的基础上，通过动网格技术获得 8 种不同 L_v 的模拟结果，整个过程如图 3-4-15（b）所示。从图 3-4-15（b）发现 DUOM 可减少优化期间的操作，省去了重复建模、网格划分及模拟的过程。8 种 L_v 值以及相应的移动边界面运动时间如表 3-4-7 所示。

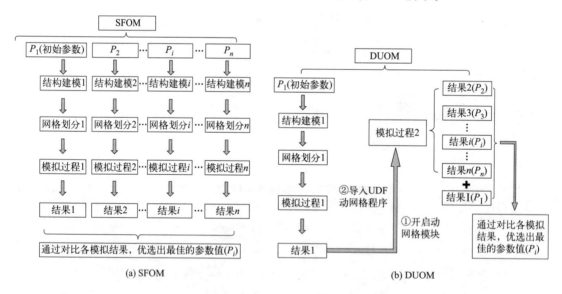

(a) SFOM (b) DUOM

图 3-4-15 SFOM 与 DUOM 方法过程原理比较

表 3-4-7 不同 L_v 条件下移动边界面的运动所对应的时间

L_v/mm	移动边界面的运动时间/s	L_v/mm	移动边界面的运动时间/s
0	$0T=0$	5.6	$4T=1.2$
1.4	$1T=0.3$	7.0	$5T=1.5$
2.8	$2T=0.6$	8.4	$6T=1.8$
4.2	$3T=0.9$	9.8	$7T=2.1$

模拟过程中，两种优化方法采用的湍流模型为雷诺应力模型（RSM），雷诺应力模型与 $k\text{-}e$ 系列模型的最大区别主要在于它完全摒弃了基于各向同性涡黏性的 Boussinesq 假设，包含了更多物理过程的影响，考虑了湍流各向异性的效应，在很多情况下能够给出优于各种 $k\text{-}e$ 模型的结果。模拟过程中连续方程的收敛精度为 10^{-6}。

（4）两种方法在耗时方面的对比条件

两种优化方法所需的总时间主要考虑预处理和模拟两个阶段。预处理阶段包括三个步骤：结构模型的建立、模型的网格划分和模拟前参数设置。两种方法对应的结构模型和网格数相同。为了保持 SFOM 每组模拟的一致性，每个几何参数值将被连续模拟而不中断。每组模拟均使用了以下硬件或软件：HP 360p G8 工作站，配备 64 位 Windows 10 操作系统（Intel Xeon CPU E5-2670 v2；20 核 40 线程；64 GB RAM），模拟软件为 ANSYS FLU-ENT。

3. 两种方法优化结果对比分析

（1）溢流口颗粒浓度分布

溢流口的颗粒浓度大小是固-液分离微旋流器的重要性能之一，由于颗粒浓度在溢流口呈对称分布，任意溢流口直径方向的颗粒浓度分布均基本相同，因此，选取两种优化方法对应的溢流口 X 方向作为研究对象，对两种方法在 X 方向上的颗粒浓度进行量化。图 3-4-16 给出了其中 4 种 L_v（0mm、2.8mm、5.6mm 及 8.4mm）条件下颗粒浓度在 X 方向的分布曲线。从图中可发现在 X 方向上，相同 L_v 条件下两种方法的颗粒浓度分布基本相同，呈现中间低两边高的 U 形，中心低浓度区域接近 0，而两侧颗粒浓度最高接近 0.0012%。在靠近中心区域，L_v 在 2.8～8.44mm 范围对应的颗粒浓度分布基本相同，然而在 $L_v=0$mm 时，靠近中

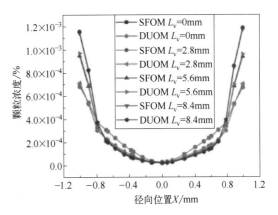

图 3-4-16 两种方法不同 L_v 条件下颗粒浓度在 X 方向的分布曲线

心区域的颗粒浓度高于其余三种情况，这是因为 $L_v=0$mm 时，从切向入口进入微旋流器中的混合液更容易形成短路流，即没有溢流管伸入段外壁的阻挡，使得带有颗粒的液流还未进行离心分离就从溢流管流出。从图 3-4-16 中还可发现，随着溢流管伸入长度的增加，在溢流管靠近内壁区域的颗粒浓度逐渐增加。综合对比溢流管中心和管壁区域的颗粒浓度发现，当 $L_v=2.8$mm 时，颗粒浓度整体最低。

（2）速度分布

流体的速度分布提供了微旋流器流场特性的直接信息。以锥段中部 $Z=40$mm 截面上的 X 方向为例，图 3-4-17 对比了两种方法对应流体在 X 方向上的切向速度分布规律。分析了溢流管伸入长度 L_v 为 0mm、2.8mm、5.6mm 及 8.4mm 四种情况，如图 3-4-17（a）、（b）、（c）、（d）所示，发现两种方法在 X 方向的切向速度分布具有较高的重合度。且不同 L_v 下的切向速度均呈现出旋流器内部流场中典型的双涡形式：从旋流器中心到壁面切向速度呈现先增加后降低的趋势，该切向速度分布趋势与文献中均基本相同。

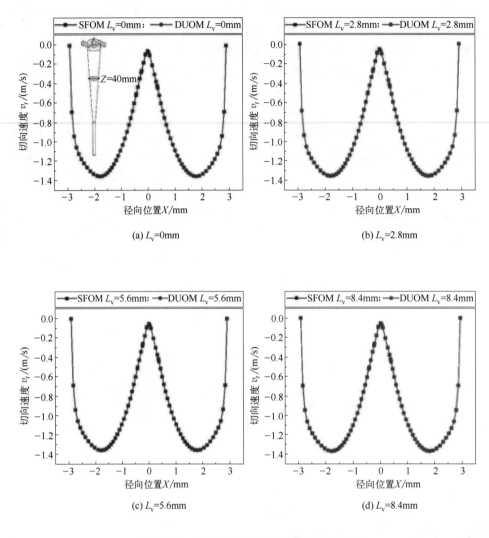

图 3-4-17 不同 L_v 下流体切向速度分布曲线

(3) 分离效率

图 3-4-18 分别显示了 8 种不同 L_v 条件下，两种优化方法的分离效率变化趋势及误差。从图 3-4-18 可以看出，不同 L_v 下，DUOM 和 SFOM 两种方法之间分离效率值表现出较强的吻合性。随着 L_v 的增大，两种方法的分离效率均先增大后逐渐减小。当 $L_v = 2.8$mm（$L_v/D_c = 0.28$）时，两种方法对颗粒的分离效率均达到最大值（接近 98%），之后分离效率开始逐渐降低。当 $L_v = 4.2$mm 时，DUOM 和 SFOM 之间的相对误差最大，但也仅为 0.000258%。

总体而言，从模拟结果来看，通过分析溢流口颗粒浓度、切向速度及分离效率三个方面发现，DUOM 和 SFOM 两种方法的结果基本吻合，且两种方法均获得了最佳的 $L_v = 2.8$mm（$L_v/D_c = 0.28$）。通过对分离效率误差分析发现 DUOM 与 SFOM 的最大误差仅为 0.000258%。

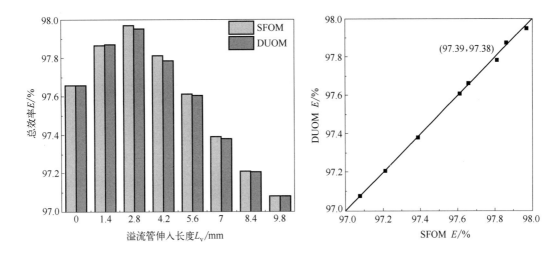

图 3-4-18 两种优化方法的分离效率及误差分析

4. 优化时间需求对比分析

两种优化方法的总耗时计算过程如图 3-4-19 所示，其中 DUOM 只需两次模拟，第一次模拟的步数为 8000 步。每一步的迭代时间约为 0.71s。因此，第一次模拟计算过程耗时 1.578h。在第二次模拟时通过动网格和 UDF 程序来改变待优化结构的参数值，第二次模拟总共需要计算 28000 步，每步 1.156 s，耗时 8.991h。基于以上计算，DUOM 优化方法的总模拟时间约为 10.569h。对于 8 组溢流管伸入长度，通过 SFOM 方法总共需要模拟 8 组，每组模拟与 DUOM 的第一次模拟相似，每组模拟所需的迭代步数约为 8000（每步 0.71s）。由于每次模拟需要 1.578h，因此 SFOM 方法的模拟过程耗时为 12.624h，以此来获得 8 组结构参数值的模拟结果。相比之下，DUOM 在模拟耗时上减少了 16.28%（2.055h）。

对于模拟前预处理阶段的时间消耗，建模、网格划分和模拟参数设置过程所需的平均时间分别约为 0.27h、0.85h 和 0.08h。因此，单次预处理阶段所需的时间为 1.2h，如图 3-4-19 左侧第一个虚线框所示。SFOM 需要 8 次预处理，预处理耗时为 10.8h，而 DUOM 只需要 1 次预处理，时间需求为 1.2h。因此，DUOM 在预处理操作方面节省了 88.9% 的时间。当同时考虑数值模拟时间及预处理时间时，与传统的 SFOM 方法相比，DUOM 可节省 49.76% 的整体优化时间。

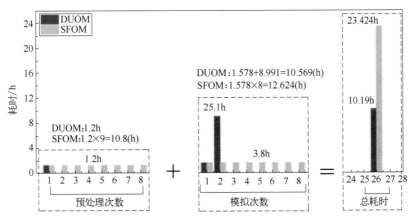

图 3-4-19 SFOM 和 DUOM 两种优化方法耗时对比

参 考 文 献

［1］ 许妍霞. 水力旋流分离过程数值模拟与分析［D］. 上海：华东理工大学，2012.

［2］ Xing L，Jiang M H，Zhao L X，et al. Design and analysis of de-oiling coalescence hydrocyclone［J］. Separation Science and Technology，2022，57（5）：749-767.

［3］ 邢雷. 旋流场内离散相油滴运移轨迹研究［D］. 大庆：东北石油大学，2016.

［4］ 徐保蕊，蒋明虎，赵立新，等. 螺旋分离器水流动特性的 CFD 模拟与 PIV 试验［J］. 石油学报，2018，39（02）：223-231.

［5］ 刘文庆. 倒锥型旋流器分离特性研究［D］. 大庆：东北石油大学，2010.

［6］ 苏阳. 固—液分离水力旋流器的性能研究［D］. 大连：大连理工大学，2006.

［7］ 崔岩. 多管式气液固三相旋流分离器分离性能实验研究［D］. 青岛：中国石油大学（华东），2016.

［8］ 贾中会. 管柱式气液旋流分离器气相分离性能实验研究［D］. 北京：中国石油大学（北京），2019.

［9］ 王韬杰. 水下两级柱状气液旋流分离器分离性能的实验研究［D］. 青岛：中国石油大学（华东），2016.

［10］ Kulkarni A A，Joshi J B，Kumar V R，et al. Application of multiresolution analysis for simultaneous measurement of gas and liquid velocities and fractional gas hold-up in bubble column using LDA［J］. Chemical Engineering Science，2001，56（17）：5037-5048.

［11］ Kulkarni A A，Joshi J B，Kumar V R，et al. Simultaneous measurement of hold-up profiles and interfacial area using LDA in bubble columns：predictions by multiresolution analysis and comparison with experiments［J］. Chemical Engineering Science，2001，56（21）：6437-6445.

［12］ Mudde R F，Groen J，Van D. A，et al. Application of LDA to bubbly flows［J］. Nuclear Engineering and Design，1998，184（2）：329-338.

［13］ Virdung T，Rasmuson A. Measurements of continuous phase velocities in solid-liquid flow at elevated concentrations in a stirred vessel using LDV［J］. Chemical Engineering Research and Design，2007，85（2）：193-200.

［14］ Andensen A H，Kak A G. Simultaneous algebraic reconstruction technique（SART）：A superior implementation of the art algorithm［J］. Ultrasonic Imaging，1984，6（1）：81-94.

［15］ Angarita-Jaimes N，McGhee E，Chennaoui M，et al. Wavefront sensing for single view three-component three-dimensional flow velocimetry［J］. Experiments in Fluids，2006，41（6）：881-891.

［16］ Atkinson C，Soria J. An efficient simultaneous reconstruction technique for tomographic particle image velocimetry［J］. Experiments in Fluids，2009，47（4-5）：553-568.

［17］ Brevis W，Nino Y，Jirka G H. Integrating cross-correlation and relaxation algorithms for particle tracking velocimetry［J］. Experiments in Fluids，2011，50（1）：135-147.

［18］ Brucker C H. 3D scanning PIV applied to an air flow in a motored engine using digital high-speed video［J］. Measurement Science & Technology，1997，8（12）：1480-1492.

［19］ Brucker C H. Digital-particle-image-velocimetry（DPIV）in a scanning light-sheet：3D starting flow around a short cylinder［J］. Experiments in Fluids，1995，19（4）：255-263.

［20］ Choi Y S，Seo K W，Sohn M H，et al. Advances in digital holographic micro-PTV for analyzing microscale flows［J］. Optics and Lasers in Engineering，2012，50（1）：39-45.

［21］ Dalgarno P A，Dalgarno H I C，Putoud A，et al. Multiplane imaging and three dimensional nanoscale particle tracking in biological microscopy［J］. Optics Express，2010，18（2）：877-884.

［22］ Discetti S，Astarita T. A fast multi-resolution approach to tomographic PIV［J］. Experiments in Fluids，2012，52（3）：765-777.

[23] Elsinga G E, Scarano F, Wieneke B, et al. Tomographic particle image velocimetry [J]. Experients in Flulids, 2006, 41 (6): 933-947.

[24] Gao Q, Wang H P, Wang J J. A single camera volumetric particle image velocimetry and its application [J]. Science China Technological Sciences, 2012, 55 (9): 2501-2510.

[25] Gordon R, Bender R, Hermnn G T. Algebraic reconstruction techniques (ART) for three-dimensional electron microscopy and X-ray Photography [J]. Journal of Theoretical Biology, 1970, 29: 471-481.

[26] Hain R, Kähler C J, Radespiel R. Principles of a volumetric velocity measurement technique based on optical aberrations [J]. Imaging Measurement Methods for Flow Analysis, 2009, 5: 1-10.

[27] Hinsch K D. Three-dimensional particle velocimetry [J]. Measurement Science and Technology, 1994, 4: 129-152.

[28] Hoyer K, Holzner M, Luthi B, et al. 3D scanning particle tracking velocimetry [J]. Experiments in Fluids, 2005, 39: 923-934.

[29] Katz J, Sheng J. Applications of holography in fluid mechanics and particle dynamics [J]. Annual Review of Fluid Mechanics, 2010, 42: 531-555.

[30] Kinoshita H, Kaneda S, Fujii T, et al. Three-dimensional measurement and visualization of internal flow of a moving droplet using confocal micro-PIV [J]. Lab on a Chip, 2007, 7 (3): 338-346.

[31] Kinzel M, Wolf M, Holzner M, et al. Simultaneous two-scale 3D-PTV measurements in turbulence under the influence of system rotation [J]. Experiments in Fluids, 2011, 51 (1): 75-82.

[32] Lin D J, Angarita-Jaimes N C, Chen S Y, et al. Three-dimensional particle imaging by defocusing method with an annular aperture [J]. Optics Letters, 2008, 33 (9): 905-907.

[33] Maas H G, Gruen A, Papntoniou D. Particle tracking velocimetry in three-dimensional flows, Part Ⅰ: Photo-grammetric determination of particle coordinates [J]. Experiments in Fluids, 1993, 15 (2): 133-146.

[34] Maas H G, Putze T, Westfeld P. Recent developments in 3D-PTV and tomo-PIV [J]. Imaging Measurement Methods for Flow Analysis, 2009, 5: 53-62.

[35] Malik N A, Dracos T, Papntoniou D A. Particle tracking velocimetry in three-dimensional flows, Part Ⅱ: Particle tracking [J]. Experiments in Fluids, 1993, 15: 279-294.

[36] Meinhart C D, Wereley S T, Santiago J G. PIV measurements of amierochannel flow [J]. Experiments in Fluids, 1999, 27 (5): 414-419.

[37] Mishra D, Muralidhar K, Munshi P. A robust mart algorithm for tomographic applications [J]. Numerical Heat Transfer Part B Fundamentals, 1999, 35 (4): 485-506.

[38] Novara M, Batenburg K J, Scarano F. Motion tracking enhanced MART for tomographic PIV [J]. Measurement Science and Technology, 2010, 21 (3): 035401.

[39] Ohmi K, Li H Y. Particle tracking velocimetry with new algorithms [J]. Measurement Science and Technology, 2000, 11 (6): 603-616.

[40] Ooms T, Koek W, Westerweel J. Digital holographic particle image velocimetry: Eliminating a sign-ambiguity error and a bias error from the measured particle field displacement [J]. Measurement Science and Technology, 2008, 19 (7): 074003.

[41] Ouellette N, Xu H, Bodenschatz E. A quantitative study of three-dimensional Lagrangian particle tracking algorithms [J]. Experiments in Fluids, 2006, 40 (2): 301-313.

[42] Rossi M, Segura R., Cierpka C, et al. On the effect of particle image intensity and image preprocessing on the depth of correlation in micro-PIV [J]. Experiments in Fluids, 2012, 52 (4): 1063-1075.

［43］ Santiago J G，Wereley S T，Meinhart C D，et al. A particle image velocimetry system for microfluidics [J]. Experiments in Fluids，1998，25（4）：316-319.

［44］ Soria J，Atkinson C. Towards 3C-3D digital holographic fluid velocity vector field measurement-tomographic digital holographic PIV（tomo-HPIV）[J]. Measurement Science & Technology，2008，19（7）：074002.

［45］ Tanaami T，Otsuki S，Tomosada N，et al. High-speed 1-frame/ms scanning confocal microscope with a microlens and Nipkow disks [J]. Applied Optics，2002，41（22）：4704-4708.

［46］ Troolin D，Longmire E. Volumetric velocity measurements of vortex rings from inclined exits [J]. Experiments in Fluids，2010，48（3）：409-420.

［47］ Wesfeld P，Maas H G，Pust O，et al. 3-D least squares matching for volumetric velocimetry data processing [J]. Fluid Mechanics，2010，5：1-13.

［48］ Wiliams S J，Park C，Wereley S T. Advances and applications on microfluidic velocimetry techniques [J]. Microfluidics and Nanofluidics，2010，8（6）：709-726.

［49］ Worth N，Nickels T. Acceleration of tomo-PIV by estimating the initial volume intensity distribution [J]. Experiments in Fluids，2008，45（5）：847-856.

［50］ Yoon S Y，Kim K C. 3D particle position and 3D velocity field measurement in a microvolume via the defocusing concept [J]. Measurement Science and Technology，2006，17（11）：2897-2905.

［51］ 石惠娴. 循环流化床流动特性 PIV 测试和数值模拟 [D]. 杭州：浙江大学，2003.

［52］ Adnan R J. Particle-imaging techniques for experimental fluid mechanics [J]. Annual Review of Fluid Mechanics，1991，23（1）：261-304.

［53］ 邢雷. 旋流场内离散相油滴聚结机理及分离特性研究 [D]. 大庆：东北石油大学，2019.

［54］ Martínez L F，Lavín A G，Mahamud M M，et al. Vortex finder optimum length in hydrocyclone Separation [J]. Chemical Engineering and Processing，2008，47（2）：192-199.

［55］ Cullivan J C，Williams R A，Dyakowski T，et al. New understanding of a hydrocyclone flow field and separation mechanism from computational fluid dynamics [J]. Minerals Engineering，2004，17（5）：651-660.

［56］ Vieira L G M，Damasceno J J R，Barrozo M A S. Improvement of hydrocyclone separation performance by incorporating a conical filtering wall [J]. Chemical Engineering and Processing：Process Intensification，2010，49（5）：460-467.

［57］ Zhao L X，Jiang M H，Xu B R，et al. Development of a new type high-efficient inner-cone hydrocyclone [J]. Chemical Engineering Research and Design，2012，90（12）：2129-2134.

［58］ Vakamalla T R，Koruprolu V B R，Arugonda R，et al. Development of novel hydrocyclone designs for improved fines classification using multiphase CFD model [J]. Separation and Purification Technology，2017，175：481-497.

［59］ Wang B，Yu A B. Numerical study of the gas-liquid-solid flow in hydrocyclones with different configuration of vortex finder [J]. Chemical Engineering Journal，2008，135（12）：33-42.

［60］ Popovici C G. HVAC system functionality simulation using Ansys-fluent [J]. Energy Procedia，2017，112：360-365.

［61］ Eltayeb A，Tan S，Qi Z，et al. PLIF experimental validation of a fluent CFD model of a coolant mixing in reactor vessel down-comer [J]. Annals of Nuclear Energy，2019，128：190-202.

［62］ Kang J L，Ciou Y C，Lin D Y，et al. Investigation of hydrodynamic behavior in random packing using CFD simulation [J]. Chemical Engineering Research and Design，2019，147：43-54.

［63］ Ghodrat M，Kuang S B，Yu A B，et al. Numerical analysis of hydrocyclones with different conical section designs [J]. Minerals Engineering，2014，62：74-84.

［64］ Hwang K J, Hwang Y W, Yoshida H, et al. Improvement of particle separation efficiency by installing conical top-plate in hydrocyclone [J]. Powder Technology, 2012, 232: 41-48.

［65］ Yang Q, Wang H, Wang J, et al. The coordinated relationship between vortex finder parameters and performance of hydrocyclones for separating light dispersed phase [J]. Separation and Purification Technology, 2011, 79 (3): 310-320.

［66］ Chu L Y, Chen W M, Lee X Z. Effect of structural modification on hydrocyclone performance [J]. Separation and Purification Technology, 2000, 21 (12): 71-86.

［67］ Tian J, Ni L, Zhao J. Experimental study on separation performance of a hydrocyclone anti-blockage device with different vortex finder to cylindrical section length ratios [J]. Journal of Chemical Engineering of Chinese Universities, 2017, 31 (7): 31-37.

［68］ Wang D F, Wang G R, Qiu S Z, et al. Effect of vortex finder structure on the separation performance of hydrocyclone for natural gas hydrate [J]. The Chinese Journal of Process Engineering, 2019, 19 (5): 982-988.

［69］ Elsayed K, Lacor C. The effect of cyclone vortex finder dimensions on the flow pattern and performance using LES [J]. Computers and Fluids, 2013, 71: 224-239.

［70］ Song T, Tian J Y, Ni L, et al. Experimental study on enhanced separation of a novel de-foulant hydrocyclone with a reflux ejector [J]. Energy, 2018, 163: 490-500.

［71］ Tian J Y, Ni L, Song T, et al. Numerical study of foulant-water separation using hydrocyclones enhanced by reflux device: effect of underflow pipe diameter [J]. Separation and Purification Technology, 2019, 215: 10-24.

［72］ Cilliers J J, Harrison S T L. Yeast flocculation aids the performance of yeast dewatering using mini-hydrocyclones [J]. Separation and Purification Technology, 2019, 209: 159-163.

［73］ Motin A, Bénard A. Design of liquid-liquid separation hydrocyclones using parabolic and hyperbolic swirl chambers for efficiency enhancement [J]. Chemical Engineering Research and Design, 2017, 122: 184-197.

［74］ 杨磊, 李宝军, 胡平. A survey on engineering applications and progresses of mesh morphing methods [C]//中国力学学会计算机学专业委员会. 中国计算力学大会暨第三届钱令希计算力学奖颁奖大会论文集. 大连理工大学工业装备与结构分析国家重点实验室, 2014, 14: 813-825.

［75］ Zhao W J, Zhao L X, Xu B R, et al. Numerical simulation analysis on degassing structure optimization of a gas-liquid-solid three-phase separation hydrocyclone based on the orthogonal method [J]. International Petroleum Technology Conference, 2016, 8 (6): 18-26.

［76］ Zhang L H, Xiao H, Zhang H T, et al. Optimal design of a novel oil-water separator for raw oil produced from asp flooding [J]. Journal of Petroleum Science and Engineering, 2007, 59 (3/4): 213-218.

［77］ Dixit P, Tiwari R, Mukherjee A K, et al. Application of response surface methodology for modeling and optimization of spiral separator for processing of iron ore slime [J]. Powder Technology, 2015, 275: 105-112.

［78］ 蒋明虎, 谭放, 金淑芹, 等. 基于 Fluent 网格变形的旋流器的形状优化 [J]. 化工进展, 2016, 35 (8): 2355-2361.

［79］ Gertzos K P, Nikolakopoulos P G, Papadopoulos C A. CFD analysis of journal bearing hydrodynamic lubrication by bingham lubricant [J]. Tribology International, 2008, 41 (12): 1190-1204.

［80］ Shipman J, Arunajatesan S, Cavallo P, et al. Dynamic CFD simulation of aircraft recovery to an aircraft carrier [C]//26th AIAA Applied Aerodynamics Conference, 2008: 6227.

［81］ Açlkgöz M B, Aslan A R. Dynamic mesh analyses of helicopter rotor-fuselage flow interaction in forward flight [J]. Journal of Aerospace Engineering, 2016, 29 (6): 04016050.

[82] Rhee S H, Koutsavdis E. Two-dimensional simulation of unsteady marine propulsor blade flow using dynamic meshing techniques [J]. Computers and Fluids, 2005, 34 (10): 1152-1172.

[83] Wu J, Kou Z M. The simulation of hydraulic controllable shut-off valve based on dynamic mesh technology [C] //Proceedings of SPIE, the International Society for Optical Engineering. Bellingham: SPIE, 2008, 7127: 71271L. 1-71271L. 6.

[84] Deng S H, Xiao T H, Oudheusden B, et al. A dynamic mesh strategy applied to the simulation of flapping wings [J]. International Journal for Numerical Methods in Engineering, 2016, 106 (8): 664-680.

[85] Zhong J Z, Xu Z L. Coupled fluid structure analysis for wing 445. 6 flutter using a fast dynamic mesh technology [J]. International Journal of Computational Fluid Dynamics, 2016, 30 (7/10): 531-542.

[86] Li J, Zhang M, Zhang J T. Numerical simulation of insulation layer ablation in solid rocket motor based on fluent [J]. Applied Mechanics and Materials, 2014, 3296 (574): 224-229.

[87] Halstrom L D, Schwing A M, Robinson S K. Dynamic mesh CFD simulations of orion parachute pendulum motion during atmospheric entry [C]//AIAA Aviation and Aeronautics Forum and Exposition. AIAA, 2016.

[88] Dumont K, Stijnen J M A, Vierendeels J, et al. Validation of a fluid-structure interaction model of a heart valve using the dynamic mesh method in fluent [J]. Computer Methods in Biomechanics and Biomedical Engineering, 2004, 7 (3): 139-146.

[89] Adkins D, Yan Y Y. CFD simulation of fish-like body moving in viscous liquid [J]. Journal of Bionic Engineering, 2006, 3 (3): 147-153.

[90] 屈铎, 楼京俊, 张振海, 等. 基于动网格的球阀流场动态特性分析 [J]. 海军工程大学学报, 2017, 29 (04): 26-30.

[91] Kumar S S, Sharma V. Maximizing the heat transfer through fins using CFD as a tool [J]. International Journal of Recent advances in Mechanical Engineering, 2013, 2 (3): 13-28.

[92] 程易, 王铁峰. 多相流测量技术及模型化方法 [M]. 北京, 化学工业出版社, 2017.

[93] 闫月娟. 井下旋流除砂器内固液两相流动特性研究 [D]. 大庆: 东北石油大学, 2014.

[94] 朱正, 井静, 田小燕. 冷却风扇离心叶轮及蜗壳中流场的显示技术 [J]. 测试技术学报, 2004, 18 (s4): 229-231.

[95] 束继祖. 流动显示技术及其现代发展概况 [J]. 实验力学, 1987, 2 (1): 4-17.

[96] LAVISION. LIF imaging in mixing fluids [J/OL]. Focus on Fluid Dynamics, 2020, 1: 4 (2020-01-01) [2022-04-16]. https://www.lavision.de/en/products/fluidmaster/mixing-fluids/index.php.

[97] Kong G, Buist K A, Peters E. A. J. F., et al. Dual emission LIF technique for pH and concentration field measurement around a rising bubble [J]. Experimental Thermal and Fluid Science, 2018, 93: 186-194.

[98] 佘文轩. 物体入水问题的流场诊断技术与 Time-resolved PIV 分析 [D]. 哈尔滨: 哈尔滨工程大学, 2019.

[99] 郑义. 多波束声学多普勒测流方法研究 [D]. 南京: 东南大学, 2018.

[100] 张春海, 董晓冰. 声学多普勒测流原理及应用研究 [J]. 吉林水利, 2013 (11): 17-19.

[101] Li T Q, Seymour J D, Powell R L, et al. Turbulent pipe flow studied by time-averaged NMR imaging: measurements of velocity profile and turbulent intensity [J]. Magnetic Resonance Imaging, 1994, 12 (6): 923-934.

[102] Tsuru T, Ishida A K, Fujita J, et al. Three-dimensional visualization of flow characteristics using a magnetic resonance imaging (MRI) in a lattice cooling channel [J]. Journal of Turbomachinery, 2019, 141 (6).

[103] 田于逵，江宏. 利用热线风速仪在风洞中研究舰艇尾部流动特性 [J]. 船舶力学，1998，2（2）：13-22.

[104] Lee S J，Kim H R，Kim W J，et al. Wind tunnel tests on flow characteristics of the KRISO 3600 TEU containership and 300K VLCC double-deck ship models [J]. Journal of Ship Research，2003，47（1）：24-38.

[105] 葛宜元. 试验设计方法与 Design-Expert 软件应用 [M]. 哈尔滨：哈尔滨工业大学出版社，2015.

[106] 刘振学，王力，等. 试验设计与数据处理 [M]. 2 版. 北京：化学工业出版社，2015.

[107] 李云雁，胡传荣，等. 试验设计与数据处理 [M]. 3 版. 北京：化学工业出版社，2017.

[108] Liu L，Sun Y A，Kleinmeyer Z，et al. Microplastics separation using stainless steel mini-hydrocyclones fabricated with additive manufacturing. Science of The Total Environment，2022，840：156697.

[109] Liu L，Zhao L X，Wang Y H，et al. Research on the Enhancement of the Separation Efficiency for Discrete Phases Based on Mini Hydrocyclone [J]. Journal of Marine Science and Engineering. 2022，10（11）：1606.

第四章

旋流分离技术的应用

旋流分离技术作为物理分离领域的有效手段，广泛应用于固相、液相与气相之间的分离，涵盖工业、化工、环保、冶金等多个领域，其基本原理是通过在流体中引入旋流，利用旋转流体的离心力将其中的不同组分介质进行分离，从而实现高效的分离和提纯。在工业领域中，它可以用来提高液体分离处理效率，如油水分离、废水处理等；在化工领域中，它可用于化学反应的混合和分离，降低生产过程成本；在环保领域中，它可用于解决空气和水污染问题，提高空气及水质量。旋流分离技术以灵活高效的特点，为各行业提供了可持续发展的解决方案，为推动绿色、高效发展注入新动力。本章将对近年发布的旋流分离技术在不同领域的典型应用情况作简要介绍。

第一节　旋流分离技术在化工领域的应用

一、旋流分离技术在甲醇制烯烃工艺废水处理中的应用

目前，国内对于甲醇制烯烃（methanol to olefin，MTO）工艺废水的急冷水除固和水洗除油主要有旋流分离、精密过滤和膜分离等方法。精密过滤的滤芯在处理 MTO 工艺废水过程中压差升高快，反冲洗不彻底，无法正常使用；膜分离处理效果较好，但分离膜造价较高，需定期更换，导致运行成本较高。旋流分离技术同膜分离技术和精密过滤技术相比，设备占地面积小，操作流程简单，造价更低，特别是具有较强的工况变化适应性。

MTO 装置水系统工艺流程如图 4-1-1 所示，王天翔等在实际生产中采用水力旋流器分别对急冷水中的催化剂和水洗水中的油类物质进行分离。急冷水泵将急冷水以 240t/h 的流量送入净化微旋流器（图 4-1-1 中 3-1）脱除催化剂微粒，在强旋流的作用下，净化水作为轻质相从溢流口流出并被送往急冷水过滤器，过滤后返回急冷塔；净化微旋流器的底流催化剂浆液则进入浓缩微旋流器（图 4-1-1 中 3-2），进行进一步浓缩，脱除的水送往急冷水过滤器过滤后返塔，浓缩后的催化剂则外排或送入干燥机干燥处理。从水洗塔流出的水洗水在水洗水泵的作用下被送往水洗水旋流器，在旋流器的作用下脱除水中油类物质，除油后的水相经过水洗水过滤器后送往汽提塔，而油相则进入沉降罐进一步浓缩，浓缩后的油送往废甲醇罐。

MTO 水系统如图 4-1-2 所示，该工艺对急冷水中催化剂细粉和水洗水中的油蜡均有良

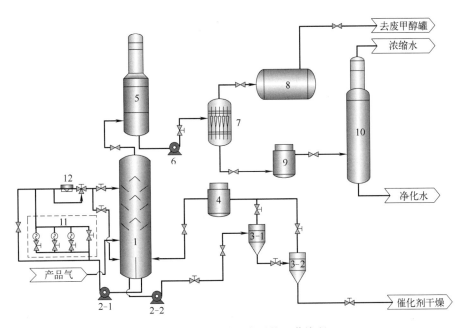

图 4-1-1 MTO 装置水系统工艺流程

1—急冷塔；2—急冷水泵；3—急冷水旋流器；4—急冷水过滤器；5—水洗塔；6—水洗水泵；
7—水洗水旋流器；8—沉降罐；9—水洗水过滤器；10—汽提塔；11—换热器；12—空冷器

图 4-1-2 MTO 水系统图

好的分离效果，能有效控制急冷水中的催化剂含量，降低汽提塔进料的含油浓度，为保证
MTO 装置的长周期稳定运行起到了重要的作用。

二、旋流分离技术在催化剂颗粒回收中的应用

洗涤过滤是催化裂化催化剂制备的重要工序，粒径小于 $20\mu m$ 的催化剂颗粒有一部分会
在此过程中透过滤布进入滤液中。目前一般采用沉降分离的方式对这些颗粒进行回收，然而
沉降后滤液悬浮物含量仍然达到 $1500\sim3000mg/L$，其中粒径小于 $40\mu m$ 的颗粒约占 70%，
而沉降分离对小粒径颗粒的分离效果并不好，这就造成了催化剂颗粒的急速流失。

旋流分离技术作为一种高效的物理分离技术，其对催化剂颗粒回收具有较好效果，可以
实现粒径 $10\mu m$ 以上催化剂颗粒物的回收，具有分离精度高、回收效果好等优点。王文胜等

人利用旋流分离的原理，开发了一种新型回收和分级工艺及相配套的回收设备，将其用于催化剂洗涤过滤工序带机滤液中颗粒物的回收，取得了不错的回收效果，并在后续对其进行了推广与应用。

旋流分离的工作原理是利用离心力实现非均相介质的区分，是一种物理技术。如图 4-1-3 所示，在一定的速度下，颗粒物与液体进入圆形轨道内，由于密度不同而产生大小不等的离心力，在离心力的作用下，密度较大的固体颗粒沿径向运动，在边壁附近集中，沿边壁向下旋转沉降，最终从底流口排出；而密度较小的液体，由于所产生的离心力较小，则相对集中于旋流器的中部，最后由上部的溢流口排出，从而达到两者分离的目的。催化剂滤液颗粒回收流程如图 4-1-4 所示，前端生产产生催化剂滤液后，利用离心泵将其输送至旋流分离装置进行旋流分离，溢流口流出的清液会直接被输送至分子筛车间，带有化学物质的浊液会从底流口排出进行收集和进一步处理。

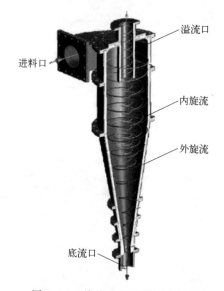

图 4-1-3　旋流分离器的工作原理

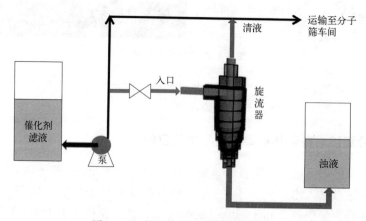

图 4-1-4　催化剂滤液颗粒回收流程

催化剂颗粒回收现场应用如图 4-1-5 所示，经过对样品中颗粒物粒径分布分析，发现绝大多数清液样品中检测不出颗粒物，在可检测出颗粒物的清液中，也没有粒径 10μm 以上的颗粒物，因此所设计的水力旋流器成功实现了粒径 $10\mu m$ 以上颗粒物的回收。通过进一步检测，清液中 75% 颗粒物的粒径为 $2\mu m$ 以下，而浊液中的颗粒物粒径 $40\mu m$ 有 90% 左右。为了达到处理量的要求，催化剂颗粒处理过程多采用图 4-1-5 所示的并联形式。这一设计不仅提高了催化剂颗粒回收的效率，还展现了其在不同应用场景中的适用性，为水力旋流器在催化剂回收领域的应用拓宽了道路。

图 4-1-5 旋流分离器用于催化剂颗粒回收

第二节　旋流分离技术在食品领域的应用

一、旋流分离技术在分离豌豆浆液淀粉中的应用

淀粉是食品生产中不可或缺的重要成分，如面包、饼干等都需要淀粉作为基础原料。淀粉还是工业生产中的重要原料，可以用于生产酒精、酵母、味精等产品。淀粉的制备（图 4-2-1）是国家经济发展和民生改善的重要环节。一方面，淀粉的生产和消费与国家的经济发展密切相关，随着人们生活水平的提高，对于各类淀粉类食品的需求也在不断增加，这为食品加工业提供了广阔的市场空间。另一方面，淀粉的生产也与国家的粮食安全和农业发展密切相关。通过提高淀粉的产量和质量，可以促进农业的发展和农民的增收，同时也可以保障国家的粮食安全。

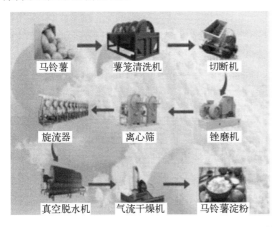

图 4-2-1 淀粉制备过程图片

如图 4-2-2 所示，淀粉制备中淀粉分离方法主要有破碎法、烘干法、旋流分离法等。在豌豆浆液分离工艺中，不仅要考虑影响口感的不溶性组分的分离效率，同时也要考虑蛋白浆液回收率。如何在分离的过程中尽可能保证蛋白浆液回收的同时去除其他不溶性组分，是豌豆浆液工艺制备的关键问题。旋流分离方法可在不破坏豌豆浆液原有性质下实现蛋白浆液和不溶性组分的高效分离，在豌豆浆液分离领域应用前景广泛。

(a) 破碎法

(b) 烘干法

(c) 旋流分离法

图 4-2-2 淀粉分离方法示例

从豌豆浆液分离出淀粉的相关工作原理如图 4-2-3 所示，豌豆浆液经过搅拌后通过入口进入旋流箱中进行分离，豌豆浆液中淀粉等不溶性组分颗粒在旋流管内做螺线涡运动，其密度越大所受离心力越大，颗粒越易贴着旋流器壁随着底流流出，而包含部分小颗粒不溶性成分的蛋白浆液则逆流向上从溢流出口流出。

蛋白浆液出料口(溢流口)

豌豆浆液进料口(入口)

淀粉等不溶性组分颗粒出口(底流口)

图 4-2-3 旋流器分离豌豆浆液中的淀粉原理示意图

为了分离豌豆浆液中的淀粉和蛋白浆液，朱剑伟等人设计了一款适用于豌豆浆液分离的微型旋流器，其具体的工艺流程图如图 4-2-4 所示。豌豆浆液于搅拌罐 1 内完成制备，在离心泵 2 的作用下进入旋流箱中进行分离。控制球阀 3 可改变旋流器的进料压力，使耐振压力表 4 稳定在固定的压力值，球阀 5、9 可分别控制旋流器的溢流压力表 6 和底流压力表 8，使其维持固定的分流比，保持稳定的压力，时刻处于高效分离阶段。试验结果表明，进料压力 0.6MPa、溢流分流比 0.32、料液可溶性成分 2.86%、料液不溶性成分 8.61%时，豌豆浆液中淀粉等不溶性组分进入底流的分离效率达到 84.50%，蛋白质等可溶性成分物质进入溢流的分离效率达到 73.74%。相关现场工艺流程如图 4-2-5 所示。

目前，旋流器已在相关工艺中实现应用，未来，对于分离豌豆浆液中淀粉工艺，旋流器的发展趋势将聚焦于提高分离效率和精度，通过技术改进实现更高生产效率。同时，智能化和自动化将成为未来发展的关键方向。引入先进控制系统可以实现实时监测和调整，从而提高生产线的稳定性和降低成本，实现可持续生产。这些趋势将使旋流器在豌豆浆液淀粉分离领域发挥更为重要的作用，满足食品工业对高品质、高效益淀粉产品不断增长的需求。

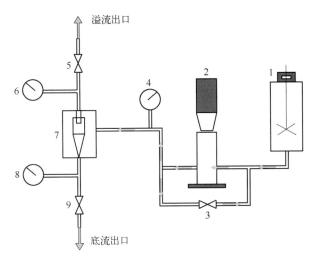

图 4-2-4 单级旋流器工艺流程图

1—搅拌罐；2—离心泵；3—卡箍式卫生级球阀（φ25 外径）；4—耐振压力表（量程 0.0～1.0MPa）；

5—卡箍式卫生级球阀（φ19 外径）；6—耐振压力表（量程 0.0～0.6MPa）；7—旋流箱（内有 1 根旋流管）；

8—耐振压力表（量程 0.0～0.6MPa）；9—卡箍式卫生级球阀（φ19 外径）

图 4-2-5 现场工艺流程

二、旋流分离技术在制备糯米粉中的应用

糯米作为我国主要的粮食作物之一，除直接食用外，常以糯米粉的形式广泛用于各种传统食品、速冻食品、黄酒等发酵饮品和各种风味食品制备中（图 4-2-6）。糯米粉作为糯米深加工的重要产品之一，由于其独特的结构和优异的应用特性，受到越来越多研究者的关注。糯米粉是一种营养丰富、口感独特的食品原料，广泛应用于中国传统糕点和美食中，是中国传统食品文化的重要组成部分。同时，它的现代化应用也让人们的生活更加丰富多彩。

如图 4-2-7 所示，糯米加工成糯米粉的方法有干粉加工、水磨法等，旋流器在食品工业应用广泛，也可用于加工糯米粉。旋流器主要依靠糯米粉与其他成分密度、粒度等性质差异来完成糯米粉的分离、分级、洗涤和除杂等操作。相比玉米而言，糯米中淀粉和蛋白的颗粒直径较小，颗粒大小近似，且成分间结合更紧密，这对旋流器的分离精度提出更高的要求。

糯米加工中通过旋流分离技术分离糯米粉，其相关原理图如图 4-2-8 所示，米浆由泵输

图 4-2-6　糯米粉制备现场及实物照片

(a) 干粉加工

(b) 水磨法

图 4-2-7　糯米粉制备方法示例

送，经进料阀、流量计、中间管道至旋流器分离腔，而后通过压力参数的调节来控制旋流器的分流比，使密度较大的糯米粉由于离心力的作用通过底流排出，进入脱水与干燥工段，使密度较小的蛋白和部分未被分离的糯米粉进入溢流回收罐中。

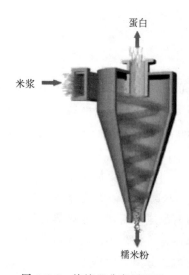

图 4-2-8　旋流器分离原理图

张宁静等人研究了运用水力旋流分离制备不同应用特性糯米粉的工艺，其流程如图 4-2-9 所示，以糯米为原料，经蛋白酶适度水解后采用水力旋流的方式分离，通过优化旋流分离的工艺参数，获得三种不同的糯米粉样品。图 4-2-10 所示为旋流器串联分离得到糯米粉设备图，三级串联旋流分离操作具体流程描述为：①酶解后的米浆进入进料罐 1 搅拌贮藏，米浆由泵输送，经进料阀、流量计、中间管道至旋流器分离腔，而后通过压力参数的调节来控制米浆的分流比，使密度较大的糯米粉由于离心力的作用通过底流排出，进入脱水与干燥工段，得到糯米粉样品 1，同时密度较小的蛋白和部分未被分离的糯米粉进入第二级进料罐 2 中。②第二级进料罐中，进行第二次旋流分离，同样达到压力设定值和既定分流比后出料，分别得到第二级底流和第二级溢流。第二级底流浆料进入脱水和干燥工段，得到糯米粉样品2。③第二级溢流浆料进入第三级进料罐3中，进行第三次旋流分离，第三级底流贮藏罐中进入脱水和干燥工段，得到糯米粉样品3，第三级溢流进入清液回收罐中。

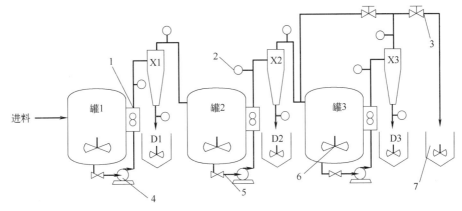

图4-2-9 三级串联旋流分离流程示意图

X1，X2，X3—三级旋流分离器；罐1，罐2，罐3—三级旋流器的进料罐；D1，D2，D3—三级旋流器分离的底流贮藏罐；1—流量计；2—压力表；3—旋拧阀；4—输送泵；5—闸阀；6—搅拌器；7—清液回收罐

通过三级串联水力旋流分离得到三种糯米粉样品的颗粒状态及蛋白含量如图4-2-11所示，样品1、样品2和样品3的蛋白含量分别为3.87%、0.46%和9.70%。随着蛋白含量的增加，可观察到蛋白包裹淀粉聚集体的存在，此时的糯米粉透明度和溶解度显著降低，抵抗加工的能力提高，崩解值降低，特征黏度值间存在显著差异性。三种糯米粉样品的外观状态具有明显差异，糯米粉样品3的颜色偏黄，呈聚集态；糯米粉样品2的蛋白含量最低，达到高纯度糯米淀粉的要求。

图4-2-10 旋流器串联分离得到糯米粉设备

项目	糯米粉样品1	糯米粉样品2	糯米粉样品3
蛋白含量	3.87%	0.46%	9.70%
外观状态	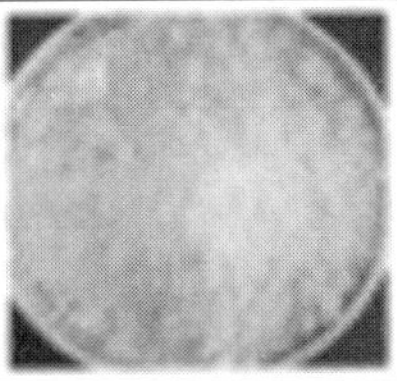	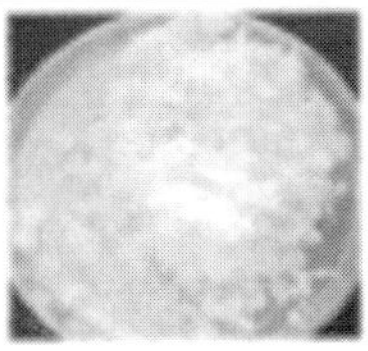	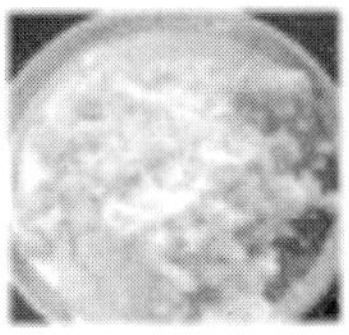
微观结构图			

图4-2-11 不同糯米粉样品的颗粒状态及蛋白含量

运用旋流分离技术可以快速、高效地分离糯米粉，提高生产效率；使糯米粉的纯度得到提高，满足高端食品加工的需求。旋流分离技术不仅可以用于糯米粉的分离，还可以应用于其他食品、化工等领域，应用前景广阔。随着人们对食品品质和口感的追求不断提高，旋流分离技术的应用将越来越广泛。

第三节　旋流分离技术在生物领域的应用

一、旋流分离技术在动物细胞分离领域的应用

动物细胞培养技术是指利用特定的营养液、培养基和缩影等条件来人为地培养动物细胞的技术。这项技术在生物医学研究和药物研发方面有着极其重要的应用价值。由于生理学、病理学、药理学和遗传学等分支学科的发展，动物模型研究已经成为现代生物医学研究和药物开发的主要途径。而动物细胞培养技术也成为这一领域的核心技术之一。

动物细胞培养技术的应用非常广泛。在药物研发中，动物细胞培养技术能够对药物的生物活性、毒性进行评估，为药物提供依据。在疾病研究中，通过对动物细胞的培养研究，可以更好地理解许多疾病的发生与发展机制，促进疾病治疗的研究。此外，动物细胞培养技术还可以用于生物工程领域，产生特定的蛋白质和抗体等。

在细胞培养中，不断提供新鲜培养基并去除耗尽的培养基，且保留细胞在反应器内的培养过程称为灌注培养。灌注培养需要将细胞从废培养基中分离出来，因此如何分离细胞与废培养基成为了不可避免的问题之一。目前，传统的分离仪器或多或少对分离存在一定的限制。例如，过滤技术会在相对较短的运行周期后产生结垢现象；离心法需要较高成本，且小型离心机操作不当会造成细胞死亡；沉淀法所需的分离时间较长，细胞暴露在不受控的环境中容易发生变化。因此亟须一款可连续分离细胞的仪器，将细胞从废培养基中高效分离。

为了解决上述问题，应用水力旋流器来促进动物细胞分批和灌注过程中的分离。其结构简单，无运动部件，对于细胞分离应用过程来说，其不需要长期维护，还可以允许灌注生物反应器长期连续运行，因此是一种极佳的分离方法。

R. C. V. Pinto 等人设计了专用于分离动物细胞的旋流器，其结构如图 4-3-1 所示，其具有一个双切向入口，可根据需求选择不同的底流直径和溢流直径。其开展的室内实验原理如图 4-3-2 所示，用压缩空气对不锈钢槽加压至所需压力，迫使不锈钢槽中的高活力细胞悬浮液进入水力旋流器，同时根据所受离心力的不同进行旋流分离，使富含细胞的细胞浓缩液从底流口流出，其余液体从溢流口排出，从而实现细胞的分离。

该旋流器在对 CHO. K1 和 CHO-GMCSF 两种动物细胞的分离中，底流口收集到的细胞浓缩液中两种细胞系的分离效率都高达 97% 以上，生存力损失低于 7%，细胞培养活力保持在 92% 以上。从溢流中收集的样品显示出较低的活力，与底流相比，死亡细胞的相对数量更高，这些数据证明，水力旋流器优先保留活细胞，优先分离溢流中的非活细胞。且由于细胞在设备内停留的时间短，水力旋流器内的剪切应力不足以诱导细胞凋亡机制，分离后 48h 内细胞凋亡水平不显著，验证了水力旋流器可以在诸如灌注培养等过程中长期运行。

在动物细胞分离领域，旋流器的工作模式和控制系统采用了脉冲式、周期式、连续式等不同的操作方式，实现了细胞分离的动态调节和智能化，提高了细胞分离的灵活性和稳定

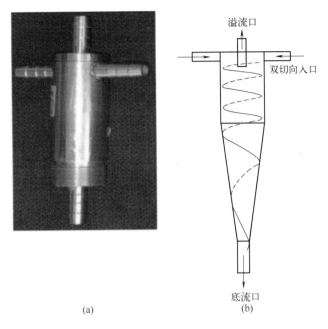

(a)   (b)

图 4-3-1   用于动物细胞分离的旋流器

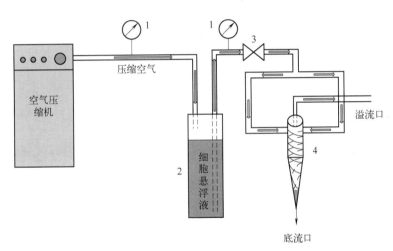

图 4-3-2   室内实验原理图

1—压力表；2—不锈钢槽；3—控制阀；4—旋流器

性。未来除了常见的细菌、酵母、藻类、动物细胞等生物细胞的分离外，还可能进行对纳米颗粒、病毒、外泌体、细胞器等微观结构分离的研究，拓展细胞分离的研究领域和应用场景。

二、旋流分离技术在微藻提取中的应用

微藻在生物能源、生物医药、环境治理等方面日益发挥着重要的作用（图 4-3-3）。研究发现，微藻具有广泛的潜在应用价值。其生物质可成为可再生燃料，有望满足全球 25% 的能源需求。微藻富含蛋白质和脂质，可作为动物饲料的优质蛋白来源。此外，微藻中含有丰富的生物活性物质，如胡萝卜素、虾青素、藻胆蛋白等，广泛应用于医药和化妆品领域。当

图 4-3-3　实验室培养微藻

前，基于转基因蓝藻的研究已经取得显著成果，开发的对虾疫苗可以有效防治对虾白斑综合征。通过废水培养微藻，不仅能获得丰富的生物质资源，还实现了废水的资源化利用，为环境可持续发展提供了方向。

然而，当在开放池塘或封闭光生物反应器中培养时，它们的生物量浓度被大大稀释，干生物量约为 $0.1\sim4g/L$，这使得在微藻脱水提取成本大大提高。现有技术中，微藻脱水的成本通常占到生产总成本的 $20\%\sim30\%$，如何降低微藻的生产成本就成了行业发展的关键问题。

水力旋流器的研究表明，其在微藻分离中具备显著的可行性。由于其大型、结构简单而坚固的特点，水力旋流器能够连续运行，可以有效提高微藻溶液的浓度，从而实现高效分离。其低能量损失的优势意味着更高的能效和较低的运行成本。成功应用水力旋流器与微藻分离将有望极大提高分离效率，降低生产成本，为微藻产业的可持续发展提供有力支持。

M. S. Syed 等人利用 3D 打印技术，设计并建立了微型水力旋流器模型如图 4-3-4 所示，该微型旋流器使用 VisiJet M3 Crystal 材料制作而成，具有良好的耐久性、稳定性以及生物相容性。室内实验原理如图 4-3-5 所示，为了保证混合物的均匀性，使用磁力搅拌器对混合物连续搅拌，并在室温下保存使用硅管连接蠕动泵出口与水力旋流器入口，混合物通过蠕动泵进入水力旋流器。在旋流器中，由于微藻和水密度的不同，密度较大的微藻从底流口流出，水相则从溢流口排出。将底流口流出的富含微藻的采出液混入入口初始液中进行循环提取，并定时计算底流和溢流的流量，计算出分离效率。

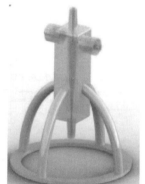

图 4-3-4　微型水力
旋流器模型

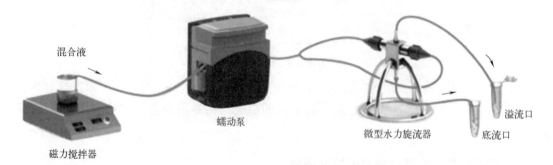

图 4-3-5　室内实验原理图

该微型水力旋流器成功运行 11min 后，最终微藻浓度提高了 7.13 倍，极大地减少了操作时间，降低了能源需求，证明了其在藻类的初级收集过程中的实用性。此外，其还可以适用于 15 种海洋物种的分离过程，且没有任何腐蚀风险，具有良好的应用前景。

三、旋流分离技术在医疗废水处理中的应用

相较于生活污水，医疗废水排放出的污染物主要含有各种特殊病菌、重金属、放射性物质、抗生素和特殊有机物等。医疗废水的可生化性难点在于有机物种类，如氨基酸类有机物。目前，医疗废水处理站一般将污水分成两种，一种是一般医疗废水，一种是传染科废水。为了提高消毒效率，传染科废水需要提前预消毒，再进入医疗废水整体处理工艺。

目前，医院废水处理的基本技术方法主要有三类，包括物理处理法、化学处理法和微生物处理法。在物理处理法中，主要使用沉淀过滤和离心分离两个方法；沉淀过滤法目前主要用于医疗废水预处理工艺，分离或沉降医疗污水中的各种粗大颗粒和悬浮物；离心分离法利用悬浮污染颗粒在介质中受到的螺旋离心力不同，将杂质渐次分离，主要用于处理相对密度大于1的颗粒，其使用设备主要为旋流分离器。医院废水处理工艺如图4-3-6所示。旋流分离器工作原理如图4-3-7所示。

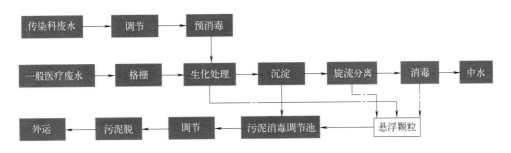

图4-3-6 医院废水处理工艺

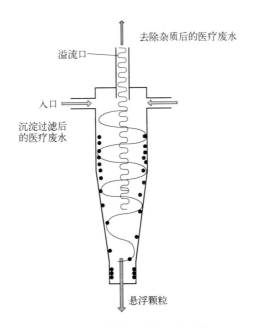

图4-3-7 旋流分离器工作原理

处理医疗废水，要根据水质、水量处理，因地制宜，同时做好防护，加强检测、消毒、监控，确保污水处理设施正常运行，预防因污水排放造成下游水体的二次污染。医疗废水经

该工艺处理后，粗大颗粒和悬浮物杂质被收集起来统一处理，大大减少了医疗废水排放对环境带来的污染。

第四节　旋流分离技术在冶金领域的应用

一、旋流分离技术在煤矿选煤中的应用

我国能源结构特点是富煤、贫油、少气。长期以来，煤炭作为主体能源支撑着经济社会平稳较快发展，起到了能源安全保障的"压舱石"和"稳定器"作用。煤炭清洁高效低碳利用，是煤炭工业可持续发展的必由之路，选煤是实现煤炭资源高效清洁低碳利用的源头技术。

现有煤炭分选方法中，利用重介质旋流器分选是实现煤炭清洁高效利用最有效的分选方法之一。重介质旋流器具有入料粒度适应范围广、分选性能好、分选精度高、易于实现设备自动化及大型化等显著优点，被广泛应用于各大选煤厂。经过多年来的不断研究发展，我国重介质旋流器的设计与制造水准均达到了国际先进水平，并在生产实践中取得了显著成效。

常用的重介质旋流器的结构如图4-4-1所示。在旋流器内重悬浮液高速转动作用下，重

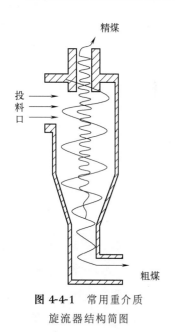

图 4-4-1 常用重介质旋流器结构简图

悬浮液与原煤的混合物料在大约为几十倍重力加速度的离心力场中按密度实现分选。物料经切线进入旋流器后，沿旋流器内壁形成呈螺旋式下降的外螺旋流，由于锥体的存在，物料流速在下降过程中不断增大，又因为颗粒所受离心力不同，部分流体在下降过程中脱离外螺旋流，并在离心力的牵引下沿旋流器轴心区域形成呈螺旋式上升的内螺旋流，旋流器内部因内螺旋流的负压而吸入空气，在轴心形成空气柱。最终密度大、粒度大的粗颗粒沿外螺旋流从底流口排出，密度低、粒度小的精煤沿内螺旋流从溢流口排出，实现原煤按密度及粒度分选。

基于重介质旋流器分离原理，郭文俊等设计了一种新型双锥有压给料三产品重介质旋流器，其实物图及结构简图如图4-4-2所示，该新型重介质旋流器一、二段均为圆筒-圆锥形结构。新型重介质旋流器使用锥体结构，增大了颗粒所受离心力，提高了分选精度及效率，降低了能耗，同时有效提高了二段重悬浮液浓缩度，降低了中煤的精煤夹带率，提高

了炼焦煤选煤厂的整体回收率。汾西矿业中兴煤业选煤厂采用该新型双锥有压给料三产品重介质旋流器进行生产，实践结果表明，相较于传统有压给料三产品重介质旋流器，在相同工况下，中煤带精煤量降低了8.5%，矸石带中煤量降低了6.1%，能量损耗降低量在5%～10%之间。

煤炭行业面临绿色低碳转型和高质量发展需求，更需要科技创新提供发展动力。重介质选煤具有分选效率高、对煤质适应性强、可实现低密度分选、操作方便和易于实现自动控制等优点，特别是应用离心力分选的重介质旋流器选煤技术更是近20年来国内选煤技术研究的热点，对我国资源利用和可持续发展具有重大意义。

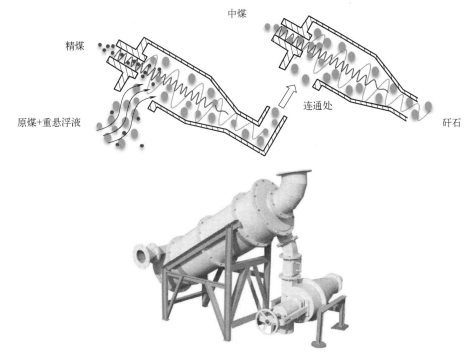

图 4-4-2 选煤用三产品重介质旋流器简图与实物图

二、旋流分离技术用于铜冶炼炉灰除铅

铜火法冶金工艺是铜冶金领域的重要工艺，通过高温下的氧化还原反应将铜矿石转化为纯净的铜金属。在这个过程中，矿石先经过破碎、烧结和熔炼等步骤，随后在高温环境中发生氧化还原反应，将硫化物转化为二氧化硫，同时释放出含有铜金属的产物。炼铜阶段则进一步提炼铜金属，去除杂质并调整成分，以获得符合工业标准的高纯度铜。铜火法冶金回收废弃物的处理中，通过回收废弃物中的有价值金属，不仅能够降低新金属的生产成本，提高生产效益，还有助于最大限度地利用有限的自然资源，减轻对矿石的依赖和开采压力。这一循环经济的实践不仅符合工业可持续发展的战略，还在降低碳足迹、减缓气候变化等方面发挥了积极作用。从铜冶炼炉灰中回收铜、锌、铅等金属元素，进行资源综合利用，具有重要的理论意义和现实意义。

冶炼炉灰中高品位金属元素的分布率差异为重金属元素提取提供了便捷。高品位金属元素在炉灰中的不均匀分布，为选择性提取方法的采用创造了有利条件。利用这种分布差异，可以设计和优化金属提取流程，以便有选择地富集和提取高品位金属元素。旋流器在铜冶炼炉灰中除铅的工作原理见图4-4-3。

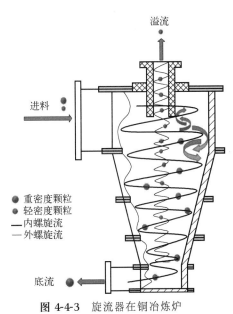

● 重密度颗粒
● 轻密度颗粒
— 内螺旋流
— 外螺旋流

图 4-4-3 旋流器在铜冶炼炉灰中除铅工作原理

炉灰中镍、铁分布率高，利用元素分布差异性通过分级的方式，可以有选择地脱除含有铅的部分。通过旋流器和细筛相组合的方式，可以高效地完成炉灰的分级操作。尚锦燕等针对上述问题开展了研究，在新疆紫金锌业有限公司内部将旋流器和细筛组合使用，其工艺流程如图 4-4-4 所示。炉灰原料首先进入旋流器当中，由于铅的粒级较小，大部分铅在离心力的作用下从溢流口排出。镍等粗粒从底流口排出，进入细筛上进行二次分离，粒级较大的留在筛上，粒级较小的汇入细粒产物。

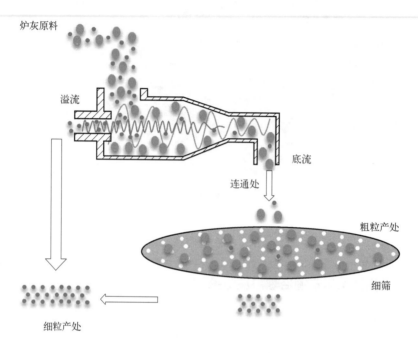

图 4-4-4 旋流器-细筛组合工艺流程

分选后，细粒产物中铅的富集比达到了 2.67，而且筛下中铅的回收率达到 92.30%，铅富集程度高，镍的富集程度不高，富集比只有 0.92，回收率有 31.67%；粗粒产物中铅含量明显降低，达到 0.24%，镍的含量为 2.20%。而且旋流器-细筛组合分选流程将粗粒产物中的铅含量降低至 0.24%，达到了小于 0.30% 的要求，镍的回收率达到 68.33%，证明了旋流器-细筛组合工艺在铜冶炼炉灰分离中的适用性。

第五节　旋流分离技术在环境保护领域的应用

一、旋流分离技术在城市污水处理中的应用

污水处理在城市规划发展中扮演着至关重要的角色。随着城市化的不断推进，城市人口急速增加，而有效处理和管理产生的污水成为确保公共卫生和环境可持续性的迫切需求。合理规划和实施污水处理设施不仅能够维护居民的生活品质，还能减轻水资源压力、保护水生态系统，以及预防水污染对人类健康和环境的不良影响。城市规划中充分考虑污水处理的合理布局和先进技术的引入，有助于建立可持续发展的城市基础设施，为健康、宜居的城市环

境奠定坚实基础。因此，将污水处理纳入城市规划的发展策略中，是确保城市可持续发展、保障居民生活水平和促进生态平衡不可或缺的一环。

如图 4-5-1 所示，城市污水处理涵盖多种技术，包括生物处理、物理处理、化学处理、高级氧化、膜分离等。在城市污水治理的多元技术中，旋流分离技术凭借其先进的固-液分离机制脱颖而出。通过形成旋涡，旋流器能高效地清除废水中的悬浮物和颗粒，提升水质处理效能。其优势不仅体现在操作简便、占地小、适应性广，更体现在能够在不同规模的污水处理厂中灵活应用。其节能特性为城市可持续发展注入活力，可有效减少运营成本。此外，旋流分离技术还为城市规划提供了更为灵活的解决方案，因其结构紧凑，适用于有限的城市空间。

(a) 物理处理

(b) 膜分离

(c) 化学处理

图 4-5-1 污水处理技术示例

污水处理中的旋流除砂装置能利用旋流分离原理，将废水中的砂石等重颗粒物质高效分离，其相关原理如图 4-5-2 所示。装置首先通过导流结构引导废水进入旋流器，形成均匀的旋流。在旋流腔室内，由于旋转产生的离心力作用，砂石等重颗粒物质被迅速分离并沉积到底部，清水则从中心区域流出，实现轻重分离。这一设计确保了设备高效自洁、低能耗，并通过底部排砂装置清理沉积物，维护了装置的正常运行。旋流除砂装置因其简单有效的设计原理，在城市污水处理中得到广泛应用，为提高废水处理效率提供了可靠的解决方案，其现场应用见图 4-5-3。

刘大伟等人曾针对重庆某污水处理厂的污水处理开展应用，其设计的旋流除砂系统针对 COD（化学需氧量）截留率高达 90.33%，SS（悬浮物）去除率达到 25.30%，对于直径 $200\mu m$ 以上的颗粒物去除率可达 93.59%，直径在 $100 \sim 200\mu m$ 间的颗粒物去除率为 52.80%，极大地缓解了后续污水处理压力。其能够快速而有效地去除粗大颗粒，防止处理

图 4-5-2 旋流分离污水处理技术原理

过程中出现设备堵塞、管道磨损等问题，从而确保系统运行更加稳定、经济、环保。

随着对水资源可持续管理的日益关注，旋流除砂的高效颗粒物分离特性使其在提高处理系统效率、减少能耗、延长设备寿命等方面具有显著优势。其在城市污水处理中的广泛应用，不仅有望改善水质，降低运营成本，还能够适应日益复杂和高标准的污染排放要求。随

图 4-5-3 旋流除砂装置的现场应用

着科技的不断进步和对环保要求的提高，预计旋流除砂技术将在未来污水处理中发挥更为重要的作用，为可持续水资源管理和环境保护作出贡献。

二、旋流分离技术在海洋平台含油污水处理中的应用

海洋平台含油污水处理的重要性显而易见。随着工业化和海洋交通的增加，含油污水排放已成为海洋环境的主要威胁之一。这种污水可能引发生态系统崩溃，危害海洋生物和渔业资源，同时对人类健康构成潜在威胁。有效处理含油污水不仅是对海洋环境负责的必要措施，更是维护全球生态平衡、保护海洋资源的紧迫需求。在符合法规和国际标准的条件下，实施高效的污水处理技术，可以最大限度地减少污染，确保海洋生态系统的可持续发展，为当前和未来创造一个更清洁、健康的海洋环境。

目前，海洋平台污水处理方法大体分为物理法、化学法和生物法等多个类别。诸多类别中，首选应为物理法，因为物理法通常不需要添加其他化学物质，不会对环境造成二次破坏。目前应用最多的物理处理方法有：沉降法、气浮分离法、水力旋流法等。其中，沉降法都是在重力的作用下完成的，对黏度大、密度差小的混合介质处理效果不好；气浮分离法需要较高的成本，且难以应对连续的高进液量；而水力旋流法利用带压液体进入旋流器后产生的离心力进行两相介质分离，其离心加速度要比常规依靠重力作用的分离设备（如重力沉降罐等）所产生的重力加速度大几百倍甚至上千倍，具有重力分离设备无法实现的分离能力，其分离原理如图 4-5-4 所示。

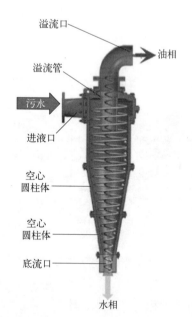

图 4-5-4 旋流器处理含油污水

中海油某公司将旋流器用于海洋平台污水处理，其工艺流程如图 4-5-5 所示。含油污水进入水力旋流器后，在巨大的离心力作用下，密度较大的水会沿旋流管内壁形成螺旋状的水流由底流出口排出，而密度较小的油在离心力作用下将被聚集在螺旋状水流的中心，形成一条油柱由溢流口排出。再利用气浮装置对低浓度（≤500mg/L）含油污水进行深度处理，进一步提高油相介质的分离精度。从水力旋流器和微气泡气浮装置中分离出来的污油排放到闭排罐，通过闭排泵增压后输送到海

底管道再到下游 FPSO（海上浮式生产储油装置）进行处理，此时进入海底管道的污油相对于之前的含油污水流量降低了 90％以上，大大提升了回注水质，降低了海面水处理的环保压力。相关现场实际应用如图 4-5-6 所示。

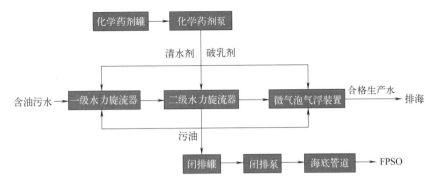

图 4-5-5 采油平台生产水处理工艺流程

图 4-5-6 现场实际应用图

通过生产化验数据，可以发现进液含油浓度在 50～1000mg/L 之间变化时，平均低浓度含油污水处理量 1502m³/d 的情况下，生产水处理设备都可以将排海含油浓度降低到一次允许值 45mg/L 以下，且日平均值只有 12.11mg/L，远远低于最高允许浓度的月平均值 30mg/L，低浓度含油污水整体处理效果符合设计需求。随着科技的不断进步，水力旋流器技术将会不断创新和改进，新的材料、设计和工艺将进一步提高水力旋流器的效率和耐用性，以更好地适应海上油田的极端环境。

第六节　旋流分离技术在石油领域的应用

一、石油领域内的气-液分离水力旋流器的应用

1. 海洋油气开采中水力旋流器的应用

海洋油气开采是指在海洋中开采石油资源的一种方式。由于陆地石油资源的逐渐枯竭，海洋油气开采成为了人们进行资源开发的重要途径。在海洋油气开采过程中，气-液分离显

得至关重要。

气-液分离可采用的方法有很多，如重力沉降分离、丝网分离、超滤分离和离心分离等。

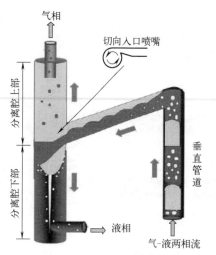

图 4-6-1 管柱式气-液分离
水力旋流器分离原理

但海上油气分离难以像陆地上一样采用大型沉降罐等沉降设备。水力旋流器作为一种离心分离的物理方法，可以利用气-液介质密度差的特性实现高效的油气处理。其分离原理如图 4-6-1 所示，气-液混合相从入口进入旋流器进行离心分离，在离心力的作用下，密度差较大的两相介质在旋流腔内实现高效分离，气相从上方溢流口流出，而液相从下方底流口流出，从而确保输送原油的纯度和高效性。

赵德喜等人将 GLCC（圆柱形气-液分离水力旋流器，管柱式气-液分离器）用于海洋石油平台油气开采，其油气水三相分离处理工艺流程见图 4-6-2。采出的油水气三相混合物通过加热器后进入到 GLCC 中，GLCC 的作用是通过旋流分离将气-液高效分离，密度较大的油水混合相从底流口流出，进入油水分离器中进行二次分离，而密度较小的气相从溢流口排出，进入燃料气处理系统。对于油水两相分离器，通过旋流分离，将油水进行高效分离，水相从底流口排出后进入污水处理系统，油相从溢流口分离进入原油外输泵，GLCC 撬装工艺示意图如图 4-6-3 所示。

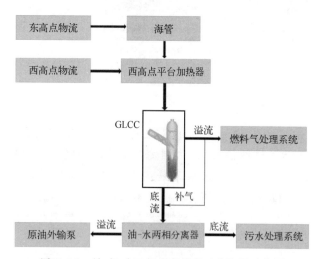

图 4-6-2　油-气-水三相分离处理工艺流程示意图

图 4-6-3　GLCC 撬装工艺示意图

GLCC 系统海洋平台现场应用如图 4-6-4 所示。GLCC 系统采用的气路调节阀采用压力控制，液路调节阀采用液位控制，同时设置的安全联锁（液位＞85％，液路调节阀全开，气路调节阀全关；压力＞780kPa，液路调节阀全开）对管线中段塞流的冲击能起到缓冲和化解的功能，可以使分离器长期稳定工作，实现分离器的气-液两相充分高效分离，为其他生产油田应用 GLCC 提供了很好的经验。这一先进技术在提高生产效率的同时，有效降低了潜在的安全风险，为海洋平台的运营提供了可靠的保障，推动了海上油田领域的可持续发展。

2. 地面油气开采中水力旋流器的应用

随着油田开采技术的不断发展，油田产出的采出液成分变得日益复杂，其中高含气的情况对油田采油的计量和测量带来了极大的挑战。高含气的采出液使得流体的性质变得更加复杂，气相和液相的相互作用使得计量和测量变得复杂且容易出现误差。首先，高含气的采出液在流动过程中可能发生气-液两相分离，使得油水气的比例在不同阶段变化，给计量带来了不确定性。其次，气体的存在还导致了流体密度和黏度的变化，进一步增加了测量的难度。最后，气体的存在也可能影响测量设备的

图 4-6-4 GLCC 系统海洋平台应用

性能，使得传感器的准确性和稳定性受到挑战。因此，如何在计量前实现采出液脱气就成了一个不可避免的问题。

为了解决上述问题，苗春雨、邢雷等人利用旋流分离技术，设计了一款紧凑型气-液分离水力旋流器，其工作原理如图 4-6-5 所示。室内实验选用空气压缩机进行气相传送，采用小型离心泵实现液相的输入。液相由离心泵从蓄水槽传送至液体玻璃转子流量计，气相由空气压缩机将空气挤压至气体玻璃转子流量计，两相介质经静态混合器充分混合后，由双切向入口进入旋流分离器内，形成切向旋转液流。气-液混合介质在流场及离心力的作用下进行旋流分离，分离后的气相由溢流口排出。

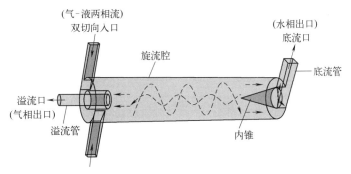

图 4-6-5 紧凑型气-液分离水力旋流器工作原理

在吉林油田某井开展了紧凑型气-液分离水力旋流器的应用，现场如图 4-6-6 所示。经现

图 4-6-6 吉林油田某井应用现场

场应用，进液口液相携带大量气体，经旋流器进行气-液分离后，溢流口处排出全部为气相，几乎无液相流出，底流口排出全部为液相，几乎无气相排出，旋流器的脱气效率接近100%，且不改变液相的含油浓度，为后端含水率分析仪测量提供了稳定高效的测量工况。

二、海洋平台可燃冰开采中固-液分离水力旋流器的应用

天然气水合物是由天然气和水在低温与高压情况下生成的固态笼型化合物，又叫可燃冰（图4-6-7），作为一种高能量密度资源，地球蕴藏资源总量巨大。全球天然气水合物资源主要存在于海底和陆地永冻土区域，其中，海洋天然气水合物约占天然气水合物总量的95%以上。因此，天然气水合物尤其是海洋天然气水合物通常被视为能够替代传统化石能源的新型清洁非常规能源。

图4-6-7　可燃冰与可燃冰开采平台

目前，天然气水合物主要有注热法、注化学试剂法、CO_2置换法、降压法4种传统开采方法，海底天然气水合物开采原理如图4-6-8所示。

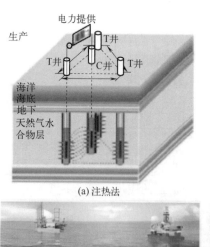
(a) 注热法

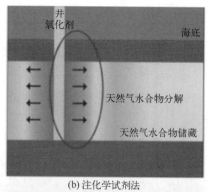
(b) 注化学试剂法

(c) CO_2置换法

(d) 降压法

图4-6-8　海底天然气水合物开采原理

周守为院士依据世界海域天然气水合物取样情况和我国海域天然气水合物取样情况提出了一种新的开采方式，主要是针对储存在海底表层几米到 200m 之内深水浅层天然气水合物-深水浅层天然气水合物固态流化开采技术，即将深水浅层不可控的非成岩天然气水合物储藏通过海底采掘、密闭流化举升系统变为可控的天然气水合物资源，从而保证生产安全，减少浅层天然气水合物分解可能带来的环境风险，达到绿色可控开采的目的。图 4-6-9 为深水浅层天然气水合物固态流化开采工程示意图。固态流化开采的主要过程是先利用海底采矿车机械式地对天然气水合物进行固态形式的开采，将开采后含有天然气水合物固体颗粒的矿产与海水在海底进行均匀混合，将其混合成天然气水合物混合浆体；再利用分离设备在一定的稳压舱中对混合后的浆体进行分离，其主要目的是将混合浆体中大量的泥砂杂质分离出去，留下含杂质较少的天然气水合物固体颗粒；最后将经过海底设施初步分离提纯后的天然气水合物混合浆体利用海底管道输送的技术输送至海洋平台进行更为精细的处理。

图 4-6-9　深水浅层天然气水合物固态流化开采方法的基本流程

在固态流化开采方式中，根据泥砂的含量与密度，可将混合后的天然气水合物混合浆体的分离工作放置在海底进行，在泵送前端采用水下旋流除砂分离技术，将部分砂分离出来，这样可以在降低海底举升系统功耗的同时，提高有效输送效率，增加举升过程中天然气水合物的自然分解量。水力旋流除砂分离技术原理如图 4-6-10 所示。

这样做的优势在于可以在将天然气水合物混合浆体输送至海洋平台之前，就可以将大部分的泥砂海水分离出去，使得输送的是较为纯净或含杂质较少的天然气水合物固体颗粒，还可以减少管道输送过程中的能量消耗，大大地减少了运行的成本。

该固态流化试采一体化实施方案，于 2017 年 5 月 25 日在南海北部荔湾 3 站位依托海洋石油 708 深水工程勘察船，利用完全自主研制技术、工艺和装备在水深 1310m、天然气水合物矿体埋深 117～196m 处，全球首次成功实施海洋

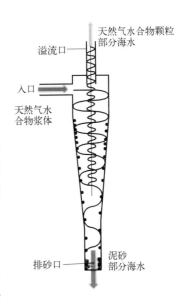

图 4-6-10　旋流除砂原理

浅层非成岩天然气水合物固态流化试采作业，在海洋浅层天然气水合物的安全、绿色试采方面进行了创新性的探索，标志着我国天然气水合物勘探开发关键技术已取得历史性突破，未来有望在其他类型的深海天然气水合物甚至深海油气资源的开采中应用。

三、旋流分离技术在同井注采技术中的应用

油田进入中高含水期后，油井会因含水率上升带来诸多问题。开采成本不断攀升、采出水处理规模不断增大，环保压力日趋突出等问题，会导致油井过早地停产或废弃，处理设备投入和操作费用攀升。加拿大工程研究中心于 1991 年进行了井下油水旋流分离和同井回注研究，并于 1994 年首次在 Alliance 油田进行了名为 "ESP AQWANOT"（井下分离试验方式）的工业试验并获得成功。试验将井下增压泵与油水分离技术相结合，形成井下油水分离及同井注采系统，可以有效降低高含水期油藏开发的投入与成本，成为解决上述问题的有效途径。

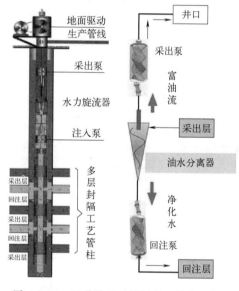

图 4-6-11　同井注采工艺原理及结构示意图

截至目前，国外许多大的石油公司开发了诸多井下油水分离设备以减少采油成本和处理采出水费用，如加拿大工程研究中心（C-FER）、美国 Vortoil 公司、美国 Reda 公司等。美国、法国、德国、加拿大等国均进行了同井注采工艺的理论研究和现场试验。

在国内，东北石油大学蒋明虎教授团队首次针对 5½″❶狭小套管空间及注采工艺特点，结合国家 863 计划课题，研发出了井下油水旋流分离及同井注采技术及装备，其相关工艺原理及结构如图 4-6-11 所示。该技术实现了使高含水采出液在井下直接进行油水分离，分离后的低含水原油举升到地面，低含油污水在井下直接回注，在一口油井内同时实现采油和注水，减少地面水处理和注水管网建设；使高含水、特高含水油田实现经济开采。

井下油水旋流分离及同井注采系统较为复杂，其在一口井内需要同时实现分离作业、举升作业、注水作业，并要求具备必要的监控手段，每一项功能都是油气田开发技术中一个较大的分支，要在一口井中同时实现多种功能，对工艺的稳定性要求极高，本书后续将围绕同井注采技术的相关工程细节、基本原理、前沿技术和应用前景等方面展开介绍。笔者研究团队着重对近年来在多相介质旋流分离及同井注采技术领域取得的一些阶段性成果、技术突破及创新应用等进行概述。

参 考 文 献

［1］ 王天翔，陈建琦，马世浩，等. 旋流分离技术在甲醇制烯烃工艺废水处理中的应用［J］. 化工进展，

---

❶　5½″表示 5.5 英寸（in），1 英寸（in）＝2.54 厘米（cm），因此 5.5in＝13.97cm。

2019，38（11）：5165-5172.

[2] 王文胜，毕研昊，国凯. 旋流分离在催化剂颗粒回收中的应用［J］. 生物化工，2018，4（04）：17-19.

[3] 田启兵，李元江. 旋流除砂器在短纤生产中的研究与应用［J］. 国际纺织导报，2022，50（05）：1-4，10.

[4] 朱剑伟，华欲飞，张彩猛，等. 应用微型旋流器分离豌豆浆液中的淀粉［J］. 食品与机械，2019，35（6）：104-107.

[5] 张宁静，黄云，舒以颖，等. 水力旋流分离制备不同应用特性糯米粉的研究［J］. 现代面粉工业，2020，34（2）：25-29.

[6] Pinto R C V，Medronho R A，Castilho L R. Separation of CHO cells using hydrocyclones［J］. Cytotechnology，2008，56（1）：57-67.

[7] Syed M S，Rafeie M，Henderson R，et al. A 3D-printed mini-hydrocyclone for high throughput particle separation：application to primary harvesting of microalgae［J］. Lab on a Chip，2017，17（14）：2459-2469.

[8] 刘大伟. 污水处理厂旋流沉砂系统除砂性能保障技术研究［D］. 重庆：重庆大学，2017.

[9] 赵德喜，李学科，李凤娟，等. 气液高效旋流分离器在海洋石油采油工艺流程中的应用［J］. 中国石油和化工标准与质量，2013，34（01）：146-147.

[10] 徐鑫. 海上油田含油污水处理及回用技术分析［J］. 中国石油和化工标准与质量，2023，43（20）：175-177.

[11] 芦存财. 水力旋流器在海洋石油平台污水处理系统中的应用［J］. 石油和化工设备，2018，21（07）：84-87.

[12] 余炯，马粤，刘剑，等. 旋流分离/气浮技术在某采油平台生产水处理中的应用［J］. 水处理技术，2021，47（10）：133-135，139.

[13] 熊碧华，王贵宾，何庆生，等. 旋流分离-气浮组合装置处理石化企业炼油污水［J］. 化工环保，2021，41（06）：779-783.

[14] 尚锦燕. 铜冶炼炉灰旋流—筛分除铅回收铜镍技术［J］. 矿冶，2021，30（04）：117-121.

[15] 武世传，陈俊文，卫青松，等. 海域可燃冰开采砂管理工艺设计［J］. 当代化工，2023，52（02）：365-369.

[16] 岳题. 管柱式气液分离器（GLCC）上部筒体气液流动行为及分离机理研究［D］. 北京：中国石油大学（北京），2019.

[17] 苗春雨，邢雷，李枫. 等. 紧凑型气液旋流分离器结构参数显著性分析［J］. 石油机械，2023，51（05）：86-93.

[18] 刘强. 天然气水合物排水采气系统工艺方案研究［D］. 青岛：中国石油大学（华东），2013.

[19] 赵龙，朱学帅，韦鲁滨，等. 高含量重密度组分煤重介质旋流器分选特性研究［J］. 矿业科学学报，9（01）：98-105.

[20] 宋紫欣，谢海云，张培，等. 选煤用重介质旋流器的研究进展［J］. 选煤技术，2023，51（01）：1-8.

[21] 杨茂青. 重介质旋流器选煤技术在我国的创新发展与应用［J］. 选煤技术，2022，50（03）：7-13.

[22] 刘学雷. 我国选煤技术发展现状及趋势分析［J］. 选煤技术，2018（06）：12-15.

[23] 卢海龙，尚世龙，陈雪君，等. 天然气水合物开发数值模拟器研究进展及发展趋势［J］. 石油学报，2021，42（11）：1516-1530.

[24] 周守为，陈伟，李清平，等. 深水浅层非成岩天然气水合物固态流化试采技术研究及进展［J］. 中

国海上油气，2017，29（04）：1-8.

[25] 周守为，陈伟，李清平. 深水浅层天然气水合物固态流化绿色开采技术 [J]. 中国海上油气，2014，26（05）：1-7.

[26] 吕斌. 基于水力旋流器对天然气水合物海底多相分离数值模拟研究 [D]. 成都：西南石油大学，2017.

[27] 郭文俊，公绪文，彭峰，等. 新型有压三产品重介质旋流器的研究与应用 [J]. 煤炭加工与综合利用，2016，01：6-7，10，8.

第五章

同井注采技术概述

第一节　同井注采技术背景

随着油田不断开发，采出液含水率逐渐升高，仅中国石油天然气股份有限公司各油田含水率超 95% 的油井超四万口，含水率超 97% 的油井超三万口。大量高含水井的出现一方面使举升、集输和污水处理能耗及基建费用急剧增加，导致油田生产成本提高，生产效益变差，大量油井面临关井风险；另一方面，污水处理化学试剂的大量使用，使油田开发面临的环保压力越来越大。如何降低油井举升及地面污水处理成本、实现油田中后期经济开采是保障国家能源战略的关键。井下油水分离及同井注采技术可于井下实现油水分离，使低含油的水相回注到地下水层，低含水的油相举升至地面，有效降低传统举升方式中的无效水循环及地面水处理负荷，降低地面水处理过程中潜在的环境污染风险，减少注水管网建设，使高含水油井实现经济开采，关停的特高含水油井恢复生产，大幅提高采收率，为我国高含水老油田后期经济开采注入新的活力，为保障我国石油能源供给战略、实现稳油控水和节能降耗提供重要技术支撑。

井下油水分离及同井注采技术最早由加拿大工程研究中心（C-FER）实现工程应用，分别将膜分离、过滤分离及旋流分离等技术应用到井下，对不同分离技术在井下的油水分离性能及系统可行性进行筛选试验，最终形成了较为成熟的井下油水旋流分离技术，并已经在加拿大、美国等地的中高含水油田获推广应用。在我国，东北石油大学（原大庆石油学院）蒋明虎教授团队较早跟踪并开展了井下油水旋流分离及同井注采技术的研究工作，经过三十多年的研究，初步形成了适用于我国 5.5 英寸（0.1397m）狭窄套管空间的井下油水分离系统及与之配套的离心泵、螺杆泵等动力系统和封隔系统。2012 年，结合国家 863 计划课题，东北石油大学与中国石油天然气有限公司勘探开发研究院及大庆油田有限责任公司采油工程研究院开展合作攻关，创新设计了多种旋流分离器及同井注采工艺，并将同井注采技术推广应用，目前在大庆、吉林、大港等油田应用 70 余井次，并呈现出了良好的工程应用效果，地面产水量平均下降了 70%，大幅降低了产出液的水油比。

第二节　同井注采技术发展现状

东北石油大学旋流分离团队在蒋明虎教授带领下，完成了国家 863 计划课题"井下油水旋流分离及同井回注技术与装备"的研究工作，形成了双泵抽吸式井下油水旋流分离系统。前期研究首次针对我国 5.5 英寸狭小套管空间及注采工艺特点，从井下旋流分离流场内多相介质流动及分离特性、井下油水分离管柱动力学响应关系、多参数作用对分离管柱性能影响规律、旋流分离流场内离散相运移规律及动力学行为机理等理论与技术的构建出发，研发了井下油水旋流分离及同井注采技术与装备，形成了井下油水分离及同井注采工艺技术及同井注采井组互注互采技术，整体技术在大庆油田、大港油田等推广应用均超过三年，近三年已累计增油 4.11 万吨，减少产液处理量 64.36 万吨，大幅减少钻井及水井投入等，累计经济效益约 2.03 亿元。起草了 SY/T 7389—2017《石油天然气钻采设备 井下油水旋流分离器》行业标准，并已由国家能源局颁布实施。

形成的具体研究成果如下：

① 研发了多种螺旋及导流入口等轴流式水力旋流器，应用于井下，实现高含水油井井下油水旋流分离。

运用旋流分离理论及结构设计分析，结合我国 5.5 英寸狭小套管空间特点，研发了多种井下导流式水力旋流器结构，运用粒子成像测试及计算流体力学方法揭示了轴流式水力旋流器内螺旋及旋转流场条件下油水分布特性及分离机理，建立了井下水力旋流器结构参数系统优化方法。

a. 轴流式水力旋流器结构设计与优化研究。针对同井注采工艺特点，研发了螺旋导流式水力旋流器、叶片导流式底锥水力旋流器、叶片导流式水力旋流器、同向出流内锥式水力旋流器、变螺距导流式水力旋流器等多种新型水力旋流器，开展了结构类型、结构参数与操作参数优选。在叶片导流式底锥水力旋流器、叶片导流式水力旋流器、螺旋导流式水力旋流器的设计中引入了轴向入口形式，使水力旋流器结构紧凑，更适于井下有限套管空间，且压力损失小。将内锥结构引入叶片导流式底锥水力旋流器、螺旋导流式水力旋流器、同向出流内锥式水力旋流器的设计，改变了传统旋流器结构；高速旋转的油滴在内锥表面聚结兼并，形成较大油滴，改善了水力旋流器分离性能。不同结构导流式井下水力旋流器如图 5-2-1 所示。影响分离性能因素响应关系如图 5-2-2 所示。

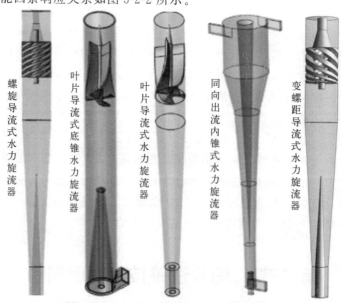

图 5-2-1 不同结构导流式井下水力旋流器

b. 轴流式水力旋流器流场特性分析。基于计算流体力学方法及流场测试技术，针对研发的轴流式水力旋流器内部速度场（图 5-2-3）、压力场及相浓度场开展研究，掌握了不同流量、压力、分流比及介质组分条件下的流场特性及介质分布规律，揭示了轴流式水力旋流器内部油水运移规律及分离机理，建立了离散油滴在螺旋流及旋转流场内运动特性及力学行为分析模型。

c. 轴流式水力旋流器性能测试及模块化平台建立。建立了轴流式水力旋流器井下分离性能综合测试系统，完成了不同结构形式、结构参数及油相体积分

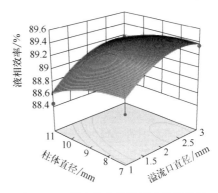

图 5-2-2 影响分离性能因素响应关系

数、分流比、处理量及介质流变特性对旋流器分离性能的测试与评估，通过构建结构参数及操作参数对旋流器分离性能响应关系模型，掌握了多参数对分离性能的影响规律。为使研发的井下水力旋流器更具普适性，基于试验数据完成了旋流器模块化结构设计，形成了初步的水力旋流器选型软件（图 5-2-4）及智能选型系统。

图 5-2-3 螺旋流流体迹线及速度场分布

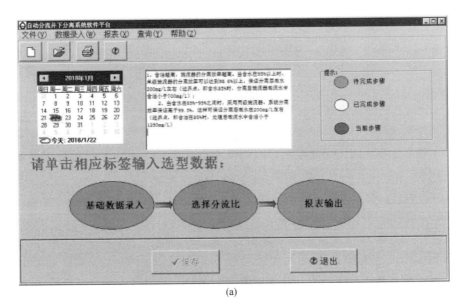

(a)

图 5-2-4

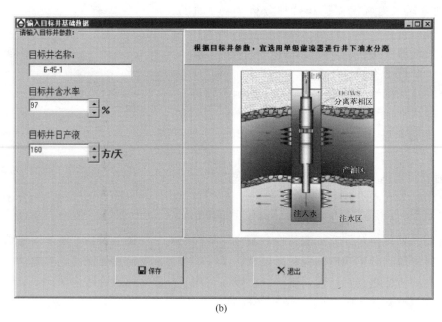

(b)

图 5-2-4　井下水力旋流器选型软件界面

② 针对井下 5.5 英寸狭窄套管空间，采用水力旋流器与螺杆泵配合，集成井下稳流、聚结及流量自适应等技术，研发了井下油水旋流分离装备与双泵抽吸式同井注采工艺及配套技术。

为了保障井下油水旋流分离装置的稳定性及高效性，形成双泵抽吸注采工艺，研发配套装置及新型串接工艺，保障井下油水分离的高效性及同井注采工艺的可行性。

a. 形成了串接联动及串接分动两种井下开发模式。为实现双泵抽吸式注采工艺，针对产液量 $20\sim60\text{m}^3/\text{d}$ 油井，设计了螺杆泵注-螺杆泵采的串接联动井下注采工艺管柱，采用地面驱动方式将油水分离管柱置于采出及注入泵间，在实现油水高效分离的同时，完成双泵间动力传输，通过串联注采螺杆泵且使它们旋转方向相反的连接方法，实现井下产出液举升及回注。针对产液量 $60\sim300\text{m}^3/\text{d}$ 的油井，通过将电泵倒置实现了螺杆泵采-电泵注的独立注采设计，可实现采出及注入的独立条件，解决井下回注层压力匹配问题，实现井下油水旋流分离器分流比实时调节。该模式充分考虑了不同产液量油井的实际，解决了同井注采井下动力系统与分离管柱间既保障分离精度又保障动力传递的技术难题。

b. 注采螺杆泵与旋流分离装置匹配及稳流技术研究。发明了正旋采出螺杆泵与反旋注入螺杆泵的配套注采工艺设计方案，同时研发了适用于 5.5 英寸套管的键式脱接器、柔性杆、胶囊型保护器及止推机构等配套装备。为克服井下产出液不稳定对井下油水旋流分离器带来的不利影响，基于流固双向耦合技术，研发出了同井注采系统专用井下稳流装置，通过流体动能与稳流器机械能间的相互转化实现流量自适应调节，在产液量波动条件下水力旋流器稳定进液，保障分离性能。

c. 井下离散相油滴聚结-旋流耦合分离技术。聚结-旋流耦合分离装置及工作原理见图 5-2-5。开展旋流场内的油滴剪切及碰撞形变、聚结过程与形式以及聚结影响因素等研究，得到了油滴聚结对油水分离特性的影响关系，对旋流场内油滴间的碰撞后续发展行为及过程进行表征及分析，建立了油滴在碰撞过程中的非仿射变形数学模型，掌握了油滴剪切变形过程中的静力平衡关系，揭示了水力旋流器内油滴聚结及分离机理。设计出聚结-旋流耦合分离装备，保证了井下油水分离的高效性及可靠性。

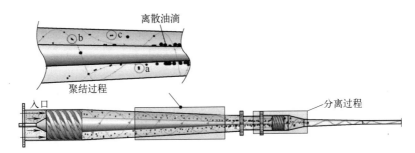

图 5-2-5 聚结-旋流耦合分离装置及工作原理

③ 针对化学含聚及含气、含砂等特殊工况条件，研发了井下多相一体化旋流分离配套技术及装备。

考虑井下采出液含聚、含砂及含气条件，为保障井下油水分离的高效进行，开展了同井注采井筒内含聚、含砂及含气条件的多相流输运机理及复杂多相流条件对水力旋流器分离性能的影响研究，指导同井注采井筒内井下多相一体化分离配套装备研发。

a. 含聚条件对井下油水分离器流场及性能影响规律。创新性地解释了不同含聚浓度对采出液流变特性的影响规律，构建了不同含聚浓度条件下的幂律流体流动方程，形成了不同含聚浓度流体介质在旋流器内分离过程的数值模拟方法。针对不同含聚浓度的非牛顿流体采出液开展旋流分离过程的数值模拟及实验研究（图 5-2-6 和图 5-2-7），掌握了含聚浓度对旋流分离过程中的速度场、压力场及浓度场影响规律，揭示了含聚条件下油水旋流分离过程中油滴运移动力学机制及分离机理。

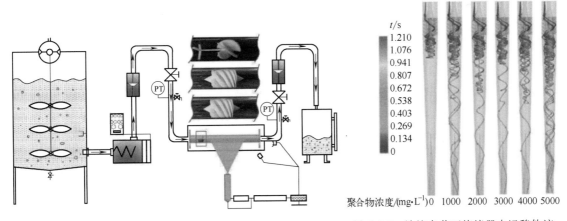

图 5-2-6 流场分布特性测试系统　　**图 5-2-7** 油滴在井下旋流器内运移轨迹

b. 井下含气条件对油水分离管柱性能影响。开展了双泵抽吸条件下不同流场参数对井下水力旋流器内气相运聚机理及流态特性影响研究［图 5-2-8（a）］。掌握了流场参数对气相流动过程中的变形行为影响规律，构建了描述气相变形与连续相流场间介质输运关系的数学模型，得到了流场压力、速度、温度及介质组分对油、水、气三介质间的相互作用影响规律。掌握了关键流体域介质组分比例、流变特性、相对速度、压力及温度条件对水力旋流器内多相介质间相互作用的影响规律，对气相变形过程中油水分离过程产生的干扰程度进行了定量分析，揭示了气-液介质间输运过程中对离散相油滴的运移动力学行为影响机制，实现了含气干扰条件下离散油滴旋流分离过程运移轨迹的准确预测。

c. 井下含砂条件对油水分离管柱性能影响。开展了井下含砂条件下油水旋流分离时固-液-液三相耦合作用研究，掌握了固相颗粒粒度分布及浓度对井下油水旋流分离过程中的影响规律。建立了不同含砂量及砂相粒径在水力旋流器内的力学模型，掌握了砂相颗粒在水力旋流器内的运动特性［图 5-2-8（b）］。获得了砂相含量对井下油水旋流分离过程中分离性能的影响关系，基于冲蚀磨损试验构建了含砂条件对水力旋流器壁面冲蚀磨损研究［图 5-2-8（c）］，掌握了冲蚀磨损速度、时间及颗粒尺寸对水力旋流器壁面磨损程度的影响关系。

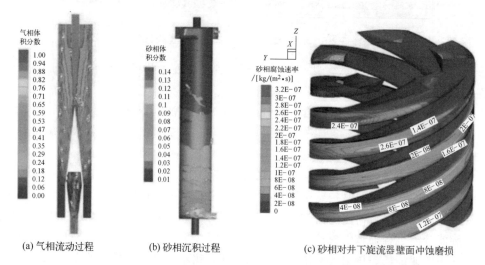

(a) 气相流动过程　　(b) 砂相沉积过程　　(c) 砂相对井下旋流器壁面冲蚀磨损

图 5-2-8　气相、砂相沉积过程及砂相对井下旋流器壁面冲蚀磨损

④ 研发了井下多级保油控水深度处理旋流分离装置，形成井下工厂开发新模式，通过一井两用、一井多能实现了高含水油田降本增效和绿色生产。

为增强井下油水分离及同井注采技术的适用性，针对研发的井下同井注采工艺管柱开展了动力学分析及稳定性评价，通过开展多级多相井下水力旋流器串接技术，实现深度保油控水。为适应油井储层位置及多井组的交互驱替，形成了系统的封隔注采设计方案，以实现高精度的井下油水分离，提高多井况的同井注采适应性。

a. 二级旋流深度保油控水技术。集成超重力水力聚结及圆弧曲线过渡稳流技术，研发了井下二级旋流分离器。形成了井下二级旋流器结构参数优化方法及二级旋流分离理论。优化后的井下二级旋流分离器可实现底流净化水中含油浓度≤80mg/L，完成了井下狭窄空间内的多级旋流分离复杂流道设计，形成了适用于双泵抽吸式同井注采工艺的深度保油控水技术方案。

b. 井下工艺系统动力学分析。通过井下油水分离工艺系统动力学分析、优化系统传动与密封结构研究，进行了井下油水分离工艺管柱设计。通过对同井注采工艺管柱的动力学分析，得到了管柱的振动特性，确定了系统共振频率、管柱合理转速区间。获得了井下油水分离工艺管柱整体变形图，对危险部件进行了极限载荷计算，完成了实际载荷作用下的应力计算和强度评价。形成了不易激发振动、系统可靠性高的工艺管柱装配方案。

c. 封隔注采系统设计。开发了上采下注、上注下采、采中间注两端及采两端注中间的四种封隔注采系统，可灵活调整注采层系的注采关系，为技术的井组和区块应用奠定基础，实现了同一井筒内既注又采的一井两用，通过对回注压力设计利用回注水实现了储层增能驱油，促进了剩余油挖潜，实现一井多能。多级封隔注采技术及互助互驱工艺设计如图 5-2-9 所示。

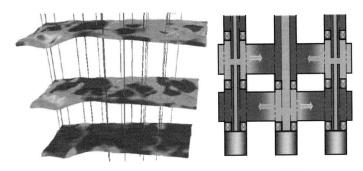

图 5-2-9 多级封隔注采技术及互助互驱工艺设计

前期所开展的井下油水旋流分离及同井注采技术与装备研究，初步揭示了采油井筒内多相介质流动与分离机理，形成了井下油水高效旋流分离技术与装备、井下油水分离及同井注采配套工艺装备技术。研发出多种同井注采工艺方案及配套井下注采装备、分离装备，探索了井下旋流分离流场内多相介质流动及分离特性、井下油水分离管柱的动力学响应关系、多参数作用对分离管柱性能影响规律、旋流分离场域离散相运移规律及动力学行为机理等科学问题。

第三节　同井注采技术原理及优势

井下油水分离及同井注采系统及功能如图 5-3-1 所示。利用分离装置将油层产出的油水混合液在井下直接进行分离，然后将浓缩油液举升到地面，分离出的净化水在井下会回注到另一地层之中，该地层可以是本井的水层或非生产油层。地层液由下部采出层被采出，进入井下油水分离设备，利用旋流分离原理，地层产出液中相对密度较低的油滴聚集上升采出、

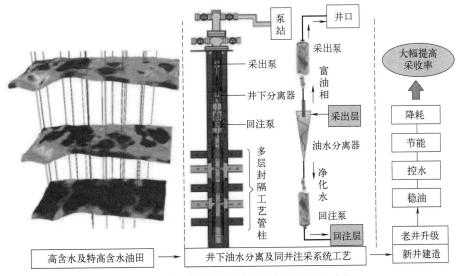

图 5-3-1 井下油水分离及同井注采系统及功能

水相则经分离器中心管进入由注入泵、密封活塞、桥式封隔器组成的密闭空间，经桥式封隔器上的注入口被注入回注层；分离后的低含水采出液进入油套环空，然后进入上下级桥式封隔器之间的桥式通道，继续上行经采出泵被举升到地面。据此实现了地层液在井下的油水分离，低含水部分被举升到地面，低含油部分被注入回注层。

通过开展同井注采技术研究及应用，对产出液进行井下油水分离，使分离出的水相直接回注到注入层，含油较高的油水混合液则被举升至地面，实现在生产井筒内注水与采油同步进行。该工艺的实施，一方面可控制无效产液，减少油井产出水量，在生产井达到98%左右的特高含水条件下，仍可实现经济有效开采，有效延长油田开发周期，提高采收率；另一方面，可有效缓解后续水处理压力，辅助水井注水，减少地面注水量，减少地面油气集输系统建设规模和数量，降低地面设备能耗水平和水处理成本。同时还可以增加注水层系及注水井点，为完善注采关系提供有利条件。

第四节 同井注采封隔工艺分类

封隔系统的作用是利用封隔器及配套装置，将生产层和回注层隔离，避免分离前后的流体互相串通。单个封隔器的使用，可以实现上采下注，封隔器与不同尺寸的油管、配注器、配产器结合使用，还可以实现下采上注、采中间注两端、采两端注中间、多层封隔及多井间的互注互驱等。

一、上采下注封隔工艺

上采下注工艺适用于采出层在注入层上方的井况条件（图5-4-1），利用封隔器将采出层和注入层分隔开。采出液经滤管过滤后，流经测试短节与电缆皮碗封隔器中心管，进入电机与保护器的外环空区域。在这一区域中，液流流动以使电机持续散热降温。之后采出水从潜油电泵机组的吸入口进入潜油电泵机组中，经过潜油电泵的增压，从潜油电泵的排出口流经封隔器，最后通过滑套开关进入注入层。

二、下采上注封隔工艺

下采上注工艺适用于采出层在注入层下方的井况条件（图5-4-2），常采用封隔器、配注

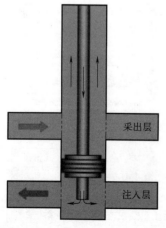

图5-4-1 上采下注结构工艺图

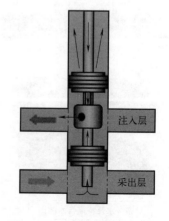

图5-4-2 下采上注结构工艺图

器、支撑卡瓦等设备组合，将采出层和注入层分隔开。对于电机上端而言是正常的，而下端是倒置式的隔离器，注入层在采出层上面（如图5-4-2所示），电机为下端输出扭矩，电机上端为正常保护器，下端为倒置式保护器，泵为浮动泵，由下端的保护器承担轴向力，井液通过导流罩绕过保护器进入泵中，封隔器对采出层与注入层进行隔离。

三、其他封隔工艺

除了上述的上采下注以及下采上注两种注采工艺系统外，根据具体的油藏状况，同井注采技术还可将不同尺寸的油管、配注器、配产器以及封隔器结合使用，实现采中间注两端、采两端注中间，具体工艺结构如图5-4-3、图5-4-4所示。

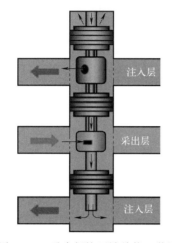

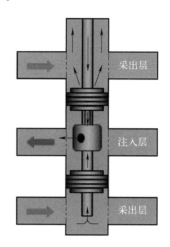

图 5-4-3　采中间注两端结构工艺图　　　　图 5-4-4　采两端注中间结构工艺图

第五节　动力系统及注采方式

动力系统是为油水分离器提供压力，并为举升和回注提供能量的装置，常用的动力系统包括离心泵、螺杆泵、有杆泵等，由于离心泵、螺杆泵能够提供稳定连续的流场，一般与水力旋流器配套使用，国内外普遍将电潜离心泵、螺杆泵设置在水力旋流器入口，为水力旋流器的正常运行提供能量，并将分离后的流体分别举升到地面和回注到注水层。当该技术在深井或者回注压力较高的井中应用时，为了提高举升能力或者回注能力，一般在水力旋流器溢流口或底流口增加一套动力系统。以下为不同动力系统的注采方式介绍。

一、双泵抽吸式注采工艺

1. 螺杆泵采-螺杆泵注

双螺杆泵同井注采工艺（图5-5-1）通过双层油管结构的井下多层封隔工艺管柱保证采出层和注入层的封隔，井下采出液经过水力旋流器在井下进行油水分离后，分离后的富油相通过油管流进上方的螺杆泵入口处，净化后的富水相经过管道流入下方螺杆泵的入口，在联轴器的带动下，地面泵同时驱动两个同轴螺杆泵分别进行分离液的举升和回注工作。

2. 螺杆泵采-电泵注

螺杆泵采-电泵注组合同井注采工艺（图5-5-2）主要由采出螺杆泵、水力旋流器、倒置注入电泵等组成。该工艺采用电泵注入,提升注入液量与注入压力,适用注入层压力较大的井矿;注入与采出为两套独立系统,通过分别调节两套系统可实现分离设备的可控调整,实现井下介质的高效分离。

图 5-5-1　螺杆泵采-螺杆泵注工艺方案　　　图 5-5-2　螺杆泵采-电泵注工艺方案

二、单泵增压式注采工艺

双泵抽吸方案在推广应用过程中分离效果良好,但成本较高,为解决这一问题,形成了单泵增压工艺方案(图 5-5-3)。井内除下入电泵机组和旋流器外,还采用封隔器将采出层和注入层分开。来自采出层的油水混合液进入电泵增压后供给旋流器,从旋流器上溢流口分离的油被举升至地面,底流口流出的水进入封隔器下部的注入层。该系统的特点是:由一台电泵供液给旋流器和提供注入和举升的能量,旋流器底流口注水,压力高,溢流口将油液直接举升到地面,压力低,其适用于井深较浅、注入压力较高的井,有利于缩减成本。

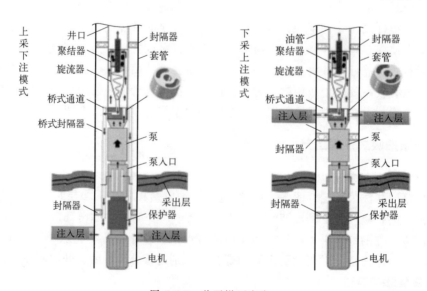

图 5-5-3　单泵增压方案

第六节　同井注采技术发展趋势

一、面临的挑战

通过研究和应用，井下油水分离同井注采技术起到了明显稳油控水效果，对油田后期经济开发起到了积极的作用。但是，该技术在世界各大高含水油田并没有大规模现场应用，截至 2024 年年初，全球技术现场应用只有 100 多口井，其主要原因包括：

① 井下油水分离同井注采系统的整体稳定性问题　井下油水分离同井注采系统非常复杂，在一口井内需要同时实现分离作业、举升作业、注水作业，并要求具备必要的监控手段，每一项功能都是油气田开发技术中一个庞大的分支，要在一口井中同时实现多种功能，对系统的整体可靠性要求极高。

② 油水分离系统的适应性限制　油水分离装置的分离能力和分离效果受到多种因素的影响。例如，对于水力旋流器，一般用在含水率超过 90% 的中轻质原油中，对于含水率较低，或者原油密度大于 16API 度的原油，分离效果较差。另外，油水分离器仅适用于油水两相流分离，对于产气量较高的井，气相将会影响油水分离效果，而对于出砂井，颗粒不仅会影响油水分离效果，还会造成井下工具磨蚀、堵塞回注层等问题。

③ 储集层的限制　井下油水分离同井注采技术需要井下油水分离水回注的层位，且注入层一般选用低压高渗层，以保证长期稳定回注；另外，注入层与采出层之间需要设置有效的隔层以保证两层之间不会出现串通。对储集层的限制同样制约了同井注采技术的推广应用。

另外，由于中国自身油田特点，井下油水旋流分离及同井注采技术又面临更高的要求和挑战。

① 井眼尺寸小　与套管尺寸大部分是 177.8mm（7″）或 244.5mm（9⅝″）的国外油田相比，中国陆上油田套管大部分是 139.7mm（5½″），油井的径向空间有限，这就导致国外的常用结构形式和工艺管柱无法直接在中国油田推广应用，若等比例缩小尺寸又会导致技术应用效果和可靠性大幅下降。因此需要改进或者研发新的油水分离结构和工艺管柱，以适应 139.7mm（5½″）套管井的应用需求。

② 回注水水质要求高　国外油田一般把分离的水注到废弃层，中国油田一般把分离水回注到注入层，用于驱替开发，分离的水需要达到注水水质标准，这就对油水分离系统的分离性能提出了更高的要求。

③ 回注压力大　为了保证充足的地层能量，中国油田大都采用水驱开发，持续不断的地面注水使储集层的压力相对较高。当采用井下油水分离同井注采技术向注入层注水时，就必须要克服远端地面注水产生的压力，这就对技术的回注能力提出了更高的要求。

④ 成本空间更加有限　井下油水分离及同井注采技术能够降低油田综合开发成本，但一次性投入成本和修井成本要比常规举升工艺高。以产量为 $150m^3/d$ 的井为例，经计算，采用井下油水分离同井注采技术每年可节省举升、集输、水处理能耗费用 46 万元，并可节省集输管道、污水处理站等基建费用和相应的人员费用。但一次性投入成本也高达 70 万～80 万元人民币，比常规电潜离心泵举升工艺一次性投入成本高 20 万～30 万元人民币，尤其在技术可靠性相对较差的试验阶段，完井费、修井费和其他因频繁更改设计带来的附加设备

费用会进一步提高投入成本。我国单井产量相对较低，单井收益也比中东、美国等国外油田低，如何有效节省成本、提高效益尤为重要。

⑤ 理论欠缺　由于井下油水旋流分离同井注采管柱结构及工艺相对复杂，应用受到介质参数、工艺特点、油藏状况等多方面的影响，理论研究工作明显滞后于工程应用，使得在技术稳定性、可靠性上尚存在问题。此外，由于缺乏理论支撑，针对指定区块的结构参数优化、操作参数确定无理论指导，导致多参数的高效合理匹配成为限制该技术进一步推广应用的关键问题。因此，有必要针对我国现行井筒工艺特点，开展井下油水分离及同井注采井筒内的流体介质流动特性、离散相动力学行为、井筒内介质输运机理及湍流特性开展系统、深入研究。

基于上述原因，井下油水分离同井注采技术虽然能够起到降低地面产水、降低综合开发成本的作用，但由于现阶段技术的发展水平和局限性，并未在油田尤其是我国陆上油田得到大规模推广应用。

二、发展趋势

(1) 研制适用于外径 139.7mm 套管井的高效水力旋流器

我国陆上油田大多采用外径为 139.7mm 的套管，高含水油井的产量一般在 40～150m³/d，下井工具直径一般小于 116mm。而国外满足该处理量范围的分离装置直径一般大于该尺寸，这是由于为了形成旋转流场，国外的水力旋流器一般采用切向入口，该入口结构使旋流器的径向尺寸增大 20％以上。为了能够使满足处理量要求和分离效果的水力旋流器在较小井眼中应用，需要减小水力旋流器入口尺寸。目前，新型轴向入口水力旋流器的研究已经被列入国家高技术研究发展计划（863）"采油井筒控制工程关键技术与装备"项目课题，螺旋导流式水力旋流器、叶片导流式水力旋流器等适用于外径为 139.7mm 套管的分离装置已经取得了不同程度的进展（图 5-6-1）。

为了进一步净化回注水水质，减少回注水的含油浓度，需要进一步提高油水分离装置的分离效果。中国石油勘探开发研究院、大庆油田、东北石油大学、中国石油大学（华东）等单位陆续开展了多级串联水力旋流器的研制。目前，两级串联水力旋流器已经在室内试验成功，将逐步进入油田现场开展试验评价。

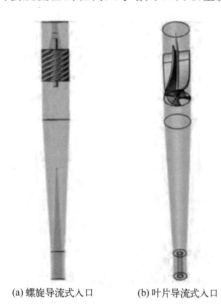

(a) 螺旋导流式入口　　(b) 叶片导流式入口

图 5-6-1　轴向入口水力旋流器

(2) 提高井下油水分离同井注采技术适应性

井下油水分离同井注采技术工作环境严格且复杂，对技术的推广应用带来了较大的限制，提高同井注采技术的适应性将有利于技术的推广应用：①开展井下油水分离装置在含砂、含气、含聚等条件下的分析和研究，降低复杂环境对油水分离装置的影响，提高分离效果；②开展高压回注技术研究，通过电机增容、管柱优化等方式，提高系统回注能力，满足在高压低渗层和水驱开发中注水压力较高区块的应用；③制定适用于井下油水分离的回注水水质标准。目前同井注采回注水水质标准采用地面注水标准，含油浓度等指标要求严格，但井下注水与地面注水的环境不同，需要制定适用于井下注水的标准，规范井下注水水质要求，扩大技术应用范围。

（3）降低井下油水分离同井注采系统成本

井下油水分离同井注采技术能够降低高含水油田综合开发成本，但是一次性投入较高，尤其在目前低油价国际大环境下，高额的成本投入制约了技术的推广应用。在同井注采系统中，一方面需要通过提高技术可靠性，延长使用寿命，减少分离装置、动力装置、封隔装置和监控装置生命周期中的维修费用；另一方面，需要通过改进和优化，降低装置的制造成本。例如对于井下水力旋流器，为保证分离效果，对其内部型线的精度和表面粗糙度的要求极高，一次成型工艺难度大，废品率高，成本高。国内目前正在开发模块化水力旋流器，通过将旋流管、入口、底流口、溢流口、尾管等结构模块化、系列化、标准化，降低加工难度，同时利用专用水力旋流器优选软件，根据试验井参数、开发工艺方案合理选配水力旋流器，这些措施可使水力旋流器加工和使用成本降低 15％以上。

（4）实现井下油水分离同井注采技术区块应用

井下油水分离同井注采技术单井试验已经取得了一定的效果。与油藏数据相结合，实现区块应用，并发挥工程技术对油藏的整体调节作用将是同井注采的发展方向：①对水驱开发区块，能够在油井位置增加注水点，这对优化井网注采关系、提高注水波及体积、缓解高渗层和未波及层段矛盾具有积极作用；②对于小断块油藏和偏远区块等注水系统不完善的地区，能通过井间交叉注水和互驱互采实现区块内自流注水（图 5-6-2），减缓或消除对地面注水的依赖，提高该类油藏的采收率；③对于底水锥进的油藏，可利用该技术减少地面总产液量和井下注水的特点，起到抑制锥进甚至反向锥进的作用（图 5-6-3）。

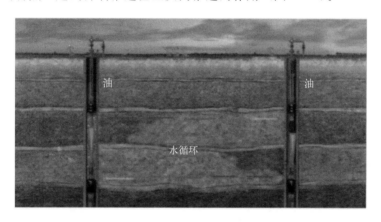

图 5-6-2 井间交叉互注、互驱互采示意图

（5）利用新材料、新方法推动井下油水分离同井注采技术的整体进步

目前井下油水分离同井注采技术已经实现了回注流量和压力的实时监测，而对于十分重要的回注参数-回注水含油浓度，还无法实现准确在线监测。目前井下含水率监测仪器的精度最高为±1.5％FS（满度），远达不到 10^{-6} 数量级的油相体积分数的监测。近年来，随着石墨烯技术的飞速发展，高灵敏度的石墨烯传感器技术也取得了进步。目前，国外某些科研机构及中国科学院等单位在石墨烯力感应传感器、光感应传感器等研究中取得了不小进展，传感器技术的进步也为实现高精度井下含水率监测提供了可能。仿生技术近年来逐渐开始应用于石油工业，仿生泡沫金属防砂、仿生膨胀锥等技术陆续在油田现场得到应用，仿生井下

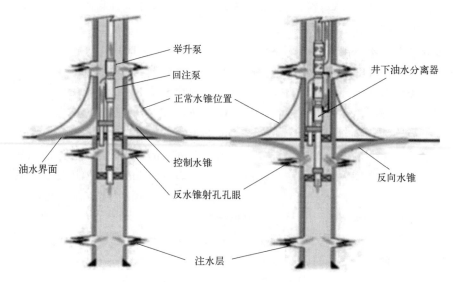

图 5-6-3 同井注采抑制锥进和反向锥进示意图

发电等技术也在有序研究过程中。将仿生表面织构技术用于水力旋流器内表面，将大大提高水力旋流器的耐磨性，减小井下固体颗粒对内表面的磨蚀。另外，中国石油勘探开发研究院和英国诺丁汉大学正在开展基于仿生学降低油水界面膜强度的研究，以期能够进一步提高油水分离效果（图 5-6-4）。另外，随着聚合物材料的发展，利用某些聚合物材料的选择透过作用而研制的膜分离系统也在室内试验过程中，但目前聚合物隔膜仍在分离性能、承压能力、除垢技术等方面存在诸多问题。

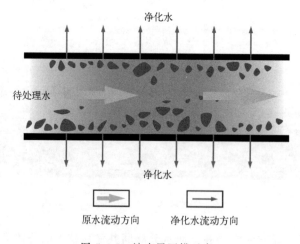

图 5-6-4 油水界面模示意

参 考 文 献

[1] 贺杰，蒋明虎. 水力旋流器 [M]. 北京：石油工业出版社，1996.

[2] Syed M S，Mirakhorli F，Marquis C，et al. Particle movement and fluid behavior visualization using an optically transparent 3D-printed micro-hydrocyclone [J]. Biomicrofluidics，2020，14（6）：1-12.

［3］　余大民. 水力旋流过程中油水两相的分离与乳化［J］. 油气田地面工程，1997，16（1）：30-31.

［4］　冯钰润. 螺道式旋流分离器结构设计及数值模拟研究［D］. 西安：西安石油大学，2020.

［5］　康万利，董喜贵. 三次采油化学原理［M］. 北京：化学工业出版社，1997.

［6］　贺杰，蒋明虎，宋华. 水力旋流器液-液分离效率［J］. 石油规划设计，1995，6（05）：27-29，33，4.

［7］　斯瓦罗夫斯基. 固液分离［M］2版. 朱企新，金鼎五，等译. 北京：化学工业出版社，1990.

［8］　车中俊，赵立新，葛怡清. 磁场强化多相介质分离技术进展［J］. 化工进展，2022，41（06）：2839-2851.

［9］　Mofarrah M，Chen P，Liu Z，et al. Performance comparison between micro and electro micro cyclone［J］. Journal of Electrostatics，2019，101：1-5.

［10］　宋民航，赵立新，徐保蕊，等. 液-液水力旋流器分离效率深度提升技术探讨［J］. 化工进展，2021，40（12）：6590-6603.

［11］　邵海龙，曹成超，严海军，等. 螺旋多锥体旋流器在七角井铁矿选矿中的应用［J］. 现代矿业，2020，36（12）：109-111.

［12］　马佳伟，崔广文. 三锥角水介旋流器锥体结构优化及数值模拟［J］. 煤炭工程，2020，52（09）：147-151.

［13］　Gay J C，Triponey G，Bezard C，et al. Rotary cyclone will improve oily water Treatment and reduce space requirement/weight on offshore platforms［R］. Richardson，TX：SPE，1987.

［14］　张刚刚，刘中秋，王强，等. 重力势能驱动旋流反应器及冶金特性实验研究［J］. 过程工程学报，2010，10（1）：25-30.

［15］　Pratarn W，Wiwut T，Yoshida H. Classification of silica fine particles using a novel electric hydrocyclone［J］. Science and Technology of Advanced Materials，2005，6（3/4）：364-369.

［16］　庞学诗. 水力旋流器工艺计算［M］. 北京：中国石化出版社，1997.

［17］　波瓦罗夫. 水力旋流器［M］. 吴振祥，芦荣富，译. 北京：中国工业出版社，1964.

［18］　Thew M. Hydrocyclone redesign for liquid-liquid separation［J］. Chemical Engineering，1986（427）：17-23.

［19］　Ni L，Tian J Y，Song T，et al. Optimizing geometric parameters in hydrocyclones for enhanced separations：a review and perspective［J］. Separation and Purification Reviews，2019，48（1）：30-51.

［20］　刘新平，王振波，金有海. 井下油水分离采油技术应用及展望［J］. 石油机械，2007，35（02）：51-53.

［21］　唐文钢. 水力旋流器的基础理论及其应用研究［D］. 重庆：重庆大学，2006.

［22］　Ouzts J M. A field comparison of methods of evaluating remedial work on water injection wells［J］. Journal of Petroleum Technology，1964，16（10）：1121-1125.

［23］　Depriester C L，Pantaleo A J. Well stimulation by downhole gas-air burner［R］. Journal of Petroleum Technology，1963，15（12）：1297-1302.

［24］　Jokhio S A，Berry M R，Bangash Y K. DOWS（downhole oil-water separation）cross-waterflood economics［C］. Richardson，TX：SPE，2002.

［25］　Veil A J. Interest revives in downhole oil-water separators［J］. Oil And Gas Journal，2001，99（9）：47.

［26］　Denney D. Downhole oil-water separation systems in high-volume/high-horsepower application［J］. Journal of Petroleum Technology，2004，56（03）：48-49.

［27］　Jin L，Wojtanowicz A K. Experimental and theoretical study of counter-current oil-water separation in wells with in-situ water injection［J］. Journal of Petroleum Science and Engineering，2013，109：250-259.

［28］ Svedeman S J，Brady J L. Evaluation of downhole oil/water separation in a casing ［R］. Richardson，TX：SPE，2013.

［29］ Rivera R M，Golan M，Friedemann J D，et al. Water separation from wellstream in inclined separation tube with distributed tappings ［R］. SPE Projects，Facilities & Construction，2008，3 （01）：1-11.

［30］ Sutton R P，Skinner T K，Christiansen R L，et al. Investigation of gas carryover with a downward liquid flow ［R］. SPE Projects，Facilities & Construction，2008，23 （01）：81-87.

［31］ 刘合，高扬，裴晓含，等. 旋流式井下油水分离同井注采技术发展现状及展望 ［J］. 石油学报，2018，39 （04）：463-471.

［32］ 薄启炜，张琪，张秉强. 井下油水分离同井回注技术探讨 ［J］. 石油钻采工艺，2003，02：70-72，91.

［33］ 任闽燕，程军，张子玉，等. 井下油水分离采油技术 ［J］. 石油钻采工艺，2004 （6）：62-64，85-86.

［34］ 顾乐民. 中国石油产量历史回顾与未来趋势 ［J］. 石油学报，2016，37 （02）：280-288.

［35］ 吴国干，方辉，韩征，等. "十二五"中国油气储量增长特点及"十三五"储量增长展望 ［J］. 石油学报，2016，37 （09）：1145-1151.

［36］ 赵立新，蒋明虎. 井下油水分离与产出水回注技术综述 ［J］. 国外石油机械，1999 （3）：51-56.

［37］ Veil J A，Quinn J J. Performance of downhole separation technology and its relationship to geologic conditions ［R］. SPE 93920-MS，2005.

［38］ Peachey B R，Solanki S C，Zahacy T A，et al. Downhole oil/water separation moves into high gear ［J］. Journal of Canadian Petroleum Technology，1998，37 （7）：34-41.

［39］ Matthews C M，Chachula R，Peachey B R，et al. Application of downhole oil/water separation systems in the alliance field ［R］. SPE 35817-MS，1996.

［40］ Loginov A，Shaw C. Completion design for downhole water and oil separation and invert coning ［R］. SPE 38829，1997.

［41］ Danyluk T L，Chachula R C，Solanki S C. Field trial of the first desanding system for downhole oil/water separation in a heavy-oil application ［R］. SPE 49053-MS，1998.

［42］ Veil J A，Quinn J J. Downhole separation technology performance：relationship to geologic conditions ［R］. Washington，DC：Argonne National Laboratory，2004：1-3.

［43］ Veil J A，Layne A L. Analysis of data from a downhole oil/water separator field trial in east Texas ［R］. Washington，DC：Argonne National Laboratory，2001：1-18.

［44］ Bangash Y K，Reyna M. Downhole oil water separation （DOWS） systems in high-volume/high HP application ［R］. SPE 81123，2003.

［45］ 蒋明虎，芦存财，张勇. 井下油水分离系统串联结构设计 ［J］. 石油矿场机械，2007，36 （12）：59-62

［46］ Tweheyo M T，Takervoll I，Holt T，et al. Simulations of oil-wet membrane wells for water-free oil production and downhole separation ［R］. SPE 81189，2003.

［47］ 曲占庆，刘建敏，杨学云. 井下油水分离系统优化设计 ［J］. 石油矿场机械，2008，37 （10）：46-49.

［48］ 李海金，李继康. 井下油水分离技术进入高速发展阶段 ［J］. 国外石油机械，1999 （2）：22-30.

［49］ 张景红，佘庆东，徐文芹. 井下油水分离器淡出油田 ［J］. 国外油田工程，2006，22 （4）：38-39.

［50］ 李增亮，张瑞霞，董祥伟. 井下油水分离系统电泵机组匹配研究 ［J］. 中国石油大学学报（自然科学版），2010，34 （3）：94-98.

第六章

井下油水旋流分离技术

第一节　轴入式水力旋流器研究现状

对于同井注采技术而言，井下油水分离是保障其高效运行的核心。随着同井注采技术规模化应用的推进，狭窄空间内水力旋流分离技术的研究逐步成为该领域的研究热点之一。相对于常规切向入口式水力旋流器来说，轴入式水力旋流器具有径向尺寸小、结构紧凑、压力损失小且流场更加稳定等优点。轴入式水力旋流器又分为螺旋式、导叶式，较常见的导流叶片类型包括直螺旋叶片、圆弧叶片及倾斜平板式叶片（图 6-1-1）等。虽然叶片的形式多种多样，但从分离原理来说，都是利用入口结构对流体产生导向作用，入流的轴向速度转变为利于两相分离的有效切向速度，从而使密度不同的两相流进行旋流分离。轴向入口结构采用周向对称布置，相对于切向入口结构有效降低了入口处循环流的影响，提高了分离效率，同时减弱了入口处湍流作用，减小了入口处的压力损失。

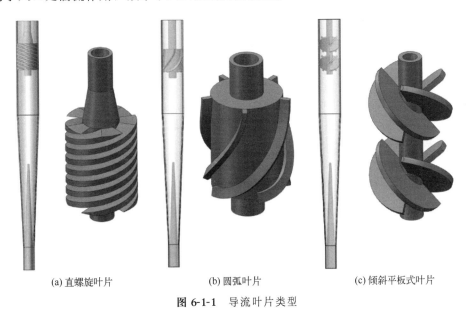

(a) 直螺旋叶片　　　　(b) 圆弧叶片　　　　(c) 倾斜平板式叶片

图 6-1-1　导流叶片类型

张荣克和廖仲武对旋风分离器的正交直母线导向叶片的设计参数进行了具体的介绍，包括常见导流叶片的类型、部分叶片准线方程的推导及叶片出口面积的计算等。目前采用直螺旋叶片的入口导流形式应用较多。蒋明虎等研究了一种轴流式分离器，入口结构采用螺旋叶片的形式，并且对该结构类型进行了数值模拟，分析了螺旋叶片的结构参数对分离器内部速度场和压力场的影响，并通过实验分析了不同操作参数对其分离效率的影响，证明了该轴流式入口类型具有较高的分离效率和较低的压力损失。Vaughan 也提出了一种基于螺旋叶片入口形式的小处理量、小尺寸、用于细颗粒分离的分离器结构类型，该结构与切向入口相比腔体直径尺寸更小。出口处可连接过滤器，能够进行更精细的分离。他对螺旋流道的尺寸和腔体的长度进行了实验研究，结果证明该结构比切向入口结构在气-液分离上更加有效。由于该分离器制造简单、对处理量敏感，可以预见具有良好的应用前景。王振波等发明了一种新型轴流式高效水力旋流器，其轴向入口流道采用螺旋槽或者螺旋叶片形式，由进料口、导向器、溢流管、锥体以及底流管等部分组成。吴应湘等发明了一种轴向式入口油水分离水力旋流器，其结构包括进液管段、旋流管段和除水管段，旋流管段由固定在管段内部的两片以上倾斜平板式导流叶片组成，该发明由于进液管和出液管直径相同，便于直接安装在管道上，适应性好，分离效果明显且体积较小。陈明奕发明了一种管道进气旋流器，包括环形外圈、位于环形外圈中间处的柱体和连接环形外圈与中间柱体的导流板，导流板与环形外圈轴线的夹角为锐角。该分离器充分利用了现有设备的管道接口，应用时可以直接连接，结构简单、紧凑。

部分研究人员还对不同入口形式的旋流分离器做了相关的对比研究。马艺等对常规的切向入口旋流器进行了改进，采用导流叶片的形式代替传统的切向入口，保持常规旋流器其他结构尺寸不变，并针对该结构和常规结构进行了模拟分析。通过对速度场和压力场的对比分析，发现轴入式水力旋流器在分离效果和压力损失上具有更大的优势、具有更好的发展前景。E. Brunazzi 等提出了入口类型不同的 3 种分离器结构：入口是由 6 个倾斜的平板组成的倾斜平板式叶片，入口是单头连续的螺旋叶片，在单头连续螺旋叶片的基础上加集液锥的结构，并对 3 种结构形式做了对比实验，最终根据实验数据的分析得出了能够预测分离效率的数学模型。Ta-Chih Hsiao 等对轴入式水力旋流器的结构类型做了研究，认为不同入口形式下的分离效果是由两种旋流器内不同的流形造成的，并通过实验确定了一种最佳的轴入式水力旋流器结构形式。目前，研究提出的导流叶片形式多种多样，由于叶片在入口处起到导流的作用，是入口处压力急剧增大的部分，往往是轴流式分离器中较易损坏的部件，因此在导流叶片设计上除了要考虑叶片的导流效果外，还要考虑到叶片应用的可靠性。另外导流叶片的加工难度也是影响其能否广泛应用的重要因素。因此综合考虑，导流叶片的设计应充分考虑到其加工的经济性和可靠性。

第二节　井下轴入式旋流分离技术

国外油田套管直径普遍较大，这主要受益于其油气资源的地质特征和开发需求，其油田多分布在广阔的地域，储层深埋、规模较大，因此需要更宽直径的套管以确保有效的油气开采。相比之下，国内油田的地质特征通常较为简单，储层埋深相对较浅，油气产量和井筒环境相对较为温和。因此，国内油田更倾向于采用直径较小的套管，以在相对轻松的条件下满足开发需求。为了应对国内 5.5in 套管的形式，国内研究人员开展了轴入式水力旋流器的研究设计，并完成了结构参数优化。

一、轴入式水力旋流器结构及工作原理

轴入式水力旋流器的主要结构如图 6-2-1 所示，由溢流管、入口腔、螺旋流道、导流锥、大锥段、小锥段及底流管等部分组成，初始结构参数按照笔者研究团队前期通过单因素法优化后的数据确定。在构建流体域数值分析模型时，螺旋流道结构参数遵从优化后结果，由于水力旋流器的径向尺寸受到井下空间的限制，因此在开展优化研究时需保障旋流器的径向尺寸不变，同时保持确定的主直径、小锥段直径及底流管直径之间的最佳比例关系不变，对分离器的导流锥长度、大锥段长度、小锥段长度、底流管长度以及溢流管直径的参数尺寸进行优化分析。以上述 5 个结构参数为输入自变量，以旋流器分离效率以及压力损失为因变量，分别构建结构参数与分离效率及底流压力损失间的数学关系模型，进而确定出最佳的多参数优化匹配方案。

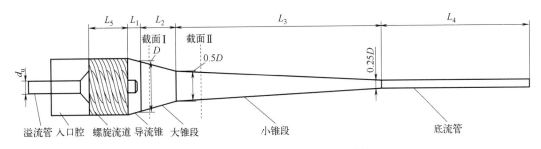

图 6-2-1 轴入式水力旋流器主要结构

二、轴入式水力旋流器研究方法

为了获得最佳结构参数，采用响应面优化方法对旋流器结构参数开展优化设计。响应面优化方法可以将复杂的未知函数关系在一定区域内用简单的一次或二次多项式模型拟合。在试验条件范围内寻优时，可对不同因素的不同水平实现连续分析，进而获得较为准确的最优解。由于二阶多项式模型具有较高的精度且模型简单，可预测性强，因此本节选用二阶多项式模型，分别构建输入指标（导流锥长度 L_1、大锥段长度 L_2、小锥段长度 L_3、底流管长度 L_4 以及溢流管直径 d_u）与响应目标（分离效率及压力损失）间的函数关系。选用的二阶多项式模型基函数为

$$y = \beta_0 + \sum_{i=1}^{k} \beta_i x_i + \sum_{i=1}^{k} \beta_{ii} x_i^2 + \sum_{i<j}^{k} \beta_{ij} x_i x_j \qquad (6\text{-}2\text{-}1)$$

式中，y 为响应目标，本节中分别代表井下轴入式水力旋流器的分离效率及压力损失；x_i、x_j 为独立设计变量，代表被优化的结构参数；k 为设计变量的数量，上文中，需要优化的结构参数为 5 个，所以 $k=5$；β_0 为回归方程常数（即偏移项）；β_i、β_{ii}、β_{ij} 分别为回归方程的线性偏移系数、二阶偏移系数和交互系数。

三、轴入式水力旋流器试验结果分析

1. CCD 试验设计及方程构建

基于 CCD（中心组合设计）试验设计方法，以待优化的 5 个结构参数为自变量，设置因素数为 5，中心点试验重复次数为 8，轴向点 α 值为 2.3784。因变量个数为 2，分别为井

下油水分离水力旋流器（井下油水分离器）的分离效率 E_z 与底流压降值（压力损失）Δp。其中，底流压力损失计算方法为入口截面上的平均静压值减去底流出口截面上的平均静压值。分离效率的计算表达式如下

$$E_z = 1 - (1-F)\frac{C_d}{C_i} \tag{6-2-2}$$

式中，F 为溢流分流比；C_d 为底流出口油相质量浓度，mg/L；C_i 为分离器入口油相质量浓度，mg/L。

表 6-2-1　CCD 试验因素水平设计

因素	符号	水平[①]		
		下限（-1）	上限（1）	中心点（0）
导流锥长度 L_1/mm	x_1	20	40	30
大锥段长度 L_2/mm	x_2	60	100	80
小锥段长度 L_3/mm	x_3	435	635	535
底流管长度 L_4/mm	x_4	400	600	500
溢流管直径 d_u/mm	x_5	10	12	11

① 下限（-1）指代试验设计低水平值；上限（1）指代高水平值；中心点（0）指代中心水平值。

基于表 6-2-1 中不同结构参数因素水平，形成 CCD 试验设计 50 组，按照不同试验设计组的结构参数分别建立井下旋流分离器的流体域模型，对模型进行相同水平的网格划分并开展数值模拟分析，再对不同试验组的分离效率 E_z 及底流压力损失 Δp 进行计算，最终得出 CCD 试验设计方案及试验结果如表 6-2-2 所示。

表 6-2-2　CCD 试验设计方案及试验结果

试验	x_1	x_2	x_3	x_4	x_5	E_z	Δp/kPa
1	40	60	635	400	10	0.844	212.32
2	40	100	435	600	12	0.862	167.86
3	20	100	435	600	10	0.874	183.10
4	30	80	535	500	11	0.860	195.63
5	30	80	535	500	11	0.860	195.63
6	30	127.5	535	500	11	0.878	180.78
7	40	100	635	600	10	0.862	161.07
8	40	100	435	400	10	0.864	199.95
9	40	60	435	400	12	0.842	218.88
10	40	60	435	600	12	0.84	184.64
11	53.7	80	535	500	11	0.844	179.90
12	20	100	435	400	10	0.870	214.11
13	40	100	435	600	10	0.862	168.93
14	20	60	435	600	12	0.869	211.40
15	20	60	635	600	12	0.876	203.84
16	30	80	297.1	500	11	0.858	205.07
17	30	80	535	500	11	0.860	195.63
18	40	60	435	600	10	0.846	186.00
19	30	80	535	500	13.37	0.860	195.37
20	20	100	435	600	12	0.868	181.91
21	20	60	635	400	10	0.878	239.76
22	0	80	535	500	8.621	0.863	196.41
23	30	80	535	737.8	11	0.86	144.86

试验	x_1	x_2	x_3	x_4	x_5	E_z	$\Delta p/\text{kPa}$
24	40	100	635	400	10	0.861	194.18
25	40	100	435	400	12	0.860	200.15
26	20	100	635	400	10	0.873	208.52
27	20	100	635	600	10	0.874	173.80
28	20	60	435	400	10	0.874	244.47
29	20	100	435	400	12	0.869	213.23
30	40	60	435	400	10	0.846	218.64
31	30	80	535	262.1	11	0.863	234.10
32	20	60	635	400	12	0.879	238.86
33	40	60	635	400	12	0.844	213.11
34	30	80	535	500	11	0.860	195.63
35	6.21	80	535	500	11	0.887	228.30
36	30	80	772.8	500	11	0.862	182.96
37	20	60	635	600	10	0.881	204.27
38	30	32.43	535	500	11	0.903	245.60
39	30	80	535	500	11	0.860	195.63
40	20	100	635	600	12	0.872	173.97
41	30	80	535	500	11	0.860	195.63
42	30	80	535	500	11	0.860	195.63
43	40	100	635	600	12	0.859	158.72
44	40	60	635	600	10	0.846	176.85
45	20	60	435	400	12	0.872	243.25
46	40	100	635	400	12	0.858	193.56
47	30	80	535	500	11	0.860	195.63
48	20	100	635	400	12	0.846	208.88
49	40	60	635	600	12	0.846	178.07
50	20	60	435	600	10	0.875	212.05

采用二阶模型对表 6-2-2 所示的结果数据进行二次多项式拟合，通过多元线性回归分析可得出优化结构参数与井下轴入式水力旋流器的分离效率 y_1 和底流压力损失 y_2 之间的回归方程分别如下：

$$y_1 = 0.998 - 4.034 \times 10^{-3} x_1 - 2.242 \times 10^{-3} x_2 + 1.196 \times 10^{-4} x_3 - 8.111 \times 10^{-5} x_4$$
$$+ 3.635 \times 10^{-3} x_5 + 2.985 \times 10^{-5} x_1 x_2 - 3.343 \times 10^{-7} x_1 x_3 - 7.843 \times 10^{-7} x_1 x_4$$
$$+ 8.593 \times 10^{-5} x_1 x_5 - 8.703 \times 10^{-7} x_2 x_3 + 5.046 \times 10^{-7} x_2 x_4 - 3.734 \times 10^{-5} x_2 x_5$$
$$+ 1.165 \times 10^{-7} x_3 x_4 - 3.656 \times 10^{-6} x_3 x_5 + 3.093 \times 10^{-6} x_4 x_5 + 5.326 \times 10^{-6} x_1^2 +$$
$$1.244 \times 10^{-5} x_2^2 - 5.015 \times 10^{-8} x_3^2 - 2.717 \times 10^{-8} x_4^2 - 2.098 \times 10^{-4} x_5^2 \qquad (6\text{-}2\text{-}3)$$

$$y_2 = 451.06248 - 3.10271 x_1 - 2.33114 x_2 + 0.014554 x_3 - 0.03299 x_4 - 3.04723 x_5$$
$$+ 0.015048 x_1 x_2 - 1.73656 \times 10^{-4} x_1 x_3 - 5.90313 \times 10^{-5} x_1 x_4 + 5.54063$$
$$\times 10^{-3} x_1 x_5 - 6.68594 \times 10^{-5} x_2 x_3 + 1.40453 \times 10^{-4} x_2 x_4 - 4.78281 \times 10^{-3} x_2 x_5$$
$$- 6.82219 \times 10^{-5} x_3 x_4 + 1.29594 \times 10^{-3} x_3 x_5 - 1.13531 \times 10^{-3} x_4 x_5$$
$$+ 0.015835 x_1^2 + 7.97552 \times 10^{-3} x_2^2 - 1.99928 \times 10^{-5} x_3^2 - 1.00099 \times 10^{-4} x_4^2$$
$$+ 0.13197 x_5^2 \qquad (6\text{-}2\text{-}4)$$

2. 模型求解及精度验证

为了验证导流锥长度 L_1、大锥段长度 L_2、小锥段长度 L_3、底流管长度 L_4 以及溢流管

直径 d_u 五个结构参数在表 6-2-1 所示范围内变化时，反映结构参数与分离效率间的预测模型 [式（6-2-3）] 以及反映结构参数与底流压力损失间的预测模型 [式（6-2-4）] 预测结果的准确性，在各因素上限及下限范围内随机取值，开展 10 组不同于表 6-2-2 试验中参数匹配的随机附加试验，附加试验组的结构参数取值如表 6-2-3 所示。

表 6-2-3 附加试验组结构参数

附加试验组号	因素				
	L_1/mm	L_2/mm	L_3/mm	L_4/mm	d_u/mm
1	22	60	435	420	10
2	24	65	455	440	10
3	26	70	475	460	10
4	28	75	495	480	10
5	32	80	515	500	10
6	34	85	535	520	12
7	36	90	555	540	12
8	38	95	575	560	12
9	25	100	595	580	12
10	35	80	615	600	12

按照表 6-2-3 所示附加试验组的结构参数分别构建井下油水分离器流体域模型，采用与响应面试验相同的数值模拟方法对附加试验组开展数值模拟分析。通过将 10 组附加试验参数代入式（6-2-3）、式（6-2-4）可得出不同附加试验组的模型预测值与数值模拟实际值的对比情况，如图 6-2-2 所示。无论是分离效率还是压力损失，预测值及实际值随不同附加试验组均呈现出了相同的规律性，说明预测值与实际值呈现出了较好的一致性。为了对预测值的精度进行核验，采用下式对预测值与实际值的平均相对误差进行计算

$$\Delta = \sum_{i=1}^{n} \frac{e_i - t_i}{n t_i} \times 100\% \tag{6-2-5}$$

式中，e_i 为第 i 组附加试验的模型预测值；t_i 为第 i 组附加试验数值模拟得到的实际值；n 为附加试验组数。

通过计算得出不同附加试验组分离效率的模型预测值与实际值的平均相对误差 $\Delta_1 = 0.104\%$，压力损失的模型预测值与实际值的平均相对误差为 $\Delta_2 = 4.562\%$。可以看出模型预测值与实际值间的平均相对误差很小，从而验证了模型预测结果的准确性。

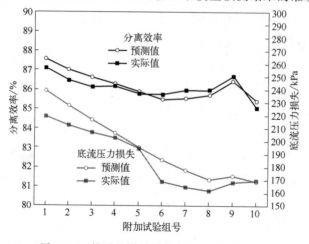

图 6-2-2 模型预测值与数值模拟实际值对比

3. 优化结果及验证

采用最小二乘法对构建的结构参数与分离效率间的回归方程进行偏微分求导,计算得出可使分离效率取极大值的结构参数匹配方案即为响应面优化后的最佳设计点。计算得出优化后结构参数分别为导流锥长度 $L_1=20.3$mm、大锥段长度 $L_2=60.6$mm、小锥段长度 $L_3=635.7$mm、底流管长度 $L_4=489.2$mm、溢流管直径 $d_u=10$mm,优化前后井下旋流分离器的结构参数变化如图 6-2-3 所示。图 6-2-4 所示为大锥段及小锥段上,不同截面过轴心截线的油相体积分数分布曲线的对比。由图 6-2-4 可以看出,在截面Ⅰ(大锥段处)及截面Ⅱ(小锥段处)上,与优化前结构相比,优化后水力旋流器在轴心区域的油相体积分数明显更大,说明优化后的结构可使更多的油相聚集在临近油相出口的轴心区域,从而使更多的油相由溢流口流出,提高旋流器的油水分离性能。数值模拟结果表明,优化后结构的油水分离效率可达 88.35%,明显高于优化前结构的油水分离效率 86.01%。

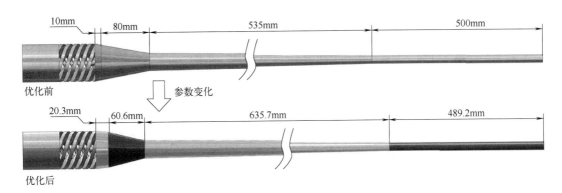

图 6-2-3 井下旋流分离器优化前后结构变化

为了进一步验证优化后井下水力旋流器的高效性,针对优化前后井下水力旋流器的结构开展不同入口油滴粒径的数值模拟对比研究,入口油滴粒径分别设置为 $50\mu m$、$100\mu m$、$200\mu m$、$300\mu m$、$400\mu m$、$500\mu m$,数值模拟方法及边界条件与前述一致,对比在不同入口油滴粒径条件下优化前后旋流器的分离性能,数值模拟得出优化前后旋流器的分离效率对比情况如图 6-2-5 所示。由图 6-2-5 可以看出,随着入口油滴粒径的增大,旋流器的分离效率均呈逐渐升高趋势。入口油滴粒径在 $50\sim500\mu m$ 范围内变化时,优化前结构的分离效率为 58.92%～98.56%,优化后结构的分离效率为 60.35%～

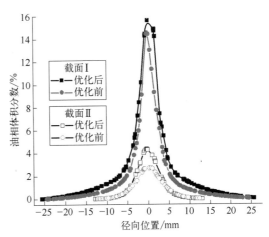

图 6-2-4 优化前后旋流器在分析截面Ⅰ、Ⅱ上的油相体积分数分布曲线对比

99.48%,优化后结构的分离效率明显高于优化前结构的分离效率。这说明采用响应面优化后的旋流器结构对不同粒径油滴呈现出了更好的分离性能。

为了验证不同含水率条件下优化后结构的适用性,开展了不同含水率条件下优化前后旋流器数值模拟对比研究。数值模拟时分别设置含水率为 94%、95%、96%、97%、

98%、99%，油滴粒径设置为300μm，得出不同含水率条件下旋流器优化前后分离效率对比情况，如图6-2-6所示。图6-2-6结果显示，随着含水率的增加，旋流器的分离效率也逐渐提高。优化前结构的分离效率为74.61%～88.07%，优化后结构的分离效率为75.26%～91.56%。在不同含水率条件下，优化后结构的分离效率均高于优化前结构的分离效率，优化后结构对不同含水率条件呈现出了较好的适用性。这充分验证了响应面优化结果的准确性及高效性。

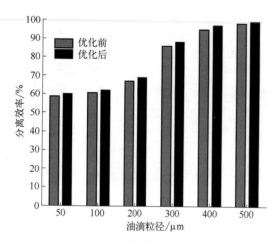

图 6-2-5 不同油滴粒径条件下
旋流器优化前后分离效率对比

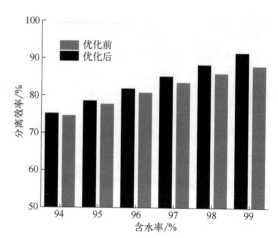

图 6-2-6 不同含水率条件下旋流器优化前后
分离效率对比（油滴粒径 300μm）

第三节 井下轴入式两级串联旋流分离技术

在井下油水分离技术中，水力旋流器可通过灵活的组合方式进一步强化和升级其功能。其中，串联方式是最常用的一种配置，它通过多次分离来强化分离效果，从而提高油水分离的效率。这种灵活的组合方式使得水力旋流器可以根据特定工况需求来调整配置。串联水力旋流器不仅在提高油水分离效率方面表现出色，而且在处理变化较大工况时具有更强的适应性。这种灵活性使得串联旋流分离技术成为一种高效、可靠的油水分离解决方案，为工艺流程的优化提供了有力支持。

一、井下轴入式两级串联结构及工作原理

轴入式两级串联水力旋流器结构域模型及整体工作原理如图6-3-1所示，由轴向进液的内锥式水力旋流器（一级旋流器）通过环式通道与切向进液的双锥式水力旋流器（二级旋流器）串联而成。油水混合液首先进入一级旋流器内，经螺旋流道切向加速后进入旋流腔内，在离心力的作用下实现一级油水分离。分离后的富油相由一级溢流口排出，富水相经环式通道进入二级旋流器内进行二次分离。经二级旋流器净化后的水相由二级底流口排出，油相由二级溢流口排出，完成油水高精度二次分离。与常规的单级水力旋流器相比，轴入式两级串联水力旋流器是将两种旋流单体通过过渡结构串接，使一级旋流器的底流口排出液进入二级旋流器内进行二次分离，具有径向尺寸小的特点，且可解决旋流器单体分离后底流口含油浓度高的问题，很大程度上提高了油水分离精度。

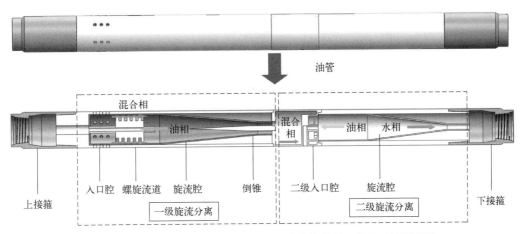

图 6-3-1　轴入式两级串联水力旋流器结构域模型及整体工作原理图

二、处理量对流场特性及分离性能的影响

1. 不同处理量下的压降对比

模拟得到不同处理量（入口流量）时旋流器轴向中心截面压降对比云图，见图 6-3-2。可以看出，由旋流器入口到底流口压力损失逐渐增大，并于底流口处达到最大值。这说明油水混合液在旋流器内的分离过程中一直存在能量损耗，且底流口处的压力损失要大于溢流口处的压力损失。当处理量较小时，一级旋流器内液流经螺旋流道后压力损失相对较小，环式通道内及二级旋流器内的压降也相对较小。随着处理量的逐渐增大，旋流器内各区域压降均呈现增大趋势，说明旋流器压降随着处理量的变化不断发生改变。模拟得到旋流器的最大压降值随处理量变化曲线，见图 6-3-3。可以看出，随着处理量的逐渐增大，两级串联水力旋流器最大压降呈指数型增长。

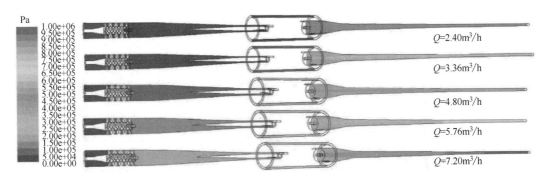

图 6-3-2　压降随处理量变化分布云图

2. 不同处理量下分离性能对比

模拟得到不同处理量时旋流器轴向中心截面油相体积分数分布云图，见图 6-3-4。可以看出，一级旋流器轴心位置油相浓度较高，且油相体积分数最大值随着处理量的增大逐渐增大，二级旋流器溢流口处的油相聚集程度也随处理量的增大而逐渐增强。

为了对比分析处理量对旋流器分离效率的影响，分别计算不同处理量时旋流器的总分离效率、一级分离效率及二级分离效率。两级串联水力旋流器总分离效率

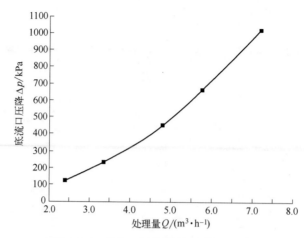

图 6-3-3 底流口压降随处理量变化曲线

$$E_z = \frac{M_{u1} + M_{u2}}{M_i} \tag{6-3-1}$$

一级旋流器分离效率、二级旋流器分离效率分别为

$$E_1 = \frac{M_{u1}}{M_i} \tag{6-3-2}$$

$$E_2 = \frac{M_{u2}}{M_i - M_{u1}} \tag{6-3-3}$$

式中，M_{u1} 为一级旋流器溢流口油相质量，mg；M_{u2} 为二级旋流器溢流口油相质量，mg；M_i 为旋流器入口油相质量，mg。

按照以上公式计算得到旋流器分离效率随处理量变化的曲线，见图 6-3-5。由图可知，一级旋流器的分离效率明显高于二级旋流器的分离效率，一、二级旋流器的分离效率均随处理量的增大呈现出相同的增大趋势。当处理量在小于等于 4.8m³/h 的范围内增大时，旋流器的总分离效率随着处理量的增大逐渐增大，且增幅较大；当处理量在大于 4.8m³/h 的范围内继续增大时，总分离效率增幅较小。

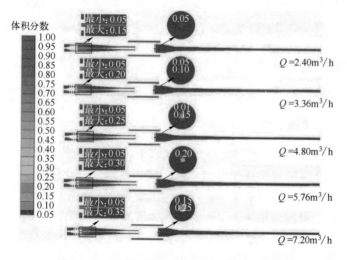

图 6-3-4 不同处理量下油相体积分数分布云图

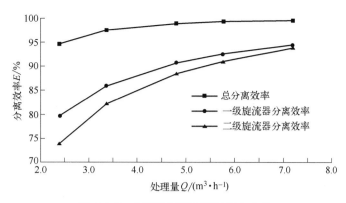

图 6-3-5 分离效率随处理量变化曲线

三、分流比对流场特性及分离性能的影响

模拟分流比对旋流分离性能影响时，将一级分流比与二级分流比分开讨论，模拟设定二级分流比为 15%，调整一级分流比在 15%～30% 范围内变化，分析一级分流比对旋流器分离性能的影响，确定出最佳一级分流比。然后将一级分流比固定到最佳值，调整二级分流比在 5%～20% 范围内变化，分析旋流器工作特性，确定出最佳二级分流比。由于二级旋流器入口处液流流量经一级分流后明显降低，故二级分流比较一级分流比略小。

1. 一级分流比

一级分流比 f_1 变化时，旋流器内切向速度分布云图见图 6-3-6。

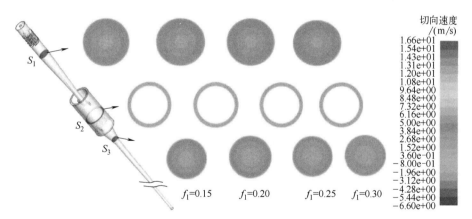

图 6-3-6 一级分流比不同时切向速度分布云图

可以看出，环式通道上的 S_2 截面切向速度较旋流器内部的切向速度略小，这是因为一级旋流器的出口截面较环式通道截面小，同时出口方向垂直于环式通道壁面，一方面会产生一定的压力损失，另一方面也使切向旋动能减小，进而使切向速度有所减小。液流进入二级旋流器时，切向入口加速了混合液的旋转运动，致使切向速度再次增大。液流经环式通道时会产生一定的压力损失，致使二级旋流器内切向速度较一级旋流器内切向速度略小。随着一级分流比的逐渐增大，二级旋流器内的切向速度逐渐减小。

一级分流比不同时 S_1、S_2、S_3 截面位置的切向速度分布曲线对比见图 6-3-7～图 6-3-9。可以看出，S_1 截面切向速度受一级分流比影响较小，说明两级串联水力旋流器内一级旋流器的切向速度基本不随溢流分流比的变化而发生改变。S_2、S_3 截面切向速度随着一级分流比的增大逐渐减小，这是因为入口流量一定时，增大一级溢流分流比会减小一级旋流器底流出液量，从而使环式通道内的压力减小，切向旋动能减小，致使切向速度减小。同时，二级旋流器入口流量减小，入口处压力减小，也会导致二级旋流器内切向速度减小。就二级旋流器而言，仅通过切向速度场的分布不能充分反映一级分流比对其分离效率的影响，因为在一级分流比变化的过程中，二级入口处的含油浓度也发生了变化，入口含油浓度与入口流量会对二级旋流器分离效率产生影响。

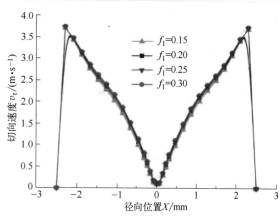

图 6-3-7 一级分流比不同时 S_1 截面切向速度对比

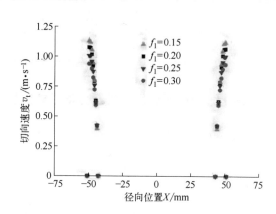

图 6-3-8 一级分流比不同时 S_2 截面切向速度对比

模拟得出一级分流比对旋流器效率的影响，见图 6-3-10。可以看出，一级旋流器的分离效率受其自身分流比变化的影响较大，随着分流比的逐渐增大，呈现出先升高后降低的趋势，并在分流比为 20％时达到效率最大值。而二级旋流器分离效率受一级分流比的影响相对较小，分流比为 25％时，二级旋流器分离效率达到最大值，但此时一级旋流器分离效率有所降低，致使总分离效率降低。两级串联的总分离效率一直保持在 97％以上，并于分流比为 20％时达到效率最大值，说明该两级串联旋流器的最佳一级分流比为 20％。

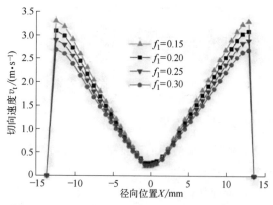

图 6-3-9 一级分流比不同时 S_3 截面切向速度对比

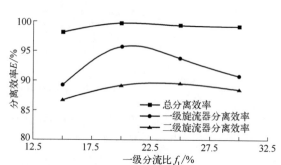

图 6-3-10 分离效率随一级分流比变化曲线

2. 二级分流比

固定一级分流比 f_1 为 20％，调整二级旋流器分流比 f_2 分别为 5％、10％、15％、20％，模拟分析二级分流比对旋流器分离性能的影响规律。一级旋流器溢流口油相体积分数分布对比曲线见图 6-3-11，二级分流比不同时，油相体积分数基本不发生变化，说明二级分流比并不会对一级旋流器溢流口含油浓度产生影响。二级旋流器溢流口处不同分流比下油相体积分数分布对比曲线见图 6-3-12，可以看出，随着二级分流比的增大，二级旋流器溢流口油相体积分数逐渐升高。

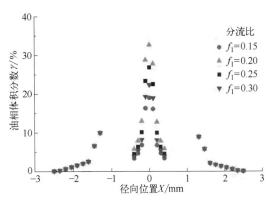

图 6-3-11　一级旋流器溢流口油相体积分数分布

模拟得到旋流器的分离效率受二级分流比影响的变化曲线，见图 6-3-13。可以看出，二级旋流器分离效率受二级分流比的影响较大，并且随分流比的逐渐增大呈现出逐渐升高的趋势。虽然在分流比为 20% 时二级旋流器达到分离效率的最大值，但此时一级旋流器的分离效率有所降低。旋流器总分离效率随着二级分流比的逐渐增大，先升高后降低。当二级分流比为 15% 时，达到总分离效率的最大值 99.6%。综合考虑两级串联水力旋流器的分离性能，最终确定最佳二级分流比为 15%。

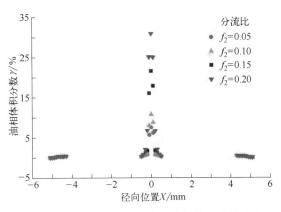

图 6-3-12　二级旋流器溢流口油相体积分数分布

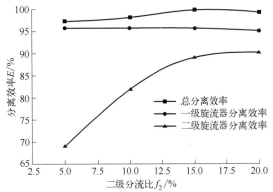

图 6-3-13　分离效率随二级分流比变化曲线

四、井下轴入式两级串联水力旋流器实验

1. 实验流程及工艺

加工轴入式两级串联水力旋流器实验样机，在某采油站选取油井（采出液平均含水率为 2%）制定实验工艺，见图 6-3-14，主要由井口采油处、工艺管道及旋流样机组成。其中，工艺管道由阀门、电磁流量计、压力表、接样阀及管线构成，用来连接旋流样机及采油井口法兰，并完成入口、溢流及底流流量与压力的计量及调节。旋流器入口连接井口油管，溢流口及底流口分别连接套管两端的法兰，油水分离后均循环至油管与套管间的环空区域，完成采出液的计量、分离及回注。

通过调节管道中的阀门来控制旋流器的入口流量分别为 2.4m³/h、3.36m³/h、4.80m³/h、5.76m³/h、7.20m³/h，通过调节连接溢流管及底流管的阀门来完成对两级串联水力旋流器分流比的控制。实验过程中由于无法对一级及二级分流比单独调节，故采用控制总分流比的方法开展研究，总分流比计算公式为

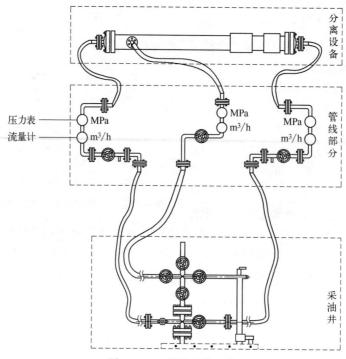

图 6-3-14 现场实验工艺

$$F = f_1 + (1 - f_1)f_2 \tag{6-3-4}$$

式中，f_1 及 f_2 均为模拟时所对应的一级、二级分流比。计算得出实验时的溢流总分流比分别为 24%、27%、28%、32%、36%、37%、40%，针对以上操作参数开展实验。

2. 数据处理及结果分析

为了减少操作误差对结果准确性造成的不良影响，每个操作参数下取样 5 组，通过含油分析仪对入口、底流及溢流样液的含油浓度分别进行测量，取 5 组样液平均值作为最终含油浓度结果，代入下式计算分离效率

$$E_z = \frac{M_u}{M_1} = 1 - (1 - F)\frac{C_d}{C_i} \tag{6-3-5}$$

式中，C_d 为底流口含油浓度，mg/L；C_i 为入口含油浓度，mg/L。

入口流量分别为 2.4m^3/h、3.36m^3/h、4.80m^3/h、5.76m^3/h、7.20m^3/h 时，旋流器分离效率的实验值与模拟值对比曲线见图 6-3-15，可以看出实验值与模拟值拟合良好，拟合度 R^2 为 0.92。结果显示，随着入口流量的逐渐增大，旋流器分离效率实验值先升高后降低，且在入口流量为 4.8 m^3/h 时达到分离效率最大值。由于旋流器入口面积固定，持续增大入口流量即增大入口流速，使湍流作用增强，致使采液出现明显的乳化现象，增大旋流分离难度，从而降低旋流分离效率。综合分析实验结果与模拟结果，得出该旋流器结构最佳处理量为 4.8 m^3/h，最

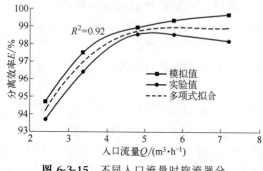

图 6-3-15 不同入口流量时旋流器分离效率实验值与模拟值对比

佳分离效率实验值为98.4%。

实验得出的总分流比与分离效率间的关系曲线见图6-3-16。结果显示，分离效率随着总分流比的逐渐增大呈现出先升高后降低的趋势。实验值及模拟值均在总分流比为32%时达到分离效率的最大值，充分说明轴入式两级串联水力旋流器最佳总分流比为32%，实验值与模拟值拟合良好。

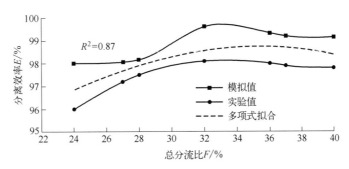

图 6-3-16 不同总分流比下旋流器分离效率实验值与模拟值对比

第四节　井下微型油水旋流分离技术

水力旋流器的小型和微型化发展是当前旋流分离领域的一个重要趋势。随着工业应用对设备体积和性能的更高要求，微型水力旋流器的研制成为迫切需求，尤其在井下狭小空间的环境中，微型水力旋流器的应用将具有显著的优势。其能够更灵活地适应有限的空间，提高设备在复杂井下环境中的可操作性。在井下狭小空间内，不仅能够提供高效的油水分离性能，而且有望降低能耗和维护成本。这样的发展方向不仅符合当今流体处理技术的需求，同时为工业应用提供了更加智能和高效的井下流体处理技术。

一、微型水力旋流器结构及工作原理

微型水力旋流器为双切向入口双锥式的结构，如图6-4-1所示，主要由入口管、柱段旋流腔、大锥段、小锥段、底流管及溢流管等部分组成。工作时油水混合介质从双切向入口进入旋流器内，在入口压力的作用下，在旋流腔内形成切向旋转流场，旋转流场产生的离心力使密度不同的油水两相分离，轻质油相在轴心区域汇聚成油核从溢流口排出，密度较大的水相沿边壁从底流口流出，以此实现油水两相分离。微型水力旋流器主要结构参数示意图如图6-4-2所示。

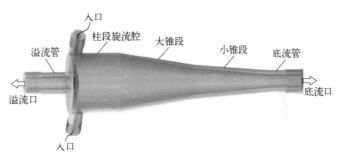

图 6-4-1 微型水力旋流器结构形式

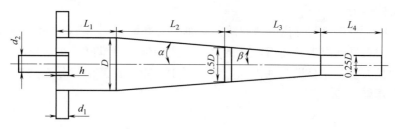

图 6-4-2 微型水力旋流器主要结构参数示意图

二、微型水力旋流器研究方法

1. 试验设计方法

(1) 灵敏度分析

不同结构参数变化时对旋流器分离性能影响的显著性不同，借助 PB（Plackett-Burman）试验设计方法，针对 7 个结构参数开展灵敏度分析，确定出对分离性能影响显著的结构参数。以流场稳定分离时的底流口含油浓度（C_d）作为评判分离性能的指标，底流口含油浓度越低，说明该结构旋流器分离性能越好。由于入口截面积的改变直接影响着固定入口流量条件下的液流速度，在不同的入口流速下很难确定出最佳的结构参数匹配方案，所以优化时不考虑入口结构参数。待确定出其他结构参数的最佳组合方案后，单独开展不同入口形式的分离性能对比分析。本次 PB 试验，共形成了 12 个不同结构参数组合的试验组。每个因素均有高、低两水平，PB 试验因素符号及高低水平值见表 6-4-1。

表 6-4-1 PB 试验设计的因素及水平值

因素	符号	水平	
		低（−1）	高（+1）
溢流口直径 d_2/mm	A	1	4
柱段旋流腔直径 D/mm	B	8	16
柱段旋流腔长度 L_1/mm	C	8	13
底流管长度 L_4/mm	D	10	30
溢流管插入深度 h/mm	E	1	5
大锥段半角 α/(°)	F	10	20
小锥段半角 β/(°)	G	2	5

(2) 最陡爬坡设计

采用响应面设计的因素水平范围应将最佳的试验点包含在内，如果因素水平范围选取不当，将无法获得最佳的优化结果。因此，在开始响应面设计之前，应当完成中心试验点的确定。最陡爬坡法利用试验值的可变梯度作为上升的路径，可快速地逼近中心水平的最佳值。因此，可以针对 PB 设计筛选出的显著性因素，借助最陡爬坡设计获取各因素的中心水平值，以便确定响应面设计因素水平值的参数范围。

(3) 响应面设计

借助 PB 设计筛选出来的对分离性能有显著影响的结构参数，参考最陡爬坡设计确定的因素中心水平值，再利用响应面 Box 设计（Box-behnken design，BBD）方法，构建显著性结构参数与底流口含油浓度间的多元二次回归方程，对微型水力旋流器的结构参数进行优化设计。

2. 实验方法

针对试验设计中形成的不同结构参数匹配的方案，借助 3D 打印技术试制微型水力旋流器实验样机，开展分离性能测试实验，实验装置及工艺流程如图 6-4-3 所示。为了便于直观分析微型水力旋流器内部油水分离过程，样机材料选用透明树脂，立体光固化 3D 打印成型，成型精度为 0.1mm，部分微型水力旋流器 3D 打印样机如图 6-4-4 所示。实验采用蒸馏水作为连续相，密度为 998kg/m³，25℃黏度为 1.03×10^{-3} Pa·s；采用密度与原油相近的 GL-5 85W-90 重负荷齿轮油作为实验用油，采用马尔文流变仪测得 25℃时实验用油的黏度值为 1.03Pa·s，油品密度为 850kg/m³。实验时，将油水两相分别放置到储油罐及储水罐内，水相通过离心泵（流量范围 0~4 L/min）增压进入实验工艺中的输水管，油相通过蠕动泵（流量范围 0~0.41L/min）增压进入输油管。通过泵的输出变频调节借助流量计，实现流量及含油浓度的定量控制。油水两相经静态混合器混合后进入微型水力旋流器内部，分离后油相沿溢流口流出，进入油相回收罐内，水相沿底流口流出、经流量计量后进入水相缓冲罐内。通过调节与溢流管道及底流管道连接的阀门，实现旋流器分流比的定量控制。同时在连接入口、溢流口及底流口的管线上分别设有取样点。研究过程中，为了减小实验误差，每种微型水力旋流器样机稳定分离后对底流口分别取样三次，借助红外分光测油仪进行含油

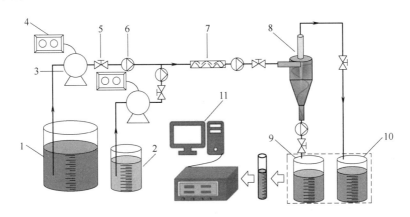

图 6-4-3　试验装置及工艺流程图

1—储水罐；2—储油罐；3—泵；4—变频器；5—阀门；6—液体流量计；7—静态混合器；
8—水力旋流器样机；9—水相缓冲罐；10—油相回收罐；11—红外分光测油仪

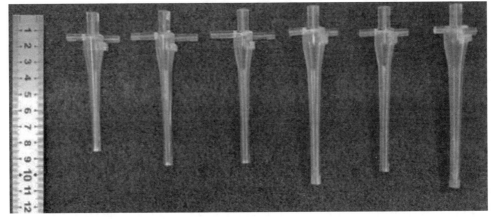

图 6-4-4　微型水力旋流器 3D 打印样机

浓度测量，取三次测量的平均值作为性能测试实验的最终结果。在开展灵敏度分析、最陡爬坡试验及响应面试验时，保障不同试验组样机在相同的操作参数条件下运行，具体为入流口量控制在 1.0L/min，分流比 30%，入口油相体积分数 2%。

三、微型水力旋流器优化结果分析

为了验证响应面设计结果的准确性及高效性，按照优化后的结构参数加工微型水力旋流器室内实验样机。分别开展在不同入口流量、分流比及油相体积分数条件下，优化前后样机的分离性能对比实验。实验研究过程中，以水力旋流器油水分离的质量效率及底流含油浓度作为评判指标，质量效率计算方法如式（6-4-1）所示。

$$E_z = 1 - (1-F)\frac{C_d}{C_i} \tag{6-4-1}$$

式中，E_z 为质量效率；F 为分流比；C_d 为底流含油浓度；C_i 为旋流器入口含油浓度。

1. 不同入口流量条件下优化前后性能对比

针对优化前后的微型水力旋流器样机，开展入口流量在 0.6~2.0L/min 范围内变化时两种结构分离性能对比实验。实验时控制入口油相体积分数稳定在 2%，分流比稳定在 30%。以入口流量为 0.6L/min、2.0L/min 时旋流器稳定运行后，优化前后旋流器内油核分布形态对比为例，结果如图 6-4-5 所示。由图 6-4-5 可以看出，在不同入口流量条件下，优化后结构在靠近溢流口区域油相聚集更明显，在底流区域未出现明显的油核分布，优化前结构内部油核延伸到底流口，仍有大量油相由底流口排出。同时，得出初始结构与优化结构底流口含油浓度及质量效率随入口流量的变化情况如图 6-4-6 所示。由图 6-4-6 可以看出，初始结构样机随着入口流量的增加，质量效率呈明显上升趋势，当入口流量达到 1.8L/min 时，质量效率达到最大值 91.36%，此后，入口流量继续增加，质量效率无明显变化。优化结构在实验流量范围内质量效率均稳定在 97% 以上，当入口流量达到 1.0L/min 时，质量效率出现最大值 99.85%，随着入口流量的继续增加，质量效率稳定在 98% 以上。相同参数下，优化结构底流口含油浓度明显低于初始结构，充分说明优化结构分离性能明显高于初始结构，且对入口流量的变化有较好的适应性。

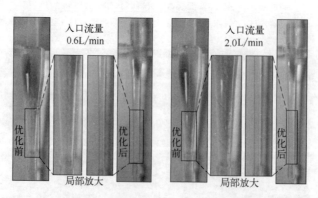

图 6-4-5 不同入口流量条件下优化前后旋流器内部油核对比

2. 不同分流比条件下优化前后性能对比

为了验证响应面设计优化结构在变分流比条件下的适用性，针对初始结构及优化结构分别开展分流比在 5%~40% 范围内变化时分离性能对比实验研究。实验时控制入口流量稳定在 1.0L/min，油相体积分数为 2%。实验得出不同分流比条件下两种结构分离性能对比情况如图 6-4-7 所示。由图 6-4-7 可以看出，随着分流比的增加，优化结构质量效率呈明显的先升高后降低的趋势，当分流比为 30% 时，质量效率达到最大值 99.85%，此时底流口含油浓度也达到最小值。通过对比可知，在分流比为 5% 时初始结构质量效率为 56.7%，优化后结构为 58.3%，两种结构质量效率较为接近。随着分流比的增大，优化结构质量效率明显高于初始结构，且优化结构的 C_d 值在分流比变化范围内均低于初始结构，充分说明优化结构在不同分流比条件下较初始结构呈现出更好的分离性能。

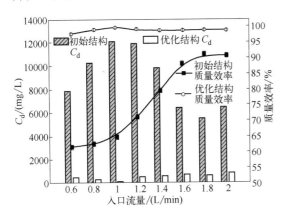

图 6-4-6 不同入口流量条件下优化前后结构底流口
含油浓度及质量效率对比

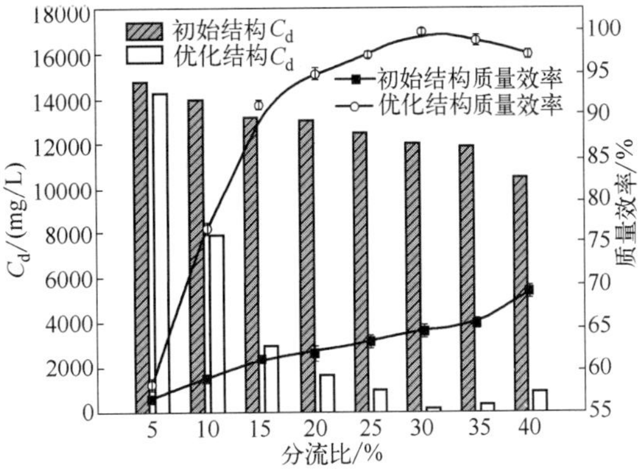

图 6-4-7 不同分流比条件下优化前后
结构分离性能对比

3. 不同油相体积分数条件下优化前后性能对比

为了分析优化结构对在不同油相体积分数下的分离性能，针对初始结构及优化结构分别开展油相体积分数 1%~7% 范围内变化时质量效率以及底流口含油浓度对比实验研究。实验时控制入口流量稳定在 1.0L/min，分流比稳定在 30%，得出油相体积分数为 1% 及 7% 时两种微型水力旋流器稳定运行的油核分布对比情况，如图 6-4-8 所示。随着油相体积分数的增加，微型水力旋流器轴心区域聚集的油核逐渐变宽。优化前结构在底流区域可以看出部分油相由底流口排出，优化后结构在底流区域均未出现明显的油核，同时得出不同油相体积分数条件下两种结构分离性能对比情况，如图 6-4-9 所示。由图 6-4-9 可知，优化结构随着油相体积分数的增加，质量效率有略微降低的趋势，但仍旧保持在 98% 以上，优化结构的 C_d 值远小于初始结构。

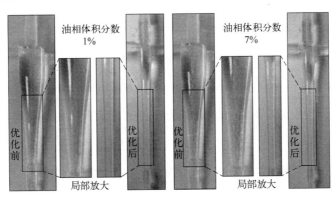

图 6-4-8 不同油相体积分数条件下优化前后旋流器内部油核对比

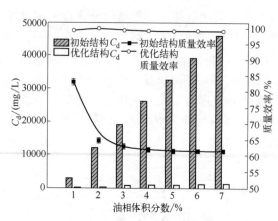

图 6-4-9 不同油相体积分数条件下优化前后
结构分离性能对比

4. 入口结构对比分析

为了筛选出适用于微型水力旋流器的最佳入口结构形式，加工入口截面积相同的圆形、矩形、矩形渐变型、渐开线型、螺旋线型、矩形渐变反螺旋线型共 6 种不同的入口结构形式微型水力旋流器样机进行性能测试对比实验。不同入口结构截面示意图如图 6-4-10 所示。实验得出不同入口结构下的分离性能测试结果如图 6-4-11 所示。由图 6-4-11 可知，不同入口结构下的样机的质量效率均稳定在 99.3% 以上，其中，矩形渐变式反螺旋线入口结构质量效率最高，为 99.92%，对应的底流口含油浓度为 32.1mg/L。

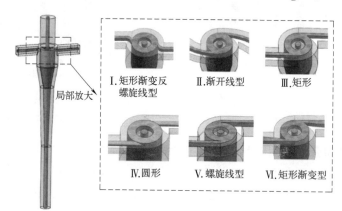

图 6-4-10 不同入口结构截面示意图

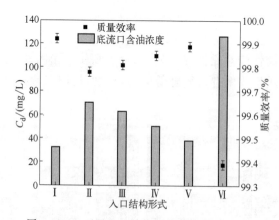

图 6-4-11 不同入口结构的分离性能测试结果

第五节 井下螺旋分离技术

在轴入式水力旋流器中，螺旋流道的设计起着至关重要的作用。其中，通过延长螺旋流道的长度，可以延长介质与旋流场的相互作用时间，有助于处理不同密度和粒径的颗粒或液体相，尤其对井下微细油滴颗粒的高效分离更为重要。此外，较长的流道还可以降低流体速度，减小涡流对分离的干扰，提高分离的稳定性。因此，对于螺旋流道的优化设计研究就显得尤为重要。

一、螺旋分离器结构及工作原理

螺旋分离器结构示意图如图 6-5-1 所示。按照各部分功能来区分，螺旋分离器可分为入口段、螺旋管段、分流管段和出口段四部分。各部分的功能为：入口段主要起引入流体、缓解来液冲击并稳定流场的作用；螺旋管段对油水两相进行螺旋导流，一定长度的螺旋管段可对两相产生离心分离作用，使油水两相在螺旋段尾端发生径向分层，其中大部分的轻质油相集中分布于小半径内圈临近芯轴区域，重质水相主要分布于大半径外圈临近管壁区域，油水两相流经螺旋管段入口及出口两相分布示意图如图 6-5-2 所示；分流管段主要将油水两相径向分层流进行空间分流，将混合分层流体分流为富油流和富水流；出口段内的溢流口和底流口分别将已经分流后的富油流和富水流输出，并与分离处理流程上的下一工艺进行连接。

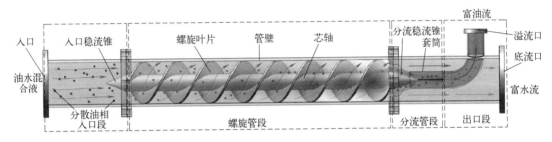

图 6-5-1 螺旋分离器结构示意图

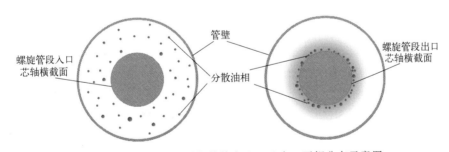

图 6-5-2 油水两相流过螺旋管段入口及出口两相分布示意图

螺旋分离器的基本工作原理：油水混合液以一定初速度沿分离器主轴方向的入口流入，入口段内的速度主要为沿管路方向的轴向速度。为防止入口段轴向流冲击螺旋管段入口，在入口管段与螺旋管段安装入口稳流锥，使流体平缓进入螺旋管段。流体经螺旋管段内的螺旋叶片强制导流后，轴向流转变为以切向速度为主的旋转周向流动，进而促使非均质两相产生离心力差而发生分离，其中密度较小的轻质油相流向小半径内圈临近轴芯区域，密度较大的重质水相流向大半径外圈临近管壁区域。流体在螺旋管段出口端形成油水两相径向分层流，而后流入由分流稳流锥、套筒结构构成的分流管段进行空间分流。其中分流管段设置的分流稳流锥可防止螺旋管段环形空间至分流管段内圆形空间的突变，并稳定流场。油水两相径向分层流经分流管段分流后，形成富含大部分油相的富油流和富含大部分水相的富水流，并分别通过出口段的溢流口和底流口流出。

螺旋分离器特点：具有常规水力旋流器普遍具有的结构紧凑、体积小、效率高、成本低、内部无运动部件和能耗损失小等特性；入口结构基本无要求，可适应多种入口结构形式，例如可采用垂直进液、倾斜进液以及轴向进液，这对螺旋分离器的多级串联及适应现场工艺要求优势较大；具有更强的旋流分离强度，并能在强分离流场条件下维持较长的停留时间；螺旋叶片的强制导流作用，使得螺旋分离器对于复杂工况的分离介质具有相对较宽的适用范围，如来液流量、含油浓度、油相粒度变化等。

二、螺旋分离器内部流场数值模拟与验证

1. 螺旋分离器内流体流动特性研究

利用室内 PIV 系统，构建适用于螺旋分离器的室内流场测试实验系统，对螺旋分离器关键部段的流体流动速度场及压力损失分布特性进行研究与分析，开展不同工况下的湍流场域流动特性及分离性能研究，明确离散相介质在复杂涡流运动过程中的运动状态。

(1) PIV 系统及工作原理

PIV 是粒子图像测速的简称，能在某一瞬时记录下整个流场流动的信息，可提供丰富的流场空间结构以及流动特性。PIV 技术具有瞬态、多点、无须接触因此不介入测量流场等优点，对于高度不稳定和随机流动的测量，PIV 技术测量得到的信息是其他测量方法无法得到的。PIV 技术最早也是最广泛被应用于液体或气体的单相流流场测定，如旋流分离器内流体流动的测试研究等。目前大部分研究人员主要对旋流分离器内的单相流体流动进行测试研究，并将 PIV 技术与 CFD 数值模拟技术相结合，开展了许多旋流流场分布测试及分离原理的研究工作。如许妍霞等通过 PIV 系统对旋流分离器开展了单相水流动的 PIV 流场测试研究，并与模拟计算结果对比阐明了旋流分离器内流场及分离原理。PIV 技术与计算流体力学（CFD）数值模拟技术的结合，使得流场测试分析的数据更加全面和可靠。

由相关文献中对旋流分离器的 PIV 试验可见，采用单相水介质流动来反映旋流分离流场分布特性是具有一定研究参考价值的，另外螺旋分离器所处理的油水两相流含油量较少（油相体积分数 2% 左右），且油水两相密度相差较小，因此试验系统也依然采用单相水作为测量介质，计算条件与试验工况基本保持一致。通过对比试验，一期可初步测量得出螺旋分离器内的螺旋流流场分布规律，也可为接下来的油水两相流流场特性研究奠定基础。通过开展螺旋分离器的 PIV 流场测试试验，将试验测量所得速度场与数值模拟结果进行对比，可以验证数学模型选择的准确性。

PIV 是通过测量某时间间隔内示踪粒子移动的距离来测量粒子的平均速度的。首先由双脉冲激光器产生激光束，通过片光照射流动流体形成一定区域的流面；流面内随流体一同运动的粒子散射光线，通过垂直于该流面放置的 CCD 数字相机记录示踪粒子在两个间隔一定时间互相关的相邻两幅图像，利用互相关方法得到流面中示踪粒子的统计平均位移，根据双脉冲激光器连续两次脉冲的时间间隔，即可计算流场中某个示踪粒子的速度，进而可得到整个流面上粒子的速度分布，这就是 PIV 的基本工作原理。

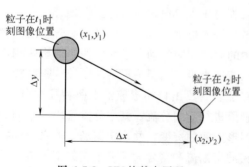

图 6-5-3　PIV 的基本原理

如图 6-5-3 所示为对比识别后，典型示踪

粒子在时间间隔 Δt 前后两个时刻 t_1 和 t_2 流面内位置示意图，该流面上粒子运动的距离为 $\Delta x = x_2 - x_1$ 和 $\Delta y = y_2 - y_1$，则图中粒子在 $\Delta t = t_2 - t_1$ 间隔内移动的平均速度计算式为

$$\begin{cases} u_x = \dfrac{\Delta x}{\Delta t} = \dfrac{x_2 - x_1}{t_2 - t_1} \\ u_y = \dfrac{\Delta y}{\Delta t} = \dfrac{y_2 - y_1}{t_2 - t_1} \end{cases} \tag{6-5-1}$$

本节试验研究中的 PIV 装置的主要部件及参数：激光器为 DualPower 200-15 型，激光能量 200mJ，最大频率 15Hz；相机为 FlowSense EO 4M 相机，分辨率 2048 像素×2048 像素，最大频率 20Hz；同步器为高分辨率 8 通道同步器。

实际 PIV 试验系统主要包括水罐，增压泵，流量计，控制阀门，压力变送器，光学补偿水槽，激光发生器，CCD 数字相机，激光驱动、控制及处理装置，螺旋分离器等，室内 PIV 流场测试试验流程图如图 6-5-4 所示。测试前将示踪性和跟随性好的示踪粒子放入水罐内搅拌均匀，示踪粒子与水罐内的水经增压泵增压、流量计量后一起进入螺旋分离器，溢流和底流两出口排出液回流至水罐循环使用，通过调节管线上阀门可控制入口流量及分流比。PIV 装置工作时，将激光片光源照射所测流场区域，形成光照平面，可利用 CCD 数字相机同步获取示踪粒子的运动图像，并记录相邻两幅图像之间的时间间隔，PIV

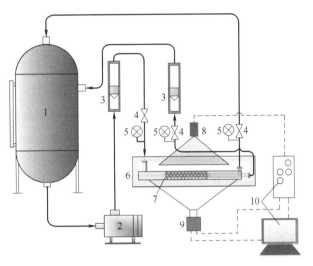

图 6-5-4　室内 PIV 流场测试试验流程图
1—水罐；2—增压泵；3—流量计；4—阀；5—压力变送器；
6—水槽；7—螺旋分离器；8—激光发生器；
9—CCD 数字相机；10—激光驱动、控制及处理装置

处理装置中的分析显示系统可对拍摄到的连续两幅 PIV 图像进行互相关分析，识别示踪粒子图像的位移，通过计算可得激光照射切面上定量的速度大小及分布。

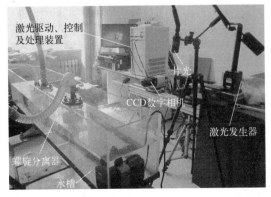

图 6-5-5　室内 PIV 装置照片

PIV 试验操作参数设置分别为入口流量 5m³/h，分流比 30%，与模拟计算参数设置一致。由于激光照射、光学补偿等测量条件所限，重点对分离器入口管段和出口管段进行 PIV 流场测试与对比分析。如图 6-5-5 所示为实际对螺旋分离器进行测量的 PIV 测试系统。测量时为保证系统测试数据的稳定性，对流面上的速度先后采用两种不同的步长进行了两次测量，如两次测量结果一致或相差不大，说明测量数据具有较好的稳定性，而后开展具体测量及数据分析。

由于二维 PIV 仅可实现对平面内两个方向的速度分量测量，实测结果分析时是以直角

坐标系中的速度分量表示的：x 轴方向速度 v_x、y 轴方向速度 v_y 和 z 轴方向速度 v_z。为便于模拟和试验数据结果的对比分析，选取测试的对比曲线为纵截面和横截面的相交线，在该相交线上，流体速度在柱坐标系下的分量（径向速度 v_r、切向速度 v_t 和轴向速度 v_a）与其在直角坐标系下的分量（v_x、v_z 和 v_y）存在一定的对应换算关系。如图 6-5-6 所示测量系统中，两种坐标系下的速度分量换算关系如式（6-5-2）所示

$$\begin{cases} \begin{cases} v_r = v_x (0 < r^* < 1) \\ v_r = -v_x (-1 < r^* < 0) \end{cases} \\ v_a = v_z \\ \begin{cases} v_t = v_y (0 < r^* < 1) \\ v_t = -v_y (-1 < r^* < 0) \end{cases} \end{cases} \tag{6-5-2}$$

即在纵截面上可测量得出径向速度和轴向速度。其中，轴向速度数值和方向与 z 轴方向速度 v_z 完全一致。而径向速度在 $0 < r^* < 1$ 位置时，数值和方向均与 x 轴方向速度 v_x 完全一致；在 $-1 < r^* < 0$ 位置时，数值与 x 轴方向速度 v_x 一致，方向与之相反。流体的切向速度可通过对横截面上 y 轴方向速度 v_y 的测量换算得出，换算时按照式（6-5-2）遵循在 $0 < r^* < 1$ 位置时，切向速度分量的数值和方向均与 y 轴方向速度 v_y 完全一致；在 $-1 < r^* < 0$ 位置时，数值与 y 轴方向速度 v_y 一致，方向与之相反。

（2）入口段速度分布

以 $r^* = 2r/D$（r 表示测量点距截面中心的距离，即半径大小；D 表示圆管内壁直径）表征测量点径向坐标，$r^* = 0$ 代表横截面中心位置，$r^* = 1$ 和 $r^* = -1$ 分别代表圆管内壁顶端和底端位置。如图 6-5-7 所示为沿 z 轴正向，距离螺旋流道入口 $L_{z1} = 34\text{mm}$ 位置纵向截面流场典型测量图。

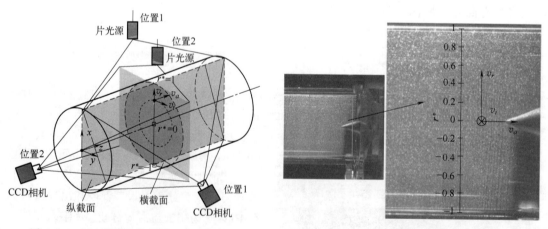

图 6-5-6　PIV 试验中片光源、CCD 相机及
测试对象放置示意图

图 6-5-7　分离器入口段纵向截面
（$L_{z1} = 34\text{mm}$ 位置）PIV 试验

图 6-5-8 为 PIV 试验和 CFD 数值模拟得出的分离器入口段内速度分量 v_r、v_a 与 v_t 的分布曲线对比。由图可见：①受分离器垂直进液口的影响，分离器入口段内速度分量 v_r、v_a 与 v_t 的分布曲线不对称，分布于入口管底端半径（$r^* < 0$）区域的速度较大；②对比三个方向速度分量的量值，基本成 $v_a > v_t > v_r$ 关系，可见入口管段的速度主要以沿 z 轴轴向的速度为主；③整体上无论变化趋势还是速度分布范围，试验测试与数值模拟吻合度都较

好，这也充分说明模拟所采用的 RSM 计算模型的准确性，采用 RSM 湍流计算模型可准确预测螺旋分离器内部螺旋流场；④试验数值局部波动较大，分析主要原因为：试验连接分离器管线均为软管，在来液流冲击的情况下产生振动，进而在一定程度上影响了分离器的流场测量；但由于振动强度较小，其仅对速度分量较小的 v_t 和 v_r 分布产生影响，而速度分量越大其受到环境振动的影响也就相对越弱，如在 $-1 < r^* < 0.2$ 范围内 v_a 较强，因此测得该范围的 v_a 分布曲线也更光滑，因此测得该范围的 v_a 分布曲线也更光滑，模拟值与其吻合得最好。

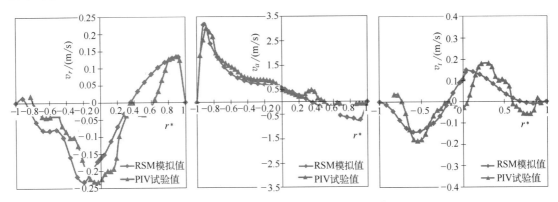

图 6-5-8 分离器入口段内 v_r、v_a 与 v_t 分布 （L_{z1} = 34mm 位置）

(3) 出口段速度分布

如图 6-5-9 为沿 z 轴正向，距离螺旋流道出口 L_{z2} = 70mm 位置纵向截面典型流场测量图，螺旋分离器的出口段为双管套筒结构形式，受样机加工结构的限制，仅完成了 $0.6 < r^* < 1$ 内 v_r 和 v_a 部分速度测量。图 6-5-10 为 PIV 试验和数值模拟得出的分离器出口段速度分量 v_r、v_a 的部分对比曲线及 RSM 模拟计算的 v_t 分布曲线。

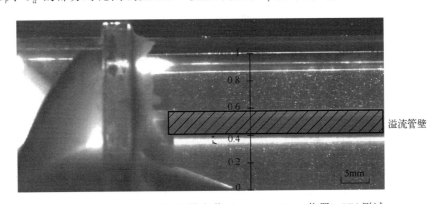

图 6-5-9 分离器出口段纵向截面 （L_{z2} = 70mm 位置） PIV 测试

由图 6-5-10 可见：①非对称垂直进口来液经过螺旋叶片强制导流、运行 3 圈后，分离器出口段内的速度分量 v_r、v_a 与 v_t 基本呈对称分布，出口段分布于溢流管内的速度较大；②对比三个方向速度分量的量值基本成 $v_t > v_a > v_r$ 关系，可见出口段的速度主要为沿圆周方向的切向速度；③通过 PIV 试验有效数据与对应位置的数值模拟值对比可见，无论变化趋势还是速度分布范围，试验测试与数值模拟都吻合良好，这也进一步说明模拟所采用的 RSM 计算模型的准确性。

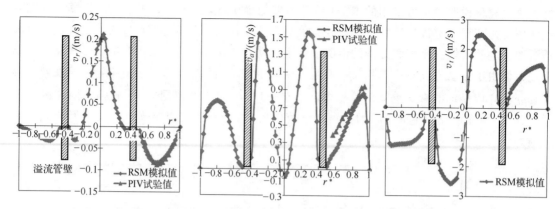

图 6-5-10　分离器出口段内 v_r、v_a 与 v_t 分布 （L_{z2}= 70mm 位置）

如图 6-5-11 为 PIV 试验和 RSM 数值模拟得出的分离器出口段矩形截面区域内的二维速度矢量分布对比。由图也可以看出，试验测试与数值模拟得出的流体流动方向及分布规律基本一致。

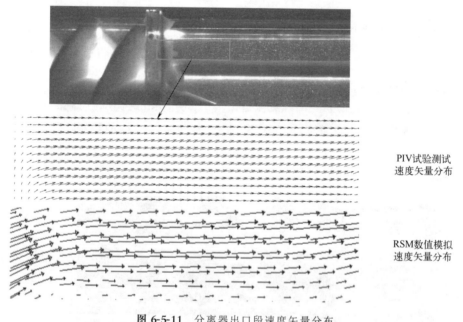

PIV试验测试
速度矢量分布

RSM数值模拟
速度矢量分布

图 6-5-11　分离器出口段速度矢量分布

（4）螺旋管段速度分布

为获取液流进入螺旋管段内随轴向螺旋圈数的增加各速度分量的变化趋势，分别选取螺旋圈数 $n=1$、$n=2$ 和 $n=3$ 位置进行速度分布对比，如图 6-5-12 为数值模拟得出的分离器螺旋管段不同螺旋圈数位置、速度分量（v_r、v_a 及 v_t）的分布对比曲线。

由图 6-5-12 可见，由于所采用的进液方式为垂直分离器轴线方向进液，受非对称进口液流的影响，螺旋管段内大部分的速度依然呈非对称分布，但随着螺旋圈数的增加、螺旋沿程流动的递进，各速度分量的逐渐对称化趋势越来越明显，即螺旋圈数越多，速度分布沿中心轴线的对称性越好；其中，v_t 随着螺旋圈数的增加始终保持较高的数值，且具有较高数值的切向速度沿径向分布的范围也较宽，随着螺旋圈数的增加，衰减现象不明显，说明螺旋分离器内的导流叶片的导流效果明显，且该结构可提供较强的离心分离流场。在螺旋末端，流体运动流场趋于稳定，在 $n=3$ 位置各速度分量的分布规律基本表现为：径向速度沿径向位置的减小呈先减小后增大变化趋势，其在螺旋流道的内壁邻近区域方向为指向中心方向；轴向速度沿径向位置的减小先线性增大，在临近螺旋流道内壁时突然减小为零，但其在螺旋流道的内壁邻近区域的轴向速度最大；切向速度沿径向位置的减小基本呈线性降低趋势，其在螺旋流道的内壁邻近区域速度分布值最小，而该区域主要为油相集中区域，因此较小的切向速度有利于油滴的聚结。

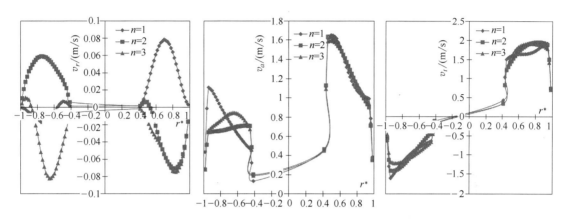

图 6-5-12　分离器螺旋管段内 v_r、v_a 与 v_t 分布

如图 6-5-13 所示为螺旋管段 $n=3$ 位置截面上的速度矢量分布，由速度矢量分布方向可见，流体在螺旋管段末端速度基本为沿周向运动的速度方向，且分布规则。由速度值分布云图还可以看出，虽然沿径向和流体流动方向速度值有所浮动，但整体螺旋流道内的速度值基本分布在 1.8～2.2m/s 的较高范围内，可见在流体流过螺旋管段后形成了明显且稳定的螺旋流动。

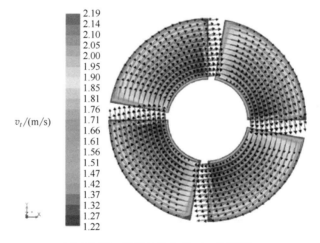

图 6-5-13　速度矢量分布 (n=3 位置)

（5）流体流线分布

如图 6-5-14 所示为以速度大小表征的螺旋分离器内流线分布，由图可见，流体由垂直进液口流入后对管壁产生冲击，垂直冲击作用下流体形成左右两股循环涡流，左侧涡流受到盲端壁面结构的影响，流体流线分布较为密集、涡流强度较大，但该部分循环涡流内会有部分流体随着主液流方向继续流入螺旋管段内；在入口段的顶端及 z 轴反方向管段内也形成明显的循环涡流，该部分涡流强度较小，但占据的流体域空间较大。其他大部分的流体基本沿分离器轴向流动，轴向流动主要分布在入口段底端（即 $r^* < 0$ 区域）；进入螺旋分离段内流体的螺旋流效果明显，流体流动受螺旋叶片的导流作用基本成周向螺旋流动，且流线密集，也说明螺旋流强度较大；在螺旋分离器的出口管段内，依然存在较明显的螺旋流，流线密集程度随着轴向流动的继续逐渐变得

流线1速度/(m/s)

图 6-5-14 以速度大小表征的螺旋分离器内流线分布

稀疏，可见螺旋流动强度沿轴向逐渐衰减；在溢流管内依然存在螺旋流动，但强度较小。

如图 6-5-15 为以流体流动停留时间表征的螺旋分离器内流线分布，由图可见，入口段垂直冲击的流体两侧形成明显具有一定停留时间的循环涡流，其中左侧流体停留时间最为明显，可见循环涡流造成了一定量流体的存留。流体沿螺旋分离段流动，有效延长了其在旋流分离场中的时间，计算结果显示流体由螺旋分离器入口至分离器出口总停留时间约为 2.8s。

流线1时间/s

图 6-5-15 以流体流动停留时间表征的螺旋分离器内流线分布

(6) 分离器内部压力损耗情况

如图 6-5-16 为模拟计算得出的，在流量 $5m^3/h$、分流比 30% 操作条件下，分离器内壁面及纵向截面上的压力损失分布云图。由图可见，分离器主要发生较大压力损耗的部分为入口段及底流出口，其中入口段内的压力损耗主要是垂直进液口结构的冲击造成的；分离器出口截面尺寸较小是压力损耗较明显的另一原因；在螺旋管段内，压力损失沿轴向逐渐增加，初始阶段压力损失分布不规则，也说明在初始的螺旋管段内，流场较为紊乱。随着流体沿螺旋流道流动，压力损失沿轴向和径向分布趋于规则分布，即压力损失逐渐呈中心对称分布，螺旋内圈临近部分（即 $|r^*|$ 较小区域）的压力损失越来越大，且 $|r^*|$ 越小，压力降也就越高。结合图 6-5-14 中 $|r^*|$ 较小区域的速度强度分布规律可见，该区域速度强度较高，因此该区域压力损失增加的主要原因为发生了静压能向动压能的转换，从而补偿速度强度的增加；在流体由螺旋管段进入溢流管段部分区域的压力损耗也较大，主要原因是该部分为一渐缩结构，流体发生一定程度的射流，因此造成压力损耗。

试验过程中，通过改变入口流量、分流比对螺旋分离器的溢流和底流两出口的压力损耗情况进行统计，并将试验测得值与数值模拟结果进行对比，流量和分流比的变化范围分别为 $4 \sim 6m^3/h$、15% $\sim$ 40%。如图 6-5-17 所示为试验与模拟得出的分离器压力损失随流量、分流比的变化趋势对比，由图可见：①随着入口流量的增加，两出口的压力损失均增加；②随着分流比的增加，溢流出口压力损失逐渐增加、底流出口压力损失逐渐降低，这与分流比增大会引起原来一部分流向底流出口的流体转而流向溢流出口的事实是一致的；③研究工况范

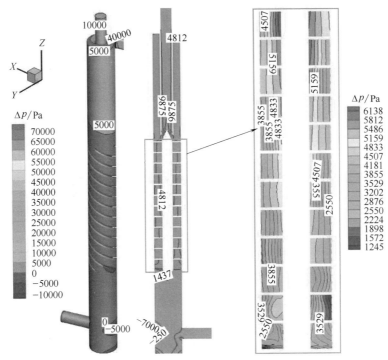

图 6-5-16　压力损失分布云图（流量 5m³/h，分流比 30%）

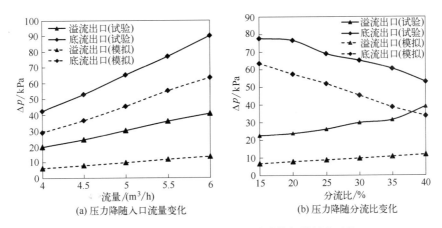

图 6-5-17　螺旋分离器压力损失试验值与模拟值对比

围内，螺旋分离器的压力损耗不高于 90kPa；④整体上，试验和模拟得出的分离器的压力损耗与入口流量、分流比的变化趋势基本一致，但试验测量值较模拟值普遍偏大，分析原因主要是试验过程中，分离器入口、两出口压力变送器的安装位置均与分离器之间连接有一定长度的软管、转换弯头等其他连接部件，因此两出口的压力损失试验值不可避免地较模拟值多计入了连接软管等其他连接部件的压力损失。

2. 螺旋分离器油水两相分离模拟研究

待处理混合液中的油相分散在连续相水相中，含量较小，分布较广，油水两相间没有明显分界，为保证一定计算精度前提下的计算速度，选用多相流模型中的混合模型来计算油水两相流场分离分布。为准确模拟螺旋分离器内的油水两相分离流场，保证分离效率计算精度，油水两相分离流场的数值模拟边界条件设置为：入口采用速度入口边界条件，方向沿入口横截面法线方向；各出口分别设置为自由出流边界条件。残差精度控制在 10^{-5}，离散相方程采用二阶迎风差分格式，压力-速度耦合采用 SIMPLE 算法，压力插值格式为"PRESTO!"，壁面边界条件为壁面不可渗漏，无滑移条件，并利用壁面函数方程来计算剪应力、近壁处的湍动能和湍流扩散率。

(1) 入口流量对分离效果的影响

针对螺旋圈数 $n=3$ 的螺旋分离器开展变流量模拟研究，将计算结果与相同工况条件下的试验结果进行对比分析。模拟研究保持分流比为 30%、入口油相体积分数为 2% 恒定。

① 入口流量对油相体积分数分布的影响　如图 6-5-18 所示为不同入口流量时，螺旋分离器内油相体积分数分布云图，由图可见，在研究范围 4.5～5.5m³/h 内，分离器内部油相分布云图变化不明显，即分离器内油相分布受入口流量的影响变化不大。

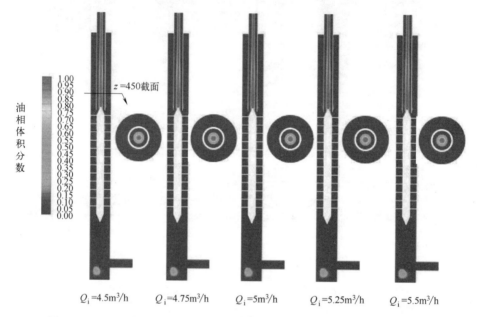

图 6-5-18　入口流量 Q_i 变化对螺旋分离器内油相体积分数分布云图的影响

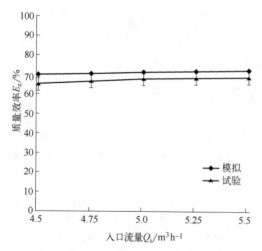

图 6-5-19　入口流量 Q_i 变化对螺旋分离器
质量效率 E_z 的影响

② 入口流量对分离效率的影响　如图 6-5-19 所示为不同入口流量时，模拟计算得出的螺旋分离器质量效率变化曲线及其与试验结果的对比图，由图可见，在研究范围 4.5～5.5m³/h 内，分离器质量效率虽随着入口流量的增加而变大，但变化幅值较小，即分离器质量效率受入口流量的影响变化不大。模拟计算值与试验值变化规律基本一致，除在较小入口流量 4.5m³/h 时二者误差较大外，其他入口流量条件下模拟与试验的质量效率值误差较小，均在 5% 范围以内。

如图 6-5-20 所示为不同入口流量时，模拟计算得出的螺旋分离器级效率变化曲线，由图可见，在研究范围内，分离器级效率随着入口流量的增加而变大，但变化幅值较小。特别是对于部分颗粒粒径较大和较小的分散油滴，在入口流量变化范围内基本无变化，入口流量变化主要对粒级效率为 $50\%\sim80\%$ 对应的颗粒粒径影响相对较大，如对于级效率值为 50% 的颗粒粒径，入口流量由 $4.5\mathrm{m}^3/\mathrm{h}$ 增加到 $5.5\mathrm{m}^3/\mathrm{h}$ 时，d_{050} 约减小了 $15\mu\mathrm{m}$。

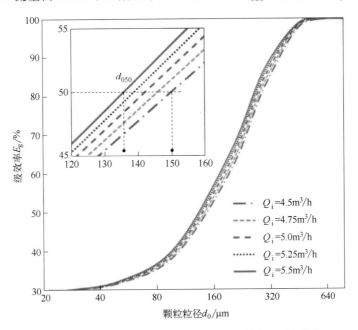

图 6-5-20 入口流量 Q_i 对螺旋分离器级效率 E_g 的影响

(2) 分流比对分离效果的影响

针对螺旋圈数 $n=3$ 圈的螺旋分离器进行变分流比的模拟研究，将计算结果与相同工况条件下的试验结果进行对比分析。本部分的模拟研究保持分离器的其他操作参数：入口流量为 $5\mathrm{m}^3/\mathrm{h}$ 和入口油相体积分数为 2% 恒定。

① 分流比对油相体积分数分布的影响　如图 6-5-21 所示为不同分流比条件下，螺旋分离器内油相体积分数分布，由图可见，在研究范围 $20\%\sim35\%$ 内，入口段及螺旋管段内油相分布变化不明显，而分流管段和出口段内油相分布受分流比变化的影响较为明显，根据速度矢量标记的油相体积分数分布对比可见，在底流口的环形管段内存在一个临近内环形管壁的回流区，随着分流比的变大，回流区逐渐向中心溢流管处运移。由于回流区在环形底流出口管的内壁及临近区域，该部分存留有一定的油相，分布在该回流区的油相随着分流比的增加，逐渐向中心溢流管流动。在分流比由 32.5% 增加到 35% 时，该回流区基本分布在环形分流管与底流出口管交界位置，且变化不大，由此预测，该回流区不会随着分流比的继续增加而消失。另外，由于受螺旋流道导流作用持续影响，在出口段内流体继续存有较强的螺旋流场，受其影响，剩余未分流出的油相分布在底流环形出口管的内管壁及其临近区域，因此该回流区的存在有利于未分离的油相继续回流至中心溢流管内。

在分流比研究范围内，中心溢流管中的油核宽度有逐渐减小的趋势，为便于对比，选取分离器轴向位置 $z=430\mathrm{mm}$ 位置处中心溢流管的沿径向变化线 $\mathrm{Line}_{z=430}$，其中径向位置用实际径向半径与分离器主直径 1/2 的比 r^* 来表示。如图 6-5-22 所示为不同分流比条件下，该溢流管内直线 $\mathrm{Line}_{z=430}$ 上油相体积分数沿径向的分布对比，可见，溢流管中的油相体积

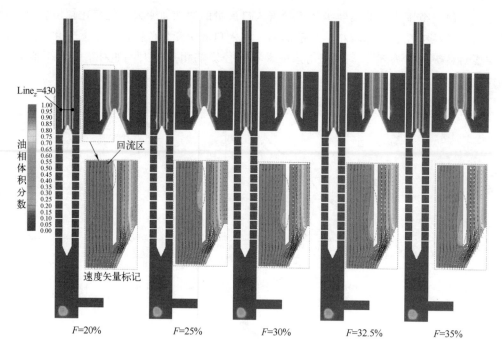

图 6-5-21　分流比 F 变化对分离器内油相体积分数分布云图的影响

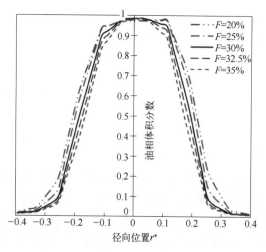

图 6-5-22　分流比 F 对油相体积分数沿径向
分布的影响（Line$_{z=430}$ 位置）

分数沿径向位置呈中心高、边壁底的类梯形分布趋势，分流比越大，该梯形结构也越矮和越窄，即溢流管内的油相体积分数也就越低，因此虽增加分流比会引起更多的油相流入中心溢流管内，但也会引起较多的水相进入溢流管，从而引起溢流管中的油相体积分数降低。

② 分流比对分离效率的影响　图 6-5-23 为不同分流比条件下，模拟得出的螺旋分离器质量效率变化曲线及其与试验结果的对比图，由图可见，在研究范围 20%～35% 内，模拟与试验二者得出的分离器质量效率变化规律基本一致，即其随着分流比的增加呈逐渐增加趋势，所不同的是当分流比高于 30% 时，试验值趋于平缓，模拟值继续随分流比

的增加而增大。通过对比还可以看出在分流比较大或较小情况下，模拟值与试验值的误差也较高，分析原因主要为模拟采用的油滴粒径离散化分布方法存在局限性，实际在螺旋分离器的螺旋管段内壁面及邻近区域油相应该为离心力场下的连续相分层流态，而模拟方法本身模拟不出具体离散相颗粒粒度的连续变化。由于分流比变化对于螺旋分离器的分流管段的湍流场影响较大，势必会对该部分的油相聚集程度有所影响，因此会造成过大或过小分流比条件下的模拟值与试验值的误差增加。在分流比为 30% 时，模拟与试验结果误差最小，也说明采用油滴粒径离散化分布方法对于预测一定操作条件下的分离器分离效率是准确可行的。

图 6-5-24 为不同分流比条件下模拟计算得出的螺旋分离器级效率变化曲线，由图可见，在研究范围 20%～35% 内，分离器级效率随着分流比的增加而变大，其中粒径越小受分流比变化的影响也更加明显。对于级效率值为 50% 的颗粒粒径，分流比由 20% 增加到 35% 时，d_{050} 约降低了 70μm。

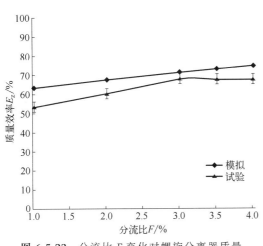

图 6-5-23　分流比 F 变化对螺旋分离器质量
效率 E_z 的影响

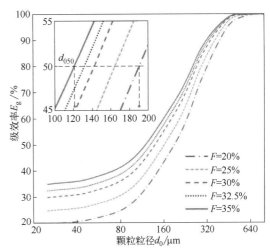

图 6-5-24　分流比 F 对螺旋分离器级效率
E_g 的影响

(3) 入口油相体积分数对分离效果的影响

针对螺旋圈数 $n=3$ 圈的螺旋分离器进行变入口油相体积分数的模拟研究，将计算结果与相同工况条件下的试验结果进行对比分析。本部分的模拟研究保持分离器的其他操作参数：处理流量为 5m³/h 和分流比为 30% 恒定。

① 入口油相体积分数对螺旋分离器内油相体积分数分布的影响　如图 6-5-25 为处理不同入口油相体积分数油水混合介质时螺旋分离器内油相体积分数分布云图，由图可见，在研

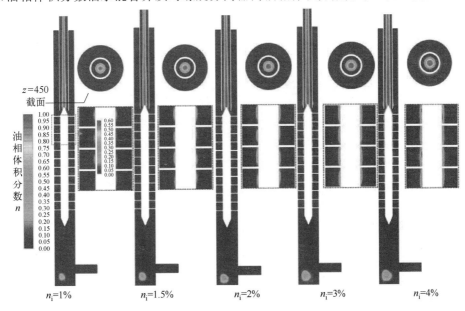

图 6-5-25　入口油相体积分数 n_i 变化对螺旋分离器内油相体积分数 n 分布云图的影响

究范围1%～4%内，随着入口油相体积分数的增加，分离器内部油相体积分数成整体增加趋势，但油水两相的分布状态基本不变。由螺旋管段最后一圈螺旋流道纵截面上的油相体积分数分布对比，可以看出绝大部分的油相基本分布在螺旋流道内管壁及临近区域，大部分的水相分布在外管壁及临近区域，即分离器处理不同入口油相体积分数的混合介质时，分离器内油水两相的分布状态基本一致，但螺旋管段内的油相集中度随处理介质入口油相体积分数的增加变得越来越高，由此也可以看出对于入口油相体积分数逐渐增加的分离介质，螺旋分离器依然可以将大部分的油相分离开来。由出口管段 $z=450\text{mm}$ 位置横截面上油相体积分数分布对比可见，随着处理介质入口油相体积分数的增加，中心溢流管内的油核区域逐渐变大，但底流出口环形管内的油相体积分数也有一定程度的增加。

② 入口油相体积分数对分离效率的影响　如图 6-5-26 为处理不同入口油相体积分数油水混合介质时模拟与试验得出的螺旋分离器质量效率变化曲线的对比，由图可见，在研究范围1%～4%内，模拟与试验二者得出的分离器质量效率变化规律基本一致，均表现为随着处理介质入口油相体积分数的增加呈逐渐降低趋势，且降低趋势在研究范围趋于平缓，整体上模拟值高于试验值。

如图 6-5-27 为不同入口油相体积分数条件下模拟计算得出的螺旋分离器级效率变化曲线，由图可见，在研究范围内，分离器级效率随着入口油相体积分数的增加而降低，但降低幅度不大。整体上看，入口油相体积分数增加对于小颗粒油相的分离级效率影响较大颗粒的更明显，其原因主要是分离介质的入口油相体积分数增加，大颗粒的油相占据了螺旋管段内管壁及临近区域，造成了小颗粒的分离效率降低。对于级效率值为50%的颗粒粒径，入口油相体积分数由1%增加到4%时，分离粒径 d_{050} 逐渐增大，约增大了 $17\mu m$。

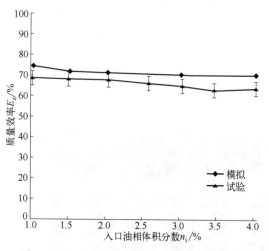

图 6-5-26　入口油相体积分数 n_i 变化对螺旋分离器质量效率 E_z 的影响

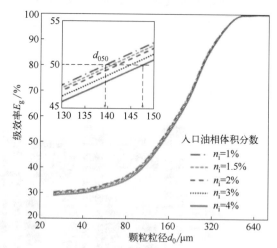

图 6-5-27　入口油相体积分数 n_i 对螺旋分离器级效率 E_g 的影响

三、螺旋分离器油水分离适应性试验研究

为检验所设计螺旋分离器的油水分离性能及其对于实际操作参数和介质物性参数变化的适应性，对优化研究得出的螺旋分离器较优方案结构进行了试验样机的加工，并开展不同结构参数、操作参数和介质物性参数的室内适应性试验研究。同时为验证数值模拟计算得出的分离器内流体流动状态及分离效果，对部分参数条件下的螺旋分离器内部油水两相分离及流

动状态进行了可视化试验研究与对比分析。

1. 试验样机

根据螺旋流油水两相分离原理的分析及分离器核心分离部件的结构优化设计，加工了螺旋分离器样机实物，如图 6-5-28 所示为根据加工部件组装并连接完成的螺旋分离器三种较优结构试验样机实物。装置主直径 D 为 50mm，总体长度小于 1000mm，充分体现了设备体积小、使用灵活、安装方便的特点。根据螺旋分离器的三种较优结构方案的模拟分离效果对比，并结合结构参数——溢流管伸入底端与螺旋端面距离 L_3 对分离效果的影响，将 SSOW-Ⅱ和 SSOW-Ⅲ两种较优结构方案中的 L_3 进行了适当延长，具体加工组合的三种优方案的关键结构参数对比如表 6-5-1 所示。

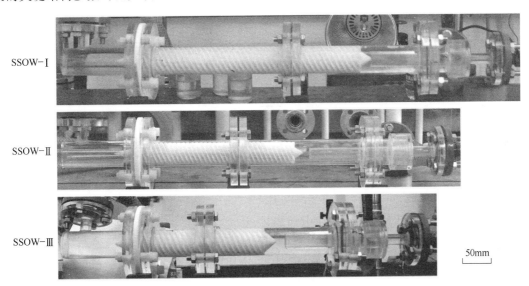

图 6-5-28 螺旋分离器三种优结构试验样机

表 6-5-1 优方案样机关键结构参数对比

结构序号	螺旋内径 $D_2:D$	螺旋头数 m/个	螺旋圈数 n/圈	螺距 $d:D$	螺旋片间夹角 $\alpha/(°)$	溢流管伸入底端与螺旋端面距离 $L_3:D$
SSOW-Ⅰ	0.52	6	7	1.4	75	0.4
SSOW-Ⅱ	0.52	6	6	1.2	75	0.4
SSOW-Ⅲ	0.68	6	4	1.4	70	0.8

2. 油水分离适应性试验系统

对优化后的螺旋分离器开展的油水分离适应性试验主体试验系统继续沿用初始结构的可行性试验系统及设备，由于需要对优结构螺旋分离器进行可视化试验研究，因此在试验系统中增加了高速摄像仪器，油水分离适应性试验系统具体工艺流程如图 6-5-29 所示。可视化试验研究主要通过高速摄像仪器对螺旋分离器内部的油水分离过程进行拍摄和视频图像分析，可视化试验如图 6-5-30 所示。试验过程中，可对关键工况下的油水分离状态进行实时摄像记录。

核心设备为奥林巴斯 i-SPEED 3 型高速摄像机，其分辨率在 2000 帧/s 时为 1280 像素 × 1024 像素，最高帧速率 150000 帧/s，视频录制以 .hsv 格式输出，并可通过配套软件 i-SPEED Control Software Suite 对视频图像分析处理。

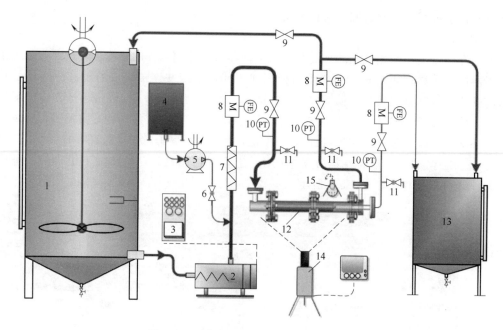

图 6-5-29　室内油水分离适应性试验系统
1—水罐；2—螺杆泵；3—变频控制器；4—油罐；5—计量油泵；6—球阀；7—静态混合器；8—电磁流量计；
9—阀；10—压力变送器；11—接样口；12—螺旋分离器；13—废液池；14—高速摄像系统；15—大功率灯光

图 6-5-30　油水分离过程适应性试验设备

3. 螺旋分离器适应性试验研究

对确定的最佳结构螺旋分离器进行分离操作参数和分离介质物性参数变化的适应性试验研究，进一步确定该螺旋分离器用于油水两相分离的使用规范。

(1) 流量对分离效果的影响

主要开展了设计流量 $5m^3/h(\pm10\%)$ 范围内变流量参数的试验对比研究，具体为 $4.50m^3/h$、$4.78m^3/h$、$5.00m^3/h$、$5.25m^3/h$ 和 $5.56m^3/h$ 五个关键试验点。

① 两相分布流场对比　图 6-5-31 为高速摄像机采集的不同入口流量条件下螺旋分离器内分流管段油相的分布对比，由图可见，增加 L_3 的螺旋分离器，其中心油核区与出口稳流锥并不连续。这种不连续的现象，随着流量的减小也愈发明显；而随着流量的增大，不连续现象逐渐消失。仔细观察中心油核区的油核内部，还存在一个类似漏斗形的核心区域，该区域内油相分布更集中，除在流量为 $5.25m^3/h$ 时有减小的趋势外，随着流量的增加，该油核核心"漏斗"区基本随流量的增加呈不断左移（靠近出口稳流锥方向）且变大。临近外管壁区域的油相基本不受流量的变化影响，整体上可见流量变化对分流及出口段的油相分布影响不大。

② 分离效率对比　不同入口流量条件下，螺旋分离器入口和底流口接样样液的含油浓度测量典型数据如表 6-5-2 所示。由含油浓度计算的螺旋分离器简化效率随流量变化曲线如图 6-5-32 所示。由图 6-5-32 可见，分离器简化效率基本随入口流量的增加而呈现先增加后

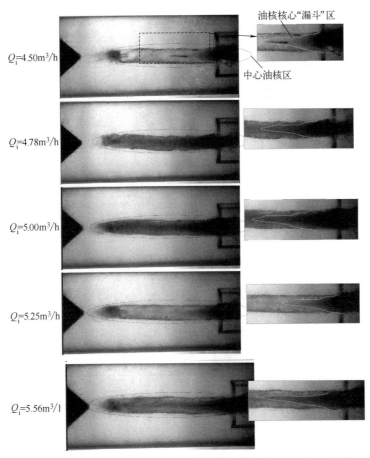

油核核心"漏斗"区

中心油核区

$Q_i=4.50\text{m}^3/\text{h}$

$Q_i=4.78\text{m}^3/\text{h}$

$Q_i=5.00\text{m}^3/\text{h}$

$Q_i=5.25\text{m}^3/\text{h}$

$Q_i=5.56\text{m}^3/\text{l}$

图 6-5-31 不同入口流量 Q_i 时分流管段油相分布对比（$F\approx30\%$）

减小趋势，但整体上分离器不同入口流量下的油水分离简化效率与实测结果相差不大，基本分布在 $93\%\sim95\%$ 范围内，其中 $Q_i=5.00\text{m}^3/\text{h}$ 时，分离器的简化效率最高，为 95.78%。

表 6-5-2 不同入口流量时螺旋分离器入口和底流口含油浓度测量典型数据（$F\approx30\%$）

入口流量 $Q_i/(\text{m}^3/\text{h})$	不同接样位置样液含油浓度/（mg/L）	
	入口	底流口
4.50	17102.6	1104.71
4.78	17451.0	933.88
5.00	16951.2	715.54
5.25	17695.0	782.31
5.56	18086.1	997.34

③ 压力降对比　图 6-5-33 为不同入口流量条件下，螺旋分离器底流口和溢流口压力降的实测对比，由图可见，分离器底流口和溢流口压力降均随流量的增加基本呈指数增加趋势，分离器底流口压力降始终高于溢流口压力降，试验范围内螺旋分离器的最高压力降为底流口压力降值 109kPa，此时流量为 $5.56\text{m}^3/\text{h}$。

(2) 分流比对分离效果的影响

主要开展了分流比为 $20\%\sim35\%$ 范围的试验研究，重点针对 20%、25%、30%、32.5% 和 35% 五个关键试验点开展。

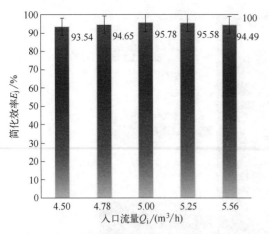

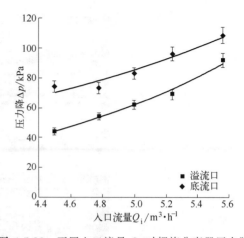

图 6-5-32 不同入口流量 Q_i 对分离简化效率
的影响（$F \approx 30\%$）

图 6-5-33 不同入口流量 Q_i 对螺旋分离器压力降
的影响（$F \approx 30\%$）

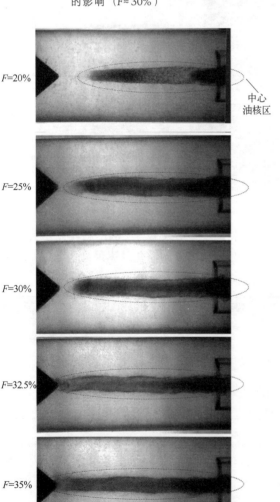

图 6-5-34 不同分流比 F 条件下螺旋分离器分流管段
油相分布对比（$Q_i \approx 5m^3/h$）

① 两相分布流场对比 图 6-5-34 为高速摄像机采集的不同分流比条件下螺旋分离器分流管段内油相的分布对比，由图可见，螺旋分离器中心油核区与出口稳流锥的不连续现象也受分流比明显的影响，随着分流比的变大，不连续程度逐渐减弱，在分流比为 32.5% 时，油核与出口稳流锥之间连续。在分流比为 20%～32.5% 时，中心油核区的油核内部均存在明显类似漏斗形的核心区，该区域内油相分布更集中，其中分流比为 20% 时漏斗形的核心区较小，分流比为 25%～30% 时，漏斗形的核心区最明显。整体上分流比变化对分流及出口段临近外管壁区域的油相分布影响不明显。

② 分离效率对比 不同分流比条件下，螺旋分离器不同入口和底流口接样样液的含油浓度测量典型数据如表 6-5-3 所示。根据测量的含油浓度，计算分离器简化效率随分流比变化曲线如图 6-5-35 所示。由图可见，分离器简化效率基本随分流比的增加而呈先增加后减小趋势，但整体上分离器不同分流比条件下的油水分离简化效率实测结果基本分布在 90%～95% 范围内，其中 $F = 32.5\%$ 时，分离器油水分离简化效率最高，为 95.92%。

表 6-5-3 不同分流比时螺旋分离器入口和底流口含油浓度测量典型数据（$Q_i \approx 5m^3/h$）

分流比/%	不同接样位置样液含油浓度/(mg/L)		
	入口	底流口	
20	17650.35	1715.11	
25	18503.6	1367.34	
30	16951.2	715.54	
32.5	19162.1	782.51	
35	18967.8	956.31	

③ 压力降对比 图 6-5-36 为不同分流比操作条件下，螺旋分离器底流口和溢流口压力降的实测结果，由图可见，分离器两出口的压力降随分流比变化成相反的变化趋势，其中底流口压力降随分流比的增加基本成对数减小变化，溢流口压力降随分流比的增加基本呈线性增加变化趋势，分离器底流口压力降始终高于溢流口压力降。

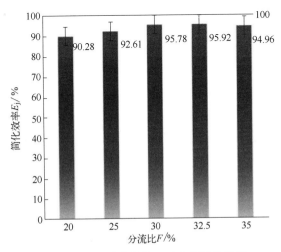

图 6-5-35 不同分流比 F 对分离简化效率的影响（$Q_i \approx 5m^3/h$）

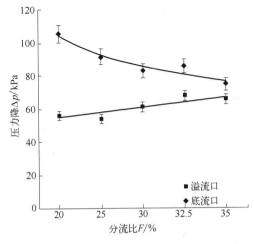

图 6-5-36 不同分流比 F 对螺旋分离器压力降的影响（$Q_i \approx 5m^3/h$）

(3) 入口油相体积分数对分离效果的影响

主要开展了入口油相体积分数 $1\% \sim 4\%$ 范围的试验研究，试验中重点针对 1%、2%、3% 和 4% 四个关键试验点开展。不同入口油相体积分数条件下，螺旋分离器入口和底流口接样样液的含油浓度测量典型数据如表 6-5-4 所示。由测量的不同接样口的油相体积分数，得到的分离器简化效率随入口油相体积分数变化曲线如图 6-5-37 所示。由图 6-5-37 可知，分离器简化效率随入口油相体积分数的增加而呈降低趋势，研究范围内分离器不同入口油相体积分数下的油水分离简化效率基本分布在 $91\% \sim 97\%$ 范围内，其中 $n_i = 1\%$ 时，分离器的简化效率最高，为 97.11%。

表 6-5-4 不同入口油相体积分数时螺旋分离器入口和底流口含油浓度测量
典型数据（$Q_i \approx 5m^3/h$，$F \approx 30\%$）

入口油相体积分数 n_i/%	不同接样位置样液含油浓度/(mg/L)		
	入口	底流口	
1	10990.5	317.34	
2	16951.2	715.54	
3	29101.6	1771.25	
4	34814.5	3120.6	

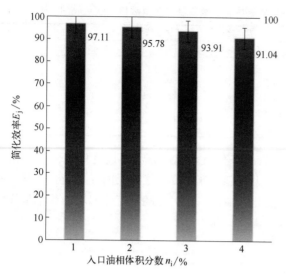

图 6-5-37 不同入口油相体积分数 n_i 对分离简化

效率的影响（$Q_i \approx 5m^3/h$， $F \approx 30\%$）

（4）水相黏度对分离效果的影响

针对含油污水介质黏度高的工况条件，为检验螺旋分离器对具有一定黏度的油水混合介质分离性能的适应性，开展了不同介质黏度条件的分离器油水分离试验研究。试验中通过添加聚合物，增加连续相黏度。聚合物选用水解聚丙烯酰胺（PAM）颗粒，分子量为 1200 万。不同介质黏度含聚水溶液的配置主要通过在定容的水罐内加入不同质量的聚合物。不同黏度聚合物溶液配置过程为：

a. 利用高精度电子天平称量一定质量 m_p 的聚丙烯酰胺，并用提前准备好的热水溶解，搅拌均匀；

b. 将溶解均匀的高浓聚丙烯酰胺水溶液倒至试验系统的储水罐中，并进行搅拌，同时伴以水罐自身的水溶液循环，促进水溶液的均匀混合，搅拌混合过程持续时间约 4～6h。

试验中水罐容量为 2.5m³，则试验需要的含聚浓度 C_p 配置计算式为

$$C_p = \frac{m_p}{2.5} \tag{6-5-3}$$

式中，C_p 为含聚浓度，mg/L；m_p 为加入药剂的质量，g。

主要开展了四种设计黏度条件下试验，配置了四种不同含聚浓度的水溶液，浓度分别为 150mg/L、250mg/L、350mg/L 和 450mg/L。利用马尔文流变仪对四种含聚水溶液的黏度进行了测量，测得的不同含聚水溶液黏度 μ_w 随剪切速率 γ' 的变化曲线如图 6-5-38 所示。由图可见，在测量的剪切速率 100～1000s^{-1} 范围内，随着剪切速率的增加，含聚水溶液表现出

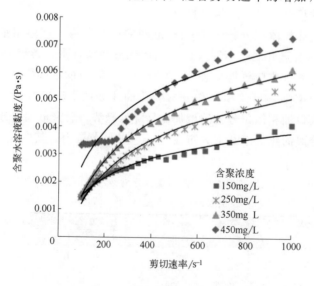

图 6-5-38 剪切速率对含聚水溶液黏度的影响（t=25℃）

黏弹性非牛顿流体特性，其黏度成对数增加变化趋势。选取剪切速率为 $631s^{-1}$ 时，不同含聚浓度水溶液的黏度变化曲线如图 6-5-39 所示，可见含聚水溶液的黏度基本随含聚浓度成线性增加关系，含聚浓度为 450mg/L 时含聚水溶液黏度最高为 0.0063Pa·s。

① 分离效率对比　不同含聚水溶液黏度条件下，螺旋分离器不同入口和底流口接样样液的含油浓度测量典型数据如表 6-5-5 所示。根据测量的含油浓度，计算分离器简化效率随含聚水溶液黏度的变化曲线如图 6-5-40 所示。由图可见，分离器简化效率随含聚水溶液黏度的增加基本呈对数降低趋势，在含聚水溶液黏度小于等于 0.0042Pa·s 时，分离器油水分离简化效率基本在 90% 以

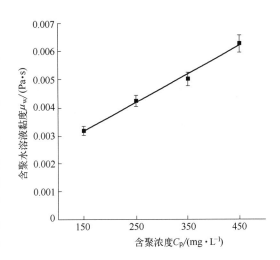

图 6-5-39　含聚浓度对含聚水溶液黏度的影响（$t=25℃$，$\gamma'=631s^{-1}$）

上；在含聚水溶液黏度小于等于 0.005Pa·s 时，简化效率基本在 85% 以上；当含聚水溶液黏度为 0.0063Pa·s 时，简化效率由初始不含聚水时的 95.78% 明显降低为 75.91%。

表 6-5-5　不同含聚水溶液黏度条件下分离器入口和底流口含油浓度测量典型数据（$Q_i≈5m^3/h$，$F≈30\%$）

含聚水溶液黏度 μ_w	不同接样位置样液含油浓度/(mg/L)	
/(Pa·s)	入口	底流口
0.0010	16951.2	715.54
0.0032	17511.3	1208.11
0.0042	18915.0	1858.96
0.0051	16926.7	2377.42
0.0063	17227.9	4149.57

② 压力降对比　图 6-5-41 为不同含聚水溶液黏度条件下，螺旋分离器底流口和溢流口

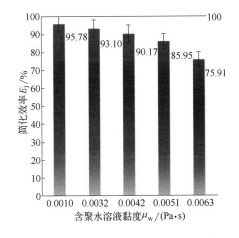

图 6-5-40　含聚水溶液黏度 μ_w 对分离简化效率的影响（$Q_i≈5m^3/h$，$F≈30\%$）

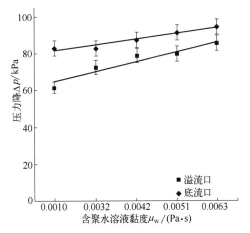

图 6-5-41　含聚水溶液黏度 μ_w 对螺旋分离器压力降的影响（$Q_i≈5m^3/h$，$F≈30\%$）

压力降变化曲线，由图可见，分离器两出口的压力降随含聚水溶液黏度增加呈线性增加的变化趋势，分离器底流口压力降始终高于溢流口压力降。

第六节　井下多级螺旋分离技术

水力旋流装置的串联可一定程度地提升分离性能，增大其对底流口剩余油资源的回收采集。在井下实施水力旋流器串联虽然可以很大程度上改善分离效率，但同时也会一定程度加大工艺管道的复杂性，增大调控、维护和操作的难度。这使得多级水力旋流器间的串联应用受阻。因此，多级一体化的分离器结构形式对于保障分离精度的同时简化工艺管道布置也是十分必要的。针对上述问题，基于串联旋流分离原理，提出了一种多级螺旋分离器结构，采用响应面试验设计方法对其开展参数优化。

一、多级螺旋分离器结构设计

多级螺旋分离器工作原理如图 6-6-1 所示：油水混合液以一定的初速度由入口进入多级螺旋分离器内部，经过螺旋流道进入一级旋流腔，混合液流由轴向运动转变为绕螺旋分离器中心轴线的回转运动，同时沿轴线方向移动。液流经过螺旋流道时，会使液滴产生由轴心指向边壁的离心力 F_p，这是两相介质分离的主要能量来源，表达式为

$$F_p = \frac{\pi}{6} \rho_w d_w^3 \omega r^2 \tag{6-6-1}$$

液滴在压力梯度的作用下还会受到的向心浮力 F_c，方向指向轴心，表达式为

$$F_c = \frac{\pi}{6} \rho_c d_c^3 \omega r^2 \tag{6-6-2}$$

以上两式中，ρ_w 为连续相水的密度；d_w 为连续相水的粒径；ρ_c 为离散相油的密度；d_c 为离散相油的粒径；ω 为混合液旋转角速度；r 为回转半径。

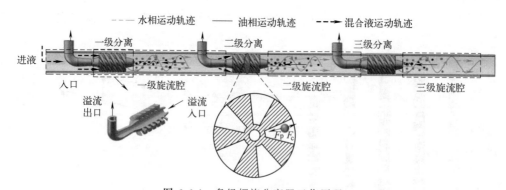

图 6-6-1　多级螺旋分离器工作原理

由于离散相和连续相密度及粒径的不同，因此密度较小的油相介质向轴线位置靠近，最终在轴线周围形成油核，经溢流管流出；密度较大的水相介质逐渐远离轴线向壁面方向运移，最终在壁面与油核之间形成圆环型富水相，与分散在水中、未从溢流口逃逸的油相进入二级旋流腔内继续进行分离。一级、二级、三级旋流腔内所产生的油核逐渐减小，最终混合液经三级分离后，净化后的水相由底流口排出。

单级螺旋分离器由一个螺旋流道和一个溢流弯管组成，笔者团队根据前期的研究，螺旋流道采用五条流道头数、纵向截面为矩形的空心螺旋流道，中空部分为溢流出口。按照一定间距将三个单级螺旋分离器串联在一个等径圆管中，溢流弯管通过圆管管壁上的开孔穿出，实现将轻质相排出的同时将螺旋分离器固定的作用。最终由三个螺旋流道、溢流管及一个等径圆管构成多级螺旋分离器的基本结构，如图 6-6-2 所示。

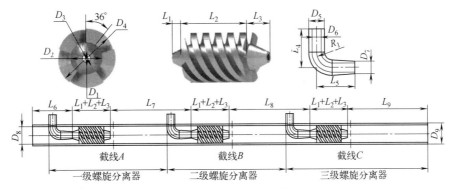

图 6-6-2 多级螺旋分离器结构示意图

二、多级螺旋分离器仿真与试验结果分析

1. 基于响应面设计的参数优化

试验通过 Design-Expert 软件对输入变量进行编码取值，共形成 17 个试验组，中心试验重复次数为 5，响应目标为分离效率 E。BBD 试验数值模拟结果如表 6-6-1 所示。

表 6-6-1 BBD 试验结果

试验序号	$x_1/\%$	x_2/mm	x_3/mm	$E/\%$
1	5	200	200	91.0
2	9	100	200	81.1
3	5	300	300	90.9
4	1	100	200	97.1
5	9	200	300	81.1
6	1	300	200	97.9
7	5	300	100	90.1
8	5	100	100	90.2
9	5	200	200	91.0
10	5	100	300	90.5
11	9	300	200	80.8
12	1	200	300	97.9
13	5	200	200	91.0
14	9	200	100	81.3
15	1	200	100	96.9
16	5	200	200	91.0
17	5	200	200	91.0

采用二阶多项式模型对表 6-6-1 结果进行多项式拟合，通过多元线性回归分析得出油相体积分数、一二级螺旋分离器间距及二三级螺旋分离器间距与响应目标间的多元二次回归方程：

$$E = 95.05625 - 0.853125x_1 + 0.014938x_2 + 0.013625x_3 - 0.000688x_1x_2$$

$$-0.000750x_1x_3 + 0.000013x_2x_3 - 0.090625x_1^2 - 0.000033x_2^2 - 0.000025x_3^2 \quad (6\text{-}6\text{-}3)$$

对回归方程进行方差分析及显著性检验,分析结果如表 6-6-2 所示。F 值是用于确定该项是否与响应目标相关联的检验统计量;P 为样本间的差异由抽样误差导致的概率。由表 6-6-2 可知,模型的 F 值为 5495.48,$P < 0.0001$,说明分离效率与选定的三个因素之间的回归方程非常显著,各因素在水平范围内变动时,可用构建的回归方程对分离效率进行预测且预测值具有较高的准确性。

表 6-6-2 回归方程的方差分析结果

类型	离差平方和	自由度	均方	F	P
模型	547.58	9	60.84	5495.48	< 0.0001
x_1	536.28	1	536.28	48438.31	< 0.0001
x_2	0.0800	1	0.0800	7.23	0.0312
x_3	0.4512	1	0.4512	40.76	0.0004
x_1x_2	0.3025	1	0.3025	27.32	0.0012
x_1x_3	0.3600	1	0.3600	32.52	0.0007
x_2x_3	0.0625	1	0.0625	5.65	0.0492
x_1^2	8.85	1	8.85	799.59	< 0.0001
x_2^2	0.4447	1	0.4447	40.17	0.0004
x_3^2	0.2632	1	0.2632	23.77	0.0018
残差	0.0775	7	0.0111		
失拟项	0.0775	3	0.0258		
纯误差	0	4	0		

对拟合出的回归方程进行误差统计分析,如表 6-6-3 所示。其中,响应目标 E 的相关系数 $R^2 = 0.999$,接近于 1,表明相关性好,模型拟合良好;调整后相关系数 Adjusted $R^2 = 0.999$ 与预测相关系数 Predicted $R^2 = 0.997$ 的平方之差约为 0.004,满足 < 0.2 的要求,说明回归模型能充分反映分离效率与输入变量间的关系;变异系数(coefficient of variation,CV)为 9.69% $< 10\%$,说明回归模型整体具有弱变异性,试验结果具有较高的可信度和精确度;信噪比(SNR)> 4,说明模型较为可靠且合理。以上分析均表明,通过 BBD 拟合的输入变量与响应目标之间的回归方程模型具有良好的适用性及准确性,可以用构建的回归方程对多级螺旋分离器进行分离效率预测。

表 6-6-3 回归方程误差统计分析表

统计项目	数字值	统计项目	数字值
标准偏差	0.1052	R^2	0.999
均值	90.05	Adjusted R^2	0.999
CV	9.69%	Predicted R^2	0.997
信噪比	212.66		

采用最小二乘法对构建的回归方程进行偏微分求导,得出可使分离效率处于极大值的参数匹配方案为一二级螺旋分离器间距 $L_8 = 277$mm,二三级螺旋分离器间距 $L_9 = 300$mm,预测的最佳分离效率 96.2%,较优化前的 91.0% 提高 5.2%。优化前后结构及油核状态如图 6-6-3 所示。由图可知,优化后结构所呈现的油核状态相较优化前更短,更集中于溢流口附近,有利于油相从溢流口流出,减小油相从底流口流出的概率,提升多级螺旋分离器的分离性能。

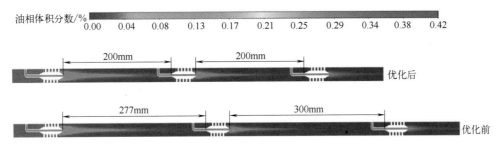

油相体积分数/%
0.00 0.04 0.08 0.13 0.17 0.21 0.25 0.29 0.34 0.38 0.42

图 6-6-3 优化前后结构及油相体积分数对比

2. 性能分析

(1) 不同处理量条件下性能分析

处理量（入口流量）是影响分离器性能的一个重要参数，若处理量过小，会导致液流产生的离心力不足以形成具有一定强度的旋涡，使分离效率低；若处理量过大不仅会增大压力损失，还会致使油滴乳化，增大分离难度。故需优选出合适的处理量，以保障多级螺旋分离器能进行有效的分离。开展处理量在 $0.5 \sim 3.0 \mathrm{m}^3/\mathrm{h}$ 范围内变化的分离性能测试，同时固定油相体积分数为 1%，分流比在底流口为 65%、在一级溢流口为 20%、在二级溢流口为 10%、在三级溢流口为 5%，得出不同处理量条件下各级螺旋流道出口处（图 6-6-2 截线 A、B、C 处）轴向、切向速度分布曲线如图 6-6-4 所示，中心轴线轴向速度分布曲线如图 6-6-5 所示。

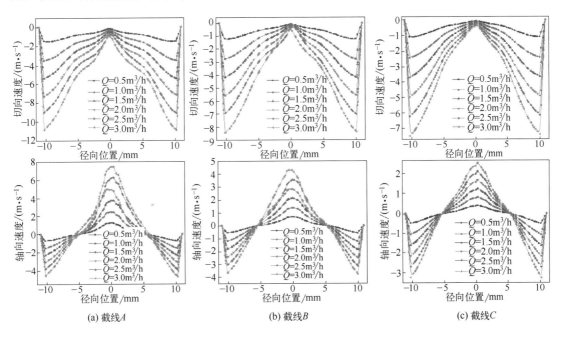

图 6-6-4 不同处理量 Q 条件下各级螺旋流道出口处速度变化曲线图

离心分离的原理是利用不同密度的流体在做圆周运动时所产生离心力的差异进行分离。各种水力旋流器的原理也都是通过利用各种结构形式使流体产生圆周运动，即产生切向速度，进而产生离心力。切向速度的大小关系到其产生离心力的大小，故切向速度对分离效率具有重要影响。从壁面至轴心方向 1mm 处，切向速度达到最大值，之后随着径向位置的减小，切向速度随之减小，且左右两侧速度呈轴心对称分布。随着处理量的增大，最大切向速

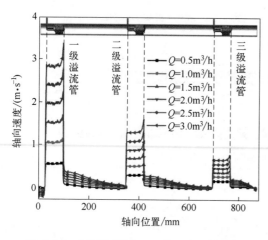

图 6-6-5 不同处理量 Q 条件下中心轴线处轴向速分布度曲线图

度也逐渐增大；在同一处理量条件下，由于进入各级分离器的轴向速度逐级减小，而切向速度为轴向速度经过螺旋流道产生的分量，故切向速度也随着分离器级数的增加而减小。

轴向速度是实现介质轴向运移的关键因素，即轴向速度决定了油相介质是否可从溢流口及底流口顺利流出，如图 6-6-4 所示，由于壁面定义为无滑移边界条件，故各截线轴向速度在壁面处为零，由边壁向轴心轴向速度逐渐减小，直至趋近于零，随着径向半径逐渐减小，轴向速度方向发生改变且呈逐渐升高趋势。在壁面附近轴向速度方向为负，可使重质相流向下一级分离器或底流

口；中心轴线处的轴向速度大多呈现正值，即指向溢流口方向，可促使在油水分离后油相介质从溢流口流出。液流从一级螺旋流道进入分离器后不断从溢流口流出，流向下一级分离器中的液体逐渐减少，故保持各级入流面积不变的条件下，轴向速度逐渐减小。

如图 6-6-6 所示为多级螺旋分离器轴线处油相体积分数分布曲线图，在不同处理量条件下的油相体积分数分布趋势呈现相同规律，各级分离器的油相体积分数均在溢流口处产生极大值，后逐渐减小直至消失。这是由于油水混合液由入口进入分离器内部，经过一级螺旋流道后，液流在离心力及密度差作用下产生旋转分离，轻质油相在轴线处汇聚并形成油核，靠近溢流口处的油相由溢流口流出，故各级溢流口附近油相体积分数较大。随着轴向位置的增大，靠近底流口处油核逐渐消散，轴线处无油核汇聚，故油相体积分数随之减小，未从溢流口流出的油相重新分散在整

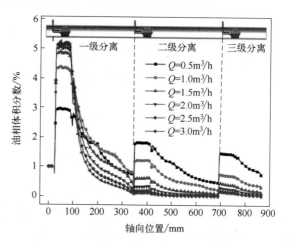

图 6-6-6 不同处理量 Q 条件下中心轴线处油相体积分数分布曲线图

个旋流腔截面，进入下一级分离腔内，重复上述运动。在保持其他操作参数不变的情况下，处理量越大，一级溢流口流出的油相越多，流入二、三级分离腔内的油相越少，致使二、三级溢流口流出的油相越少。处理量达到 2.5m³/h 时，一级分离器内油相体积分数已接近最大值，继续增加处理量，油相体积分数变化不明显。

如图 6-6-7 所示为不同处理量条件下，多级螺旋分离器由入口至出口处轴线位置压力分布曲线图，模拟计算过程边界条件采用速度入口，故入口压力处为 0kPa，以入口为基准，计算其他位置的相对压力值，图中每个处理量工况均对应四段折线，分别为入口腔压力曲线、一级分离腔压力曲线、二级分离腔压力曲线及三级分离腔压力曲线。当处理量为 0.5m³/h 和 1.0m³/h 时，同级分离腔内的压力值基本相同；增大处理量后，同级分离腔内

的压力差逐渐增大。对于图 6-6-7 中的同一折线，即在相同处理量条件下，相邻两段折线的纵坐标差值为各级分离装置对应的压力降。随着处理量的增大，压力降随之增大，当处理量为 $0.5\mathrm{m}^3/\mathrm{h}$ 时各级分离腔间压力降均未超过 10kPa，将处理量增大至 $3.0\mathrm{m}^3/\mathrm{h}$ 后，各级分离腔压力降已达到 100kPa，入口至底流出口间的压力降为 500kPa，且溢流管相较于分离腔内径更小，压力降会急剧增大，故选取适用于多级螺旋分离器的处理量区间应考虑到分离器的压力降问题。

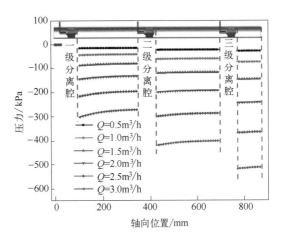

图 6-6-7 不同处理量 Q 条件下中心轴线处压力分布曲线图

不同处理量条件下对应的分离效率如图 6-6-8 所示，在不考虑结构强度及能量损耗的前提下，随着处理量的增大，分离效率逐渐增大后趋于平稳，再增大处理量，分离效率稍有下降。这是由于随着入口处理量的增大，分离腔内部切向速度增大，致使离心场增强，有利于油水分离，但随着处理量的继续增大，虽然离心力会进一步增强，但较大的流速加剧了对油相介质的剪切作用，使得分离效率不继续增大。当处理量超过 $3.0\mathrm{m}^3/\mathrm{h}$ 后，再增大处理量，在强剪切力的作用下，乳化油滴增多，不利于油滴的聚并及向轴心油核的聚结，分离难度增大，致使分离效率有所降低。实际应用中，需综合考量分离器的结构强度、压力损失及分离性能等影响，由图 6-6-8 可知，压力损失随着处理量的增大而增大，这是因为分离过程是依靠压力损失来获取动能，处理量增大流速增大，压力能转变为动能，致使压力降增大。在 $2.5\mathrm{m}^3/\mathrm{h}$ 处理量条件下，多级螺旋分离器分离效率已经达到 99.7%，再增大处理量对于分离器性能的提升并不明显，且会增加压力降造成更大的能量损失。

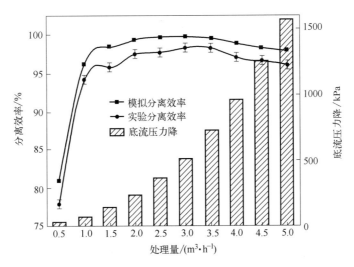

图 6-6-8 不同处理量条件下对应的分离效率及底流压力降

(2) 不同入口油相体积分数条件下性能分析

入口液流中油相体积分数直接影响着多级螺旋分离器中油相与水相的浓度分布，对分离器性能的影响较为复杂。为了探究不同入口油相体积分数条件对分离器产生的影响，在固定处理量、分流比等操作参数及其他物性参数的基础上，对入口油相体积分数在 1%~5% 范围内开展性能分析，得出不同入口油相体积分数条件下典型截面处（各级流道出口处）切向速度及轴向速度分布曲线，如图 6-6-9 所示。由图可知，与不同处理量条件下的切向速度及轴向速度总体呈现出类似规律。在近壁面处，各截面的轴向速度均呈负值，可促使壁面附近液流向底流口运移；径向位置在距中心轴线 5mm 处形成轴向速度为零的点，且轴向速度方向发生改变；随着径向位置靠近轴线，轴向速度逐渐增大，至轴线处，轴向速度达到最大值，且各级最大速度值逐级递减。随着入口油相体积分数的增加，轴向速度绝对值均随之减小。切向速度呈以轴心为轴、随着径向位置逐渐从壁面靠近轴心先增大后减小的对称分布。随着入口油相体积分数的增加，近壁面切向速度绝对值呈减小趋势，同时沿径向变化量逐渐减小。由于离散油相的聚集会破坏连续水相的流动，故入口油相体积分数的增加会导致液流轴向速度的减小。

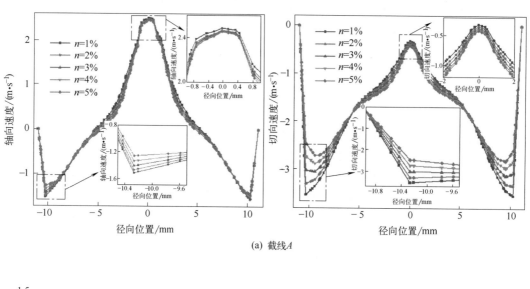

(a) 截线 A

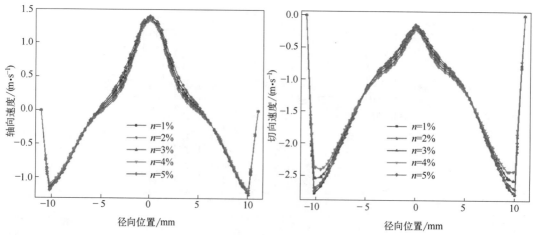

(b) 截线 B

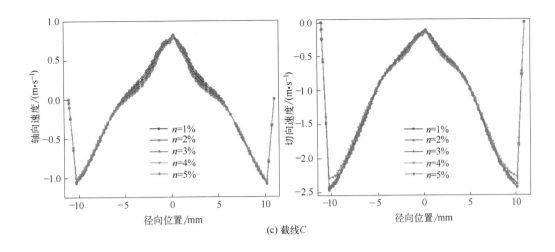

图 6-6-9　不同入口油相体积分数 n 条件下各级流道出口处速度变化曲线

图 6-6-10 所示为中心轴线处油相体积分数分布曲线，由图可知，入口液流的油相体积分数增多，各级中心轴线处油相体积分数随之增多，但增量逐渐减小。图 6-6-11 所示为各级螺旋流道出口处油相体积分数变化曲线，随着入口油相体积分数的增加，曲线上各点代表的螺旋流道出口处油相体积分数也不断增加，同时入口油相体积分数每增加 1％，一级分离腔（截线 A）的增加量不断减小，说明随着入口油相体积分数的增加，从一级溢流管流出的油相体积分数不断降低。入口油相体积分数增大会使二、三级分离腔内油相体积分数增加且增加量逐渐

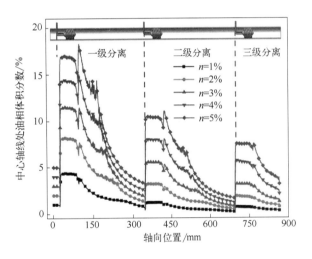

图 6-6-10　不同入口油相体积分数 n 条件下中心轴线处油相体积分数分布曲线

增大。这是由于在入口流量及入流面积固定的情况下，仅增加入口油相体积分数，会增大油相在旋流腔内的碰撞聚结概率，使油相更集中于轴线处，但油相过多会使得更多的油相介质处于零轴向速度包络面以外的外旋流区域，影响分离性能。

图 6-6-12 所示为多级螺旋分离器在不同入口油相体积分数条件下，中心轴线处压力分布曲线。由图可知，各级分离腔中心轴线上的压力随着轴向位置的增加呈递减趋势，且在分离腔部分的轴线处压力值为负值，这可促使液流向溢流口及底流口方向流出。随着分离级数的增大，各级分离腔间的压力降减小，说明使中心轴线附近油相向对应溢流口流出的动力减小。

图 6-6-13 所示为不同入口油相体积分数条件下对应的模拟和实验分离效率，由图可知，随着入口油相体积分数的增加，模拟分离效率和实验分离效率均呈现先升高后降低趋势。到达一定数值后入口油相体积继续增大，分离效率反而降低。这是由于液流进入旋流分离腔

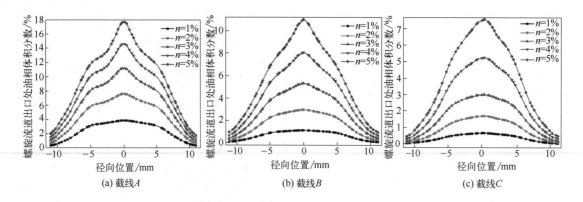

(a) 截线A   (b) 截线B   (c) 截线C

图 6-6-11　不同入口油相体积分数 n 条件下各级螺旋流道出口处油相体积分数变化曲线

后，在离心力及密度差作用下，液流以不同的速度在旋流腔内高速旋转，某一位置会产生轴向速度为零的点从而形成零轴向速度包络面，零轴向速度包络面以内的内旋流区速度指向溢流口，可使液流向溢流口排出，零轴向速度包络面以外的外旋流区会加速液流向底流运移的速度，故随着油相体积分数增多，更多油相介质处于外旋流区，导致油相介质从底流口流出，影响分离效率。入口油相体积分数为 2％ 和 5％ 时轴向截面油核模拟结果对比见图 6-6-13，模拟结果表明：入口油相体积分数为 2％ 时，油相更多聚集在一级分离腔内，同时三级分离腔内油相较少；当入口液流中油相体积分数为 5％ 时，会有更多的油相流入三级分离器内，且油核连接在底流口处，增大油相从底流口排出的流量，导致性能降低。

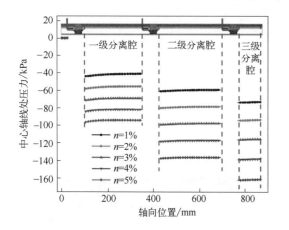

图 6-6-12　不同入口油相体积分数 n 条件下中心
轴线处压力分布曲线

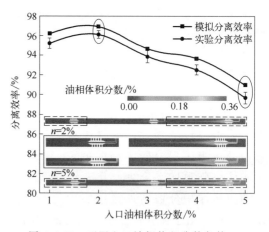

图 6-6-13　不同入口油相体积分数条件 n
下对应的分离效率

（3）不同分流比条件下性能分析

分流比是影响多级螺旋分离器的一个重要操作参数，可决定分离器溢流口与底流口之间流量的分配关系，分流比过小会导致油相介质不能完全从溢流口流出，但分流比过大虽然可保证所有分离后的油相全部流出，但也会使溢流口中流出水相，因此选取合适的分流比具有重要意义。在性能分析测试中，仅改变各级分流比，一级溢流分流比取 12％、16％、20％、22％、24％、28％，二级、三级溢流分流比取上一级的二分之一，其他操作参数保持不变，获得分离效率随分流比变化的规律如图 6-6-14 所示。由图 6-6-14 可知，随着溢流分流比的增大，分离器分离效率呈先增大后减小趋势，这是由于溢流分流比较小时，允许介质从溢流口流出的液体流量有限，导致在旋流腔内的油相无法及时从溢流口排出，增大油相从底流口流出的概率，致使分离效果不佳；随着溢流分流比的增大，更多在轴心处聚集的油相介质可以从溢流口顺利流出，提高分离效率；在溢流分流比达到一定值后，分离效率开始减小，是因为当达到最佳分流比状态时，再增大溢流分流比，溢流口流量增大，会导致油相携带更多水相从溢流口流出，影响分离器分离效果。

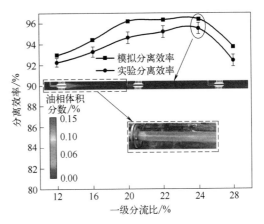

图 6-6-14 所示为一级分流比为 24% 时的模拟与实验油核对比图，模拟结果呈现出油相大多聚集在一级分离腔轴线处形成油核且呈细长条形状分布，但油核未达到底部二级溢流管处，实验结果也可清晰地在一级分离腔内观察

图 6-6-14 不同分流比条件下对应的分离效率

到细长条油核，同时实验结果与模拟结果误差为 0.89%。无论是油核形态还是效率变化趋势，均验证了实验结果与模拟结果的一致性。

第七节　井下气举式油水分离技术

为提高水力旋流器性能和适用范围，涌现了诸多增强型技术，如流场优化、材料创新、结构设计等。除此之外，部分学者利用辅助性场域来提升水力旋流器的分离性能，如电场、磁场、重力场强化等，然而这些技术由于井下空间狭小难以实施，且井下复杂介质的出现使得水力旋流器分离性能难以评估。为了有效地利用井下非油相介质作用，研发了井下注气增强型油水旋流分离技术，利用井下多余的气相介质实现旋流器分离性能的提升。

一、气举式水力旋流器结构及工作原理

同井注采技术开采过程中，气相介质的出现不仅使得井下油水分离器的分离性能出现波动，还对井下机械器件的正常运行造成影响，部分仪器甚至出现了气蚀现象。为了解决井下含气对后续油水分离造成的不良影响，将水力旋流器串联，将一级旋流器分离出来的气相介质从倒锥注入二级旋流器内部，从而达到分离性能的提升。其井下具体装配结构示意图如图 6-7-1 所示。

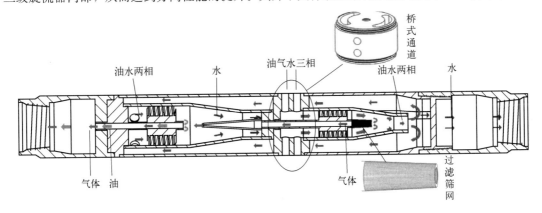

图 6-7-1 井下串联型气举式水力旋流装置装配结构示意图

井下气举式油水分离水力旋流器的结构示意图如图 6-7-2 所示，主要包含入口、溢流口、螺旋流道、柱段旋流腔、底流锥段、底流口和空气倒锥等几部分，其通过倒锥顶部直径为 2mm 的注气孔注入气体，推动油核成形于零轴向速度包络面之上，从而达到提高分离效率的目的。井下气举式油水分离水力旋流器工作原理如图 6-7-3 所示。

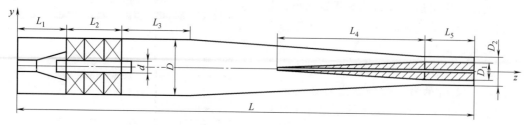

图 6-7-2 井下气举式油水分离水力旋流器结构示意图

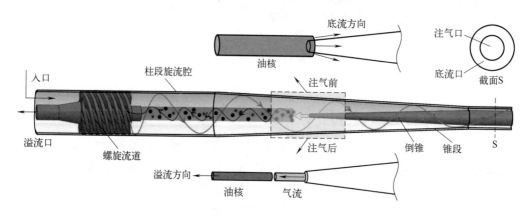

图 6-7-3 井下气举式油水分离水力旋流器工作原理

工作时，油水混合液通过入口增压以轴向方式进入水力旋流器内部，通过螺旋流道改变液体的流动方向，从而产生强烈切向旋流场。由于旋流场离心力的作用，密度较大的水相会运动至边壁，从底流口流出旋流器；密度较小的油相向轴心聚集形成油核，最终从溢流口流出。气举式水力旋流器使用空气压缩机在倒锥顶部注入气相介质，利用气相介质进入流场时产生的推动力和气相介质自身的携带性促进油核向溢流口方向流动，从而提升井下油水分离水力旋流器的分离性能。

二、气举式水力旋流器研究方法

为了研究不同操作参数下的井下气举式油水分离水力旋流器分离性能变化，设计实验工艺流程如图 6-7-4 所示，为了便于直观地对流场内部具体的情况进行分析，水力旋流器外壁采用有机玻璃材料。实验采用水作为连续相，密度为 998kg/m³，25℃ 黏度为 1.003×10^{-3} Pa·s；采用密度与原油相近的 GL-5 85W-90 重负荷齿轮油作为离散相，利用马尔文流变仪测得 25℃ 时油相的黏度值为 1.03Pa·s，油相密度为 850kg/m³；以空气作为注入相，密度为 1.225kg/m³，黏度为 1.789×10^{-5} Pa·s，采用空气压缩机将气相注入。实验时，将油相和水相分别通过螺杆泵的增压进入工艺管道。通过液体流量计和变频控制器达到所需油水比例后进入静态混合器混合，接着从水力旋流器入口进入旋流器内进行旋流分离。气相通过电控空气压缩机从倒锥底部注入，通过其功率变化来控制注气量。经过注气强化分离后，油相和气相通过溢流口进入油相收集罐中，水相通过底流口进入水相收集罐中。同时在入口、溢流口和底流口设置三个取样点来进行取样工作，取样后的溶液采用红外分光测油仪来进行含油浓度的测试，取 3 组重复性实验的平均值作为分离性能的分析结果。采用高速摄像机对流场内部油核成形状态进行分析研究，由于气举式水力旋流器的主分离区位于溢流口与倒锥顶部的区域之间，故只针对该区域进行油核形成状态的实验图像分析。

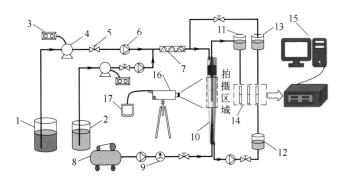

图 6-7-4　实验工艺流程

1—储水罐；2—储油罐；3—变频控制器；4—泵；5—开关阀；6—流量计；7—静态混合器；8—空气压缩机；
9—压力表；10—水力旋流器；11—溢流采样烧杯；12—底流采样烧杯；13—入流采样烧杯；14—比色皿；
15—红外分光测油仪；16—高速摄像机；17—高速摄像控制器

三、气举式水力旋流器实验结果分析

1. 注气量对分离性能的影响

气举式水力旋流器在倒锥顶部注入气相介质，可以实现油核在旋流分离过程的举升，从而达到提高分离性能的目的。气相作为推动介质，其参数大小直接影响着分离性能的好坏。以 $0.339\mathrm{m}^3/\mathrm{d}$ 为注气量梯度值，在 $0.339\sim3.390\mathrm{m}^3/\mathrm{d}$ 注气量范围内共选取 10 个注气量梯度进行井下气举式油水分离水力旋流器内部流场特性及分离性能的评估。不同注气量下油核分布形态如图 6-7-5 所示，由图可知，随着注气量的增加，其油核成形位置逐渐向溢流口靠近，促使油相从溢流口流出，从而达到提高其分离效率的目的。为了对流场内部油核变化情况进行定量分析，在注气口上方 3mm 处截取截面 S，等梯度选取 5 组不同注气量下内部流场的轴向速度进行对比分析，以底流口方向为正方向，其轴向速度变化如图 6-7-6 所示，随着注气量增加，轴心处轴向速度得到了极大的提升，轴向最大速度从 $0.25\mathrm{m/s}$ 上升至 $3.51\mathrm{m/s}$。未注气时，水力旋流器分离效率为 98.40%，注入气相介质后，不同注气量下的分离性能对比如图 6-7-7 所示。注气量范围为 $0\sim1.695\mathrm{m}^3/\mathrm{d}$ 时，气相介质的注入影响了流场的稳定，造成了倒锥附近的油相被挤出零轴向速度包络面以外，从而引起分离性能降低。随着注气量的增多，旋流器中心油核受到的举升力增加，分离性能逐渐提升。当注气量处于 $1.695\mathrm{m}^3/\mathrm{d}$ 到 $2.882\mathrm{m}^3/\mathrm{d}$ 之间时，油水两相的分离性能得到了增强，注气量为 $2.034\mathrm{m}^3/\mathrm{d}$ 时，油水分离效率达到了最高值 98.52%；当注气量超过 $2.882\mathrm{m}^3/\mathrm{d}$，由于注入了过多的气相介质，气相介质将油相介质沿径向推动，使得油相介质流动到零轴相速度包络面以外，溢流口油相介质流出减少，部分油相开始向底流口流动，从而造成了分离性能的再次降低。

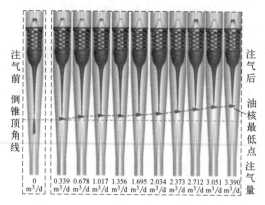

图 6-7-5　不同注气量下油核分布形态

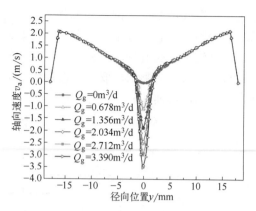

图 6-7-6　截面 S 不同注气量 Q_g 下内部流场
轴向速度变化图

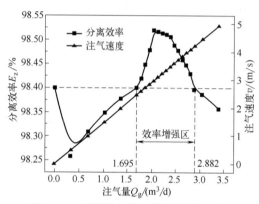

图 6-7-7　不同注气量下的分离性能对比

在气举式水力旋流器倒锥顶部注入气相介质，通过对不同注气量下内部流场的分布状态以及分离性能研究，得出当注气量处于 $1.695\mathrm{m^3/d}$ 到 $2.882\mathrm{m^3/d}$ 之间时，旋流器的分离性能得到增强，当注气量为 $2.034\mathrm{m^3/d}$ 时，其模拟分离效率达到最高值 98.52%。

2. 不同注气量下气举式水力旋流器的实验性能分析

为了对不同注气量下气举式水力旋流器的实用性进行分析，同时验证数值模拟结果的准确性，选取了不同注气量下流场内部油核分布状态进行研究，如图 6-7-8 所示。由图可知，随着注气量的升高，油核成形位置逐渐上移，气相的注入对油核起到了一定的推动作用，但当注气量为 $3.390\mathrm{m^3/d}$ 时，实验过程中少量油相介质会从注气口周围向底流口流去，造成分离效率的降低，这是由于气相注入量过多，过多的气相将中心油相挤出中心区域到达零轴相速度包络面以下所造成的。不同注气

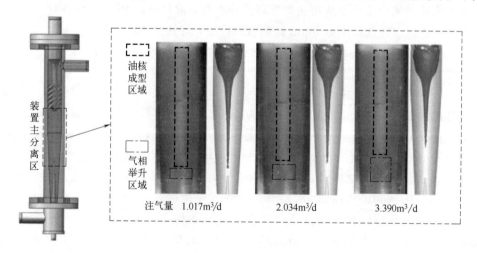

图 6-7-8　不同注气量下流场内部油核分布状态

量下模拟和实验分离性能对比如图 6-7-9 所示。由图 6-7-9 可知，模拟和实验分离效率均呈现先升高后降低的趋势，平均误差仅为 3.45%，呈现出了较好的一致性；注气量为 2.034m³/d 时，实验分离效率达到最高值 96.12%，相较于未注气状况下提高了 1.77 个百分点。

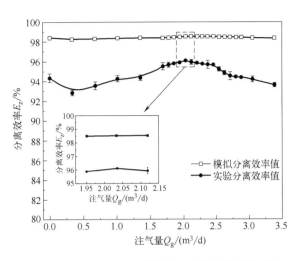

图 6-7-9　不同注气量下的模拟和实验分离性能对比

利用室内实验对不同注气量下的分离性能进行研究分析，通过对实验结果分析可知，模拟和实验结果误差仅为 3.45%；在注气量范围为 1.695m³/d 到 2.882m³/d 之间时，旋流器的分离效率得到了提高；注气量为 2.034m³/d 时实验分离效率达到最大值 96.12%；在注气量范围为 0~1.695m³/d 以及 2.882~3.390m³/d 时，气相的注入致使分离性能降低，模拟和实验呈现出了较好的一致性。

3. 操作参数及介质参数对分离性能的影响

操作参数及介质参数作为影响旋流器分离性能的重要参数，其主要包含分流比、离散相介质体积分数以及入口流量等。为验证注气后井下油水分离水力旋流器在不同工况下的分离性能，采用单因素法，依次选取不同分流比、入口油相体积分数以及入口流量，以油相的质量效率作为评价指标，对其在不同操作参数下的流场内部状况进行分析。

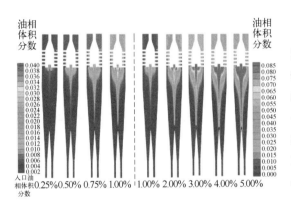

图 6-7-10　不同入口油相体积分数下流场内轴向截面油相体积分数分布云图

（1）入口油相体积分数

为了研究注气后井下油水分离水力旋流器的适用情况，选取 0.25%、0.50%、0.75%、1.00%、2.00%、3.00%、4.00%、5.00% 共 8 组不同入口油相体积分数，基于最佳注气量 2.034m³/d，对不同入口油相体积分数下流场内部特征进行分析研究。不同入口油相体积分数下流场内轴向截面油相体积分数分布云图如图 6-7-10 所示。由图 6-7-10 可知，当入口油相体积分数在 1% 以内时，随着入口油相体积分数的逐渐增加，轴心位置油相体积分数增大，油核

成形位置略微逐渐下移，当入口油相体积分数范围为 1%~5% 时，随着入口油相体积分数的持续升高，部分油相从注气口周围向底流口流去，会造成分离效率的降低，但可以清晰看出入口油相体积分数无论如何变化，气相对油核的推动作用显著存在。不同入口油相体积分数下模拟和实验分离性能对比如图 6-7-11 所示，模拟和实验呈现相同的变化规律，入口油相体积分数为 0.75% 时，实验分离效率达到最大值 96.53%，模拟分离效率达到最大值 98.55%，最佳入口油相体积分数下模拟和实验油核成形位置相近，且底流口附近无明显油相流出。

（2）分流比

基于筛选出的最佳注气量 $2.034m^3/d$ 以及最佳入口油相体积分数 0.75%，选取 $10\%\sim$ 50% 为分流比参数范围，以 5% 为参数单元，对不同分流比下气举式水力旋流器的分离性能进行研究。不同分流比下模拟和实验的分离性能对比如图 6-7-12 所示。随着分流比的增加，分离效率呈现先升高后降低的趋势。当分流比为 40% 时，分离性能达到最佳。模拟和实验油核形成位置相近，相较于分流比为 30% 而言，油核呈现明显上移，倒锥顶部油相几乎完全消失。由于研究的井下气举式油水分离水力旋流器分离区域主要由柱段旋流腔、锥段、底流管等部分组成，所以分别对不同区域做分析截线。此外，为了分析倒锥出气口附近区域的流场特性，在倒锥的气相出口区选取截面Ⅲ进行分析。具体截面位置为 $z=130mm$（截面Ⅰ）、$z=200mm$（截面Ⅱ）、$z=308mm$（截面Ⅲ）、$z=400mm$（截面Ⅳ）。不同分流比下多位置切向截面油相体积分数分布云图如图 6-7-13 所示。由图可知，随着分流比的增加，截面Ⅰ、Ⅱ、Ⅲ中心油相体积分数逐渐减小，截面Ⅳ无明显变化；当分流比增加至 25% 及以上时，截面Ⅲ的所呈现的油核几乎消失；当分流比达到 40% 及以上时，截面Ⅱ所呈现云图几乎也不再变化。表明随着分流比的增加，油核成形位置逐渐上移，溢流口流出的油相逐渐增加。

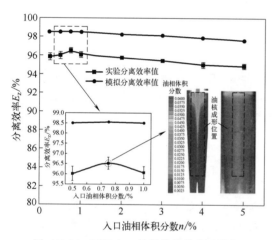

图 6-7-11　不同入口油相体积分数下模拟
和实验的分离性能对比

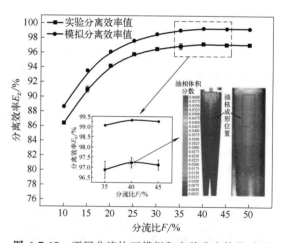

图 6-7-12　不同分流比下模拟和实验分离性能对比

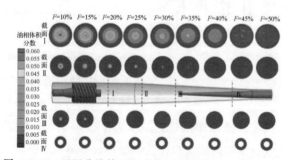

图 6-7-13　不同分流比下切向截面油相体积分数分布云图

（3）入口流量

基于筛选出的最佳注气量 $2.034m^3/d$、最佳入口油相体积分数 0.75% 以及最佳溢流分流比 40%，选取流量范围 $3.3\sim5.4m^3/h$，以 $0.3m^3/h$ 为参数单元，对 8 组不同梯度下的入口流量进行分析，不同入口流量下的分离效率如图 6-7-14 所示，随着入口流量的升高，分离效率呈现递增趋势。入口流量为 5.4m³/h 时模拟分离效率达到最大值 99.51%，相对于未注气前提高了 1.11 个百分点，最佳工况油相介质均分布于柱段以及锥段上半部，空气倒锥处几乎无油相介质出现。选取柱段（$z=130mm$）和锥段（$z=200mm$），即截面 I 和截面 II 两截面，针对其切向速度进行分析，得到不同入口流量下切向速度变化如图 6-7-15 所示。出图可知，随着轴向位置的深入，不同入口流量下的切向速度呈现降低的趋势；不同轴向位置的切向速度均呈周向对称分布，其随着半径的减小呈现先升高后降低的趋势，在轴心处速度降低至 0；随着入口流量的升高，切向速度逐渐增大，入口流量为 5.4m³/h 时柱段切向速度最大值达到 8.85m/s，从而使得油相获得更大的离心力，提高旋流分离效率。

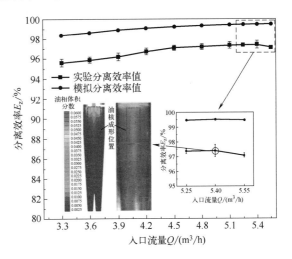

图 6-7-14 不同入口流量下分离性能对比图

综上，基于最佳的注气量 2.034m³/d，利用单因素法依次对气举式水力旋流器的不同入口油相体积分数、分流比、入口流量下的内部流场特性进行研究分析，结果表明，研究范围内气举式水力旋流器的最佳入口油相体积分数为 0.75%，最佳分流比为 40%，最佳入口流量为 5.4 m³/h，最佳工况下模拟和实验的质量分离效率分别为 99.51% 和 97.42%。

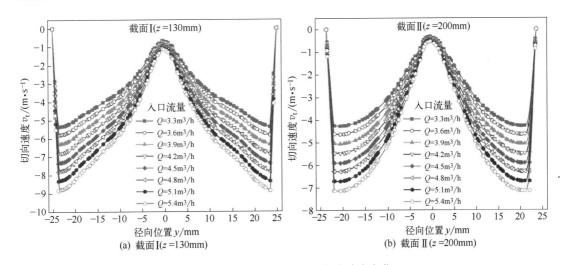

图 6-7-15 不同入口流量下切向速度变化

第八节　高产液量条件下井下多级串接并联旋流分离技术

在同井注采井下油水分离过程中，常见的水力旋流器的入口流量一般为 2～10m³/h，其可实现油相介质在固定入口流量范围下的高效分离与提纯。然而，海上油田的单井产液量可达几十立方米每小时，这种高入口流量条件会导致油滴在旋流腔内乳化现象加剧，从而影响水力旋流器的分离性能。除此之外，在井下应用的过程中无法采用更多的横向并联形式实现入口流量的提升。为了解决这些问题，以下提出了多级串接并联的旋流分离技术，以适应套管内较高的入口流量工况，为海上油田井下油水高效分离提供思路和参考。

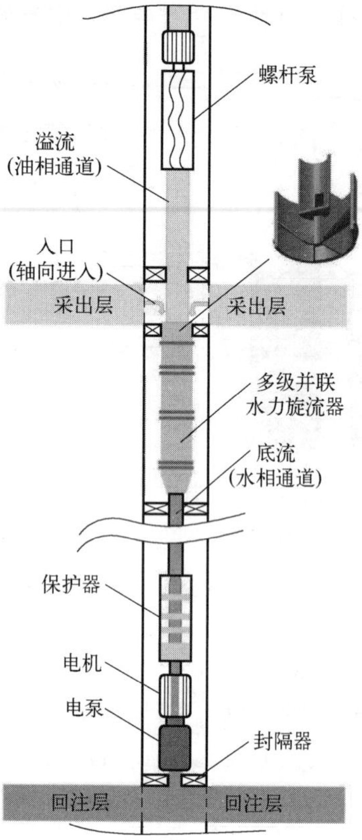

多级串接并联油水分离水力旋流器主要用于井下油水分离，其井下排布方式如图 6-8-1 所示，多级并联水力旋流器在双泵中部位置，举升泵选用螺杆泵进行油相举升，它连接多级并联水力旋流器的溢流口，将旋流器分离出的富油流举升至海洋平台，回注泵选用电泵进行回注，上端连接电机及保护器。回注泵连接多级并联水力旋流器的底流出口，将分离出的水相回注至回注层，多级串接并联水力旋流器的入口处为桥式通道设计，采出液从轴向进入多级并联式水力旋流器，与溢流通道形成交互式流道，从而分隔开溢流通道和入口通道。整体工作流程为：采出液从轴向进入多级并联水力旋流器中，由多个旋流器同时进行油水分离，分离后的油相统一汇集到油相出口，由螺杆泵举升至海洋平台，分离后的水相汇集到底流出口，由电泵回注到回注层，从而实现高产液量油井的井下油水分离，实现高含水油井经济、高效开采。

图 6-8-1　多级串接并联油水分离水力旋流器井下排布方式

多级串接并联水力旋流器结构设计的整体设计思路如图 6-8-2 所示，混合液从入口进入中心管中，中心管连接着 3 个入口槽，每个入口槽连接 4 根旋流器单体为一级，整体由三级串接在一起，每根旋流器单体的溢流口通过设计溢流通道将其汇集在一起统一由上端排出，底流口通过设计底流通道，统一从下端排出，从而实现来液从中心管进入，同时进入每一级的入口槽中，再同时进入每一级并联的旋流器，旋流器分离后的油相统一从油相出口排出，分离后的水相统一从水相出口排出。

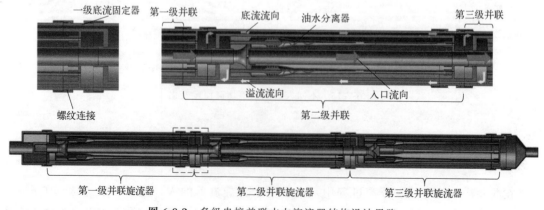

图 6-8-2　多级串接并联水力旋流器结构设计思路

第九节　基于 3D 打印的变螺距式旋流分离技术

由于井下分离结构的高精度要求，常规的加工手段难以在极小的误差内实现轴入式水力旋流器的螺旋流道加工。3D 打印技术作为一项创新性技术，为金属材料的制造带来了革命性的改变。3D 打印技术与传统的金属加工方法结合，可以为井下轴入式螺旋结构的实现提供更多的可能。为了进一步提高井下油水分离精度，基于旋流分离基本原理，利用 3D 打印技术，设计制造了更为精密的精细化分离螺旋流道结构，达到了提高分离效率的目的。

一、变螺距式水力旋流器结构设计

1. 变螺距式水力旋流器结构

利用 3D 打印技术与传统的金属加工方法结合，形成了一种变螺距式水力旋流器结构，其结构形式所示如图 6-9-1（a）所示，该旋流器主要由旋流器外壳、变螺旋流道、加长倒锥组成。流体域结构如图 6-9-1（b）所示。加长倒锥固定在旋流器底部，变螺旋流道通过螺纹与旋流器外壳固定。

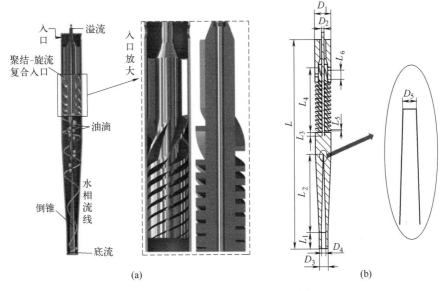

图 6-9-1　变螺距式水力旋流器结构

2. 分离原理

变螺距式水力旋流器分离原理如图 6-9-2 所示。油水混合液通过入口进入变螺距螺旋流道中，在切向力的作用下密度较轻的油相聚集到内部。随着过流面积的逐渐减少，流体流经切面的速度增加，油相介质经过超长螺旋流道，完成粒径重构，进入旋流腔进行旋流分离。分离后的油相介质通过螺旋流道中间的溢流孔被举升至地面，分离后的水相向下做旋流运动，最终从底流口排出，完成高效的旋流分离，然后被回注至地底注水层。

二、操作参数对变螺距式水力旋流器分离性能的影响

1. 入口流量对变螺距式水力旋流器分离性能的影响

入口流量过高会导致压力损失过大，入口流量过低会导致流速不够，不足以形成一定强

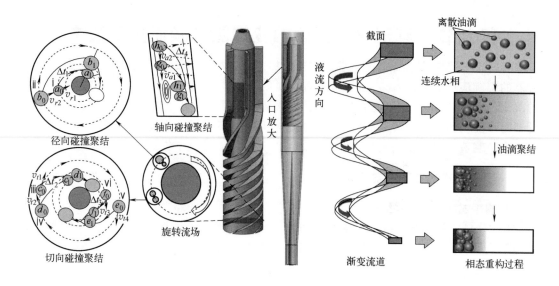

图 6-9-2 变螺距式水力旋流器分离原理示意图

度的涡流,也不利于旋流器分离,所以入口流量会影响井下变螺距式水力旋流器分离效率。在入口流量工况为 $36\sim156\text{m}^3/\text{d}$ 的范围内,以 $12\text{m}^3/\text{d}$ 为一个间隔水平。由于入口横截面积一定,因此入口流速不同,为了纵向对比分析不同入口流量对油相分布的影响,选取具有代表性的分流比 30%、入口油相体积分数 2% 为恒定条件,模拟得到变螺距式水力旋流器油相体积分数分布云图,结果如图 6-9-3 所示。

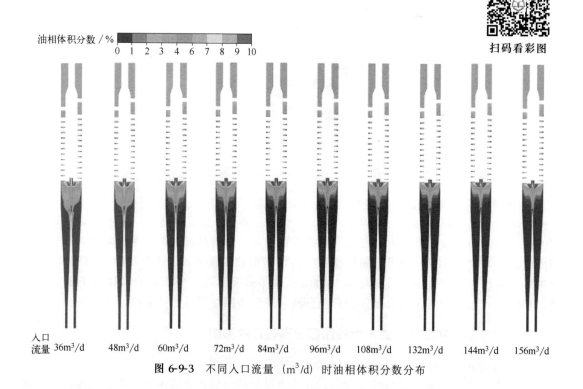

图 6-9-3 不同入口流量(m^3/d)时油相体积分数分布

由图 6-9-3 可知，油相主要集中在旋流器溢流口，在不同入口流量情况下，变螺距式水力旋流器溢流口处油相体积分数明显大于其他位置油相体积分数，可以看出入口流量在 60～156m³/d 的范围区间内，油相更加集中在溢流口附近；从云图可以明显看出入口流量的变化对油相体积分数的影响，随着入口流量的增大，变螺距式水力旋流器溢流口油相体积分数逐渐增大，在 96m³/d 入口流量时达到峰值，之后趋于稳定。

模拟条件与实验条件下入口流量对变螺距式水力旋流器分离效率影响曲线如图 6-9-4 所示，实验结果与模拟结果呈现了较好的一致性。当入口流量为 96m³/d 时，分离效率为 97.5%，这说明当入口流量较小时，混合液的速度较小，细小油滴聚结行为不明显，未能形成较大油核，且水相受到的离心力不够，使得部分水相进入轴心位置与油相混合进而从溢流口流出去；随着入口流量的增大，开始出现较为明显的油核，这说明入口流量越多，油核聚结行为越明显，分离效率越高。当入口流量达到 108m³/d 时，油水混合液的速度趋于稳定，油核和分离效率也开始稳定，分离效

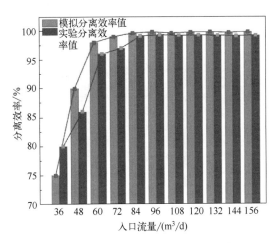

图 6-9-4 入口流量对变螺距式水力旋流器
分离效率的影响

率稳定在 99.3%。当入口流量在 108～156m³/d 这个区间时，由于变螺旋流道的最小截面积不变，导致增加入口流量时混合液的速度不再发生明显的变化，油核行为和分离效率变化不大。说明在一定范围内进液量越大，油相分离效率越高。

实验分离效率的最佳处理量区间为 96～156m³/d，最佳处理量为 96m³/d。

2. 入口油相体积分数对变螺距式水力旋流器分离性能的影响

入口油相体积分数会影响井下变螺距式水力旋流器分离效率，由于混合液入口油相体积分数不同，液体呈现的黏度不同，而黏度是影响旋流器分离效率的一个重要指标。为了掌握入口油相体积分数对油水分离效率的影响规律，模拟入口油相体积分数分别为 1%～10% 条件下分离效率变化规律，每间隔 0.25% 设置监测点，对比分析入口油相体积分数对油相分布的影响，选取具有代表性入口流量 96m³/d、分流比 30% 作为恒定条件，模拟得到变螺距式水力旋流器油相分布云图，结果如图 6-9-5 所示。发现不同入口油相体积分数下变螺距式水力旋流器中部和螺旋流道靠近轴心处油相体积分数明显大于其他位置油相体积分数，且越靠近下端和旋流器边壁位置油相体积分数越小，说明变螺距式水力旋流器分离效果较好，油相均沿分离器溢流口流出去；当入口油相体积分数为 1% 时，其中部位置入口油相体积分数几乎为 0，没有出现油相堆积的情况；入口油相体积分数在 2% 时开始出现油核，油核的出现使得溢流口的油相体积分数增高。随着入口油相体积分数的增高，部分油相在中部溢流口位置堆积，无法从溢流口排出，且油相逐渐向下延伸，底流口的油相体积分数会逐渐升高，因此分离效率逐渐降低。

不同入口油相体积分数下分离效率曲线如图 6-9-6 所示，实验结果与模拟结果呈现了较好的一致性。由图 6-9-6 可知，在入口油相体积分数≤2% 时，随着入口油相体积分数的增加分离效率增加，并且在入口油相体积分数为 2% 时分离效率达到最高；在 3%～10% 区间

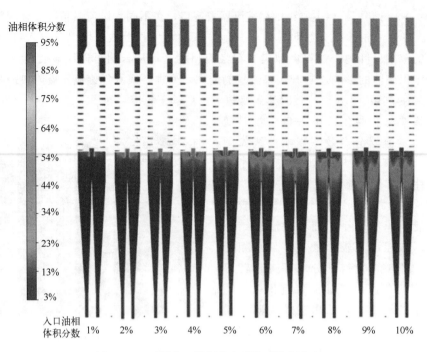

图 6-9-5 不同入口油相体积分数时油相分布

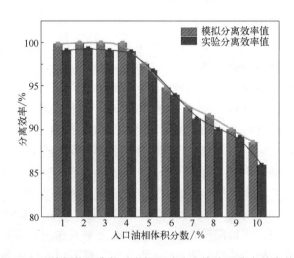

图 6-9-6 入口油相体积分数对变螺距式水力旋流器分离效率的影响

内随着入口油相体积分数增大油水分离效率逐渐降低。主要由于同等条件下，溢流口的截面积不变，从溢流口流出的最大油相体积不变，2%入口油相体积分数时为最大油相截面流量，当入口油相体积分数继续增大，油相将会随着水相从底流口出去。因此随着入口油相体积分数的增高，旋流器分离效率会呈现先增高后降低的规律。

3. 分流比对变螺距式水力旋流器分离性能的影响

分析不同分流比对变螺距式水力旋流器油相体积分数的影响，模拟得到变螺距式水力旋流器不同分流比条件下油相体积分数分布云图（图 6-9-7）。由图 6-9-7 可知，油相在旋流分离作用下主要集中在变螺旋流道靠近轴心部分和溢流口，溢流口部分油相被油泵抽吸举升至地面。在不同分流比情况下，变螺距式水力旋流器上端溢流口处油相体积分数明显大于其他位置油相体积分数。当分流比在 5%～10% 范围区间时，油相分布比较分散，当分流比逐渐升高时，油相逐渐集中在溢流口底部位置。

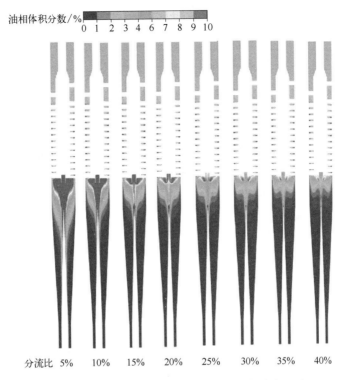

扫码看彩图

图 6-9-7 不同分流比条件下油相体积分数分布云图

　　旋流器分离效率随分流比变化曲线如图 6-9-8 所示，可以看出分流比在 5%～15% 的区间时，分流比越大，油相分离效率越高，在 15%～30% 区间内随着分流比的不断增大，油相分离效率保持稳定。分流比在 30% 时分离效率最高，模拟值可达 99.38%，实验值的数值略小于模拟值，但两者体现了相同的规律，实验结果与模拟结果体现出较高的吻合度。

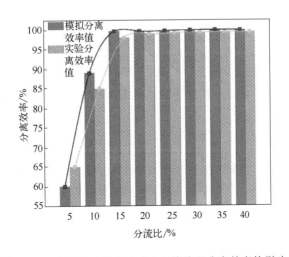

图 6-9-8 分流比对变螺距式水力旋流器分离效率的影响

参 考 文 献

[1] 刘合，高扬，裴晓含，等. 旋流式井下油水分离同井注采技术发展现状及展望 [J]. 石油学报，2018，39（4）：463-471.

[2] 刘合，郝忠献，王连刚. 人工举升技术现状与发展趋势 [J]. 石油学报，2015，36（11）：1441-1448.

[3] 段铮，李锋，邹信波，等. 井下油水分离的国内外研究现状 [J]. 机械工程师，2021，06：59-62.

[4] 赵立新，宋民航，蒋明虎，等. 新型轴入式脱水型旋流器的入口结构模拟分析 [J]. 石油机械，2013，41（01）：68-71.

[5] 盛庆娇. 新型螺旋入口水力旋流器模拟分析及实验研究 [D]. 大庆：东北石油大学，2013.

[6] 宋民航. 新型导叶式水力旋流器设计与结构优选 [D]. 大庆：东北石油大学，2013.

[7] 蒋明虎，芦存财，张勇. 井下双水分离系统串联结构设计 [J]. 石油矿场机械，2007，36（12）：59-62.

[8] 赵传伟，李增亮，董祥伟，等. 井下双级串联式水力旋流器数值模拟与实验 [J]. 石油学报，2014，35（3）：551-557.

[9] 邢雷，张勇，蒋明虎，等. 轴入式两级串联旋流器流场分析与性能评估 [J]. 中国机械工程，2018，29（16）：1927-1935.

[10] Liang Y C，Chen W M，Lee X Z. Effect of structural modification on hydrocyclone performance [J]. Separation and Purification Technology，2000，21（1）：71-86.

[11] 王志杰，李枫，赵立新. 含聚浓度对旋流器性能影响的数值模拟与试验 [J]. 化工进展，2019，38（12）：5287-5296.

[12] 高扬，刘合，张勇. 采出液含砂量对井下两级串联旋流器分离性能的影响 [J]. 东北石油大学学报，2018，42（01）：112-120，128.

[13] 宫磊磊. 采出液含气对井下油水旋流分离器的影响研究 [D]. 大庆：东北石油大学，2015.

[14] Zhao C W，Sun H Y，Li Z L. Structural optimization of downhole oil-water separator [J]. Journal of petroleum science and engineering，2017，148：115-126.

[15] Ni L，Tian J Y，Song T，et al. Optimizing geometric parameters in hydrocyclones for enhanced separations：a review and perspective [J]. Separation and Purification Reviews，2019，48（1）：30-51.

[16] 邢雷，李金煜，赵立新，等. 基于响应面法的井下旋流分离器结构优化 [J]. 中国机械工程，2021，32（15）：1818-1826.

[17] 蒋明虎，赵立新，李枫，等. 旋流分离技术 [M]. 哈尔滨：哈尔滨工业大学出版社，2000.

[18] 赵传伟，李增亮，邓良驹，等. 井下双级串联式油水分离器工作特性研究 [J]. 机械工程学报，2014，50（18）：177-185.

[19] 王振波，马艺，金有海. 流量对导叶式旋流管内油滴聚结破碎影响的数值模拟 [J]. 环境工程学报，2010，4（9）：2156-2160.

[20] Cilliers J J，Harrison S T L. Yeast flocculation aids the performance of yeast dewatering using minihydrocyclones [J]. Separation and Purification Technology，2018，209：159-163.

[21] 赵启昂. 微型旋流器分离大米淀粉过程的数值模拟及实验研究 [D]. 无锡：江南大学，2009.

[22] 刘培坤，牛志勇，杨兴华，等. 微型旋流器对超细颗粒的分离性能 [J]. 中国粉体技术，2016，22（06）：1-6.

[23] 陈广. 微型气液旋流器性能及应用研究 [D]. 上海：华东理工大学，2016.

[24] Li X B，Zhu W，Liu J T，et al. Gas hold up in cyclone-static micro-bubble flotation column [J]. Environmental Technology，2016，37（7）：785-794.

[25] Yang Q，Lv W J，Wang H L，et al. CFD study on separation enhancement of mini-hydrocyclone by particulate arrangement [J]. Separation and Purification Technology，2013，102：15-25.

[26] 徐晓峰，史仕荧. 轴流式井下旋流油水分离器压降比性能研究 [J]. 中国矿业，2015，24（8）：144-147.

[27] 邢雷，李金煜，赵立新，等. 基于响应面法的井下旋流分离器结构优化 [J]. 中国机械工程，2021，32（15）：1818-1826.

[28] Yan Y J，Shang Y X，Wang Z C，et al. The structure design and numerical simulation research on downhole hydrocyclone desander [J]. Advanced Materials Research，2014，933：434-438.

[29] 邢雷，蒋明虎，赵立新，等. 水力聚结器结构参数优选 [J]. 机械科学与技术，2021，40（4）：527-533.

[30] 赵健华，杨威，胡大鹏. 注气对油水分离水力旋流器流场影响模拟分析 [J]. 化工机械，2014，41（3）：345-349.

[31] 赵立新，朱宝军，李枫，等. 气携式液液水力旋流器分离性能影响因素 [J]. 化学工程，2007，35（2）：34-37.

[32] 邢雷，苗春雨，蒋明虎，等. 井下微型气液旋流分离器优化设计与性能分析 [J]. 化工学报，2023，74（08）：3394-3406.

[33] 李枫，刘海龙，邢雷，等. 进气量对气举式同向出流旋流器性能的影响研究 [J]. 石油机械，2021，49（8）：100-106，141.

[34] 蒋明虎，邢雷，张勇，等. 轴入式两级串联旋流器分离性能研究 [J]. 化工机械，2018，45（03）：366-370，380.

[35] 邢雷，李新亚，蒋明虎，等. 适用于超低进液量的微型水力旋流器结构优化 [J]. 机械工程学报，2022，58（23）：251-261.

[36] 张晓光，司书言，赵立新，等. 螺旋流油滴聚结器结构优化与性能分析 [J]. 石油化工，2023，52（09）：1248-1255.

[37] 邢雷，苗春雨，蒋明虎，等. 多级螺旋分离器结构优化设计与性能分析 [J]. 化工学报，2023，74（11）：4587-4599.

[38] 李新亚，邢雷，蒋明虎，等. 倒锥注气强化井下油水分离水力旋流器性能研究 [J]. 化工学报，2023，74（03）：1134-1144，1419.

[39] 郑九洲. 用于同井注采的高处理量水力旋流器结构设计及性能研究 [D]. 大庆：东北石油大学，2022.

[40] 吕超. 流量脉动下油水分离器优化设计及流场特性研究 [D]. 大庆：东北石油大学，2023.

[41] 赵立新，宋民航，蒋明虎，等. 轴流式旋流分离器研究进展 [J]. 化工机械，2014，41（01）：20-25.

[42] Yuan H，Thew M T. Effect of the vortex finder of hydrocyclones on separation [C]//International Conference on Cyclone Technologies No5. York：BHR Cranfield，2000：75-83.

[43] Petty C A，Parks S M，Shao S M. The use of small hydrocyclones for downhole separation of oil and water [C]//International Conference on Cyclone Technologies No5. York：BHR Cranfield，2000：225-235.

[44] 李晓钟，陈文梅，褚良银. 水力旋流器能耗定义及其组成分析 [J]. 过滤与分离，2000，02：1-3.

[45] 赵立新，朱宝军. 不同湍流模型在旋流器数值模拟中的应用 [J]. 石油机械，2008，05：56-60，84.

[46] 赵立新，崔福义，蒋肯虎，等. 基于雷诺应力模型的脱油旋流器流场特性研究 [J]. 化学工程，2007，05：32-35.

[47] 张荣克，谬仲武. 多管第三级旋分器导向叶片参数的计算 [J]. 石油化工设备，1987，03：17-22.

[48] 蒋明虎，陈世琢，李枫，等. 紧凑型轴流式除油旋流器模拟分析与实验研究 [J]. 油气田地面工程，

2010，29（09）：18-20.

[49]　马艺，金有海，王振波. 两种不同入口结构型式旋流器内的流场模拟 [J]. 化工进展，2009，28（S1）：497-501.

[50]　Brunazzi E，Paglianti A，Talamelli A. Simplified design of axial-flow cyclone mist eliminators [J]. AIChE Journal，2003，49（1）：41-51.

[51]　Hsiao T，Chen D，Greenberg P S，et al. Effect of geometric configuration on the collection efficiency of axial flow cyclones [J]. Journal of Aerosol science，2011，42（2）：78-86.

第七章

井下气-液旋流分离技术

第一节　井下紧凑型气-液旋流分离技术

随着石油行业的不断发展和深海油气资源的逐步开发，在油气开采过程中，采油井内采出液的气体含量逐渐增加，采出液含气会给采出泵带来气蚀、气锁、泵效降低等一系列问题，因此如何在狭窄的采油井筒内实现气-液高效分离成为采油工程领域至关重要的技术之一。本节介绍一种紧凑式气-液旋流分离技术，系统地讨论了倒锥长度对旋流器内气相介质运移形态的影响，分析了倒锥长度对流场内空气芯形态、压力损失、速度场、微气泡颗粒的分布及分离性能的影响规律。

一、紧凑型气-液分离水力旋流器工作原理及结构设计

紧凑型气-液分离水力旋流器的工作原理及结构如图 7-1-1（a）所示，该气-液分离水力旋流器主要由双切向入口、溢流口、底流口、柱段旋流腔和倒锥组成。其分离原理为：气-液混合相通过切向入口进入旋流器旋流腔内。混合相进入旋流腔后，受到设备内部环形空间的影响，产生了旋流运动，形成了旋流场。由于旋流场作用，液相和气相会发生旋流分离。液相较重，会沉降到旋流器的底部，而气相较轻则会集中在中心部分。混合相中，气相多以气泡形式存在，旋流场内气泡受力如图 7-1-1（a）所示，气泡在垂直方向上只受到重力 F_g（N）和流体垂向压力梯度力（垂向浮力）F_b(N)，其中

$$F_g = \rho_g g V_1 = \frac{\pi}{6} d_p^3 \rho_g g \tag{7-1-1}$$

$$F_b = \rho_w g V_1 = \frac{\pi}{6} d_p^3 \rho_w g \tag{7-1-2}$$

式中，ρ_g 为气泡密度，kg/m^3；ρ_w 为水相密度，kg/m^3；g 为重力加速度，m/s^2，取 $9.81m/s^2$；d_p 为气泡直径，m；V_1 为气泡体积，m^3。

在水平方向，气泡受到流场曳力 F_d 的作用，该力沿切线方向。由于在旋流场中的气泡颗粒存在绕质心的自转，故气泡在径向上受到气泡自旋升力马格纳斯力 F_M。旋流场中气泡两侧存在速度梯度，则气泡会受到流体速度梯度力（萨夫曼升力）F_s。此外，在径向上气泡还会受到径向压力梯度力 F_{br} 以及气泡附加质量力 F_a。其中，流场曳力 F_d(N) 理论计

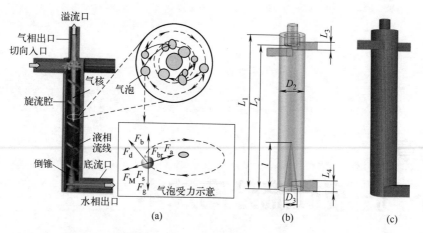

图 7-1-1 紧凑型气-液分离水力旋流器工作原理及计算域

算公式为

$$F_d = \frac{\pi}{8} C_d \mu d Re_p (u_w - u_g) \tag{7-1-3}$$

$$Re_p = \frac{\rho_w d_p |u_w - u_g|}{\mu} \tag{7-1-4}$$

式中，u 为速度，m/s；下标 g 代表气相，w 代表水相；d 为直径，m；μ 为流体动力黏度，Pa·s；C_d 为曳力系数。

在径向上受到的压力梯度力 F_{br}（单位为 N）为

$$F_{br} = \frac{\pi}{6} \rho_w d_p^3 \frac{u_w^2}{r_s} \tag{7-1-5}$$

式中，r_s 为流场半径，m。

当气泡在流场中相对于流体做加速度运动时，气泡会产生一个附加质量力 F_a（单位为 N），在旋流场中该力的方向沿径向指向轴心，其公式为

$$F_a = C_a V_1 \rho_g \left| \frac{du_w}{dt} - \frac{du_g}{dt} \right| \tag{7-1-6}$$

式中，C_a 为附加质量力系数。

当气泡在有速度梯度的旋流场中运动时，由于颗粒两侧的流速不同，会产生一个由低速区指向高速区的横向升力，此力称为萨夫曼升力 F_s（单位为 N），计算式为

$$F_s = 1.61 d_p^2 (\rho_g u_g)^{1/2} |u_w - u_g| \left| \frac{du_w}{du_g} \right|^{1/2} \tag{7-1-7}$$

由于两侧剪切力不同会使气泡产生剪切扭矩，发生自转，因此还会产生一个马格纳斯升力 F_M（单位为 N），其方向与萨夫曼升力方向相同。

$$F_M = \frac{1}{8} \pi \rho_w d \omega |u_w - u_g| \tag{7-1-8}$$

式中，ω 为气泡自转角速度，rad/s。

在上述力的共同作用下气泡向轴心运动，形成气核。随着旋流器强烈的涡旋运动，液相沿着边壁逐渐流向底流口，同时持续的进液推动气相向上运动。最终，气相通过溢流口排出旋流器，而液相在贴壁后向下方区域流动，最终从底部流口排出旋流器。旋流器结构计算域

如图 7-1-1（b）所示，定义倒锥长度为 l。为了更好地表达倒锥长度与流场之间的关系，引入了无量纲倒锥长度系数 λ，其值为倒锥长度 l 与溢流口底部到锥底长度 L_2 的比值，即 $\lambda = l/L_2$，作为研究的变量。

旋流器结构计算域中，分别选择倒锥长度 $l=0$mm，$l=27$mm，$l=91$mm，$l=154$mm，$l=217$mm，$l=280$mm 作为研究变量。

二、紧凑型气-液分离水力旋流器室内实验性能研究

按照图 7-1-2 所示的实验装置及工艺图构建室内旋流分离性能实验系统，借助高速摄像技术开展不同倒锥长度下的旋流器分离性能的可视化研究。为便于实验中观察到旋流器内流场情况，外壳选用透明树脂材料，倒锥采用白色树脂材料，通过比较实验结果和数值结果对不同倒锥长度下的空气芯形态和分离效率进行了验证。将高速摄像机拍摄区域选在旋流器分离区域，重点观察旋流器内部流场变化及气核形态变化。整个实验系统主要组成部分分别为供气系统、供水系统、高速摄像系统以及回收系统。实验采用水作为连续相，采用空气作为离散相。实验时通过空气压缩机将空气压缩进储气罐中，其阀门开关变化可控制注气量。利用螺杆泵来将水相泵入实验系统，通过控制台控制水的流量。设置基础实验入口流量为 2m^3/h，溢流分流比为 10%。实验开始后，通过高速摄像系统将所需实验现象记录下来，在旋流器内完成两相介质分离后，轻质气相由溢流口流出，重质水相由底流口流至回收罐中。为了保证实验的准确性，每组实验重复四次。由于紧凑型气-液分离水力旋流器的主分离区位于溢流口与倒锥顶部的区域之间，故只针对该区域进行空气芯形成状态的实验图像分析。

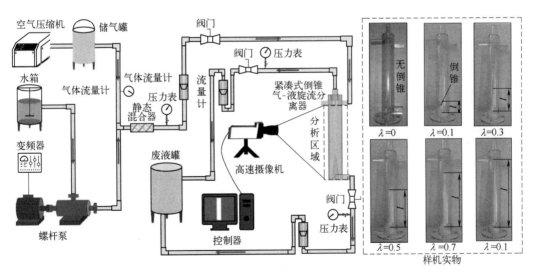

图 7-1-2 实验装置及工艺图（λ 为倒锥长度相关系数）

三、倒锥长度对紧凑型气-液分离水力旋流器分离性能影响规律分析

1. 倒锥长度对气核形态的影响

通过数值模拟得出倒锥长度 $l=91$mm 条件下的空气芯形态演变过程，如图 7-1-3 所示。其中，深灰色不规则图形代表气相介质表面，剩余空间则充斥着水相介质，旋流器初始状态

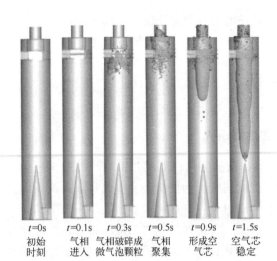

| $t=0s$ | $t=0.1s$ | $t=0.3s$ | $t=0.5s$ | $t=0.9s$ | $t=1.5s$ |
| 初始
时刻 | 气相
进入 | 气相破碎成
微气泡颗粒 | 气相
聚集 | 形成空
气芯 | 空气芯
稳定 |

图 7-1-3　水力旋流器内空气芯形态演变过程

下充满水相。混合相从双切向入口进入旋流器，如图 7-1-3 所示，气相进入旋流器内部最开始沿着内壁移动，当 $t=0.1s$ 时气相逐渐从双切向入口进入旋流器内部；当 $t=0.3s$ 时气相开始有聚集趋势，并且一些气泡开始破碎成更小的微气泡颗粒；当 $t=0.5s$ 时，气相开始聚集，空气芯逐步成形，破碎的微气泡颗粒聚拢在旋流器中央，气相逐渐向溢流口排出；当 $t=0.9s$ 时空气芯形成，并逐步向下延伸；当 $t=1.5s$ 时，空气芯完全稳定。可以看出，空气芯类似于锥形。

数值模拟及实验过程中气-液分离水力旋流器的内部流场稳定后，得出的气核形态对比如图 7-1-4 所示。当倒锥长度 $l=0$ 时，气-液分离水力旋流器内会形成空气芯，然而形成的空气芯并不是一个规则的圆柱体，而是呈周期振荡的螺旋流型；当倒锥长度 $l=27mm$ 时，气-液分离水力旋流器内部仍然会形成空气芯，并且空气芯整体向上撑起，空气芯形状由振荡的螺旋形开始趋向于倒锥形，空气芯尾部仍然存在不规则的振荡；当倒锥长度 $l=91mm$ 时，空气芯逐渐转变较为规整的倒锥形，随着倒锥长度继续增加，空气芯会被继续向上托起；当倒锥长度 $l=154mm$ 时，空气芯被向上托举；当倒锥长度 $l=217mm$ 时，空气芯继续被托举升高，倒锥将刺破空气芯，气芯直径增加；当倒锥长度 $l=280mm$ 时，空气芯形态逐趋向于圆台状，可以看出倒锥长度的增加对于流场具有一定的稳定作用。

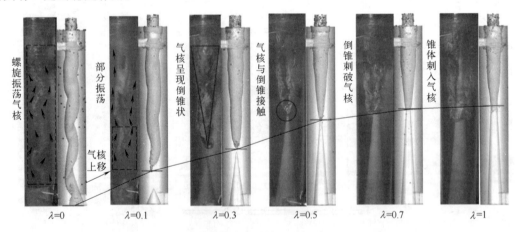

| $\lambda=0$ | $\lambda=0.1$ | $\lambda=0.3$ | $\lambda=0.5$ | $\lambda=0.7$ | $\lambda=1$ |

图 7-1-4　不同倒锥长度下水力旋流器内部空气芯形态对比

2. 倒锥长度对压力损失的影响

压力分布是影响水力旋流器分离性能的关键因素，合理的压力分布及压力变化对分离效率和能耗具有重要影响。为了分析倒锥长度对分离性能的影响，得出了在不同倒锥长度下紧凑型气-液分离水力旋流器内部压力的分布情况，如图 7-1-5 所示。

图 7-1-5 为数值模拟中竖直截面的静压等值线。静压可以用来比较水力旋流器的能耗，从模拟结果来看，外层空间压力越靠近旋流器中心，其压力值越小，而中心的压力是负的，

这就是空气芯聚集在旋流器中心的原因。当倒锥长度 $l=0$mm 时，可以看出其压力场中显示出明显的扭曲，这种扭曲同样反映到了空气芯形态上；当倒锥长度 $l=27$mm 时，可以看到压力场有向锥形变化的趋势，并且仍旧存在较为明显的扭曲，其压力场也反映到了空气芯形态上；当倒锥长度提升至 $l=91$mm 和 $l=154$mm 时，可以看出，压力场明显变成较为均匀的倒锥形状，空气芯形状也随之变为均匀的倒锥形，在相同位置下，压力逐渐增大，所以空气芯被逐渐举升；当倒锥长度到达 $l=217$mm 和

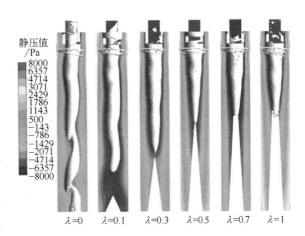

静压值 /Pa
8000
6357
4714
3071
2429
1786
1143
500
-143
-786
-1429
-2071
-4714
-6357
-8000

$\lambda=0$ $\lambda=0.1$ $\lambda=0.3$ $\lambda=0.5$ $\lambda=0.7$ $\lambda=1$

图 7-1-5 不同倒锥长度下的压力分布

$l=280$mm 时，压力场形状趋向圆台形，所以相对的空气芯也呈现圆台形。

当水力旋流器运行时，压力能转化为动能，并伴随能量消耗。压降定义为入口和溢流口处的静压之差，代表分离过程中的能量消耗，如式（7-1-9）所示。为了说明能量转换效率，Misiulia 提出用一个动态效率系数来评估压力能转换为流场动能的能力，它被定义为压降与流场动能的比值，如式（7-1-10）所示。可以看出，动态效率系数越小，能量转换效率越高（能量耗散越低）。不同倒锥长度的水力旋流器的压降和动态效率系数如表 7-1-1 所示。

$$\Delta p = p_i - p_o \tag{7-1-9}$$

$$\xi = \frac{\Delta p}{(\rho u_{t\text{-max}}^2)/2} \tag{7-1-10}$$

式中，p_i 为入口静压，Pa；p_o 为溢流口静压，Pa；$u_{t\text{-max}}$ 为流场切向速度最大值，m/s；ρ 为流体密度。

表 7-1-1 不同倒锥长度下水力旋流器的压降与动态效率系数

倒锥长度/mm	压降/Pa	最大切向速度/(m/s)	动态效率系数
0	17016	6.67	0.94
27	15595	6.77	0.68
91	14322	6.88	0.60
154	14901	6.92	0.62
217	16501	6.972	0.737
280	17585	7.02	0.773

由表 7-1-1 所示，当倒锥长度 $l=91$mm 时，旋流器内部的压降最低，为 14322Pa；当倒锥长度为 280mm 时，压降最高，为 17585Pa，压降随着倒锥长度先降低后增加。在动态效率系数方面，当倒锥长度 $l=91$mm 时，动态效率系数最低，为 0.60。动态效率系数并非随着倒锥长度的增加而单调减小，从表 7-1-1 可以看出，倒锥长度过短或过长都会致使旋流场内能量耗散增加，转化效率降低。这是因为当倒锥长度较短时，旋流器内流场极不稳定，分离过程中的能量损耗会增加。当倒锥长度增加后，倒锥使流场更加稳定，能量损耗减少。当倒锥长度继续增加时，能量耗散上升，这是因为旋流器内液相与倒锥的接触面积增大，液体和倒锥之间的摩擦损耗增加，导致动态效率转化系数降低。因此选用适当长度的倒锥，可以

显著提高气-液分离器的能量转化能力。

3. 倒锥长度对速度场的影响

图 7-1-6 显示了不同倒锥长度对轴向速度空间分布和轨迹的影响，图中黑色曲线为零轴向速度包络面（LZVV），由稳定流场中轴向速度为零的点连接而成。LZVV 将流场分为两部分：内部流场和外部流场。内部流场轴向速度为正，流体流向溢流出口，外流场轴向速度为负，流体流向底流出口。可以看出，溢流管底部向上的轴向速度大于其他位置。当倒锥长度 $l=0$mm（$\lambda=0$）时，分离区的 LZVV 形状较为扭曲。随着倒锥长度的增加，分离区的 LZVV 逐渐稳定。为了定量比较不同倒锥长度对轴向速度分布的影响，画出旋流器中心轴向速度沿轴向的变化如图 7-1-7 所示。总的来说，轴向速度沿着轴向逐渐增大，在靠近溢流管底部位置处突然增大，在倒锥长度的影响下，轴向速度随着倒锥长度的增加而增加，在最大轴向速度位置处，轴向速度由 $l=0$mm 的 0.66m/s，提升至 $l=217$mm 的 0.87m/s。当 $l=280$mm 时，溢流口位置处的轴向速度明显高于其他位置的轴向速度，可看出倒锥长度的增加可以明显提升旋流器内的轴向速度，同时对空气芯起到明显的举升作用。

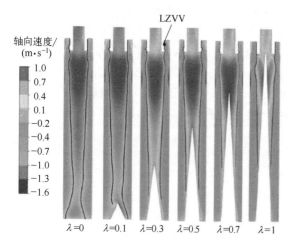

图 7-1-6　不同倒锥长度（相关系数 λ ）下轴向速度云图

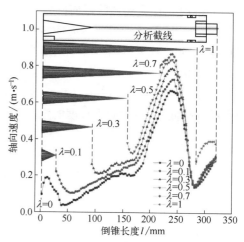

图 7-1-7　不同倒锥长度 l 下的轴向速度曲线

切向速度是水力旋流器中相对数值最大、对分离过程影响最大的速度分量。切向速度直接受到入口流速的影响，一般来说，入口流速越大，切向速度越大。不同倒锥长度下紧凑式气-液旋流分离器内部切向速度分布曲线如图 7-1-8 所示。$z=200$mm 处切向速度如图 7-1-8（a）所示，速度沿着径向至旋流器中心位置处先增大后减小，由于旋流器是双切向入口，所以切向速度是呈现轴对称状态。切向速度随倒锥长度的增加而增加，当倒锥长度 $l=0$mm（$\lambda=0$）时，切向速度最大值为 3.03m/s；当倒锥长度 $l=280$mm（$\lambda=1$），切向速度最大值为 3.53m/s。$z=80$mm 处切向速度如图 7-1-8（b）所示，速度沿着径向至旋流器中心位置处先增大后减小。当倒锥长度 $l=0$mm（$\lambda=0$）时，该位置的速度场相对紊乱，切向速度并未呈现对称状，切向速度最大值为 1.53m/s；当 $l=154$mm（$\lambda=0.5$）时，切向速度开始呈现轴对称状态，流场相对稳定下来，切向速度最大值为 2.2m/s；当倒锥长度 $l=280$mm（$\lambda=1$），切向速度最大值为 2.53m/s。从图 7-1-8 中可以看出，在倒锥长度的影响下，切向速度随倒锥长度的增加而增加，并且倒锥长度的增加对于流场具有一定的稳定作用。在同一旋流器结构内，越靠近旋流器底部，切向速度越小。因此，改变倒锥长度可以改变分离区的切向速度，从而改变气相在水力旋流器中的径向分布。一般来说，较高的切向速度有利于提高分离效率，但是这并不意味着可以通过盲目增加切向速度来提高水力旋流器的分离性能，因为过大的切向速度会导致流场能量消耗增加，湍流严重，分离性能变差。

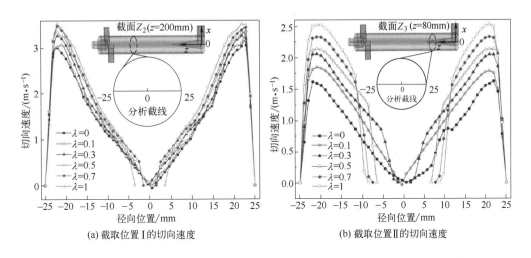

(a) 截取位置I的切向速度　　　　　　　　　　(b) 截取位置II的切向速度

图 7-1-8　不同倒锥长度（相关系数 λ ）下的切向速度曲线

4. 倒锥长度对分离性能的影响

旋流器内微气泡的分布情况可以反映旋流器的分离性能，不同倒锥长度下的微气泡颗粒分布情况及轨迹如图 7-1-9 所示。从图 7-1-9（a）中可以看出微气泡颗粒的分布情况，微气泡颗粒随着倒锥长度的增加而逐渐向溢流方向聚集。聚集的形状与气核形状类似，随着倒锥长度的增加微气泡逐渐向上聚集。另外从图中可以看出，当 $\lambda = 0.7$ 时，部分微气泡围绕倒锥旋转。当 $\lambda = 1$ 时，围绕倒锥旋转的微气泡数增多。微气泡颗粒轨迹如图 7-1-9（b）所示，当 $\lambda = 0$ 时，会有较多微气泡从底流口逃逸。并且微气泡的停留时间也相对较长。随着倒锥长度的增加，微气泡的轨迹轮廓也逐渐抬升，停留时间也相对降低。但当 $\lambda = 0.5$ 时，出现了逃逸轨迹，随着倒锥长度增加，当 $\lambda = 0.7$ 及 $\lambda = 1$ 时，逃逸的轨迹增加。产生这种现象的原因为：没有倒锥时，流场较为紊乱，气相极易破碎，所以产生微气泡增多。同时，由于没有倒锥的支撑，气泡群尾部直通底流口，微气泡极易逃逸。当倒锥增加时，流场逐渐稳定，微气泡减少。同时逃逸微气泡减少。随着倒锥长度继续增加，根据前文研究结果，旋流场内切向速度增加，湍流加剧，同时水相与倒锥接触面积增加，摩擦加剧，致使微气泡数目增加，同时随着倒锥长度增加，LZVV 的作用体积减小，大量的微气泡位于 LZVV 之外，这些气泡则会随着液流从底流口逃逸，导致逃逸微气泡增多。从图 7-1-9（a）、图 7-1-9（b）中也可以看出，随着倒锥长度的增加，溢流口处的微气泡也出现了"拥挤"的现象。为了定量地分析倒锥长度对旋离器内微气泡的影响，不同倒锥长度下、相同运行时间内生成微气泡颗粒的数量和平均停留时间如图 7-1-10 所示，随着倒锥长度的增加，生成的微气泡颗粒数量是非线性变化的。整体趋势为先增加后减少然后再增加，由 $\lambda = 0$ 时 4796 个降低到 $\lambda = 0.3$ 的 4156 个，然后又增加到 $\lambda = 1$ 时 5001 个。微气泡的停留时间也是相同的规律，随着倒锥长度的增加，微气泡的停留时间由 $\lambda = 0$ 时的 0.45s 降低到 $\lambda = 0.3$ 时的 0.34s，然后提升到 $\lambda = 1$ 的 0.43s。随着倒锥长度的增加，微气泡的停留时间逐渐减短，但是并不意味着微气泡的停留时间会随着倒锥长度的增加而一直减短。随着倒锥长度的增加，微气泡会堆积在溢流口位置处，导致微气泡的停留时间加长，分离效果减弱。不同倒锥长度下紧凑型气-液分离水力旋流器的分离效率如图 7-1-11 所示，旋流器的分离效率随着倒锥长度的增加先提升后降低，倒锥长度 $\lambda = 0.3$ 时分离效率最高。气相模拟分离效率由 61.4% 上升到 97.8%，之后又下降到 78%。水相模拟分离效率由 87% 上升到 92%，之后下降到 88%。水相实验分离效率由 81.5% 上升到 92.5%，之后下降到 87%。这种趋势可以从以下几个方面解释。压力损失方面：随着倒锥长度的升高，能量转换效率先增大后减小，压力损失先减小后增大，致使分离效率呈现相同趋势。流场速度及方面：随着倒锥长度的增加，旋流器内的切向速度逐渐增加，切向速度的增加可以促进分离，但随着倒锥长度的增加，旋流器的分离效率并非随着倒锥长度的增加而增加，反而会随之降低，这是因为倒锥长度的增加使液相与倒锥的接触面积增加，旋流器内的液相与倒锥的摩擦损耗也增加。微气泡方面：随着倒锥长度的增加，流场内的切向速度增加，湍流加剧，导致更多微气泡的生成。然而，过多的微气泡可能会出现堆积的现象，同时，倒锥长度的增加会减小 LZVV 的作用体积，使大量生成的微气泡被隔离在 LZVV 之外，从而使微气泡随流场运动逃逸出底流口之外，最终降低了旋流器的分离效率。综合上述原因，紧凑型气-液分离水力旋流器的分离效率呈现了这种先升后降的趋势。

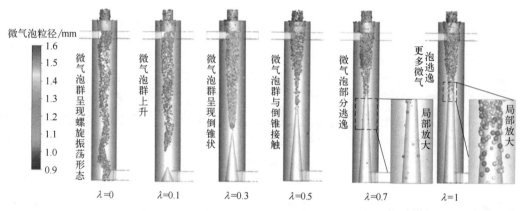

(a) 不同倒锥长度下微气泡颗粒分布

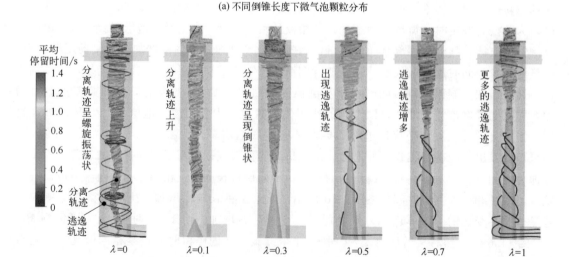

(b) 不同倒锥长度下微气泡颗粒轨迹

图 7-1-9 不同倒锥长度下微气泡颗粒分布及轨迹

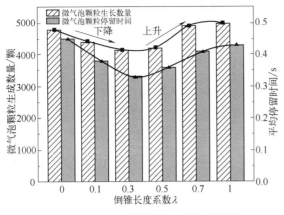

图 7-1-10　不同倒锥长度下微气泡颗粒
生成数量及平均停留时间

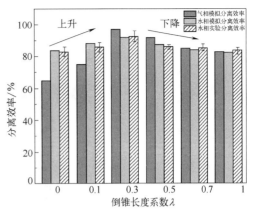

图 7-1-11　不同倒锥长度下紧凑型气-液分离水
力旋流器的分离效率

第二节　超低产液量条件下井下微型气-液旋流分离技术

由于我国陆上油田井筒尺寸相对较小，井筒空间对气-液分离水力旋流器的尺寸限制较大，且针对高含水油田的同井注采工艺结构相对复杂、存在小粒径介质难以分离的情况，增加了井下气-液分离装备的研发难度，微型水力旋流器具有远超超重力的剪切分散能力，可解决常规旋流器对小粒径介质分离效果不佳的问题，同时可弥补常规水力旋流器在低入口流量时离心强度不足导致分离性能不稳定的问题。因此，诸多学者开展了采油井筒内井下微型气-液旋流分离技术的研究，为同井注采技术在含气采油井的推广应用提供技术保障。

一、微型气-液分离水力旋流器工作原理及结构设计

同井注采技术是在采油井筒内布置采出泵、油水分离器、回注泵及其配套装置，借助地层压力，使采出液高压进入油-水分离器内，分离后的富油流由顶部溢流口排出，在采出泵的作用下举升至地面井口，分离后的净化水经底流口排出，在回注泵的作用下输送至回注层，以此实现一井两用，即在一口油井内同时采油与注水。为了增强同井注采技术对含气油井的适用性，需要在含气采出液进入油-水分离器前进行气-液分离，以此降低气体对同井注采性能的不利影响。同井注采技术及微型气-液旋流分离原理如图 7-2-1 所示。其中，气-液分离水力旋流器主要由双切向入口管、旋流腔、倒锥、溢流管及底流管等部分组成。工作时，气-液混合介质由双切向入口管进入气-液分离器内，在入口压力的作用下，气-液混合介质在旋流腔内做高速旋转运动。旋转流产生的离心力使气相介质向轴心运动并在溢流管底部形成气核，沿溢流管排出。密度大的液体在离心力的作用下向边壁运动，并沿旋流腔内壁沿轴向向下做螺旋运动，最终由底流管排出。设计的井下微型气-液分离水力旋流器模型主要结构参数如图 7-2-2 所示。

二、微型气-液分离水力旋流器分离性能测试实验方法

为了对数值模拟及优化结果的准确性进行验证，开展室内分离性能实验研究，实验采用的工艺流程如图 7-2-3 所示。利用 3D 打印技术针对不同结构参数的微型气-液分离水力旋流

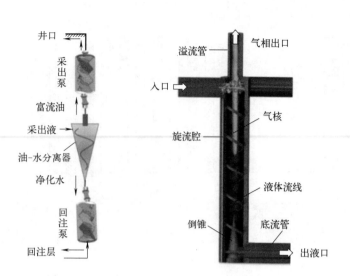

图 7-2-1　同井注采技术及微型气-液旋流分离原理

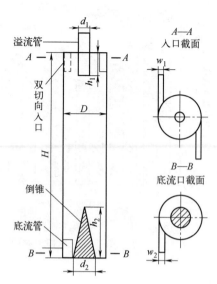

图 7-2-2　井下微型气-液分离水力
旋流器结构参数示意图

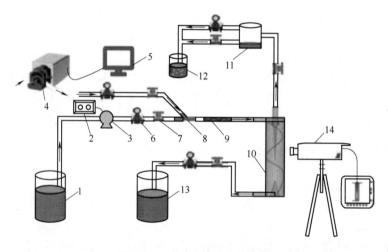

图 7-2-3　实验装置及工艺流程

1—蓄水槽；2—离心泵控制器；3—离心泵；4—LM60智能蠕动气泵；5—蠕动气泵控制系统；
6—流量计；7—球阀；8—变径三通；9—静态混合器；10—微型气-液分离水力旋流器；11—液体缓冲罐；
12—液体收集罐；13—底流液收集罐；14—高速摄像机

器样机进行加工，为了便于直观分析气-液分离过程，采用透明树脂立体光固化 3D 打印成型。实验采用蒸馏水作为液体连续相，采用空气作为实验用气，常压条件 25℃ 情况下实验时，液相静置于蓄水槽内，其通过离心泵（流量范围：0～4L/min）增压进入实验工艺管道内，气相通过连接在空气中的 LM60 智能蠕动气泵（流量范围：0～0.42L/min）进行增压输送至管道内，通过变频器调节离心泵以及蠕动泵实现流量及气相体积分数的定量控制。气-液两相经过静态混合器后进入微型气-液分离水力旋流器，分离后的气相及携带的液相沿溢流口流入液体缓冲罐内，液相沉积在罐底，气相通过顶部排气管经气体流量计计量后排到空气中，通过调节与溢流管及底流管连接的阀门，实现旋流器分流比的定量控制。研究过程中为了减小实验误差，每种工况分别进行三次实验，取三次均值作为性能分析的最终结果。

同时，为了定性分析不同参数下的气-液分离性能，借助高速摄像技术，对气-液分离过程中的气核分布形态进行分析。

三、不同操作参数对微型气-液分离水力旋流器分离性能影响规律分析

1. 溢流分流比

溢流分流比是溢流口流体排出总量与入口流量间的比值，是影响旋流器分离性能的主要操作参数，针对优化后的微型气-液分离水力旋流器结构，开展溢流分流比在 1%～40% 范围内变化时的分离性能测试。针对数值模拟结果分别进行气相分离效率、液相分离效率及气-液两相平均分离效率的计算，待室内实验流场稳定分离后对液相分离效率进行计算，以此实现对旋流器分离性能的综合分析。控制入口流速为 0.25m/s（入口流量 10.125L/h），气相体积分数为 5%，得出不同溢流分流比下的性能测试结果如图 7-2-4 所示。随着溢流分流比的逐渐升高，无论是模拟值还是实验值，液相分离效率均呈现逐渐降低趋势，这是因为溢流分流比越大由溢流排出的液相越多，从底流流出的液相减少，

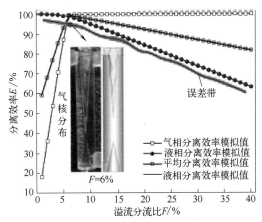

图 7-2-4 溢流分流比对分离性能的影响

致使分离效率逐渐降低，模拟结果与实验结果呈现出较好的一致性。气相分离效率模拟值随着溢流分流比的增加先快速升高后趋于平稳，这是因为溢流分流比较小时，虽然溢流口排液相对较少，但部分气体也无法由溢流口排出，致使气相分离效率相对较小，随着溢流分流比的增大，越来越多的气相由溢流口排出，致使分离效率逐渐升高。当溢流分流比达到一致值后，气相几乎完全由溢流口排出，因此继续增大溢流分流比，气相分离效率无明显升高，但会使排出的气体携带更多的液相，所以液相-效率明显降低。在溢流分流比 $F=6%$ 时平均分离效率达到最大值 99.18%，由气核分布结果显示，此参数下气相经过入口进入旋流腔后汇聚在轴心临近溢流口区域，且气核成形位置轴向上更靠近倒锥顶部，在实现溢流口排气量最大化的同时，保障底流口处无明显气相排出。

2. 入口流量

为了分析优化后微型气-液分离水力旋流器在不同入口流量条件下的适用性，针对优化后结构开展入口流量在 2.025～18.225L/h（即入口流速在 0.05～0.45m/s）范围内变化时的模拟及实验性能测试。固定溢流分流比为 6%，气相体积分数控制为 5%，得出不同入口流量下性能测试结果如

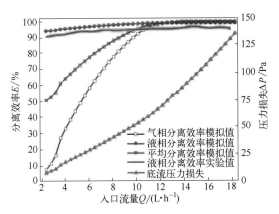

图 7-2-5 入口流量对分离性能的影响

图 7-2-5 所示。随着入口流量的增加，液相分离效率呈现缓慢升高趋势，气相分离效率变化幅度较大，从 5% 升至 99% 以上，这是因为入口流量较低时，旋流腔内流体的切向速度值较

低，离心力较小，致使气相受到的径向梯度力较小，无法快速运移至旋流器轴心位置由底流口排出。随着入口流量的增大，液流旋转速度逐渐升高，气相向轴心聚集程度增加，致使越来越多的气相由溢流口排出，因此分离效率明显升高。当入口流量达到 13.77L/h 时，平均分离效率达到最大值 99.48%，此后平均分离效率随着入口流量升高无明显变化。由于底流口处压力损失 Δp 随着入口流量的增大逐渐升高，因此确定气-液分离水力旋流器最佳入口流量为 13.77L/h。

3. 气相体积分数

为了研究出优化后微型气-液分离水力旋流器对气相体积分数的适用情况，开展优化结构在不同气相体积分数条件下的分离性能模拟及实验分析，针对优化后结构开展气相体积分数在 1%～30% 范围内变化时的分离性能分析。控制溢流分流比为 6%，入口流量为 13.77L/h（入口流速 0.34m/s），得出气相体积分数对优化结构旋流器分离性能影响如图 7-2-6 所示。气相体积分数在 1%～5% 增加时，气相分离效率无明显变化，随着气相体积分数的继续升高，气相分离效率

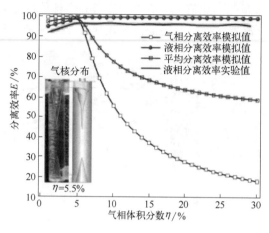

图 7-2-6 气相体积分数对分离性能的影响

呈明显降低趋势。这是因为旋流器溢流口最大排气量受溢流管直径及溢流分流比限制，超过最大排气量后越来越多的气体将从底流口排出，致使分离效率降低。气-液平均分离效率随含气量的升高呈先增加后降低的趋势，并在气相体积分数为 5.5% 时达到了最大值 99.66%，此时通过对比实验及模拟气核分布情况可以看出，气相聚集在溢流口附近，夹杂液相较少，底流处附近几乎无气体排出。无论是气核形态还是液相分离效率分布，模拟结果与实验结果均呈现出较好的一致性。

4. 最佳分流比的调控方法

微型气-液分离水力旋流器在使用时需根据不同的气相体积分数调整溢流分流比，不同的气相体积分数会对应存在最佳的溢流分流比。为了获得分流比和气相体积分数之间的对应关系，指导不同工况下的最佳分流比调控，采用响应曲面中心组合设计（CCD）方法，构建分流比及气相体积分数与气-液平均分离效率之间的数学关系。选取分流比范围为 2%～20%，气相体积分数范围为 2%～9%，CCD 因素水平设计如表 7-2-1 所示，共形成 13 组试验，包含 5 个中心试验组。不同试验组对应的平均效率结果如表 7-2-2 所示，得出分流比及气相体积分数与平均效率间的回归方程如式（7-2-1）所示，对构建的回归方程进行方差分析，得到回归方程的显著性检验结果 F 值为 9.68，P 值为 0.0048，表明所构建的回归方程具有显著性意义。

$$y_2 = 87.82203 + 3.65827x_6 - 6.409973x_7 + 0.29524x_6x_7 - 0.18610x_6^2 + 0.18864x_7^2$$

$$(7\text{-}2\text{-}1)$$

根据公式（7-2-1）可以获得不同气相体积分数条件下分流比与分离效率之间的关系，进而获得在已知气相体积分数条件下使分离效率最大化的最佳分流比，得出不同气相体积分数条件下的分流比对分离性能影响对比关系，如图 7-2-7 所示。当气相体积分数一定时，随着分流比的逐渐增大，分离效率 y_2 呈先升高后降低的趋势，存在分离效率最大值点，且随着气相体积分数的不断增大，对应的最佳分流比也逐渐升高。

表 7-2-1　CCD 试验因素与水平设计

因素	符号	水平值				
		−2	−1	0	1	+2
溢流分流比/%	x_6	0.297136	2	11	20	21.7029
气相体积分数/%	x_7	1.337788	2	5.5	9	9.66222

表 7-2-2　CCD 试验设计及性能测试结果

试验组号	因素		y_2/%
	x_6	x_7	
1	2	9	60.46
2	2	2	95.54
3	0.297136	5.5	52.57
4	11	5.5	97.11
5	11	5.5	97.11
6	20	2	90.82
7	11	1.33778	95.11
8	11	5.5	97.11
9	11	5.5	97.11
10	11	5.5	97.11
11	21.702 9	5.5	91.46
12	20	9	93.99
13	11	9.662 22	99.48

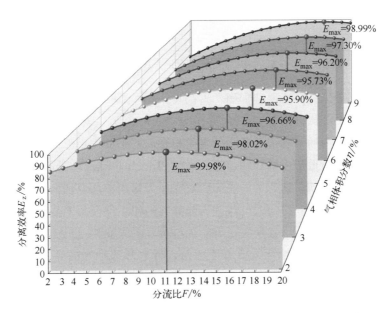

图 7-2-7　不同气相体积分数条件下分流比对分离效率的影响关系曲线

第三节　同井注采井筒内油气水三相旋流分离技术

随着油田的逐步开发，油田采出液的含水率逐渐升高，导致地面采出液的体量急剧增加，现有设备已无法确保生产的连续运行。为解决这一问题，减少地面设备的扩容和投资，提出了井下多相介质分离技术并在实践中进行了应用。在进入井筒内旋流分离器前的液体不仅含有油和水两相介质。有时夹杂着一定量的气体。在含气量较大的情况，这将极大地影响井筒内旋流分离器的分离效率。为了解决含气问题，同时保障井下油水两相介质的高效分离，学者们进行了井下油气水三相介质旋流分离装置的研究与应用。

图 7-3-1 为井下新型油气水旋流分离器结构示意图，该结构的主要特点是在旋流分离原理的基础上，将两级旋流分离装置通过多级套筒连接在一起，在油水两相分离之前先将气相分离排出，从而实现井下三相介质的高效旋流分离。其主要包含上方的气-液分离模块和下方的油水分离模块，气-液分离模块主要由螺旋流道、气-液分离外环腔、内部轴型倒锥结构组成，油水分离模块由常规双切入口式水力旋流器组成，其主要包含切向入口、大锥段、小锥段、底流管等结构。

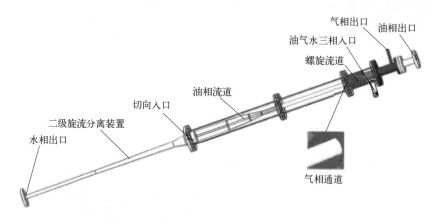

图 7-3-1 井下油气水旋流分离器结构示意图

井下油气水三相旋流分离器原理如图 7-3-2 所示，油气水三相混合液从切向入口进入旋流分离器，首先在一级旋流分离装置进行气-液分离，螺旋流道对混合液中的颗粒进行切割以及切向加速。气相作为油气水混合液中的轻质相在离心力的作用下向装置轴心移动，并进入螺旋流道内腔与油相通道形成的环状通道，经气相出口排出装置。同时脱气后的油水混合相沿着套筒边壁向底部运动，到达套筒底部后，在压力作用下从双切向入口进入二级旋流分离装置。油水混合液在常规双切向入口式旋流分离器的作用下产生离心分离，轻质的油相在离心力的作用下向旋流体轴心位置聚集，沿着轴心位置进入油相通道，经油相通道从装置顶部的油相出口流出，水相则运移至边壁后继续向装置底部移动，最后从装置底部水相出口排出。

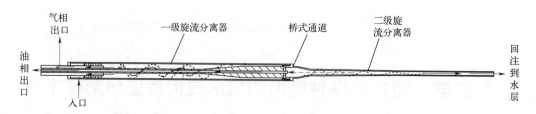

图 7-3-2 井下油气水三相旋流分离器原理图

第四节　高气液比条件下井下气-液旋流分离技术

近年来，高含气现象在油田开发中变得越来越普遍。这种趋势不仅直接影响了井下油水分离性能，还对井下设备产生了不可忽视的影响。高含气导致油水混合物的物性复杂变化，使得传统的井下分离技术面临挑战。在油水分离过程中，气相的存在使得油相介质的分离行为更加复杂，甚至影响旋流分离技术的稳定性。此外，高含气条件下，井下设备容易受到气相的冲刷和侵蚀，增加了设备的维护难度，降低了使用寿命。为了解决高含气现象带来的一系列问题，需要深入研究分离技术的创新以适应复杂的油水气体组合环境，同时加强对井下设备的工程设计和材料选用，以确保井下系统的高效运行和可靠性。

一、适用于螺杆泵井高气液比条件下的旋流分离技术

在高气液比条件下，液相多以气雾状被气流携带，难以有效分离。传统的气-液分离器难以应对这种状态下的气-液分离，需要特殊设计以增强液滴的聚集和分离能力。针对以上问题，提出了旋流-重力耦合式井下气-液旋流分离器，其主要结构及工作原理如图 7-4-1 所示。该结构主要由外筒、螺旋流道、底腔、液相出口管组成，底腔螺纹连接至液相出口管外壁，液相出口管固定在外筒底端凹槽内，传动轴保护罩起到为传动轴隔绝液相作用；外筒一端沿筒壁圆周阵列圆孔为进液口，气-液混合相经过进液口进入气-液旋流分离器内部开始分离，通过螺旋流道后形成旋流场，由于两相密度差异，气-液两相发生分离。液相较重，会沉降到旋流分离器的底部，而气相较轻则会集中在中心部分。气-液两相在旋流分离腔内完成分离，轻质相气体聚集在轴心处通过液相出口管与螺旋流道之间环空间隙排出。密度较大的液相沿着外筒内壁，受到重力作用从壁面滑落至沉降腔室，在分离腔内气体压力和液相出口处外部压力的作用下，液相在重力沉降腔沉积形成稳定液柱，足量的液相能够确保重力沉降腔内维持液相的动态平衡，极大提高综合分离效率。最终在螺杆泵作用下液相通过传动轴保护罩与液相出口管之间环空间隙进入桥式通道内完成分离，再由螺杆泵将液相举升至地面完成气-液分离。

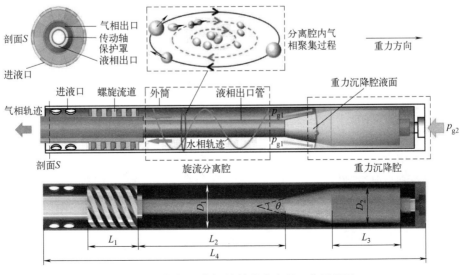

图 7-4-1　螺杆泵井气-液旋流分离器工作原理图

二、适用于抽油机井高气液比条件下的旋流分离技术

为了适应抽油机井固有的进液方式，以常规游梁式抽油机为例，其悬点的周期运动将会使得井下采出液的流量同样处于周期运动，即会产生发生脉动变化下的流量进液情况。抽油泵的工作原理如图 7-4-2 所示，具体过程如下：

① 上冲程　活塞上行，游动阀关闭，泵筒内压力下降，当泵筒内压力低于泵入口压力时，固定阀打开，液体进入泵内。

② 下冲程　活塞下行，泵筒内压力升高，游动阀打开，固定阀关闭，液体从泵内排出进入活塞以上的油管中，从而被举升到地面进行后续处理。

图 7-4-3 是抽油泵与旋流器的配套安装示意图，在活塞运动处于下冲程的过程中，泵筒空间内富液流通过开启的游动阀最终被举升到地面。此过程中由于固定阀处于关闭状态，旋流器内流体的运动速度为 0，气-液不会产生分离。在活塞运动处于上冲程过程中，游动阀和固定阀之间的采泵泵腔增大，气-液混合液通过采出层先进入旋流器，混合液以脉动的流量进入旋流器进行气-液分离，分离后的富液流通过旋流器底流口及导液流道环空冲开固定阀流入处于低压状态的采泵泵腔（位于游动阀和固定阀之间），富气流则从溢流口流出，经过桥式通道被排入油套环空。

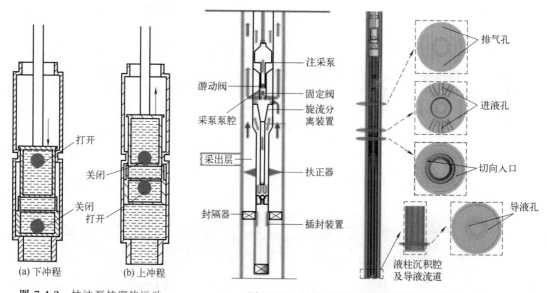

图 7-4-2 抽油泵柱塞的运动
与排液的对应关系

图 7-4-3 抽油泵与水力旋流器的井下配套工艺

抽油机井气-液分离水力旋流器三维结构模型图如图 7-4-4 所示，该气-液分离水力旋流器主要由外筒、内壁、气旋稳流罩、倒锥、环腔液相出口、环腔气相出口组成，内壁内安装传动轴且与传动轴留有转动间隙，环腔气相出口与气旋稳流罩通过螺纹连接，外筒顶部与气旋稳流罩通过螺纹连接，底部与倒锥形成环腔液相出口。水力旋流器中部加工变径结构与内壁形成旋流腔室结构，外壁顶端开有呈 180°圆周对称的切向入口。由于抽油机提供的泵压使分离器内部产生负压，从而将气-液混合介质经过切向入口被吸入装置内，混合介质经气旋稳流罩与外壁形成的环腔开始分离。环腔结构，可使气-液混合介质在旋流腔内充分分离，离心力的作用将密度小的轻质气相聚集在轴心处，倒锥与外壁形成的空间提供轻质气相的举

升力使聚集在轴心处轻质气相通过环腔气相出口排出，而密度大的液相因离心力及重力作用沿内壁流至液柱沉积腔，形成液柱流入导液环腔，最终被抽油机举升至地面，完成气-液分离的整个过程。

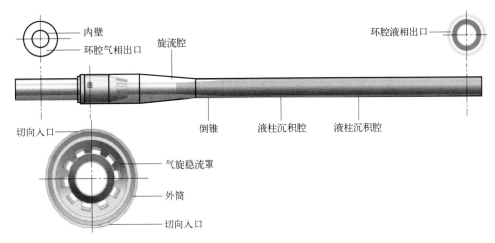

图 7-4-4 抽油机井气-液分离水力旋流器三维模型

第五节 适用于脉动条件下的井下气-液旋流分离技术

油气开采环节中，气-液旋流分离器在运行时需要动力源输入，往复泵等动力源在运行过程中不可避免地存在瞬时流量脉动，使得分离器内部的气-液分离过程受到影响。为了减弱脉动流量对井下气-液旋流分离器的影响，提高在脉动工况下的气-液分离性能，通过结构优化设计与脉动理论分析，提出了适用于脉动条件的井下气液旋流分离技术。

稳流式气-液旋流分离器的主要工作原理为：气-液混合相由进液口进入旋流腔室，在相之间密度差的作用下，轻质相（气相）逐渐向轴心处聚集并进入稳流管，经溢流管由溢流口流出；重质相（液相）经旋流腔内壁从底流口流出。新型稳流式气-液旋流分离装置的核心部件为稳流管及稳流管下部的导流槽，如图 7-5-1 所示（截面 I 位于轴向距离底流口 250mm处，截面 II 位于轴向距离底流口 350mm 处）。稳流管的位置位于旋流分离器工作时气相与液相物质的分界处，在入口位置即对气相和液相实施第一次分离，使气核更加聚集，有效减少因为分界面处的状态紊乱而导致分离效果不佳的问题，进而提高分离效率。当有气相介质位于稳流管外时，稳流管底端的导流孔随即发挥作用，气相介质快速经导流孔进入稳流管内部，稳流管原有气相吸收了新进气相，形成了稳定的空气柱，至此气-液两相实现第二次隔离。如果有少量气相介质继续存留在旋流场中，旋流器的底部的倒锥部件则是气-液有效分离第三道屏障，气-液混合相流至倒锥处并与倒锥发生碰撞，倒锥将对气相施加向上托举力，抑制气相从底流口逃逸。

针对脉动进液条件下气-液旋流分离器分离效率降低及流场混乱情况，将分离器的单入口优化为双入口形式。双入口旋流器内流场更均匀，达到增强离心力的作用。传统管柱状气-液旋流分离器的筒体外形为圆柱状，为了提高分离流体的旋转速度，将旋流分离器的外形设计为圆柱＋圆锥状，旋流器壁到轴心的压力由圆柱到圆锥逐渐递减，质量相对较大的物质即液相运动至旋流分离器外侧壁面，延长了混合相在旋流分离器的停留时间，从而有利于

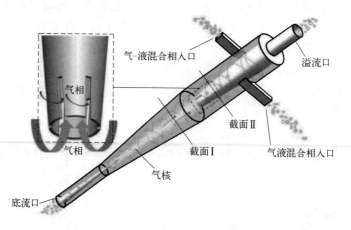

图 7-5-1　稳流式气-液旋流分离器工作原理

混合相介质的分离。通过研究发现，在分离过程中形成的气核受到脉动影响不断变化，致使部分气相无法从溢流管排出，因此在气-液旋流分离器底部增加倒锥，可以举升气核，使其向溢流口方向运动，降低外旋流内的随机湍流特性对气相造成的破碎等不利因素的影响。当气-液混合相进入分离器后，由于脉动的存在，已经被分离出的液相会随气相重新进入内旋流，产生返漏和夹带现象，导致分离效率降低。因此将内溢流管插入深度延长且变大直径，同时增加稳流管，使其位于准自由涡与准强制涡的分界面处，通过稳流管来阻隔脉动造成的内外涡流掺混现象，可以使内部气核保持稳定状态而不受干扰。在稳流管的下端开设导流孔，会使其绕流的气相介质沿着导流孔快速进入内部，通过溢流管排出，从而减少脉动对旋流场的影响。

　　基于以上分析结果，最终设计完成了适用于脉动流条件的稳流式气-液旋流分离器，主要结构形式如图 7-5-2 所示。

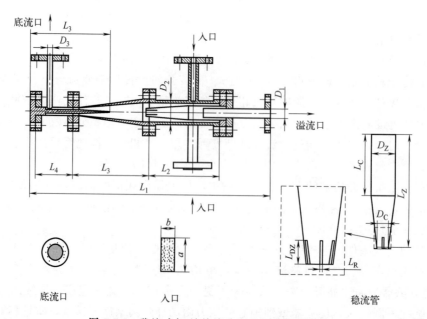

图 7-5-2　稳流式气-液旋流分离器初始结构形式

参 考 文 献

[1] 谷庆. 井下气液螺旋分离器数值模拟及结构优化 [D]. 成都：西南石油大学，2018.

[2] 李成华. 井下气液分离器的技术研究 [D]. 北京：中国石油大学，2007.

[3] 王庆伟. 井下气液螺旋分离器的设计研究及应用 [D]. 大庆：东北石油大学，2011.

[4] 王志斌，杨宗伟，褚良银，等. 水力旋流器内空气核形成过程研究 [J]. 石油机械，2009，37（12）：5-8.

[5] 王志斌，褚良银，陈文梅，等. 基于高速摄像技术的旋流器空气柱特征研究 [J]. 金属矿山，2010（8）：140-143.

[6] 杨蕊. 脉动条件下气液旋流分离器流场特性及分离性能研究 [D]. 大庆：东北石油大学，2022.

[7] Joshua A, Hussien N, Abdelrahman Z, et al. Monothetic analysis and response surface methodology optimization of calcium alginate microcapsules characteristics [J]. Polymers, 2022, 14 (4): 709.

[8] 施瑛，裴斐，周玲玉，等. 响应面法优化复合酶法提取紫菜藻红蛋白工艺 [J]. 食品科学，2015，36（6）：51-57.

[9] 黄小梅，胡孝勇，左华江. 响应面法优化侧柏叶总黄酮提取工艺 [J]. 化学试剂，2020，42（9）：1093-1097.

[10] 刘扬，程耿东. N级星式网络的拓扑优化设计 [J]. 大连理工大学学报，1989（2）：131-137.

[11] Li D Y, Wei Y F, Marchisio D. QEEFoam: a quasi-Eulerian-Eulerian model for polydisperse turbulent gas-liquid flows. Implementation in OpenFOAM, verification and validation [J]. International Journal of Multiphase Flow, 2021, 136: 103544.

[12] 兰雅梅，张婷婷，王世明，等. 旋流器结构参数对其性能的影响分析 [J]. 化工机械，2021，48（5）：678-682.

[13] 邢雷，苗春雨，蒋明虎，等. 井下微型气液旋流分离器优化设计与性能分析 [J]. 化工学报，2023，74（8）：3394-3406.

[14] 李枫，刘海龙，邢雷，等. 进气量对气举式同向出流旋流器性能的影响研究 [J]. 石油机械，2021，49（8）：100-106，141.

[15] 刘海龙. 同井注采井下气液分离器结构优化设计及流场分析 [D]. 大庆：东北石油大学，2022.

[16] 宋民航，韩佳轩. 轴流式脱水型旋流器的流场分析与结构优化 [J]. 石油矿场机械，2012，41（12）：56-60.

[17] 苗春雨，邢雷，李枫，等. 紧凑型气液旋流分离器结构参数显著性分析 [J]. 石油机械，2023，51（5）：86-93.

[18] 邢雷，关帅，蒋明虎，等. 高气液比井下气液旋流分离器结构设计与性能分析 [J]. 化工学报，2024，3：1-20.

[19] 蒋明虎，王尊策，赵立新，等. 旋流器切向速度测试与分布规律分析——液-液水力旋流器速度场研究之一 [J]. 石油机械，1999（1）：20-23.

[20] 杨剑秋，王延荣. 基于正交试验设计的空心叶片结构优化设计 [J]. 航空动力学报，2011，26（2）：376-384.

[21] 卢秋羽. 脱气除油一体化旋流器分离特性研究 [D]. 大庆：东北石油大学，2018.

[22] Wang Y, Chen J Y, Yang Y, et al. Experimental and numerical performance study of a downward dual-inlet gas-liquid cylindrical cyclone (GLCC) [J]. Chemical Engineering Science, 2021, 238: 116595.

[23] Yue T, Chen J Y, Song J F, et al. Experimental and numerical study of upper swirling liquid film (USLF) among gas-liquid cylindrical cyclones (GLCC) [J]. Chemical Engineering Journal, 2019, 358 (C): 806-820.

［24］ 张爽，赵立新，刘洋，等. 脱气除油旋流系统流场分布及分离特性［J］. 化工进展，2022，41（1）：75-85.

［25］ Misiulia D，Andersson A G，Lundström T S. Effects of the inlet angle on the flow pattern and pressure drop of a cyclone with helical-roof inlet［J］. Chemical Engineering Research and Design，2015，102：307-321.

［26］ 朱宝锦. 压力脉动条件下气液旋流器流场特性研究［D］. 大庆：东北石油大学，2023.

［27］ 陈福禄. 抽油机井气液分离器结构优化设计及流场分析［D］. 大庆：东北石油大学，2024.

［28］ 付康. 同井注采井筒内油-气-水三相分离器流场分析与性能评估［D］. 大庆：东北石油大学，2022.

第八章

井下水力聚结－旋流分离技术

现行的油水分离方法较为多样，按照分离原理可以概括为物理法（重力分离、旋流分离、聚结分离、粗粒分离、膜分离、过滤分离等）、化学法（凝聚分离、盐析分离、氧化还原、电解等）、生物法（活性污泥、生物滤池、生物膜、氧化池等）及物理化学法（浮选分离、吸附、离子交换等）等多种类型。目前，井下多采用物理法来实现油水两相介质的高效分离。物理方法中旋流分离设备具有结构小型、操作简单、处理量大、分离高效等诸多优点，在同井注采领域应用广泛。水力旋流设备是利用在液流旋转过程中产生的离心力实现非均相物系间的介质分离。旋流分离过程为不完全分离，使用过程中，分离性能受结构形式、操作参数及介质物性参数等多重因素影响。在使用旋流器处理含油污水时可以发现其对浮油可呈现出较好的分离效果，但对分散油及乳化油等小粒径油滴的分离及净化效果一般。如能使油水混合介质中小粒径油滴在进入旋流器之前聚结为较大油滴，则可以进一步提高旋流分离的分离及净化效果。

聚结分离技术（即水力聚结-旋流分离技术）由于可实现颗粒或液滴的粗粒化，对离散介质实现粒径重构，为非均相介质间的高效分离提供保障，因而在分离领域被广泛应用。聚结分离技术主要是指通过某一种或多种物理化学方法将互不相溶介质体系中的离散颗粒尺寸增大，在电场、超声波、重力场或离心力场的辅助作用下实现两相或多相介质分离的过程。对于油水分离而言，液滴的破碎甚至乳化现象会大幅降低油水分离设备的分离精度，因而聚结分离技术常与重力、离心、旋流、气浮等多种分离方法配套使用，用以增加分离设备对小粒径油滴的去除效果。

如何实现油滴间的高效聚结成为进一步提升旋流分离器分离性能，进而增强采出液及油田污水的分离及净化效果的技术关键。在诸多的聚结方法中，由于水力聚结具有工艺简单、结构小型且处理连续高效等特点，可为旋流分离器提供连续稳定的介质输入，在实现油滴聚结的同时保障旋流分离的稳定高效运行。但目前关于采用聚结方法增强旋流器分离性能的研究成果相对较少，因为实现水力聚结与旋流分离的高效耦合存在两大难点：首先是结构上需合理设计使聚结分离设备仍保持小型、高效、连续运行等特点；其次是装置流场内部的介质分布特性需保障油相及不同粒径油滴合理分布，使其分布规律同时满足聚结-分离的高效运行需求。因此，通过合理的水力聚结结构设计，寻求水力聚结-旋流分离技术间的最佳耦合方法及最优工艺参数，是进一步提升油水分离精度的重要研究方向之一。本章主要针对上述问题，对水力聚结与旋流分离过程的聚结强化原理、方法及相关实验研究工作进行介绍。

第一节 水力聚结技术

一、水力聚结装置及工作原理

水力聚结器（旋流聚结器）的结构形式及工作原理如图 8-1-1 所示，主要由入口、螺旋流道、聚结内芯、锥管及尾管组成。其工作原理可简述为：均匀分布的油水两相混合介质由入口处轴向进入聚结器内部，流经螺旋流道时原本轴向运动的液流在流道作用下逐渐向切向转变，在螺旋流道出口处形成切向旋流场，液流开始做绕聚结内芯的旋转运动并整体在入口压力的作用下向聚结器底部运移。由于油水两相间存在密度差，轻质油相在离心力的作用下径向上由边壁向轴心移动至聚结内芯表面后做绕柱旋转，在此过程中，离散相油滴间由于粒径、位置、运移时间等不同，会在旋流场内形成切向、径向以及轴向上的速度差，致使油滴间相互碰撞聚结，由小颗粒聚结成大颗粒，并沿着聚结内芯表面向出口方向运移。其中，聚结内芯的作用一方面可以使径向速度较大的油滴减缓或停止径向运移，致使径向速度较小的油滴与之发生碰撞聚结，另一方面可以消除聚结器内的强制涡区，使流场内均呈有切向速度差的准自由涡特性，进而增强油滴间的聚结，同时消除轴心处气核附近的强湍流引起的油滴破碎。锥管的作用是使液流受到轴向向上的力，延长油水两相在场内的停留时间，使油滴间充分聚结。尾管末端用来连接旋流分离器，从尾管出口处流出的液流油相在内侧、水相在外侧，同时油滴完成聚结呈大粒径状态，可缩短后端旋流分离器的分离时间进而提高分离效率。

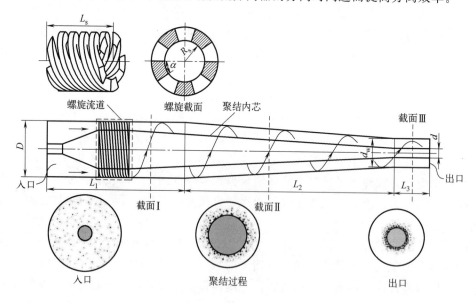

图 8-1-1 旋流聚结器结构形式及工作原理

二、水力聚结装置的性能分析

1. 基于 PBM 的旋流聚结器性能数值模拟分析方法

（1）示例结构及网格划分

本书示例的旋流聚结器的流体域和主要结构参数如图 8-1-2 所示。环形入口腔的直径

$D_1 = 120mm$，入口腔的长度 $L_1 = 350mm$，螺旋流道的长度 $L_2 = 100mm$，圆柱形聚结腔的长度 $L_3 = 60mm$，锥形聚结腔 L_4 的长度 $= 400mm$，横截面 $B—B$ 中的内部聚结芯的直径 $D_2 = 80mm$，出油管的内径 $D_3 = 15mm$，出口管的长度和直径分别为 $L_5 = 100$ mm 和 $D_4 = 60$ mm。聚结内芯的锥角 $\alpha = 3°$，螺旋流道角 $\beta = 36°$。借助 Gambit 软件建立了旋流聚结器高质量的流体域网格模型。网格模型采用分段局部细化方法，将入口管、螺旋流道、锥形聚结腔和出口管划分为不同的部分，并对螺旋流道和近壁区域网格进行细化，提高数值模拟精度。

为消除网格数对数值模拟结果的影响，建立了旋流聚结器不同网格水平的流体域模型，进行了网格独立性试验。结果表明：随着网格数从 239200 增加到 423600，分析截面上的油滴粒径明显增大；当网格数从 423600 增加到 697240 时，油滴的尺寸分布略有变化。因此，为缩短计算时间，选择网格数为 423600 的流体域模型进行数值模拟。旋流聚结器流体域模型的网格独立性试验结果及选取的结构网格细节如图 8-1-3 所示。在对聚结器进行结构优化时，主要针对受连接工艺限制较小的且对流体域主要形式影响较大的锥段聚结腔长度 L_4、出口管长度 L_5 及聚结内芯底径 D_3 展开。

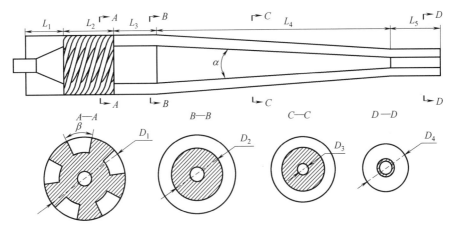

图 8-1-2 旋流聚结器示例结构

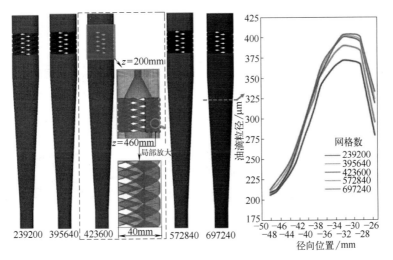

图 8-1-3 网格独立性试验的结果

(2) 模拟方法及边界条件

采用 ANSYS-FLUENT 求解器对旋流聚结器的聚结性能和流场特性进行了预测。采用 RSM 湍流模型来模拟旋流聚结器内的旋流流动。选用密度与原油相近的 GL-5 85W-90 重负荷车辆齿轮油（密度为 $850kg/m^3$）作为实验用油。采用马尔文流变仪测得 25℃时实验用油的黏度值为 1.03Pa·s，数值模拟时设置油相物性参数与实验油品相同。水相黏度值为 1.003mPa·s，入口油滴粒径分布在 $0\sim200\mu m$，设置尺寸组数为 10 来表征真实的粒径分布，其可行性已被证实。油水间界面张力为 $0.0037N·m^{-1}$，油相体积分数分布范围为 1%～5%。入口边界条件为速度入口（velocity），入口流量为 $3.0\sim6.0m^3/h$，出口为自由出流（outflow）。选择双精度压力基准算法隐式求解器稳态求解 SIMPLEC 算法用于进行速度压力耦合，压力插值格式选择 PRESTO!。动量、湍动能和湍动能耗散率为二阶迎风离散格式，收敛精度设为 10^{-6}。壁面设置为不可渗漏，无滑移边界条件，采用壁面函数法计算近壁剪应力、湍动能和湍流耗散率。同时在模拟计算时采用群体平衡模型（population balance model，PBM）预测油滴粒级变化，选用可用于描述液-液混合介质的 Luo 破碎模型，聚结模型采用湍流聚结 Luo 模型。PBM 基于连续相的湍动能耗散将油滴聚结过程简化为截留、碰撞及汇合三个过程，对于模拟油水两相流具有较高的精度。

2. 旋流聚结器性能实验分析方法

旋流聚结器样机的锥形聚结腔采用有机玻璃制作，为高速摄像可视化实验提供可视化条件，其他部分采用 304 不锈钢制作。通过实验过程评估旋流聚结器的聚结性能，如图 8-1-4 所示。水相及油相分别储存在水罐及油罐内，水相由螺杆泵输送，通过变频控制器调节螺杆泵频率进而控制入口流量。油相由计量柱塞泵增压，通过调节计量标尺控制柱塞泵供液量，进而调节进入旋流聚结器的入口流体含油浓度。水箱中的温度可以调节以确保恒定值，此处水温为 25℃。油水混合液通过混合罐实现两相介质均匀混合，混合罐后端连有浮子流量计及压力表，可实现入口处的压力、流量实时监测，经过测量后的油水混合物进入实验样机。由旋流聚结器聚结的混合液体进入回收罐中。在连接入口和出口的管道上分别安装两个取样阀，用于聚结前后取样。

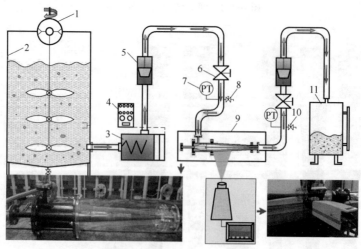

图 8-1-4 油滴粒径测量实验系统

1—搅拌器；2—混合罐；3—螺杆泵；4—变频器；5—浮子流量计；6—球阀；7—压力表；
8—入口取样阀；9—旋流聚结器；10—出口取样阀；11—回收罐

为了实现对油滴粒径分布的精确测量，构建了蠕动测量样液循环系统，以减弱常规离心循环系统中的叶片剪切对油滴粒径分布的影响。改进的样品液循环系统与基于激光衍射法的粒度分析仪相连，以测量连续介质中离散相的粒径分布。改进的粒径测量实验系统如图 8-1-5 所示。此处，粒度分析仪为 Malvern 公司的 MS2000（粒径测量范围为 $0.2 \sim 2000 \mu m$），激光发射器产生波长为 633nm 的激光，激光通过准直镜后平行射入待测液体中。激光方向在测量液体中颗粒衍射的作用下改变。在光斑检测器识别傅里叶透镜之后，最终识别的衍射光通过转换器转换为数字信号，并传输到测量软件系统。测量采用湿法，MS2000 的传统流体泵送系统为叶片搅拌式，高速旋转的叶片会破碎油滴，影响测量结果的准确性。因此，蠕动泵 BT-601 的循环分散系统被用于输送油水混合物。循环分散系统通过蠕动泵将混合物从入口管挤压到粒度分析仪中的样品池，这减少了被测液体运输过程中对粒度的影响误差。

通过比较出口和进口处的液滴尺寸分布来评估旋流聚结器的聚结性能。在实验过程中，在入口和出口获得了四组样品，并对每组的液体粒度进行了 4 次测量，以 4 次的平均粒度分布作为最终测试结果，以减小误差。

为了定性分析旋流聚结器流场中的粒径分布和油滴变化，聚结器外壁选用透明有机玻璃材料。利用高速摄像技术拍摄并分析旋流器聚结器内的流场和油滴尺寸分布。

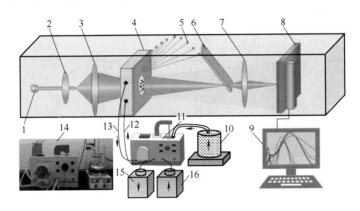

图 8-1-5 改进的油滴粒径测量实验系统

1—激光；2—显微物镜；3—准直透镜；4—试验颗粒；5—信号接收器；6—信号检测器；7—傅里叶透镜；
8—信号放大 A/D（模数）转换器；9—颗粒分析系统；10—测量样品；11—蠕动循环泵；
12—输入软管；13—输出软管；14—蠕动循环泵实物；15—废液罐；16—蒸馏水箱

3. 旋流聚结器内油滴粒径及油相体积分数分布

选取入口流量为 $4.0 m^3 \cdot h^{-1}$、入口油相体积分数为 2% 的旋流聚结器数值模拟结果，分析了旋流聚结器中油水两相的分布和油滴粒径的变化。通过数值模拟获得了旋流聚结器不同截面的油相体积分数和出口油滴粒径的平均值，如图 8-1-6 所示。结果表明，流体越靠近旋流聚结器出口，聚结锥附近的油相在轴向上的体积分数越大。从截面 $\mathrm{I}(z = 480mm)$ 到截面 $\mathrm{V}(z = 960mm)$，油相体积分数的最大值从 0.15 增加到 0.65，平均粒径从 $253.51 \mu m$ 增加到 $456.74 \mu m$。这是因为螺旋流道的存在致使液流在聚结锥周围形成切向旋转流场，油滴在径向离心力的作用下逐渐向轴线移动，并在离开旋流聚结器之前聚集在聚结芯周围。因此，存在一种分层流动状态，其中油相位于内部，水相位于外部，并从出口一起流出。结果表明，旋流聚结器不仅可以聚结油滴，增加油滴粒径，而且可以重构油水分布，为改善后端分离器的油水分离性能提供了有利条件。

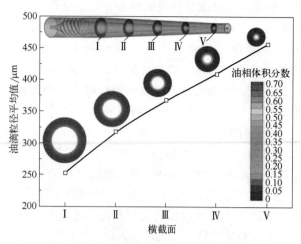

图 8-1-6　不同截面上油相体积分数分布及油滴粒径平均值

4. 湍流特性对油滴聚结的影响

湍动能是衡量湍流混合能力的重要指标，它决定了油滴在旋流聚结器中的碰撞强度和概率。图 8-1-7 为旋流聚结器中湍动能和油滴粒径的分布比较。通过分析湍动能分布轮廓，可以看出，在螺旋通道、螺旋通道出口区域和聚结芯壁附近，湍动能较大。在湍动能较高的区域，油滴粒径呈减小趋势。为了定量分析湍动能对油滴粒径分布的影响，在三个不同截面处比较了油滴的湍动能和粒径分布，如图 8-1-7 所示。结果表明，随着径向半径的减小，湍动能先减小，然后增大。

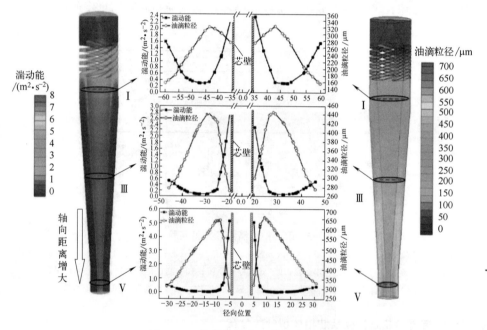

图 8-1-7　油滴粒径分布与湍动能比较

当湍动能小于 $0.2m^2 \cdot s^{-2}$ 时，油滴粒径随着截面 I 中径向半径的减小而继续增大。这是因为流场对油滴的剪切力没有达到油滴的临界破碎值，但强湍流增加了油滴的碰撞概率，这使得该区域的油滴粒径逐渐增大。当湍动能增加到 $0.2m^2 \cdot s^{-2}$ 附近时，油滴粒径最大，约 $324\mu m$。当湍动能继续增加时，由于流场对油滴的剪切作用，粒径为 $324\mu m$ 的油滴破碎，剪切力大于油和水之间的界面张力，导致大粒径油滴破裂。油滴的最大粒径随着截面靠近出口而逐渐增大，这是由于油相浓度的增加，提高了油滴的碰撞概率。此外，可以发现，聚结内芯壁面附近的湍动能急剧增加，因为壁面附近的黏性阻尼减小了切向速度波动，并且壁面也影响了正常速度波动，导致壁面附近存在较大时均速度梯度，湍流运动表现出强烈的各向异性，这也产生了较大的雷诺剪切应力。结果表明，聚结内芯壁面附近是油滴聚结或破裂的主要区域，该区域的油滴聚结或破碎主要取决于油滴与连续相之间的界面张力。同时，结果表明，油滴的粒径越大，油滴破碎的临界流体剪切应力越小，并且聚结内芯壁附近的油滴破裂越明显。

5. 旋流聚结器性能的可视化分析

进行高速摄像可视化实验以观察旋流聚结器中的油滴聚结现象，实验系统如图 8-1-4 所示。高速摄像可视化系统使用奥林巴斯公司的 i-SPEED 3 系列完成实验期间的图像采集，最大帧速率为 150000 帧/s，专用支持软件 i-SPEED 套件用于观察和分析视频图像。首先，将流体入口流量稳定在 $4.3\mathrm{m^3/h}$。为了减少高油浓度对高速摄影机结果的干扰，将油相体积分数控制为 1.2%，以确保锥形聚结室的清晰度。然后将拍摄帧速率调整为 500 帧/s，并在流场稳定时开始记录。如图 8-1-8 所示，通过高速摄像机获得分析区域 A 和 B 之间的油滴形态特征的比较结果。从图 8-1-8 可以看出，区域 A 中的油滴都处于小颗粒直径分布的状态，图中的蓝色圆圈表示此时观察区域中的最大油滴位置。为了减小分析误差，在区域 A 和 B 的油滴运动视频中随机选择四个不同时间的图形进行分析。区域 B 中的油滴比区域 A 中的大，并且区域 B 中最大油滴在不同时间明显大于区域 A 中最大油滴。结果表明，当油滴从 A 区移动到 B 区时会发生明显的聚结。高速摄像可视化实验结果定性地验证了旋流聚结器的聚结性能。

高速摄像可视化实验期间，分别在旋流聚结器的出口和入口获得样品，并通过显微镜系统观察和分析样品液中油滴的粒径分布。目镜的放大倍率为 10，物镜的放大倍率为 5。用载玻片上的标尺校准图像的大小，并将旋流聚结器入口和出口处样品液体的显微图像放大 50 倍，如图 8-1-8 所示。从图 8-1-8 可以看出，虽然出口样品中仍有一些小粒径油滴，但小粒径油滴的数量明显减少，而大粒径油滴数量明显增加，出口样品中的最大油滴也明显大于进口样品中的油滴。为了定量分析高速摄像可视化实验和显微镜实验中提到的聚结性能，分别使用改进的 Malvern 粒度仪分析系统分析了旋流聚结器入口和出口处样品的油滴粒径（如图 8-1-9 所示），对每个参数进行了四次测试，以减少实验误差，并将结果进行比较，如图 8-1-9 所示。结果表明，旋流聚结器入口的油滴粒径大多分布在 $0\sim200\mu m$ 范围内，粒径约为 $80\mu m$ 的油滴体积分数最大。出口处油滴的粒径大多分布在 $0\sim600\mu m$ 范围内，$220\mu m$ 附近的油滴体积分数最大。旋流聚结器出口 $0\sim100\mu m$ 范围内的油滴体积分数明显降低，峰值粒径分布出现在 $200\mu m\sim300\mu m$ 范围内，大于入口。旋流聚结器出口处的油滴粒径分布明显高于入口。高速摄像、显微分析和粒径分析结果表明，旋流聚结器出口油滴的粒径分布明显大于入口油滴的粒径分布。在入口流量为 $4.3\mathrm{m^3/h}$、油相体积分数为 1.2% 的情况下，旋流聚结器可将 $0\sim200\mu m$ 的油滴扩大至 $0\sim600\mu m$ 的油滴，定性和定量地验证了聚结性能，这证明了所提出的旋流聚结器的合理性和高效性。

6. 旋流聚结器性能的影响因素

(1) 入口流量对聚结性能的影响

为了研究入口流量对旋流聚结器聚结性能的影响，实验研究了入口流量为 $3.2\mathrm{m^3/h}$、$3.9\mathrm{m^3/h}$、$4.3\mathrm{m^3/h}$、$5.5\mathrm{m^3/h}$ 以及 $6.0\mathrm{m^3/h}$ 时旋流聚结器的聚结特性，还进行了数值模拟，获得了在入口流量为 $3.0\sim6.0\mathrm{m^3/h}$ 时，不同入口流量对液滴粒径的影响。在不同入口流量条件下的样品粒径分析中，对不同参数的样品进行三次测量，三次测量结果的平均值作为最终粒径分析结果。又通过比较不同入口条件下旋流聚结器出口油滴的粒径分布，分析了入口流量对旋流聚结器聚结性能的影响。不同入口流量下旋流聚结器出口处油滴的粒径分布

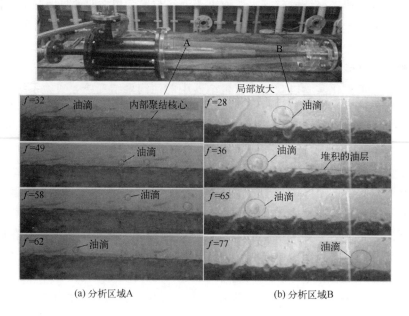

(a) 分析区域A   (b) 分析区域B

图 8-1-8　不同分析区域高速摄像实验结果的比较

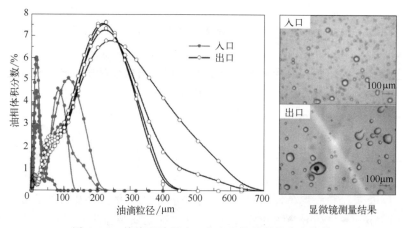

图 8-1-9　旋流聚结器出口与入口油滴粒径分布比较

如图 8-1-10（a）所示。图 8-1-10（a）中的结果表明，当入口流量为 $3.2\text{m}^3/\text{h}$ 时，油滴粒径分布在 $1\sim800\mu\text{m}$ 的范围内，油滴的峰值体积分数出现在 $300\mu\text{m}$ 的位置，即 $300\mu\text{m}$ 粒径的油相体积分数最大，约占 7.5%。当入口流量增加到 $3.9\text{m}^3/\text{h}$ 时，油滴粒径分布曲线上出现两个峰值，分别为 $156\mu\text{m}$ 和 $1000\mu\text{m}$ 处。旋流聚结器出口处粒径为 $1000\mu\text{m}$ 左右的油滴数量增加，而粒径小于 $100\mu\text{m}$ 的油滴数量减少。结果表明，当入口流量从 $3.2\text{m}^3/\text{h}$ 增加到 $3.9\text{m}^3/\text{h}$ 时，旋流聚结器的聚结性能增强。当入口流量增加到 $4.3\text{m}^3/\text{h}$ 时，油滴粒径分布在 $1\sim700\mu\text{m}$ 范围内，体积分数的峰值位置向小颗粒尺寸方向移动。随着入口流量继续增加，较大液滴的体积分数逐渐减小。当入口流量增加到 $6.0\text{m}^3/\text{h}$ 时，旋流聚结器出口处的油滴粒径分布在 $0\sim200\mu\text{m}$ 范围内，聚结性能明显降低。这是因为，随着入口流量的增加，旋流聚结器中的湍动能逐渐增加，流场对油滴的剪切作用增强，因此粒径较大的油滴更容易破碎。可以通过实验和模拟获得具有不同入口流量的旋流聚结器出口处油滴粒径的平均值，如图 8-1-10（b）所示。当入口流量分布在 $3.0\text{m}^3/\text{h}$ 至 $6.0\text{m}^3/\text{h}$ 范围内时，随着入口流速的增加，油滴粒径的平均值逐渐减小。在实验结果中，当入口流量为 $3.9\text{m}^3/\text{h}$ 时，平均粒径存在峰值。模拟值的平均直径大于实验值，这是由于粒径测量过程中液滴的破碎和 PBM 计算偏差造成的差异，但数值模拟结果与实验结果所得出的趋势基本一致。

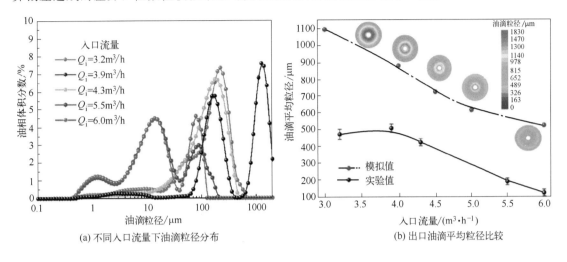

（a）不同入口流量下油滴粒径分布   （b）出口油滴平均粒径比较

图 8-1-10 入口流量对旋流聚结器出口处油滴粒径分布的影响

（2）连续相介质黏度对聚结性能的影响

为了研究含聚浓度对连续相介质流变特性的影响，配置不同含聚浓度的溶液，聚合物选用水解聚丙烯酰胺（PAM）干粉，分子量为 1200 万。首先依据《用于提高石油采收率的聚合物评价方法》（SY/T 6576—2016）确定聚合物母液配置方法：以 1000mL 烧杯作为搅拌容器，向烧杯内加入 600mL 蒸馏水，控制温度为 30℃，打开搅拌器设置搅拌转速为 1000r/min，将 3.39gPAM 干粉均匀撒至烧杯内，2min 后将搅拌器调至 50r/min 持续搅拌 30min 后即获得浓度为 5000mg/L 的聚合物母液。采用稀释母液的方法获取含聚浓度分别为 100mg/L、200mg/L、300mg/L、400mg/L 的含聚目的液。采用马尔文旋转流变仪对不同含聚目的液的流变特性进行测量分析，该型号流变仪的角速度范围为 10～500rad/s；温度变化范围为 -40～200℃；扭矩范围为 2～200N·m。测量时首先对流变仪进行调零，然后按照操控软件提示向样品池内倒入待测样液，控制转子落入样品池内。流变分析时设置样品池温度为 25℃。最终获得不同含聚浓度的目的液的黏度曲线如图 8-1-11（a）。根据上述方法，制备了不同浓度的含聚合物溶液，并在入口流量为 $3.9\text{m}^3/\text{h}$、油相体积分数为 1.2%的条件下进行了不同含聚浓度下旋流聚结器的聚结性能实验。同时，采用非牛顿模型结合 PBM 模拟了不同聚合物浓度下旋流聚结器中油滴的粒径分布。数值模拟结果与实验结果的比较如图 8-1-11（b）所示。

图 8-1-11（b）显示，随着水（含聚目的液）黏度的增加，旋流聚结器出口处的油滴粒径逐渐减小，数值模拟结果与实验结果一致。实验结果表明，当连续相不含聚合物时，旋流聚结器出口处的液滴粒径平均值为 $502.5\mu\text{m}$；当聚合物浓度增加到 500mg/L 时，平均粒径减小到 $382.4\mu\text{m}$。同时，数值模拟结果表明，聚合物浓度的增加不仅会降低油的轴向聚集程度，还会增加流场对油滴的剪切作用，导致聚结性能下降。旋转流场中油滴的剪切力表达式为

$$\tau = nC\mu \frac{1}{r^{n+1}} \tag{8-1-1}$$

式中，μ 为连续相介质的黏度，Pa·s；n 为剪切指数，同一横截面中为固定值；C 为与流量成比例的常数；r 为距离中心轴的径向距离，m。

从式（8-1-1）中可以看出，流场中油滴上的剪切力随着连续相介质黏度的增加而逐渐增加，这增加了油滴的破裂概率。同时，通过模拟和实验结果验证了不同聚合物浓度条件下旋流聚结器的聚结性能。

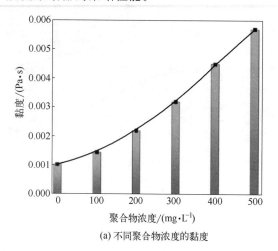

(a) 不同聚合物浓度的黏度

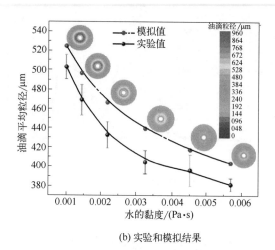

(b) 实验和模拟结果

图 8-1-11   连续相介质黏度对旋流聚结器出口处油滴粒径分布的影响

（3）油相体积分数对聚结性能的影响

通过不同油相体积分数的数值模拟和实验研究，分析了不同油相体积分数条件下旋流聚结器的聚结性能。当分析旋流聚结器入口和出口处不同油相体积分数的油滴粒径分布时，入口流量为 $Q_i = 3.9 m^3/h$，实验期间油相体积分数分别调整为 1.2%、2.0%、3.5%、4.2% 和 5.4%。每个样品组测试 3 次，取 3 次测试的平均值作为最终结果，不同油相体积分数旋流聚结器入口和出口油滴平均粒径的比较如图 8-1-12 所示，图表底部的柱形图表示不同油相体积分数下旋流聚结器入口处油滴的平均粒径。图 8-1-12 表明，随着油相体积分数的增

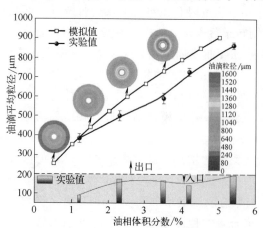

图 8-1-12   油相体积分数对旋流聚结器入口和出口处平均粒径分布的影响

加，旋流聚结器出口处的油滴平均粒径逐渐增大，同时，在油相体积分数为 1.2%～5.4% 的情况下，入口处油滴的平均粒径值分布在 0～200μm 的范围内，在旋流聚结器聚结后，油滴的粒径均值分布在 380～860μm 的区域内。这是因为油相体积分数的增加使油滴数量增加，并增加了油滴之间的碰撞概率，导致旋流聚结器的聚结性能逐渐增强。实验结果表明，在不同油相体积分数下，入口油滴的平均粒径分布在 0～200μm 范围内，旋流聚结器聚结后，平均粒径数扩大到 380～860μm。旋流聚结器出口油滴的平均粒径明显高于入口油滴的粒

径，出口处平均粒径分布的数值模拟结果与实验结果一致，验证了不同油相体积分数条件下旋流聚结器聚结性能的高效。

第二节　水力聚结-旋流分离机理分析

借助 PIV 实验获得的旋转流场速度分布结果显示，旋流场轴向上存在二次衍生涡流。当液滴遇到衍生涡时，运动轨迹可能会发生明显的偏转，同时也会出现在衍生涡流内停留或旋转现象，因此流场的稳定程度很大程度地影响离散相油滴的运动过程。在本节的理论分析过程中，假设流场为不存在衍生涡流的流场模型，即油滴的径向运动不受流场随机特性的影响。此时旋流场内油滴在径向运动方向上受到的合力表达式为

$$\sum F = F_p + F_M - F_a - F_s \tag{8-2-1}$$

油滴的径向运动状态近似计算的微分方程为

$$m_o \frac{\mathrm{d} v_r}{\mathrm{d} t} = F_p - F_a + F_M - F_s \tag{8-2-2}$$

即

$$\frac{\mathrm{d} v_r}{\mathrm{d} t} = \frac{v_t^2}{r} \times \frac{\rho_w - \rho_o}{\rho_o} + \frac{6k\rho_w \omega v_r}{\pi \rho_o} - \frac{18 v_r \mu_w}{x^2 \rho_o} \tag{8-2-3}$$

当油滴受力平衡时，$\sum F = 0$，即 $\frac{\mathrm{d} v_r}{\mathrm{d} t} = 0$。

可求出油滴径向速度

$$v_r = \frac{v_t^2}{r} \times \frac{(\rho_w - \rho_o)\pi x^2}{18\mu\pi - 6k\rho_w \omega x^2} \tag{8-2-4}$$

令 $\Delta\rho = \rho_w - \rho_o$，则油滴径向速度可表示为

$$v_r = \frac{v_t^2}{r} \times \frac{\Delta\rho \pi}{\dfrac{18\mu\pi}{x^2} - 6k\rho_w \omega} \tag{8-2-5}$$

当不考虑马格纳斯力时，油滴的受力平衡方程为

$$\sum F = F_p - F_a - F_s \tag{8-2-6}$$

微分方程为

$$\frac{\mathrm{d} v_r}{\mathrm{d} t} = \frac{v_t^2}{r} \times \frac{\Delta\rho}{\rho_o} - \frac{18 v_r \mu}{x^2 \rho_o} \tag{8-2-7}$$

解得径向相对速度

$$v_r = \frac{v_t^2}{r} \times \frac{\Delta\rho x^2}{18\mu} \tag{8-2-8}$$

由式（8-2-4）和式（8-2-8）可见，无论是否考虑随机作用力（马格纳斯力），当油滴粒径 x 一定时，旋转半径 r 位置越小，油滴的径向速度越大。当旋转半径 r 一定时，油滴粒径 x 越大，油滴的径向速度越大。

将 $v_r = \dfrac{\mathrm{d} r}{\mathrm{d} t}$，$v_t = \omega r$ 代入式（8-2-7）推导得出：

$$\frac{\mathrm{d}^2 r}{\mathrm{d}t^2} + \frac{18\mu}{x^2 \rho_\mathrm{o}} \times \frac{\mathrm{d}r}{\mathrm{d}t} - \frac{\Delta\rho}{\rho_\mathrm{o}} \omega^2 r = 0 \tag{8-2-9}$$

可以得出，当旋流场角速度为 ω 时，离散相油滴在径向上在距轴心半径为 r 的位置沉降到轴心所需时间的表达式为

$$t = \frac{18\mu}{x^2 \Delta\rho\omega^2} \ln r \tag{8-2-10}$$

式 (8-2-10) 说明旋流场内离散相油滴的粒径越大，旋转时的角速度越大，距轴心半径 r 相同时，油滴运移到流场轴心所需时间也就越短。

假设油滴运动状态处于 Stokes (斯托克斯) 区，不考虑马格纳斯力对油滴的影响时，油滴在旋流场内运动的近似微分方程可表示为

$$m_\mathrm{o} \frac{\mathrm{d}v_r}{\mathrm{d}t} + F_\mathrm{a} - F_p + F_\mathrm{s} = 0 \tag{8-2-11}$$

即

$$m_\mathrm{o} \frac{\mathrm{d}v_r}{\mathrm{d}t} + 3\pi u v_r x - m_\mathrm{o} \frac{\Delta\rho}{\rho_\mathrm{o}} a = 0 \tag{8-2-12}$$

式中，a 为流场切向加速度。假设流场内切向加速度 a 为常数。可解得

$$v_r = \frac{\Delta\rho}{\rho_\mathrm{o}} \tau^* (1 - \mathrm{e}^{-\frac{t}{\tau^*}}) a \tag{8-2-13}$$

式中，t 为油滴达到平衡速度的 99.9% 时所需要的时间；τ^* 与油滴粒径、密度及黏度相关，其表达式为

$$\tau^* = \frac{x^2 \rho_\mathrm{o}}{18\mu} \tag{8-2-14}$$

旋流场内油滴的径向运动过程分为加速运动阶段和等速运动阶段，加速阶段之后油滴达到平衡速度，油滴平衡速度可以表示为

$$v_r = \frac{\Delta\rho}{\rho_\mathrm{o}} \tau^* a = \frac{x^2 \Delta\rho}{18\mu} a \tag{8-2-15}$$

假定流场内离散相油滴密度为 $\rho_\mathrm{o} = 840\mathrm{kg/m}^3$，连续相密度为 $\rho_\mathrm{w} = 1000\mathrm{kg/m}^3$，连续相黏度值为 $\mu = 1.02\mathrm{mPa \cdot s}$；将上述参数代入公式 (8-2-14) 可算出不同粒径油滴所对应的 τ^* 值，进而得出不同油滴粒径达到平衡速度的 99.9% 时所需要的运移时间 (如图 8-2-1 所示)，即油滴在径向运动过程中由加速阶段到等速阶段所需要的时间。由图 8-2-1 可以看出，粒径为 $100\mu\mathrm{m}$ 的在旋流场内的加速时间约为 0.004s，随着粒径的逐渐增大加速时间也逐渐增加。当油滴粒径为 $1500\mu\mathrm{m}$ 时，油滴的加速时间约为 0.60s。相同流场

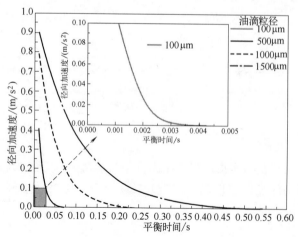

图 8-2-1 不同油滴粒径平衡时间对比

条件下，当油滴径向做等速运动时，油滴粒径越大，达到平衡时的速度也越大，即相同条件下越容易运动到旋流场轴心。

第三节　水力聚结-旋流分离装置

水力聚结-旋流分离装置即聚结分离器，主要由两部分构成（图8-3-1），分别为前端的水力聚结器（又称旋流聚结器），以及后端的水力旋流器（又称旋流分离器）。均匀分布的油水两相混合介质由入口处轴向进入聚结器内部，流经螺旋流道时原本轴向运动的液流在流道作用下逐渐向切向转变，在螺旋流道出口处形成切向旋流场，液流开始做绕聚结内芯的旋转运动并整体在入口压力的作用下向聚结器底部运移。由于油水两相间存在密度差，轻质油相在离心力的作用下径向上由边壁向轴心移动至聚结内芯表面后做绕柱旋转，在此过程中离散相油滴间由于粒径、位置、运移时间等不同，会在旋流场内形成切向、径向以及轴向上的速度差，致使油滴间相互碰撞聚结，由小颗粒聚结成大颗粒，并沿着聚结内芯表面向出口方向运移。聚结分离器前端为聚结器，主要作用有两点：首先是通过自身结构特点使混合液内的离散相油滴在旋流场的作用下实现碰撞聚结，使小油滴聚结成粒径较大油滴后进入后端的油水分离旋流器内；其次，轻质油相在聚结器内的旋流场作用下沿径向向轴心运移，在到达聚结器出口处时，呈油相在内侧、水相在外侧的径向分层状态流入旋流器内。油水径向分层后混合液携带聚结后的大粒径油滴，进入油水分离旋流器内。有研究者得出，进入旋流器内旋流的离散相油滴，即在零轴向速度包络面内部的油滴，更容易沿轴向向上运动并由溢流口排出实现分离。而在聚结分离器内粒径变大的待分离油相径向上与溢流管距离更近，经螺旋流道加速后大量油相直接进入内旋流区域，缩短了油相径向运移的时间，同时也降低了外旋流内的随机湍流特性对油滴造成的破碎及携带等不利因素的影响。

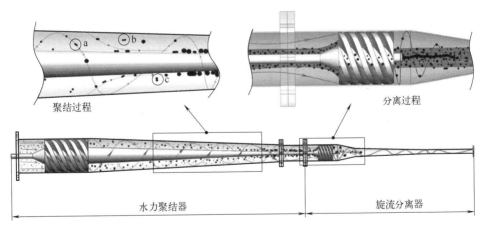

图 8-3-1　聚结分离器结构及工作原理

第四节　水力聚结-旋流分离装置的性能验证

1. 基于欧拉-欧拉方法的数值模拟验证

（1）示例结构及网格划分

聚结分离器的流体域模型如图8-4-1所示，主要由水力聚结器及旋流分离器两部分组成，水力聚结器出口直接与旋流分离器入口相连接。其中水力聚结器和旋流分离器的各项参数如下：其总长度 L_h＝1165mm，其中截面 A—A～D—D 为分析截面。其中截面 A—A 上，R_1＝60mm，r_1＝38mm；截面 B—B 上 R_2＝32mm，r_2＝8mm；截面 C—C 上 R_3＝23mm；截面 D—D 上 R_4＝8mm。利用 Gambit 2.4.6 对聚结分离器流体域结构进行网格划分，网格形式主要采用六面体结构网格，网格划分结果如图 8-4-2 所示，网格单元总数为 1623450，检验结果显示网格有效率为 100%。

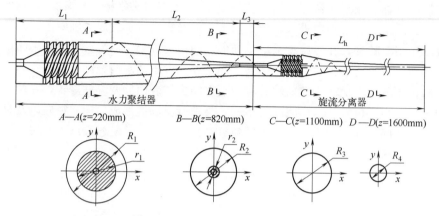

图 8-4-1　聚结分离器流体域模型

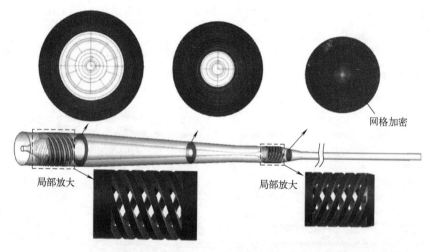

图 8-4-2　聚结分离器网格划分示意图

（2）数值模拟方法及边界条件设置

油水两相间模拟计算采用多相流混合模型，选用双精度压力基准算法隐式求解器稳态求解，调用 PBM 对流场内油滴粒径分布进行数值模拟，设置粒径组数为 10，油滴的聚结与破碎均采用 Luo 模型进行计算。入口油滴粒径分布在 $10\sim100\mu\mathrm{m}$；湍流计算模型为雷诺应力模型（RSM），SIMPLEC 算法用于进行速度压力耦合，墙壁为无滑移边界条件，动量、湍动能和湍动能耗散率为二阶迎风离散格式，收敛精度设为 10^{-6}，壁面为不可渗漏，无滑移边界条件。入口边界条件为速度入口（velocity），出口边界条件为自由出流（outflow）。为了研究聚结分离器内部流场特性，设置操作参数为：油相体积分数为 2%，入口流量为 $5\mathrm{m}^3/\mathrm{h}$，旋流器溢流分流比为 20%。

(3) 旋流数及速度场分布

对于旋流分离而言,切向速度是决定两相介质分离的重要因素之一,切向速度大小直接影响聚结性能及分离性能。通过数值模拟得出聚结分离器内切向速度分布云图如图 8-4-3 所示,图 8-4-4 为分析截面 $A \sim D$ 过轴心截线上的切向速度分布。可以看出,在聚结器内流体在螺旋流道出口处切向速度值较大,轴向向出口处流动的过程中混合介质切向旋动能逐渐降低,致使切向速度逐渐降低,由截面 A 运动至截面 B 时切向速度最大值由 3.4m/s 降低至 1.8m/s。当流体进入旋流分离器内部时,在旋流分离器内螺旋流道的作用下混合介质产生二次旋转加速,致使截面 C 处的流体切向速度明显升高,最大切向速度分布在 10m/s 附近,流场呈现出了外部为强制涡、内部为准自由涡的分布特性。随着混合介质轴向向底流出口的运动,切向速度又逐渐降低,至截面 D 时切向速度最大值降低至约 3.8m/s。

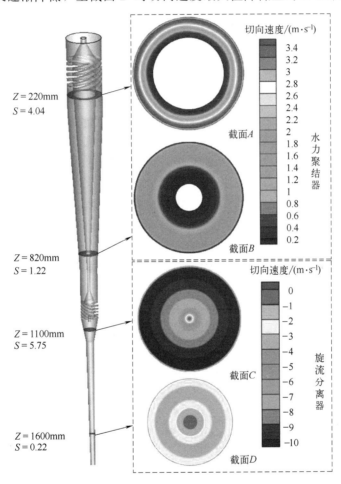

图 8-4-3 聚结分离器内切向速度分布云图

旋流数作为反映流体旋转强弱的一项重要参数,其定义为流体的切向动量的轴向通量与轴向动量的轴向通量之比,用旋流数可以表征水力聚结器内流体的旋转强度,得出聚结分离器内不同截面上的旋流数分布情况如图 8-4-5 所示。可以看出,由聚结分离器的螺旋流道出口至底流口的轴向上,旋流数呈先降低后升高又降低的趋势。说明虽然在水力聚结器的锥段及出口管区域流体旋转强度有所降低,但通过旋流分离器螺旋流道的切向加速,可对流体介质进行旋转补偿,经旋流分离器内的螺旋流道加速后流体的旋转强度甚至要高于水力聚结器内旋转强度，充分说明该聚结分离器的设计在研究的边界条件下可使油水混合介质满足分离所需的旋转强度。

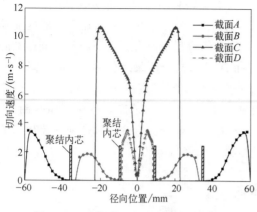

图 8-4-4　分析截面切向速度分布曲线

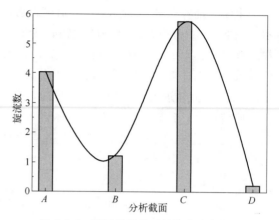

图 8-4-5　不同分析截面旋流数变化情况

（4）油相分布及油滴聚结破碎特性分析

分析流体域内油相分布位置及油滴聚结破碎特性，可以反映出聚结分离器的聚结效果及分离性能。数值模拟得出聚结分离器内部油相体积分数分布及油滴粒径分布云图，如图 8-2-8 所示。由图 8-4-6 可以看出在旋流分离器的入口处，油相均分布在靠近轴心区域，沿着螺旋流道内侧进入分离器，到达旋流分离器分离腔内的液流呈现出油相在内侧、水相在外侧的分层状态，油相靠近溢流口，缩短了由溢流口流出径向运移时间。而从油滴粒径分布云图可以看出，旋流分离器入口处的油滴粒径分布较大，即水力聚结器实现了将小油滴聚结成较大油滴后进入分离器内部。

图 8-4-7 为旋流分离器入口截面过轴心截线上的油相体积分数及油滴粒径分布对比曲线，可以看出在旋流分离器入口截面位置由旋流分离器外壁到聚结内芯的近壁处无论油相体积分数还是油滴粒径均呈现出逐渐升高的趋势。油滴粒径最大值在 $2500\mu m$ 左右，而边壁处油相体积分数分布较低，油滴粒径分布也较小，粒径在 $250\mu m$ 左右。充分说明水力聚结器可以有效地将油相在进入旋流分离器入口时集中至轴心区域，且可将小油滴聚结为较大油滴，使得油相和水相以内外侧的分层流形式进入旋流分离器内。

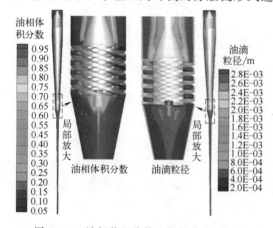

图 8-4-6　油相体积分数及粒径分布云图

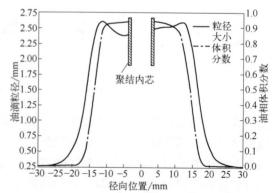

图 8-4-7　旋流分离器入口截面过轴心截线上的油滴粒径与油相体积分数分布对比

2. 基于欧拉-拉格朗日方法的数值模拟验证

为了揭示油滴在聚结分离器内的运动特性，采用 DPM 与 PBM 耦合的方法对油滴在聚结分离器内的运移轨迹及粒径变化进行数值模拟分析。油滴在聚结分离器内的运动轨迹主要可以分为底流逃逸与溢流捕获两种类型。模拟时采用点源入射方法，打开随机模型获得相同入射点进入聚结分离器内的两个不同运动轨迹的油滴，其中一个油滴由旋流分离器的底流逃逸，另一个被旋流分离器的溢流捕获，两种油滴运移轨迹如图 8-4-8 所示，图中轨迹线颜色表示油滴在流场内的停留时间。图 8-4-9 为两种运动轨迹的油滴在聚结分离器内运动过程中的停留时间分布曲线对比。可以看出两油滴在前 0.2s 内未进入螺旋流道，具有相同的停留时间。在 0.2s 后两油滴进入水力聚结器的螺旋流道内，此时两油滴的停留时间逐渐发生变化。由底流逃逸的油滴在相同的位置内较被溢流捕获的油滴具有较短的停留时间，相同运移时间内由底流逃逸的油滴具有距聚结分离器入口更大的轴向距离。进入旋流分离器后，底流逃逸油滴随外旋流朝底流口方向运移，油滴从进入聚结器到由底流口排出的过程累计用时约为 1.52s。而溢流捕获的油滴径向上穿透零速包络面进入内旋流内，最终由溢流口排出，该过程中油滴在聚结分离器内总停留时间约为 1.85s。

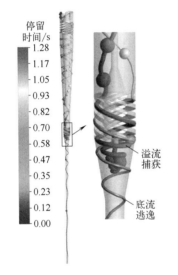

图 8-4-8 油滴不同形式的运移
轨迹及停留时间

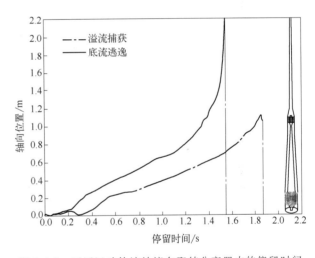

图 8-4-9 不同运动轨迹油滴在聚结分离器内的停留时间

两种轨迹油滴在运动过程中合速度的变化情况如图 8-4-10 所示，可以看出两种轨迹的油滴运动过程中存在相同的速度变化趋势。首先油滴运动至水力聚结器的螺旋流道内时，速度值呈现出明显的升高趋势，即一次增强区域，油滴流出螺旋流道后速度值均出现明显的衰减。油滴运动至旋流分离器的螺旋流道内时速度值再次升高，即二次增强区。结果显示，二次增强后的速度值明显高于一次增强区后的速度值，说明聚结分离器可实现在固定入口进液条件下，通过自身结构特性实现液流由轴向运动向切向运动的转换。两种运动轨迹油滴的速度分布在一次增强后出现差异，即底流逃逸油滴在轴向 0.2~0.5m 区域内速度值要大于溢流捕获油滴，这是因为在该区域内溢流捕获油滴运动轨迹在径向上更靠近轴心区域，由前所述，连续相介质切向速度分布由外到内呈逐渐降低趋势，致使该区域内溢流捕获油滴速度值小于底流逃逸油滴速度值。

两种轨迹油滴在运动过程中的粒径变化情况如图 8-4-11 所示。由图 8-4-11 可以看出，底流逃逸的油滴在水力聚结器螺旋流道内无明显的聚结现象，而溢流捕获油滴在水力聚结器的螺旋流道内开始发生聚结，粒径逐渐增大。无论是底流逃逸的油滴还是被溢流捕获的油滴，均在水力聚结器内部出现了明显的粒径增大现象，直至油滴进入旋流分离器的螺旋流道内时，油滴粒径在剪切作用下逐渐降低。

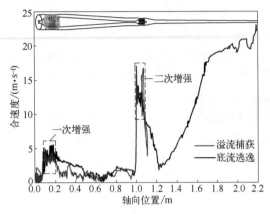

图 8-4-10　不同运动轨迹油滴运动过程中合速度变化

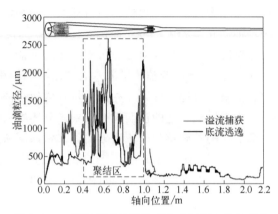

图 8-4-11　不同运动轨迹油滴运动过程中粒径变化

3. 水力聚结-旋流分离性能的实验验证方法

为了分析加装水力聚结器前后旋流分离的性能变化，在实验研究过程中，无论是水力聚结器的聚结性能实验还是旋流分离器的分离性能实验均采用图 8-4-12 所示实验工艺完成性能测试。实验时，水相及油相分别储存在水罐及油罐内，水相由螺杆泵输送，通过变频控制器调节螺杆泵频率进而控制入口流量。油相由计量柱塞泵（油泵）增压，通过调节计量标尺控制柱塞泵供液量，进而控制介质含油浓度。水罐内可实现持续的加热，保证恒定的介质温度。油水混合液通过静态混合器实现两相介质均匀混合，静态混合器后端连有浮子流量计及压力表，可实现入口处的压力、流量实时监测，被测量后的油水混合液进入实验样机内。在开展分离性能实验时，分别连接入口、底流及溢流管线，油水混合介质由入口管线进入实验样机内，实现油水两相旋流分离后的油相由溢流口流出，水相由底流口流出，油水两相均循

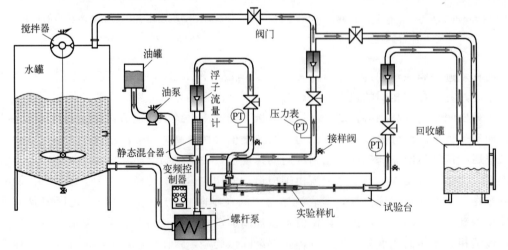

图 8-4-12　实验流程及工艺

环至回收罐内。安装在入口及两个出口管线上的截止阀用来完成分流比的调控。同时在连接入口、溢流口及底流口的管线上分别装有 A、B、C 三个取样点，用来完成旋流分离前后的取样工作，进而通过含油浓度分析对实验样机的分离性能进行评估。

当开展水力聚结器的聚结性能实验时，保持入口管线及底流出口管线阀门打开，溢流管线阀门关闭。对不同工况下的入口及出口分别取样并进行粒度测试，对比水力聚结器出口及入口的粒度分布进而评判水力聚结器的聚结效果。根据相似参数准则，加工试验样机与模拟模型的参数保持一致，水力聚结器样机实物如图 8-4-13 所示，样机主要由上盖板、螺旋流道、入口管、锥段、出口管及聚结内芯等部件组成，材料为 304 不锈钢，入口及出口与管线间均为法兰连接。

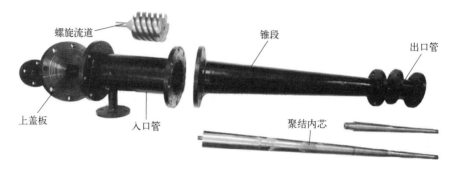

图 8-4-13 水力聚结器实验样机

实验介质为油水混合液，选用 GL-5 85W-90 重负荷车辆齿轮油作为实验用油，采用马尔文流变仪测得 25℃时实验用油的黏度值随剪切速度的变化曲线如图 8-4-14 所示，结果显示当剪切速度大于 $400s^{-1}$ 时油相黏度稳定在 1.03Pa·s，同时测得油品密度为 $850kg/m^3$，实验时加热水罐内温度使介质温度稳定在 25℃。

为了研究水力聚结器对旋流分离器油水分离性能的影响，对旋流分离器加装水力聚结器前后的分离性能开展实验研究。通过与数值模拟结果进行对比，验证数值模拟结果

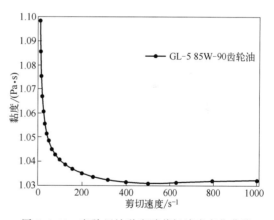

图 8-4-14 实验用油黏度随剪切速度变化曲线

的准确性，同时确定出水力聚结器对旋流分离器分离性能的影响规律以及聚结分离器的最佳操作参数。

实验采用图 8-4-12 所示工艺，针对旋流分离器及聚结分离器分别开展性能测试。旋流分离器样机如图 8-4-15 所示，连接旋流分离器样机，控制入口油相体积分数稳定在 2%，调节分流比在 5%～30% 范围内变化，调整入口流量在 1～6m^3/h 范围内变化。当达到待分析工况参数时，分别在取样阀对入口、溢流口及底流口进行取样。在对聚结分离器分离性能进行实验时，按照同样实验方法，调整与分离器相同的工况参数，对入口、溢流口及底流口取样，聚结分离器样机的连接方式如图 8-4-16 所示。

旋流分离器的效率计算方法分为质量效率、简化效率及综合效率三种。其中质量效率定义为溢流所含油的质量与入口含油质量的比值，考虑了分流比对分离效率的影响。本实验采

图 8-4-15　旋流分离器实验样机

图 8-4-16　聚结分离器样机连接实物图

图 8-4-17　分离性能实验不同接样口获取的典型样液

用质量效率作为分离器分离性能的评价指标。图 8-4-17 所示为实验过程中在相同工况条件下入口、底流口、溢流口的典型样液。为了完成分离效率计算，必须获取各样液的含油浓度值。在对样液进行含油分析时，首先利用射流萃取器（CQQ-1000×3）以国标四氯化碳为萃取剂，对样液进行萃取，最后通过吉林市北光分析仪器厂生产的红外分光测油仪（JLBG-126）测量样液的含油浓度，含油分析系统的实物图如图 8-4-18 所示。

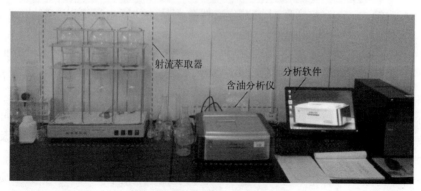

图 8-4-18　含油分析系统实物

4. 水力聚结-旋流分离性能的影响因素

(1) 入口流量的影响

首先开展入口流量对旋流分离器（后简称分离器）分离效果的影响实验，通过调节入口阀门控制入口流量，同时调节溢流及底流出口阀门控制分流比，使溢流分流比稳定在20%左右。设定入口流量，在1～6m³/h内选取17个实验点，得到图8-4-19所示的分离器单体实验样机分离效率随入口流量变化的实验值与模拟值对比结果。由图8-4-19可以看出分离器单体实验值在0.96～4.86m³/h范围内随着入口流量的增大，分离效率呈明显的升高趋势，且分离效率的变化幅度较大，由81%升高到了98.8%。当入口流量大于5.35m³/h时分离效率有所降低，但变化幅度较小。同时可以看出分离器单体的最佳处理量为4.86m³/h，最佳分离效率为98.8%。实验结果与数值模拟结果拟合良好，二次拟合结果 $R^2 = 0.952$，呈现出了较好的一致性。

在分离器样机前端加装水力聚结器（后简称聚结器），开展入口流量对聚结分离器分离效率的影响实验，同样调整入口流量参数在1～6m³/h内，调整17个与分离器单体性能测试时相同的实验点，控制分流比稳定在20%。得出聚结分离器分离效率随入口流量变化的实验值与模拟值对比曲线如图8-4-20所示。由图8-4-20可以看出入口流量低于5.5m³/h时，聚结分离器的分离效率随着入口进液量的增大呈升高趋势，当入口流量继续增加时，分离效率略有降低。同时可以看出，在入口流量低于3.9m³/h时，聚结分离器分离效率变化幅度较大，实验值由83%升高到了98.7%。而在入口流量大于4m³/h范围内，分离效率波动较小，说明聚结分离器在低流量条件下分离性能稳定性比高流量条件下差。聚结分离器的最佳入口流量为5.5m³/h，此时分离效率为99.4%。实验结果与数值模拟结果拟合良好，二次拟合结果 $R^2 = 0.912$，模拟值与实验值呈现出了较好的一致性。

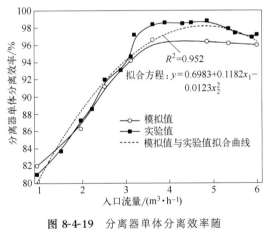

图 8-4-19 分离器单体分离效率随
入口流量的变化曲线

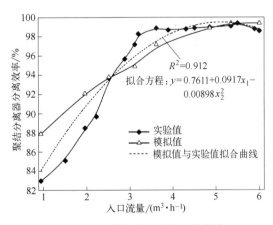

图 8-4-20 聚结分离器分离效率随
入口流量的变化曲线

为了对比聚结器对分离器在不同入口流量条件下分离性能的影响，得出图8-4-21所示分离器单体及聚结分离器分离效率实验值随入口流量变化的对比曲线。可以看出，聚结分离器的分离效率明显要高于分离器单体的，充分说明实验工况下聚结器可有效提升分离器的分离性能。同时可以看出，在入口流量大于5m³/h时分离器单体效率随着入口流量的升高呈明显的降低趋势，但聚结分离器在该入口流量范围内随着入口流量的增大，分离效率降低不明显。原因是在入口流量较高时，油滴的破碎使分离器的分离效率呈下降趋势，但加装聚结器后可增强分离器对高入口流量条件下的适用性。充分说明聚结器可以有效提高分离器的分离性能。

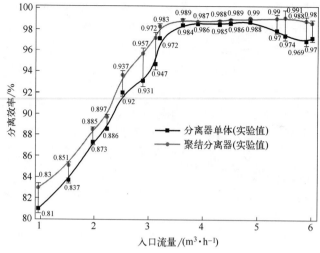

图 8-4-21　不同入口流量时分离器单体与聚结分离器分离效率对比曲线

(2) 分流比的影响

在开展分流比对分离器单体效率影响的实验研究时，将入口流量调整至分离器单体的最佳处理量即 $4.86\text{m}^3/\text{h}$，待入口进液量稳定后调节分流比在 $5\%\sim30\%$ 范围内变化，从中选取 13 个特征参数完成取样并进行含油分析及效率计算，得出不同分流比条件下分离器单体模拟及实验分离效率随分流比的变化曲线，如图 8-4-22 所示。由图 8-4-22 可以看出，无论是模拟值还是实验值，分离效率均随分流比的增大呈现出先升高后降低的趋势。实验结果显示当分流比达到 25.3% 时，分离器单体分离效率实验值达到最大值 99.2%。数值模拟结果显示，在分流比为 25% 时分离效率模拟值达到最大，说明分离器单体最佳分流比约为 25%。

在研究分流比对聚结分离器效率影响时，调节入口流量为实验样机最佳处理量即 $5.5\text{m}^3/\text{h}$，调节分流比变化范围为 $5\%\sim30\%$，最终实验及模拟获得的聚结分离器分离效率随分流比的变化曲线如图 8-4-23 所示。由图 8-4-23 可以看出随着分流比的逐渐增大，聚结分离器分离效率呈先升高后降低的趋势，实验得出最佳分流比分布在 25% 附近。数值模拟结果与实验结果二次拟合后 $R^2=0.937$，模拟值与实验值呈现出了较好的一致性。

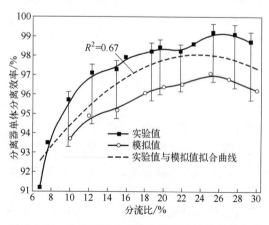

图 8-4-22　分离器单体分离效率随分流比变化曲线

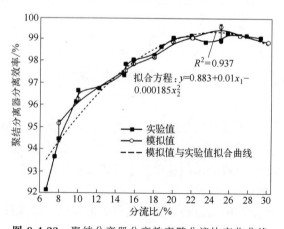

图 8-4-23　聚结分离器分离效率随分流比变化曲线

为了分析不同分流比条件下聚结器对分离器分离效率的影响，将分离器单体及聚结分离器的实验结果进行对比，得出图 8-4-24 所示不同分流比条件下两种样机的分离效率对比曲线。结果显示聚结分离器的分离效率整体高于分离器单体，但最佳分流比均分布在 25% 附近，说明加装聚结器可以提高分离器的分离效率，但对分离器最佳分流比的影响相对较小。

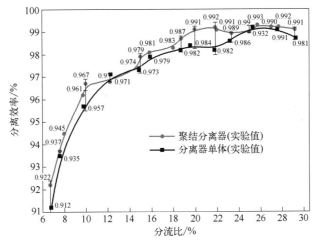

图 8-4-24　不同分流比时分离器单体与聚结分离器分离效率对比曲线

参 考 文 献

[1] 刘合，高扬，裴晓含，等. 旋流式井下油水分离同井注采技术发展现状及展望 [J]. 石油学报，2018，39 (4)：463-471.

[2] 彭松水，李默，陈志强. 油田采出水处理机理与工艺综述 [J]. 水处理技术，2014，40 (8)：6-11.

[3] 王一同，丁毅飞，周卫红. 油水分离技术的研究进展 [J]. 科技风，2018 (25)：38，44.

[4] 蒋明虎，邢雷，张勇. 基于离散相运移轨迹的新型旋流入口结构设计 [J]. 流体机械，2017，45 (10)：42-46.

[5] 邢雷，李金煜，蒋明虎，等. 水力聚结器内油滴聚结特性及运动行为分析 [J]. 石油机械，2022，50 (8)：81-88.

[6] 刘亚莉，吴山东，戚俊清. 聚结材料对油品脱水的影响 [J]. 化工进展，2006 (S1)：159-162.

[7] Wark I W，Cox A B. Coalescence in stages between two drops of a liquid [J]. Nature，1935，136：182.

[8] 周建. 聚结技术处理含油污水的实验研究 [D]. 青岛：中国石油大学（华东），2009.

[9] Burtis T A，Kirbride C G. Desalting of petroleum by use of fiber-glass packing [J]. Transactions of the American Institute of Chemical Engineers，1946，42 (2)：413-439.

[10] Brown A H，Hanson C. Drop coalescence in liquid-liquid systems [J]. Nature，1967，214：76-77.

[11] 张敏霞，刘涛，安明明，等. 油田采出水中油滴的聚结技术与设备 [J]. 工业水处理，2022，42 (3)：33-40.

[12] Gillespie T，Rideal E K. The coalescence of drops at an oil-water interface [J]. Transactions of the Faraday Society，1956，52 (1)：173-183.

[13] Svendsen H F，Luo H. Modeling of approach processes for equal or unequal sized fluid particles [J]. The Canadian Journal of Chemical Engineering，1996，74：321-330.

[14] Chesters A K，Hofman G. Bubbles coalescence in pure liquids [J]. Flow，Turbulence and Combus-

tion, 1982, 38 (1): 353-361.

[15] Reynolds O. On drops floating on the surface of water [J]. Science Advances Supplements, 1881, 12 (311): 4962.

[16] Sorther K, Sjunblom J, Verbich S V, et al. Video-microscopic investigation of the coupling of reversible flocculation and coalescence [J]. Colloids and Surfaces A: Physicochemical and Engineering Aspects, 1998, 142 (2): 189-200.

[17] Klink I M, Phillips R J, Dungan S R. Effect of emulsion drop-size distribution upon coalescence in simple shear flow: a population balance study [J]. Journal of Colloid and Interface Science, 2011, 353 (2): 467-475.

[18] 魏超，罗和安，王良芥. 两流体颗粒间最小液膜厚度的靠近-减薄耦合模型 [J]. 化工学报，2004, 55 (5): 732-736.

[19] Scheele G F, Leng D E. An experimental study of factors which promote coalescence of two colliding drops suspended in water [J]. Chemical Engineering Science, 1971, 26 (11): 1867-1879.

[20] 唐洪涛，崔世海. 界面物性对液滴聚结的影响 [J]. 化工学报，2012, 63 (4): 1140-1148.

[21] Tang H T, Wang H. Characteristic of drop coalescence resting on liquid-liquid interface [J]. Transactions of Tianjin University, 2010, 16 (04): 244-250.

[22] Tang H T, Chen J P, Cui S H. Coalescence behaviors of drop swarms on liquid-liquid interface [J]. Transactions of Tianjin University, 2011, 17 (02): 96-102.

[23] Rautenberg D, Blass E. Coalescence of single drops on inclined plates in liquids [J]. Genman Chemical Engineering, 1984, 7 (4): 207-219.

[24] 桑义敏，云昊，韩严和，等. 污水中油滴聚结机理与材料聚结技术研究进展 [J]. 工业水处理，2016, 36 (10): 6-10.

[25] 蒋炜，杨超，袁绍军，等. 仿生超疏水金属材料制备技术及在化工领域应用进展 [J]. 化工进展，2019, 38 (1): 344-364.

[26] 邢雷，蒋明虎，赵立新，等. 含聚浓度对水力聚结器聚结性能影响研究 [J]. 化工机械，2021, 48 (04): 554-560.

[27] Feng L, Zhang Z, Mai Z, et al. A superhydrophobic and superleophilic coating mesh film for the separation of oil and water [J]. Angewandte Chemie International Edition, 2004, 43: 2012-2014.

[28] Lee C H, Johnson N, Drelich J, et al. The performance of superhydrophobic and superoleophilic carbon nanotube meshes in water-oil filtration [J]. Carbon, 2011 (49): 669-676.

[29] Tian D L, Zhang X F, Wang X, et al. Micro/nanoscale hierarchical structured ZnO mesh film for separation of water and oil [J]. Physical Chemistry Chemical, Physics 2011, 13 (32): 14606-14610.

[30] Cao Y, Zhang X, Tao L, et al. Mussel-inspired chemistry and michael addition reaction for efficient oil/water separation [J]. 2013, 5 (10): 4438-4442.

[31] Kong L H, Chen X H, Yu L G, et al. Superhydrophobic cuprous oxide nanostructures on phosphor copper meshes and their oil/water separation and oil spill clean up [J]. ACD Applied Materials Interfaces, 2015, 7 (4): 2616-2625.

[32] Chen N, Pan Q M. Versatile fabrication of ultralight magnetic foams and application for oil/water separation [J]. ACS Nano, 2013 (7): 6875-6883.

[33] Jin X, Shi B R, Zheng L C, et al. Bio-inspired multifunctional metallic foams through the fusion of different biological solutions [J]. Advanced Functional Materials, 2014, 24 (18): 2721-2726.

[34] Xu L M, Xiao G Y, Chen C B, et al. Superhydrophobic and superoleophilic graphene aerogel prepared by facile chemical reduction [J]. Journal of Materials Chemistry A, 2015, 3 (14):

7498-7504.

[35] 党钊，刘利彬，向宇，等. 超疏水-超亲油材料在油水分离中的研究进展 [J]. 化工进展，2016，35 （S1）：216-222.

[36] Plebon M J，Saad M，Chen X J，et al. De-oiling of produced water from offshore oil platforms using a recent commercialized technology which combines adsorption，coalescence and gravity separation [C]//Proceedings of the Sixteenth International Offshore and Polar Engineering Conference：San Francisco，California，USA，2006：503-507.

[37] 侯士兵，王亚林，贾金平. 一种新聚结除油材料对含油废水的预处理 [J]. 上海环境科学，2003，22 （12）：979-982.

[38] 刘成波，李发生，桑义敏，等. 含油废水粗粒化处理过程中除油率和油珠粒径分散度的研究 [J]. 石油化工环境保护，2003 （2）：24-28.

[39] 杨骥，许德才，贾金平，等. 聚丙烯、聚乙烯苯和丁苯橡胶粗粒化法处理模拟含油废水 [J]. 环境化学，2006，25 （6）：752-756.

[40] 李秋红，娄世松，李萍，等. 聚氯乙烯聚结处理含油废水研究 [J]. 辽宁石油化工大学学报，2009，29 （1）：4-6.

[41] 何月，凌旌瑾，陈业钢. 新型改性聚丙烯腈处理含油废水的研究 [J]，环境科学与管理，2010，35 （7）：100-102.

[42] 李孟，钟晨. 改性陶瓷滤料处理武钢含油废水的应用研究 [J]. 武汉理工大学学报，2011，33 （7）：116-119，151.

[43] 邢雷，高金明，蒋明虎，等. 聚结破碎模型在水力旋流器模拟中的应用与对比 [J]. 化学工程，2021，49 （06）：46-51.

[44] 郝思远，何建设，王奎升，等. 三种不同材料滤芯聚结处理含油污水的实验研究 [J]. 环境工程，2015，33 （S1）：174-178.

[45] 刘立新，赵晓非，陈美岚，等. 树脂表面润湿性对污水聚结除油效果的影响分析 [J]. 钦州学院学报，2018，33 （7）：14-19.

[46] 孙治谦. 电聚结过程液滴聚并及破乳机理研究 [D]. 北京：中国石油大学，2011.

[47] 吕宇玲，田成坤，何利民，等. 电场和剪切场耦合作用下双液滴聚结数值模拟 [J]. 石油学报，2015，36 （02）：238-245.

[48] 郭长会. 油中水滴静电聚结特性及电脱水器适用条件研究 [D]. 青岛：中国石油大学（华东），2015.

[49] 李彬. 直流脉冲电场作用下的油水乳状液内液滴及液滴群行为研究 [D]. 青岛：中国石油大学（华东），2018.

[50] Saville D A. Electrohydrodynamics：the Taylor-Melcher leaky dielectric model [J]. Annual Review of Fluid Mechanics. 1997，29：27-64.

[51] 夏立新，曹国英，陆世维，等. 原油乳状液稳定性和破乳研究进展 [J]. 化学研究与应用，2002 （06）：623-627.

[52] Xing L，Li J Y，Jiang M H，et al. Flow field analysis and performance evaluation of a hydrocyclone coalescer [J]. Separation Science and Technology，2022，57 （18）：1-18.

[53] John S E，Mojtaba G. Electrostatic enhancement of coalescence of water droplets in oil：a review of the technology [J]. Chemical Engineering Journal，2002，85 （2/3）：357-368.

[54] 李可彬. 一种乳状液破乳的新方法——涡旋电场法 [J]. 环境科学学报，1996 （4）：482-487.

[55] 张其耀. 原油脱盐与蒸馏防腐 [M]. 北京：中国石化出版社，1992：115-169.

[56] Antonio S，Mojtaba G，Mark N，et al. Electro-spraying of a highly conductive and viscous liquid [J]. Journal of Electrostatics，2001，51-52：494-501.

[57] Pedersen A, Ildstad E, Nysveen A. Forces and movement of water droplets in oil caused by applied electric field [C]//2004 Annual Report Conference on Electrical Insulation and Dielectric Phenomena, 2004: 683-687.

[58] Hauertmann H B, Degener W, Schügerl K. Electrostatic coalescence: reactor, process control, and important parameters [J]. Separation Science and Technology, 1989, 24 (3/4): 253-273.

[59] Noïk C, Chen J Q, Dalmazzone C. Electrostatic demulsification on crude oil: a state-of-the-art review [R]. SPE 103808-MS.

[60] John S E, Mojtaba G. Electrostatic enhancement of coalescence of water droplets in oil: a review of the current understanding [J]. Chemical Engineering Journal, 2001, 85 (3): 173-192.

[61] 王尚文. 新型电极高压脉冲电场破乳试验研究 [D]. 武汉: 华中科技大学, 2007.

[62] Waterman L C. Electrical coalesces [J]. Chemical Engineering and Processing, 1965, 61 (10): 51-57.

[63] 邢雷, 蒋明虎, 赵立新, 等. 水力聚结器结构参数优选 [J]. 机械科学与技术, 2021, 40 (4): 527-533.

[64] Ichikawa T, Nakajima Y. Rapid demulsification of dense oil-in-water emulsion by low external electric field: Ⅱ. Theory [J]. Colloids and Surfaces A: Physicochemical and Engineering Aspects. 2004, 242 (1/3): 27-37.

[65] Fingas M. Water-in-oil emulsion formation: a review of physics and mathematical modelling [J]. Spill Science and Technology Bulletin, 1995, 2: 55-59.

[66] Sanfeld A, Steinchen A. Emulsions stability, from dilute to dense emulsions-role of drops deformation [J]. Advances in Colloid and Interface Science, 2008, 140: 1-65.

[67] Bezemer C, Groes G A. Motion of water droplets of an emulsion in a non-uniform field [J]. British Journal of Applied Physics, 1955, 6: 224-225.

[68] 胡佳宁, 金有海, 孙治谦, 等. 电脱盐条件下水滴聚并过程影响因素初探 [J]. 化工进展, 2009, 28 (S2): 121-124.

[69] 邢雷, 蒋明虎, 张勇, 等. 入口形式对旋流器聚结特性影响研究 [J]. 高校化学工程学报, 2018, 6: 1322-1331.

[70] Sjöblom J, Aske N, Auflem I H, et al. Our current understanding of water-in-crude oil emulsions: recent characterization techniques and high pressure performance [J]. Advances in Colloid and Interface Science, 2003: 100-102: 399-473.

[71] 马自俊. 乳状液与含油污水处理技术 [M]. 北京: 中国石化出版社, 2006: 18-19.

[72] Bailes P J, Larkai S K L. Influence of phase ratio on electrostatic coalescence of water-in-oil dispersions [J]. Chemical Engineering Research and Design, 1984, 62: 33-38.

[73] Williams T J, Bailey A G., Thew M T, et al. The electrostatic destabilisation of water-in-oil emulsions in turbulent flow [C]//Institute of Physics Conference Series, 1995, 143 (1): 13-16.

[74] 胡佳宁, 金有海, 王振波, 等. 原油电脱盐技术应用现状与研究进展 [C]//第十一届全国高等学校过程装备与控制工程专业教学改革与学科建设成果校际交流会论文集, 2009: 285-288.

[75] Bailes P J, Freestone D, Sams G W. Pulsed DC fields for electrostatic coalescence of water-in-oil emulsions [J]. The Chemical Engineer, 1997, 644: 34-39.

[76] Chiesa M, Melheim J A, Pedersen A, et al. Forces acting on water droplets falling in oil under the influence of an electric field: numerical predictions versus experimental observations [J]. European Journal of Mechanics-B/Fluids, 2005, 24 (6): 717-732.

[77] Hirato T, Koyama K, Tanaka T, et al. Demulsification of water-in-oil emulsion by an electrostatic coalescence method [J]. Materials Transactions, JIM, 1991, 32 (3): 257-263.

[78] Brandenberger H, Nussli D, Piech V, et al. Monodisperse particle production: a method to prevent

drop coalescence using electrostatic forces [J]. Journal of Electrostatics, 1999, 45: 227-238.

[79] Ha J W, Yang S M. Deformation and breakup of a second-order fluid droplet in an electric field [J]. Korean Journal of Chemical Engineering, 1999, 16 (5): 585-594.

[80] Patrick K N, Osman A B. Dynamics of drop formation in an electric field [J]. Journal of Colloid and Interface Science, 1999, 213: 218-237.

[81] Tomar G, Gerlach D, Biswas G, et al. Two-phase electrohydrodynamic simulations using a volume-of-fluid approach [J]. Journal of Computational Physics, 2007, 227 (2): 1267-1285.

[82] Hua J S, Lim L K, Wang C H. Numerical simulation of deformation/motion of a drop suspended in viscous liquids under influence of steady electric fields [J]. Physics of Fluids, 2008, 20 (11): 113302.

[83] Baygents J C, Rivette N J, Stone H A. Electrohydrodynamic deformation and interaction of drop pairs [J]. Journal of Fluid Mechanics, 1998, 368: 359-375.

[84] Melheim J A, Chiesa M. Simulation of turbulent electrocoalescence [J]. Chemical Engineering Science, 2006, 61 (14): 4540-4549.

[85] Shardt O, Derksen J J, Mitra S K. Simulations of droplet coalescence in simple shear flow [J]. Langmuir: the ACS journal of surfaces and colloids, 2013, 29 (21): 6201-6212.

[86] Wang D, Yang D L, Huang C, et al. Stabilization mechanism and chemical demulsification of water-in-oil and oil-in-water emulsions in petroleum industry: a review [J]. Fuel, 2021, 286 (P1): 119390.

[87] Zhao M W, He H N, Dai C L. Enhanced oil recovery study of a new mobility control system on the dynamic imbibition in a tight oil fracture network model [J]. Energy and Fuels, 2018, 32 (3): 2908-2915.

[88] Xu Y M, Dabros T, Hamza H. Study on the mechanism of foaming from bitumen froth treatment tailings [J]. Journal of Dispersion Science and Technology, 2007, 28 (3): 413-438.

[89] Guo K, Li H L, Yu Z X. In-situ heavy and extra-heavy oil recovery: a review [J]. Fuel, 2016, 185: 886-902.

[90] Jarvis J M, Robbins W K, Corilo Y E, et al. Novel method to isolate interfacial material [J]. Energy and Fuels, 2015, 29 (11): 7058-7064.

[91] 蒋明虎, 邢雷, 张勇, 等. 超重力水力聚结分离器流场分析与性能评估 [J]. 化工机械, 2019, 46 (01): 69-73.

[92] 余大民. 旋流聚结技术初探 [J]. 油田地面工程, 1996, 15 (5): 22-60.

[93] 刘永飞. 组合式旋流聚结器的结构开发及分离性能的实验研究 [D]. 青岛: 中国石油大学 (华东), 2013.

[94] 刘晓敏, 蒋明虎, 李枫, 等. 聚结装置的研制与增压方式的优选试验 [J]. 石油矿场机械, 2004, 33 (4): 35-38.

[95] 赵文君, 赵立新, 徐保蕊, 等. 聚结-旋流分离装置流场特性的数值模拟分析研究 [J]. 流体机械, 2015, 43 (7): 22-26.

[96] 赵崇卫, 王春刚, 龚建, 等. 聚结耦合水力旋流组合设备的研制 [J]. 石油机械, 2018, 46 (01): 83-87.

[97] 邢雷. 旋流场内离散相油滴聚结机理及分离特性研究 [D]. 大庆: 东北石油大学, 2019.

[98] Luo H, Svendsen H F. Theoretical model for drop and bubble break up in turbulent dispersions [J]. AIChE Journal, 1996, 42 (5): 1225-1233.

[99] Prince M J, Blanch H W. Bubble coalescence and break-up in air-sparged bubble columns [J]. AIChE Journal, 1990, 36 (10): 1485-1499.

第九章

同井注采技术的现场应用

第一节　同井注采技术现场应用现状

　　同井注采技术在国内的发展经历了多个关键阶段。最初，技术聚焦于整体设计，致力于优化油气井结构，以确保在生产中具有高效性和稳定性。随着整体设计的完善，技术逐步进入结构优化阶段，着眼于提高系统适用性，其涉及流体动力学、机械设计理论和结构材料的优化，以提升系统稳定性和生产效率。通过对结构优化阶段的成果进行现场试验，经过实际井场验证，收集实时数据并分析反馈，可以使研究团队更全面地了解技术在实际操作中的性能，发现优势和不足。截至 2024 年年初，井下油水分离同井注采技术在国内外先后现场应用数百口井，验证了其在稳油控水、节能降耗方面的作用。该技术在我国的现场应用相对较晚，井下油水高效分离、多层封隔等关键技术相继被攻克，技术取得明显进步，应用井数也随之不断增多，在大庆、冀东、吉林等油田的试验和应用取得了良好效果。2013 年在大庆油田某油井开展了同井注采技术现场试验。该井采用了三次曲线水力旋流器及双泵抽吸式工艺管柱和上采下注封隔系统。试验前，产液量为 77.8t/d，产油量 3.11t/d，含水率 96.0%；试验后，回注水量为 66.9t/d，地面产液量下降至 11.0t/d，含水率降至 71.8%，产油量基本保持不变。整套系统工作 652 天，技术可靠性得到初步验证，随后在国内各大油田相继推广应用。截至 2024 年年初，针对不同工况已试验及应用 70 余井次，在保障稳产的同时大幅降低了举升液量。但井下油水分离同井注采技术工作环境严格且复杂，对技术的进一步推广应用带来了一定的限制，提高同井注采技术的适应性将有利于进一步推广应用。关于提高同井注采技术的适用性的研究，目前集中在如下几个方面：①开展井下油水分离装置在含砂、含气、含聚合物等条件下的分析和研究，降低复杂环境对油水分离装置的影响，提高井下油水分离精度。②开展高压回注技术研究，通过电机增容、管柱优化等方式，提高系统回注能力，满足高压低渗层和水驱开发中注水压力较高区块的应用。③开展旋流分离器变流量、变分流比等的适应性研究，拓展井下分离设备及同井注采工艺对流量和分流比的适用范围。在同井注采系统中，一方面需要通过提高技术可靠性，延长使用寿命，减少分离装置、动力装置、封隔装置和监控装置生命周期中的维修费用；另一方面，需要通过改进和优化，降低装置的制造成本。

　　可见，同井注采技术已经实现了长期稳定运行，正处于油田普及推广阶段。这一演进过程不仅提升了技术的可行性和可靠性，也为国内油气勘探与生产提供了较先进且可持续的解决方案。随着技术的不断推陈出新，同井注采技术将在国内油气行业得到广泛应用，为高含水背景下的油气效益开发提供更为高效和可靠的技术手段。

一、同井注采工艺管柱设计方案

针对国内外井下旋流分离工艺中水力旋流器位于高压端密封难度大的难题，将水力旋流器放置于中间，整体流道设置简单。采出泵应用螺杆泵完成采出液的举升；根据不同井矿注入排量和注入压力不同，在螺杆泵和电泵之间选择合适的泵型作为注入泵，从而形成适用5½″及以上套管的井下油水分离同井注采工艺。井下油水分离回注工艺设计原理如图 9-1-1 所示。水力旋流器位于系统的低压区，易于密封；采出液先分离，后进泵，尽可能地避免乳化现象出现。在研发初期，采出泵与注入泵均采用螺杆泵，采用单级水力旋流器与之相配合，如图 9-1-2 所示，系统由上至下主要由采出泵、键式脱接器、柔性杆、水力旋流器、注入泵、止推机构等部件组成，其中注入泵为反旋螺杆泵，其他具体优化设计如下所示。

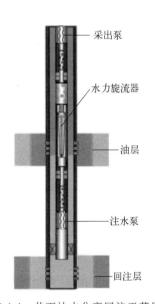

图 9-1-1　井下油水分离回注工艺原理

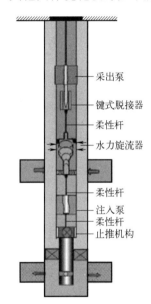

图 9-1-2　螺杆泵旋流分离工艺系统原理

1. 利用柔性杆减缓螺杆泵偏心运转影响

螺杆泵在工作时，转子在定子内做行星运动，这种运动对位于中间的井下水力旋流器产生周期谐振，不但影响井下水力旋流器的分离效果，更破坏整个系统的稳定性。在设计中利用柔性杆的柔性调节作用可以减缓这种影响。利用材料力学中杆的挠度计算公式分析柔性杆受力与长度的关系，杆受力变形而产生挠度，则可得出

$$F = \frac{3EI\delta}{L^3} \tag{9-1-1}$$

式中　F——柔性杆末端受力，N；

　　　E——钢体的弹性模量，N/mm^2，$E = 2.06 \times 10^5 \text{N/mm}^2$；

　　　I——惯性矩，$l = \pi d^4 / 64$，kg·m^2，d 为柔性杆直径，mm；

　　　L——柔性杆长度，m；

δ——螺杆泵偏心距，mm。

设计中柔性杆材质选用 35CrMo，最大挠度为螺杆泵偏心距，$\delta=7$mm。通过研究得出，利用柔性杆可以有效调节螺杆泵的偏心，当长度达到 7m 以上时，可以认为 $\phi25$mm 和 $\phi28$mm 直径的抽油杆均可消除螺杆泵偏心运转对系统产生的周期谐振影响。

2. 利用键式脱接器，实现动力对接与传递

螺杆泵现场施工中，定子和转子会出现不同步下井的情况。这就对机构较复杂的水力旋流式同井注采工艺系统提出了新的难题。为此出现了专用的键式脱接器（如图 9-1-3 所示），实现注采系统动力对接和扭矩传递。

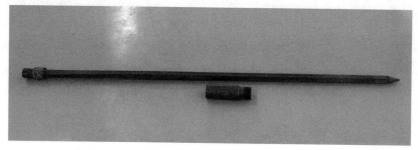

图 9-1-3　键式脱接器实物图

3. 利用止推机构消除注入泵上推力对系统影响

注入泵 GLB500-20 为反旋螺杆泵，进液口在上，出液口在下，在工作时，上部为低压区，下部为高压区，上下存在压差，因此会出现 30kN 左右的上推力，影响管柱稳定性。为保证系统运行的安全性，在注入泵下部通过柔性杆加装了以拉力轴承为主要组成的止推机构，平衡注入泵反旋运转时产生的上推力。表 9-1-1 为推力球轴承参数及校核数据表。

表 9-1-1　推力球轴承参数及校核数据表

轴承型号	N	$n/(\text{r/min})$	L_h/h	ε	F_a/kN	P/kN	$L_{10}/10^6\text{r}$
8406E	2.5	150	100000	3	7.509	7.509	900

推力球轴承寿命校核计算：

$$F_a = C\left(\frac{160}{60nL_h}\right)^\varepsilon, L_{10} = \left(\frac{C}{P}\right)^\varepsilon \qquad (9\text{-}1\text{-}2)$$

式中　F_a——轴向力，kN；

$\quad\quad C$——基本额定动载荷，kN；

$\quad\quad n$——转速，r/min；

$\quad\quad \varepsilon$——寿命指数，球轴承 $\varepsilon=3$；

$\quad\quad L_h$——轴承预期计算寿命，h；

$\quad\quad L_{10}$——基本额定寿命，10^6r；

$\quad\quad P$——当量动载荷，kN。

4. 利用机械密封实现水力旋流器腔室间密封、轴承对水力旋流器进行刚性扶正

在同井注采系统中，井下水力旋流器不仅仅要实现油水两相介质的高效分离，还需要承担起采出泵与注入泵的动力传递问题。为了确保在传递过程中，水力旋流器本体不受轴向力的影响，同时又要保证机构间的密封，实现油水两相高效分离，井下水力旋流器传动部件设

计是非常必要的。

传动管主要作用为：完成采出泵与注入泵间动力传递，从而避免水力旋流器本体受力。图 9-1-4 所示传动管选用外径 $\phi89mm$ 标准油管短接，其强度满足了双泵间动力传递要求。

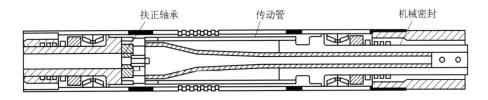

图 9-1-4　水力旋流器总成

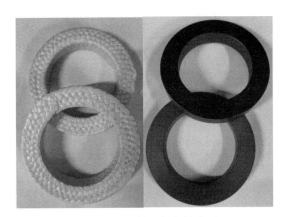

图 9-1-5　密封环与密封胶圈

密封装置主要是用来封隔水力旋流器与油管之间的环形空间，使水力旋流器分离出的油水混合液和水不与水力旋流器的来液相混合，并沿各自的通道分别举升到地面和注入相应的注入层。密封设计包括水力旋流器上下两段机械密封（满足压差 5MPa 以内的动力系统密封）、密封环（聚四氟乙烯）、密封胶圈（如图 9-1-5 所示）等。

刚性扶正设计指的是系统利用两组滚子轴承对井下水力旋流器进行刚性扶正，使动力传动过程中井下水力旋流器同心运转，同时提高系统扭矩传动效率。

初期设计的管柱结构如图 9-1-6 所示。初期工艺主要组成部分有抽油杆、脱接器、采出泵、柔性杆、键式脱接器、水力旋流器上端轴承及密封组件、水力旋流器、水力旋流器下端轴承及密封组件、注入泵、泵下端轴承及密封组件、尾轴等。在该结构中，水力旋流器组件的径向限位和密封是通过在其上下端放置轴承及密封组件实现的；对于注入螺杆泵带来的轴向力的平衡问题利用轴承组件和尾轴系统解决。

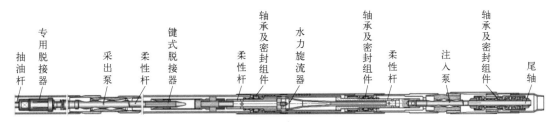

图 9-1-6　井下油水分离管柱（方案一）整体结构

二、工艺初期现场试验及问题分析

1. 理论分析后进行部分结构改进

工作频率下管柱危险截面位置主要为柔性杆和水力旋流器上端连接件，该处采用两组调心滚子轴承，对井下水力旋流器进行刚性扶正，为确保动力传动过程中井下水力旋流器同心运转，选择的轴承为瑞典进口高温轴承钢优质轴承；底轴危险截面位于螺纹连接处，应加大该处壁厚尺寸，并加长螺纹连接长度，提高安全系数。

2. 现场试验

通过现场试验，初步验证了螺杆泵旋流分离工艺系统油水分离效果，但也暴露出配套工艺系统运行可靠性差、寿命过短的问题，仅有效运行了 12 天。存在的主要问题如下：

由于螺杆泵产生偏心问题，扶正轴承在应用中发生破碎，止推轴承锈蚀破损，如图 9-1-7 所示。

图 9-1-7 井下轴承作业起出后破碎、锈蚀

注入泵下端止推结构处于高压工作区，内部密封压差 15MPa 以上，运转时密封腔室被击穿，润滑脂流失、导致轴承锈蚀，无法进行长期有效工作。通过测试表明，系统工作电流在 28～29A，功率 13.5～14kW，折算扭矩为 1390～1450N·m，如图 9-1-8 所示。

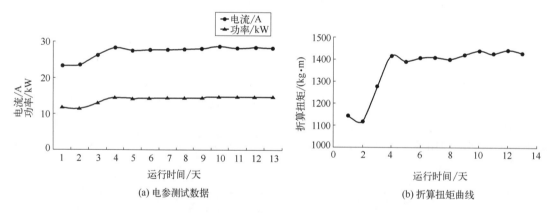

图 9-1-8 电参测试、折算扭矩曲线

因此，为提高工艺系统可靠性及运行寿命，需要对水力旋流器扶正、注入泵止推等，开展管柱结构优化研究。同时需要对注入层段高渗层进行补孔，增加注入层注入点位，降低注入强度。

三、工艺管柱内部的结构优化研究

针对试验过程中暴露出的问题，对管柱方案进行针对性改进，如图 9-1-9，保留原方案基础结构布局，仍采用两个螺杆泵与水力旋流器配合的组合方式，并对原方案中的扶正及止推机构进行了改进，取消了所有轴承。

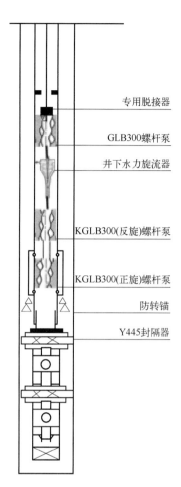

专用脱接器

GLB300螺杆泵

井下水力旋流器

KGLB300(反旋)螺杆泵

KGLB300(正旋)螺杆泵

防转锚

Y445封隔器

图 9-1-9　方案二原理图

1. 改进扶正机构

利用石墨盘根（如图 9-1-10 所示）实现水力旋流器腔室间密封，并对水力旋流器刚性扶正，石墨盘根比扶正轴承韧性大，耐磨性较强，盘根密封性能可靠，已作为成熟技术应用于螺杆泵光杆密封，室内试验 5MPa 条件下无泄漏。

2. 改进止推结构机构

如图 9-1-11 所示，采用两个 KGLB300 泵作为注入泵，两个泵旋向相反，排量近似相等，可互相平衡运转时产生的轴向力。两个泵空心转子结构为下部正旋注入螺杆泵提供过液通道，正旋注入螺杆泵定子与 ϕ117mm 过流外管形成注入液过流通道，经过两泵增压后的液体由该通道流向注入层。

注入泵与采出泵水力特性检测：检测介质为清水，GLB300-21 螺杆泵 4MPa 条件下容积效率为 52%，KGLB300-21 正旋螺杆泵 8MPa 条件下容积效率为 47%，KGLB300-21 反旋螺杆泵 8MPa 条件下容积效率为 49%。

3. 研制专用脱接器

为了实现井下动力对接与传递，研制出了适用于螺杆泵专用脱接器，如图 9-1-12 所示。螺杆泵专用脱接器抗扭试验可承受最大扭矩 4100N·m，在额定抗扭范围内无形变，可以达到应用的相关指标。

图 9-1-10　石墨盘根实物图

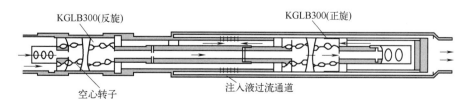

KGLB300(反旋)　　　　　　　　　　KGLB300(正旋)

空心转子　　　　　　　注入液过流通道

图 9-1-11　双注入泵结构设计

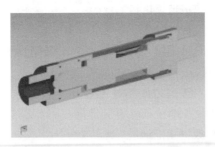
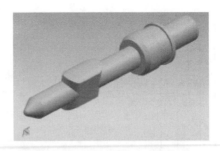

图 9-1-12　专用脱接器

4. 引入胶囊型保护器

胶囊型保护器作为螺杆泵配套工具，目前相关技术成熟，承载性能高，密封效果好。引入该机构，可以承载小偏心双头反旋 GLB600 螺杆泵运转时产生的上顶力。相关结构布置如图 9-1-13 所示，胶囊型保护器外壳与过流外管间形成的环空为水力旋流器分离出的水提供过流通道，水通过该通道经注入泵注入至注入层。表 9-1-2 为胶囊型保护器的相关结构技术参数。

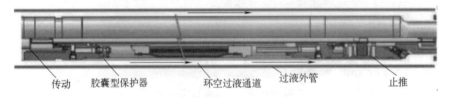

传动　　胶囊型保护器　　环空过液通道　　过液外管　　止推

图 9-1-13　胶囊型保护器相关结构布置图

表 9-1-2　胶囊型保护器技术参数

保护器型式	保护器外径	长度	设计承压	过流管外径	过流管内径
胶囊型	100mm	2.2m	50kN	115mm	108mm

5. 设计专用联轴器

为了降低反旋注入泵偏心运转对系统的影响，研制了专用联轴器如图 9-1-14，其可调节单边 6mm 的偏心运转对系统的影响，联轴器放置于注入泵上端，位于保护器和注入泵之

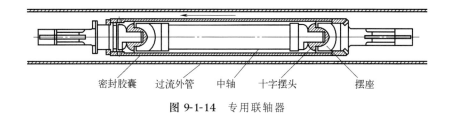

密封胶囊　过流外管　中轴　十字摆头　摆座

图 9-1-14 专用联轴器

间，工作中承受压力，最大设计承压可达 50kN。

6. 研制小偏心螺杆泵

为了减小螺杆泵偏心对工艺可靠性的影响，研制了偏心 5.5mm GLB600-20 螺杆泵（如图 9-1-15），与 GLB300 采出泵进行配合使用可以满足分离系统采出及注入流量配比要求。

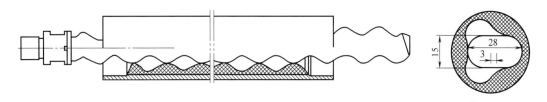

图 9-1-15 偏心螺杆泵

7. 优化前后的对比

通过上述分析与相关设备的研制，将井下油水分离系统管柱（方案一）进行优化改进，获得新的管柱结构（以下称方案二），如图 9-1-16 所示。

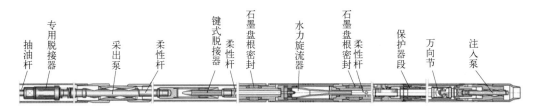

抽油杆　专用脱接器　采出泵　柔性杆　键式脱接器　柔性杆　石墨盘根密封　水力旋流器　石墨盘根密封　柔性杆　保护器段　万向节　注入泵

图 9-1-16 井下油水分离管柱（方案二）整体结构图

方案二管柱的主要组成部分有抽油杆、专用脱接器、采出泵、柔性杆、键式脱接器、水力旋流器上端石墨盘根密封、水力旋流器、水力旋流器下端石墨盘根密封、保护器段、万向节、注入泵等。

两套方案的主要区别：

(1) 水力旋流器上下端的支承和密封方式不同

方案一如图 9-1-17（a）所示，在水力旋流器上下端采用滚动轴承 7511E 起支承限定作用，保证水力旋流器的平稳运行，采用机械密封、O 形密封圈、静支承环、YX 型密封圈、尼龙环等对管道内的采出液和水力旋流器分离出的富油流进行密封分隔；方案二如图 9-1-17（b）所示，密封为石墨盘根，石墨盘根比扶正轴承韧性大，耐磨性较强，能够起到支承限定和密封作用。

(2) 管柱末端的支承和密封方式不同

为平衡注入螺杆泵的转子偏心等不稳定因素，方案一在注入螺杆泵下端采用底轴、底部连接头、轴承和密封盖等结构，如图 9-1-18（a）所示；方案二将平衡转子偏心的方法改为万向节连接，如图 9-1-18（b）所示，设置在注入螺杆泵上端，并采用保护器、胶囊密封等结构对该段进行密封和强度保证。

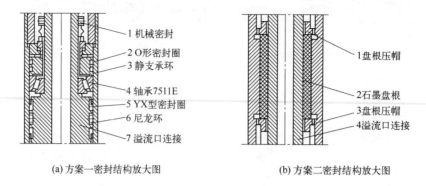

(a) 方案一密封结构放大图　　　　(b) 方案二密封结构放大图

1机械密封
2 O形密封圈
3 静支承环
4 轴承7511E
5 YX型密封圈
6 尼龙环
7 溢流口连接

1盘根压帽
2石墨盘根
3盘根压帽
4溢流口连接

图 9-1-17　水力旋流器上下端支承和密封方式

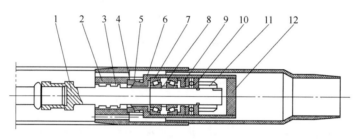

(a) 方案一尾轴直推组件结构图

1—底轴；2—底部连接头；3—毛毡圈；4—摆动座；5—密封圈；6—摆动头；
7—7306E轴承；8—套；9—顶环；10—8406E轴承；11—大螺母；12—密封盖

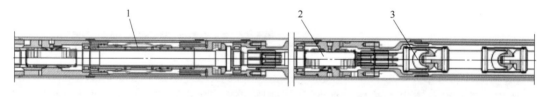

(b) 方案二底轴密封结构图

1—胶囊密封装置；2—保护器装置；3—万向节装置

图 9-1-18　管柱末端的支承和密封方式

四、现阶段工艺系统的形成

基于上述技术改进，形成了最终结构的同井注采工艺管柱，旋流器放置于注采泵组之间，采用螺杆泵作为采出泵；针对不同注入压力和处理量的需求，选用螺杆泵或电泵作为注入泵。形成了螺杆泵采-螺杆泵注和螺杆泵采-电泵注两个工艺方案（图 9-1-19），其中螺杆泵采-螺杆泵注由专用脱接器、采出螺杆泵、旋流器、保护器、注入螺杆泵等组成，其可适用于井下 12MPa 条件下、处理量为 40~60m³/d 的开采工况；螺杆泵采-电泵注由采出螺杆泵、旋流器、保护器、电机、注入电泵组成，其可适应井下 18MPa 条件下、处理量为 40~60m³/d 的开采工况，部分工况下螺杆泵采-电泵注方案可适应超过 20MPa 条件。

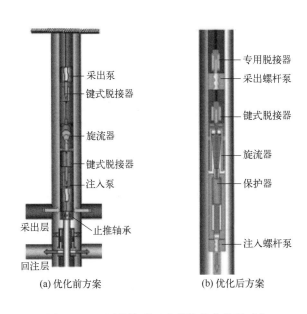

管柱组成：专用脱接器、采出螺杆泵、旋流器、保护器、注入螺杆泵等组成。

技术指标：井下增压12MPa条件下日处理液量40~60m³。

适用条件：满足长垣油田主力油层有效注入

专用脱接器
采出螺杆泵
键式脱接器
旋流器
保护器
注入螺杆泵

(a) 螺杆泵采-螺杆泵注工艺管柱

管柱组成：采出螺杆泵、旋流器、保护器、电机、注入电泵等组成。

技术指标：井下增压18MPa条件下日处理液量60~150m³。

适用条件：满足长垣油田二、三类储层有效注入

采出螺杆泵
旋流器
保护器
电机
注入电泵

(b) 螺杆泵采-电泵注工艺管柱

图 9-1-19　螺杆泵采-螺杆泵注工艺管柱及螺杆泵采-电泵注工艺管柱

采出泵
键式脱接器
旋流器
键式脱接器
注入泵
采出层
止推轴承
回注层

(a) 优化前方案

专用脱接器
采出螺杆泵
键式脱接器
旋流器
保护器
注入螺杆泵

(b) 优化后方案

图 9-1-20　同井注采工艺管柱优化前后对比

针对螺杆泵偏心运转导致密封和轴承失效技术卡点，通过优化设计与动力学分析，对传动系统关键节点进行升级，实现"三突破、三改进"，工艺可靠性得到大幅提升，运行寿命由最初的14天延长至480天。优化前后对比见图 9-1-20。

针对注入泵承压低无法持续有效注入技术卡点，对注采泵组开展六项优化（图 9-1-21），将注入泵型由 ZGLB600-20 更换成 ZGLB300-33；采出泵型由 GLB300 型更换为 GLB75 型；邵氏硬度计测得的橡胶硬度数值由原来的 78 增加到了 83；将普通螺杆泵的内摆转变为短幅内摆；偏心距离由 7mm 降低至 5mm；运行转速由 100r/min 提高至 150r/min。极大地提高了注采泵的性能，实现了注入压力由 8MPa 提升至 12MPa，提高了工艺实用性，使得螺杆泵采-螺杆泵注工艺管柱性能尽可能地满足油田主力油层应用需求。

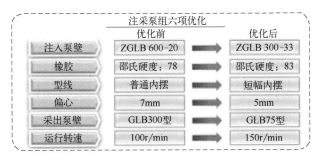

注采泵组六项优化		
	优化前	优化后
注入泵壁	ZGLB 600-20	ZGLB 300-33
橡胶	邵氏硬度：78	邵氏硬度：83
型线	普通内摆	短幅内摆
偏心	7mm	5mm
采出泵壁	GLB300型	GLB75型
运行转速	100r/min	150r/min

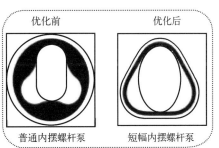

优化前　　　　优化后

普通内摆螺杆泵　　短幅内摆螺杆泵

图 9-1-21　同井注采工艺管柱优化前后对比

通过发展螺杆泵采-电泵注工艺管柱来满足中低渗透层应用需求。通过引入电泵来代替注入端的螺杆泵动力，同时针对配套工艺开展四项调整优化（图9-1-22）：①将电泵倒置，提升电泵注入压力值，经实测，倒置后注入压力工况可由原来的12MPa提高至18MPa压力工况，部分区域可达到20MPa；②针对电机结构开展优化，增大槽口面积，提高槽满功率，增加电机功率，为电泵提供充足的动力；③保护器的结构优化，保护器由原来一级升级成两级，为电机补充润滑油并承受轴向载荷；④锚定方式改变，将原有的支承卡瓦调为防转锚，防止电机受压，提高电机运行寿命。优化后开展现场试验研究，系统工艺免修期超过700天，可以实现对二、三类储层长期有效注入。

图 9-1-22　同井注采工艺管柱的四项调整

五、油田现场试验效果分析

针对不同井矿在实施同井注采措施前后的采出液量情况、采出液含水率、水油比下降、产油量、回注液量以及系统的运转周期等现场试验典型开展了数据统计与分析。现场试验典型数据见表9-1-3。由表可知，随着同井注采措施的施加，在保证采油的情况下，采出液量明显降低，整体水油比下降，回注液量增加。措施前后均呈现了较好的运行趋势。

表 9-1-3　现场试验典型数据

井号	措施对比	采出液量/(t/d)	采出液含水率/%	水油比下降	产油量/(t/d)	回注液量/(t/d)	运转周期/d
A	措施前	77.8	96.0	21.5	3.10	—	546
	措施后	11.0	71.8		3.10	66.8	
B	措施前	39.0	97.0	25.3	1.20	—	144
	措施后	8.7	86.0		1.20	30.3	
C	措施前	97.0	97.2	17.7	2.70	—	597
	措施后	49.1	94.5		2.70	47.9	
D	措施前	水井	97.3	—	—	103	136
	措施后	51.0			1.38	110	
E	措施前	259	99.5	151	1.36	—	650
	措施后	52.6	97.4		1.35	206	

井号	措施对比	采出液量 /(t/d)	采出液含水率/%	水油比下降	产油量 /(t/d)	回注液量 /(t/d)	运转周期 /d
F	措施前	123	99.4	109	0.74	—	349
F	措施后	41	98.2		0.72	82.0	
G	措施前	125	99.3	104	0.87	—	345
G	措施后	35	97.5		0.88	90.0	

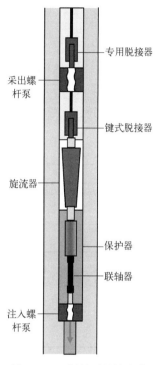

图 9-1-23　螺杆泵回注方案

见到了较好的效果。

1. 螺杆泵采-螺杆泵注旋流分离工艺系统现场试验

螺杆泵采-螺杆泵注旋流分离工艺系统在大庆油田开展了现场试验,以 A 井为例,分析该种方案的实现过程及效果。图 9-1-23 为螺杆泵回注方案图。

A 井为螺杆泵旋流分离工艺系统现场试验井。如表 9-1-4,该井 2008 年 6 月因油井高含水进行了机械封堵。封堵前产液量 98.6m³/d,采出液含水率 97.2%。2010 年 8 月将封堵层作为注入层,下入同井注采封堵工艺管柱,同时下入产能、含水监测生产管柱,对该井采出层进行不同生产液面下的产能监测。2013 年 5 月下入同井注采工艺管柱。

该井螺杆泵旋流分离工艺系统注入泵采用 GLB600-20(双头)泵,采出泵采用 GLB300-21 螺杆泵,生产转速 100r/min,井下水力旋流器进液口深度 913m。

第一阶段:2013 年 5 月开始下井试验,如图 9-1-24。措施后,产液量由 98.6m³/d 降至 26.5m³/d,采出液含水率由 97.2% 降至 89.6%,下降了 7.6 个百分点,产水量下降了 75%,稳定运行 312 天,初步

表 9-1-4　A 井基础数据表

套管规范	13mm	套管深度	1228.6m	人工井底	1215.3m	套补距	1.18m
套管壁厚	7.72mm	套损信息	无	水泥返高	738m	机采方式	螺杆泵
射孔顶界	891.2m	射孔底界	1175.8m	射孔层位		S11-G230	
上次作业时间		2008 年 6 月 5 日		作业原因		控含水机械封堵	
封堵层位		S215+16-S35+6		封堵位置		952.6~982.6m	

措施后,产液量 26.5m³/d,采出液含水率 89.6%,系统扭矩 1416N·m,动液面 237m。措施前后数据对比如表 9-1-5。

由表 9-1-5 得出,与措施前相比,措施后产油量降低了 0.36%,折算注入液量 72.1m³/d。折算井下水力旋流器分离效率为 99%。

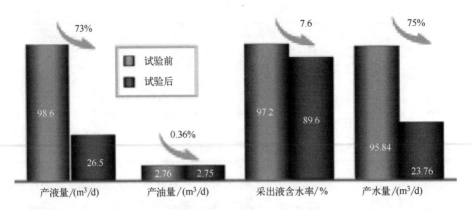

图 9-1-24　试验井措施前后对比图

表 9-1-5　A 井措施前后生产数据对比表

序号	措施	产液量 /(m³/d)	采出液含水率 /%	产油量 /(m³/d)	有功功率 /kW	动液面距 /m	套压 /MPa
1	措施前	98.6	97.2	2.76	10.4	241m	0.51
2	措施后	26.5	89.6	2.75	16.8	237m	0.52

第二阶段：因套管错断，起管柱大修，经检测井下油水分离同井注采管柱系统无损坏，并开展了第二阶段的现场试验，见表 9-1-6。

表 9-1-6　A 井第二阶段现场数据对比表

井号	措施	产液量 /(m³/d)	采出液 含水率/%	水油比 下降	产油量 /(m³/d)	回注液量 /(m³/d)	产水量降低 /%	两阶段累计 运转周期 /d
A	措施前	77.8	96.0	21.5	3.1	—	89.4	546
	措施后	11.0	71.8		3.1	66.8		

措施后，产液量由 77.8m³/d 下降为 11.0m³/d，采出液含水率由 96.0% 下降为 71.8%，水油比下降 21.5，产油量 3.1m³/d 不变。地面产水量下降 89.4%。两阶段累计运转周期 546d。

2. 螺杆泵采-电泵注旋流分离工艺系统现场试验

螺杆泵采-电泵注旋流分离工艺系统在冀东油田进行了现场试验，以 E 井为例，分析该工艺技术的应用情况。图 9-1-25 为电泵回注方案。

冀东油田 E 井（7″套管）于 2013 年 10 月 17 日投产，其措施前后生产曲线如图 9-1-26。措施后，产液量由 259m³/d 降至 52.6m³/d，含水率由 99.5% 降至 97.4%，产水量降低 79.5%，实测注入液量 206m³/d，注入泵工作压力 6.3MPa，运行时间 650d。

试验井概况：该井为柳赞南区的一口采油井，目前两生产组的 7#～11#、15#、17#、20#、23#、27#、28# 和 45# 层，产液量 259m³/d，产油量 1.36m³/d，含水率 99.5%，动液面距 293m，特高含水生产。

该井螺杆泵采-电泵注旋流分离工艺系统注入泵采用 130 系列电泵，采出泵采用 GLB500 螺杆泵，生产转速 100r/min，井下水力旋流器进液口深度 840m。

措施后产液量 52.6m³/d，含水率 97.4%，动液面距 301m。与措施前相比，措施后，折算井下水力旋流器分离效率为 99%。

2015 年 3 月因同区块邻井二氧化碳驱油试验停泵。2015 年 7 月二氧化碳驱油试验结束后，受邻井影响，该试验井含水率小于 50%，因此改变生产方案，螺杆泵单独生产，注入电泵机组关闭，停止井下油水分离。2015 年 10 月，因冀东油田总体开发方案改变，该井由抽转注，试验终止。期间系统有效分离运行时间 545d，正常运行时间 650d。试验后，通过管柱拆卸监测，水力旋流器无磨损，电泵动力机组无异常。生产曲线见图 9-1-26。

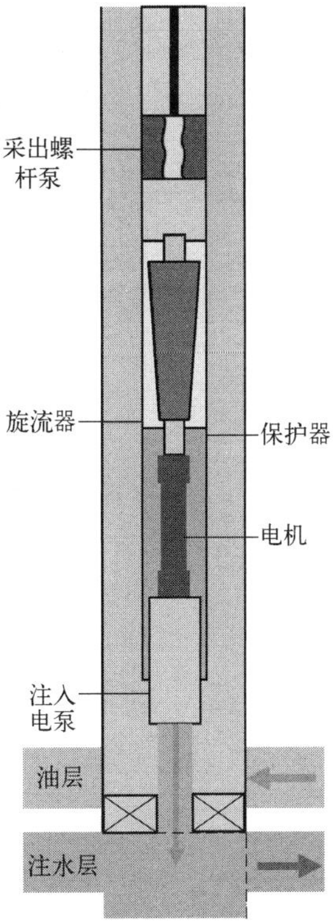

3. 井下油水分离同井注采技术能耗情况分析（应用效果评价）

以 A 井第一阶段工作情况为例，分析能耗情况，措施前产液量 98.6m³/d，措施后平均产液量为 26.5m³/d，措施后注入量 72.1m³/d。措施后系统效率测试平均有功功率为 16.8kW。以措施前相同液面相同产量情况下所消耗的功率进行折算，计算如下：

$$P_后 = \frac{P_前 Q_后}{Q_前} \tag{9-1-3}$$

式中　$P_前$——措施前消耗的有功功率，kW；

　　　$P_后$——措施后消耗的有功功率，kW；

　　　$Q_后$——措施后产液量，m³/d；

　　　$Q_前$——措施前产液量，m³/d。

图 9-1-25 电泵回注方案

注入液所消耗的有功功率 13.2kW 为能耗，注入液耗电量为 316.8kW·h，水力旋流式同井注采工艺系统注水单耗为 4.68kW·h/m³。

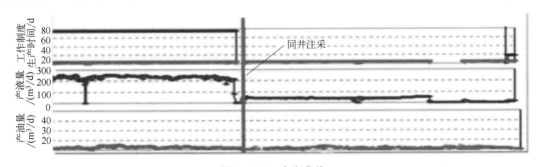

图 9-1-26 生产曲线

大庆采油一厂平均注水单耗为 5.72kW·h/m³，举升和集输吨液综合耗电量为 16.7kW·h；举升、集输和注水综合吨液能耗为 22.42kW·h。同井注采试验井的注入单耗为综合吨液能耗的 21.8%。

可以看出，水力旋流式同井注采井的注水单耗仅相当于全厂平均注水综合单耗的 21.8%，可实现节能 78.2%。

4. 井下油水分离水力旋流器现场应用

常规井下水力旋流器采用直线相交锥段结构，分离过程中易产生涡流，分离效率低、稳定性差。通过创新应用流体动力学理论模型，分析旋流器速度场、浓度场和压力场分布特性，分别对分离器入口、锥段和尾管三部分结构进行优化设计。其中，入口结构由双切向入口式改变为螺旋流道式，锥段结构由原来的直线相交锥段变为三次曲线锥段，尾管段由原来的圆柱尾管优化为渐变内锥尾管。相关结构变化如图 9-1-27 所示。

基于响应面法开展了参数深度优化，定型了旋流器长度、溢流管深度、内锥角度等结构参数，分离效果如图 9-1-28 所示，分离效率相较常规井下水力旋流器有所提升。

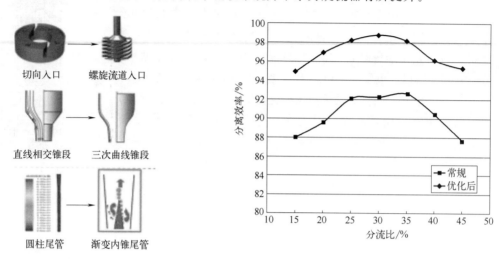

图 9-1-27　水力旋流器多结构优化前后对比图　　图 9-1-28　优化后与常规井下水力旋流器对比试验

在上述水力旋流器结构优化基础上，基于旋流聚结和润湿聚结机理，形成聚结强化装置（如图 9-1-29 所示），在其流场内能够将为 $25\mu m$ 左右的小油滴聚结为粒径 $140\mu m$ 的大油滴，从而提高后续分离效果。通过与三次曲线锥段优化井下油水分离水力旋流器组合使用，实现井下油水两相介质的高效分离（如图 9-1-30 所示）。

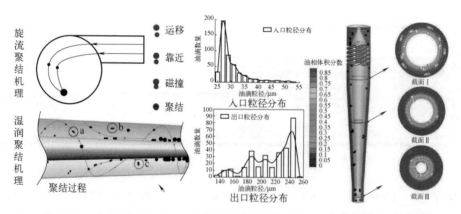

图 9-1-29　聚结装置与三次曲线锥段优化井下油水分离水力旋流器组合原理

试验表明：对于含水率 95% 以上的采出液，聚结型井下油水分离水力旋流器分离效率可由 98% 提升至 99% 以上，分离后回注水含油浓度可控制在 1mg/L 以内。

5. 井组与区块先导性试验应用

针对含水率达 99% 以上的高关区块，利用同井注采技术挖掘相邻油井区域内的剩余油潜力，结合油藏探索实现进一步提高采收率、延长经济开采期的目的。开展了大庆油田采油

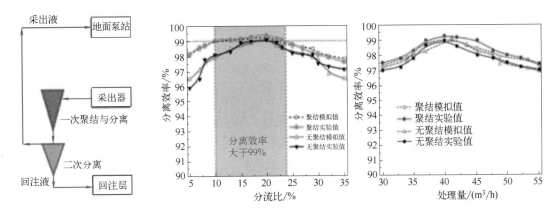

图 9-1-30 组合结构分离效率

四厂高关井井组试验（如图 9-1-31 所示），措施前，井组关井 2 年，2 口井采上注下，1 口井采下注上，措施后综合含水率由 99.9％下降到 95.3％，阶段累计增油 376t。

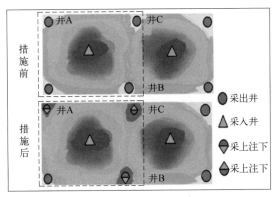

试验井措施前后数据对比

井号	措施	层位		日产液量 /m³	日产油量 /t	综合含水率/%
		PI₁₋₂₁	PI₃₂₋₃₃			
井A	措施前(关井)	笼统采油		84	0	99.9
	实施同井注采后	采出	注入	8.4	0.33	96.1
井B	措施前(关井)	笼统采油		71	0	99.9
	实施同井注采后	采出	注入	9.7	0.31	96.8
井C	措施前(关井)	笼统采油		71	0	99.9
	实施同井注采后	注入	采出	7.4	0.51	93.1

图 9-1-31 某井组试验措施前后对比

除此之外，开展了大港唐家河油田三断块先导性试验（如图 9-1-32、图 9-1-33 所示），在断块内部署 10 口螺杆泵采-电泵注同井注采试验井，将原 5 注 16 采优化调整为 13 注 18 采，增加注水井点，完善注采关系，生产 362 天即减少了采出水量 4.3×10⁴m³，阶段增油 3768t，提高了油层动用程度。

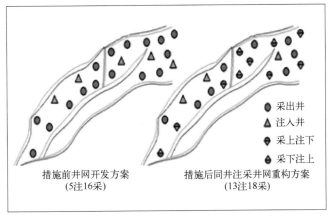

图 9-1-32 大港唐家河油田三断块区块试验

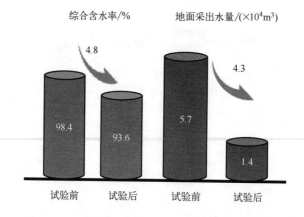

综合含水率/%　　　地面采出水量/(×10⁴m³)

图 9-1-33　大港唐家河油田三断块区块试验效果对比

第二节　同井注采工艺动力泵组的参数选择及适用性拓展

一、注采泵的参数选择及设计

1. 注采螺杆泵组设计

螺杆泵是单螺杆式水力机械的一种，是摆线内啮合螺旋齿轮的一种应用。螺杆泵主要由定子和转子组成。定子由钢制外套和橡胶衬套组成，转子常由合金钢的棒料经过精车、镀铬、抛光加工而成。

其工作原理如图 9-2-1 所示。沿着螺杆泵的全长，在转子外表面与定子橡胶衬套内表面间形成多个密封腔室；随着转子的转动，在吸入端转子与定子橡胶衬套内表面间会不断形成密封腔室，并向排出端移动，最后在排出端消失，油液在吸入端压差的作用下被吸入，并由吸入端被推挤到排出端，压力不断升高，流量非常均匀。螺杆泵工作的过程本质上也就是密封腔室不断形成、移动和消失的过程。

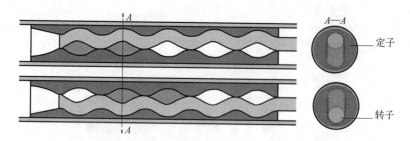

图 9-2-1　螺杆泵密封腔室输送液体示意图

螺杆泵三个重要的结构参数有：e 为转子偏心距，mm；D 为转子截圆直径，mm；T 为定子导程，mm。在螺杆泵参数设计过程中，这三个基本结构参数的合理选择及相互之间的合理配比显得尤为重要，它们直接影响着螺杆泵的工作特性和使用寿命。

(1) 注采螺杆泵的选配

为保证整个系统分离效果和分离效率，要求螺杆泵的注采量与水力旋流器溢流和底流流量相匹配。依照设计中排量要求，初步选定注入泵为 GLB600（反旋）螺杆泵，采出泵为

GLB300 螺杆泵，其中 GLB600 额定排量为 600mL/r、GLB300 额定排量为 300mL/r。

考虑到压力对注入泵的影响及螺杆泵容积效率的敏感性，依据分离注入有效、运转安全可靠的设计原则，以试验井实测地面注入压力为基准，初步确定注入泵的压头为 6~8MPa，采出泵压头为 3~4MPa。选用 JXFL-I-4 型水力旋流器（日处理液量 80~120m³），其可使得系统日注入量达到 60~80m³，日采出量达到 30~40m³。

(2) 定子橡胶的选配

对几种大庆油田常用的不同硬度的定子橡胶进行了测试，测试介质选用长垣中区水驱油井的井口采出液，采出液含水率为 96.1%，试验过程中温度为 50℃。试验结果如表 9-2-1 所示，测试得出：8 号 83HA 胶试验前后稳定性更强。其稳定性高，耐老化能力较强，试验测得橡胶膨胀量仅为 2.13%。因此，优选此胶为定子橡胶材质。

表 9-2-1 定子橡胶耐介质性能试验数据表

检验项目	标准	试验条件 50℃×168h	测定值						
			长垣中区水驱油井井口采出液						
			6-1638 井 85HA 胶	5 号胶（高饱和丁腈橡胶）	3 号胶	4 号胶	6 号胶	8 号胶	9 号胶
邵氏硬度 HA	66~90	浸泡前	85	80	73	85	80	83	78
		浸泡后	85	69	62	73	63	81	72
		变化率/%	0	-13.75	-28.77	-14.12	-21.25	-2.41	-7.7
扯断强度 /MPa	≥20	浸泡前	19.917	26.571	19.376	19.197	19.836	18.248	18.5
		浸泡后	18.527	20.237	17.416	19.167	19.693	17.672	14.317
		变化率/%	-7	-23.84	-10.12	-0.16	-0.72	-3.16	-22.6
300% 定伸强度 /MPa	≥8.5	浸泡前	16.75	26.26	11.07	17.69	16.22	16.57	17.64
		浸泡后	14.85	17.23	9.97	13.14	14.42	14.62	13.50
		变化率/%	-11	-34.39	-9.94	-25.72	-11.1	-11.77	-23.47
撕裂强度 /(kN/m)	>40	浸泡前	58.334	60	58.78	65.31	56	67.07	62.12
		浸泡后	48.287	53.8	55.66	43.08	48.56	52.03	48.7
		变化率/%	-17	-10.33	-5.31	-34.04	-13.29	-22.42	-21.6
永久变形 /%	≤20	浸泡前	12	16	16	12	18	17	17
		浸泡后	12	10	10	10	12	11	11

2. 注采螺杆泵水力特性检测

(1) 检测工艺流程

在室内建造相关螺杆泵水力特性测试试验工艺流程，试验工艺如图 9-2-2 所示。其主要包括：阀门、管线、过滤器、流量计、压力传感器、储液罐等。经过测试，获得螺杆泵可实现的技术指标如表 9-2-2 所示。

(2) 水力特性检测

开展注入螺杆泵和采出螺杆泵水力特性检测试验，选用介质为清水，将其加热至 50℃，使得螺杆泵连续运转 4h，观测其水力特性，其水力特性检测表如表 9-2-3 所示。

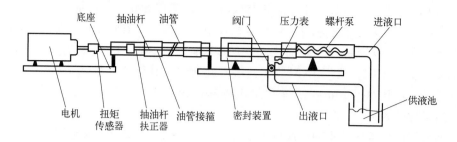

(a) 试验工艺流程图

(b) 试验台照片

图 9-2-2 螺杆泵水力特性检测流程及试验台照片

表 9-2-2 检测系统技术指标

序号	测量参数	测量
1	螺杆泵排量/(m³/d)	2～500
2	螺杆泵出口压力/MPa	0～25
3	螺杆泵转子转速/(r/min)	0～500
4	螺杆泵转子扭矩/(N·m)	0～2000
5	螺杆泵转子轴向力/kN	0～100
6	工作介质温度/℃	室温～120

表 9-2-3 螺杆泵水力特性检测表

螺杆泵	泵型	工作转速/(r/min)	实际处理量/(m³/d)	压力/MPa
注入泵(双头左旋)	GLB600-25	100	56.8～69.2	6～8
采出泵(单头右旋)	GLB300-21	100	26.8～30.6	3～5

由检测结果可知：在设定工作压力条件下（注入泵压头 8MPa，采出泵 3MPa），注入泵与采出泵的总处理量可达 99.8m³/d，折算分流比（29.8%）与最佳分流比（30%）近似相等，且处理量在高效分离处理液量区间内，证明两个泵达到井下水力旋流器的最佳配比要求。

根据水力旋流器工作时需保证连续流特性，在水力旋流器两端配以螺杆泵，对水力旋流器分离后产出液及回注水分别实现采出与注入。利用这种巧妙结构布局，实现了 5½″套管内井下油水分离。工艺整体结构简单，仅利用一套螺杆泵地面驱动装置就实现了整个系统驱动。

由于螺杆泵偏心、轴向力导致中间区域受压，为水力旋流器密封及系统动力传递的设计带来了难题，几年来，经过多次方案改进，初步实现了螺杆泵配套注采系统的工艺定型。

3. 键式脱接器

键式脱接器结构如图 9-2-3 所示，其主要由插接键和插接套组成。为保证对接的成功率，将键设计成较易插接的六方结构，并在键前端设有导向头。在现场施工中，注入泵定子、转子将同步下入油井中，其上部通过柔性杆与井下水力旋流器连接。水力旋流器上端连有柔性杆，插接套与上部柔性杆紧连，插接套上部为采出泵定子、油管。在油管下入过程后，将插接键、抽油杆下入井中，与插接套对接后，实现动力传递。插接键长 1.5m，保证系统在提防冲距时动力传递不会断开。

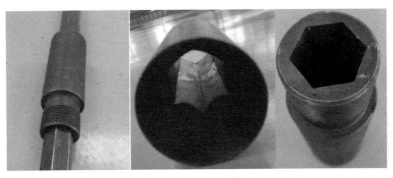

图 9-2-3　键式脱接器

为保证插接键的刚性强度，将插接键与采出泵转子合为一体，以满足注采系统的大扭矩传递过程。注入泵和水力旋流器连接也采用了此结构，其目的是消除止推轴承和水力旋流器扶正轴承间的干扰，表 9-2-4 为该脱接器的设计参数。

表 9-2-4　脱接器设计参数

键结构	外接圆直径 /mm	有效长度 /mm	屈服扭矩 /(N·m)	安全系数
六方	40.3	1500	3450	2.3

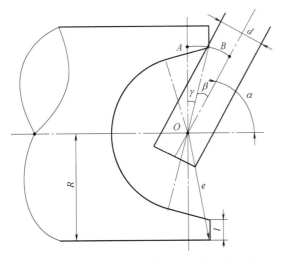

图 9-2-4　环槽式万向联轴器最大偏转角位置

4. 联轴器设计

图 9-2-4 为环槽式联轴器，其设计的最大偏转角为 $45.04°$。图中 R 为叉头底部半径，d 为叉头的宽度，l 为叉头端面处厚度，e 是叉头顶端距其圆心的距离。

根据结构瞬态分析前处理要求，对联轴器进行了六面体和四面体两种网格对联轴器进行高质量网格划分如图 9-2-5，并确定了整个联轴器的边界条件，同时在联轴器两端施加恒定扭矩 $400N·m$。

联轴器材料选择 42CrMo，其屈服强度 $\sigma_s = 600MPa$，泊松比 $\mu = 0.3$，弹性模量 $E = 2 \times 10^{11}Pa$，切变模量 $E = 2 \times 10^9 Pa$。如

图 9-2-6，对联轴器进行了有限元静态分析，在扭矩 $T=400N \cdot m$ 的情况下，十字轴式万向联轴器最大主应力为 $7.62 \times 107Pa$，为了进一步验证环槽式万向联轴器承载能力的优越性，通过 Solid Works 分别建立两种联轴器偏转角在 $10°$、$20°$、$30°$以及其最大偏转角下的模型，然后通过 ANSYS Workbench 分别对其逐一分析，相关计算结果如表 9-2-5 所示。通过分析得出前两个周期内联轴器的应力变化曲线如图 9-2-7 所示。

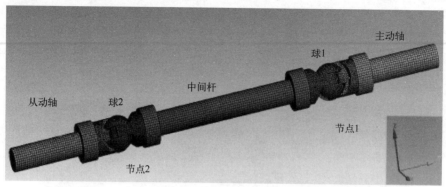

图 9-2-5 联轴器网格划分

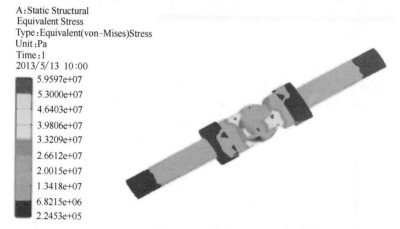

图 9-2-6 有限元静态接触分析

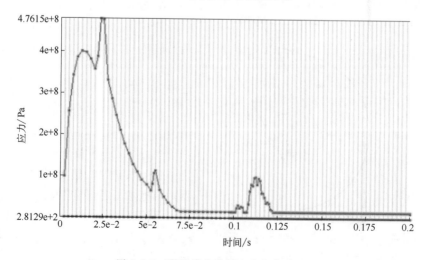

图 9-2-7 联轴器启动时应力变化曲线

表 9-2-5　不同偏转角下联轴器的最大主应力

α	0°	10°	20°	30°	32°	45.04°
σ_{max}/Pa	5.96×10^{7}	9.46×10^{7}	1.91×10^{8}	2.76×10^{8}	2.89×10^{8}	3.86×10^{8}

在联轴器刚启动时应力在很短的时间内迅速增大，瞬间达到最大 4.76×10^{8} Pa，增大的过程中伴随着波动，反映了联轴器在启动时的冲击振动，随着运动趋于平稳，联轴器应力逐渐减小，并且最终保持在 1.49×10^{7} Pa 左右轻微振荡。在启动的瞬间所选材质对联轴器所产生的最大应力也满足安全需求。

二、不同套管尺寸下的同井注采工艺

1. 螺杆泵采-螺杆泵注旋流分离工艺系统研制

系统如图 9-2-8 所示。使用范围 $40\sim100m^{3}/d$，回注压力 $6\sim10MPa$。

2. 螺杆泵采-电泵注旋流分离工艺系统研制

利用电泵作为注入泵，提升了注入压力，拓宽了处理液量；注采为两套系统，独立可调，与分离设备分离性能匹配程度高，保证了高效分离。分离量覆盖 $80\sim300m^{3}/d$，回注压力 $20\sim22MPa$。

3. 适用于 7″套管井螺杆泵采-电泵注旋流分离工艺系统的研制

针对冀东油田油井含水率高（99%），单井供液能力强，开展适用于 7″套管井螺杆泵采-电泵注旋流分离工艺系统的研制。

如图 9-2-9 所示，螺杆泵采-电泵注配套系统仍沿用注采泵位于水力旋流器两端结构布局，引入电泵替代螺杆泵作为注入泵。油层产出液经井下水力旋流器进行油水分离，分离后的采出

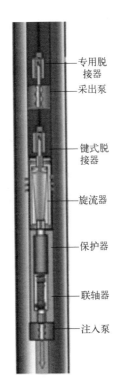

图 9-2-8　螺杆泵采-螺杆泵注旋流分离工艺系统

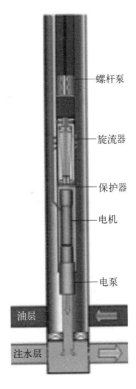

图 9-2-9　螺杆泵采-电泵注工艺管柱图

液由螺杆泵举升至地面，分离后的水由电泵回注至注入层。从而实现在一口井内注入与采出。

与螺杆泵旋流分离工艺系统相比，利用电泵替代螺杆泵作为注入泵，具有以下几点优势：电泵承压高，注入能力强；水力旋流器不承担动力传递，静态更利于流场稳定，注入与采出采用两套驱动系统，实现注入和采出排量实时独立可调，保证水力旋流器分流比稳定，保证分离效率。

依据目前设计出的井下水力旋流器参数，选取 JXFL-I-10 型水力旋流器（日处理液量 240~300m^3、分流比为 20%）进行注采泵组参数匹配设计。

检泵数据曲线如图 9-2-10 所示。经选配，采出泵为 GLB500 螺杆泵，100r/min 理论排量 72m^3/d。依据实际沉没度要求、匹配泵的承压及容积效率指标，注入泵为 130 系列潜油电泵，设计承压 10MPa 条件下日注入液量 260m^3。

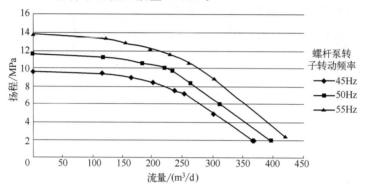

图 9-2-10 检泵数据曲线

4. 适用于 5½″套管井螺杆泵采-电泵注旋流分离工艺系统的研制

为了进一步提升井下旋流分离工艺系统在 5½″套管井应用范围，提升注入压力和保证注入液量，研发了小直径倒置电泵注入系统，可实现螺杆泵采-电泵注配套注采方案在 5½″套管井的技术应用。

电泵倒置结构设计如图 9-2-11 所示，倒置应用时电泵启动瞬间受重力影响，加剧泵轴向出口端窜动，导致泵损坏。泵体采用全压紧结构，并进行双向保护，缓解启动瞬间的轴向窜动，针对压紧后轴向力增加，利用合金止推片承载轴向力，实现电泵倒置可靠应用。

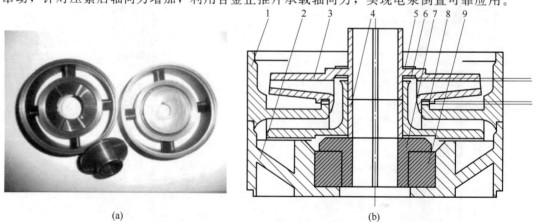

(a)   (b)

图 9-2-11 电泵倒置结构原理图

1—导壳；2—扶正支架；3—叶轮；4—调节套；5—上减磨垫片；6—中减磨垫片；

7—合金止推片；8—下减磨垫片；9—合金止推静块

第三节　同井注采工艺内配套监测及封隔系统

一、同井注采工况远程在线监测系统平台开发

1. 远程监测技术的研究与开发

为了增加井下油水旋流分离系统评价措施，实现对系统运行全过程监测与控制，研制出井下油水旋流分离系统远程监测及控制装置（如图 9-3-1、图 9-3-2 所示），并与同井注采监控网络平台组合形成了较为完善的配套测试技术，实现了数据的远程传输和互联网监控，对井下油水旋流分离系统实现保护控制，保证井下油水旋流分离系统安全稳定运行。

图 9-3-1　远程监测控制子系统

井下油水旋流分离系统远程监测及控制装置工作原理：系统主要由电参数测试模块、载荷测试模块、数据收集模块（RTU）、发送处理模块（DTU）四部分组成。电参数测试模块测试机采设备功率、电流及电压参数，载荷测试模块测试机采井载荷参数，测得数据由 RTU 进行搜集处理，利用 GPRS（通用分组无线服务）网络由 DTU 传输至服务器，随后利用专用软件对数据进行分析处理，最终通过 Web（万维网）发布，用户可对测试数据的进行分析处理、在线浏览、报表制作、保存、打印等操作。

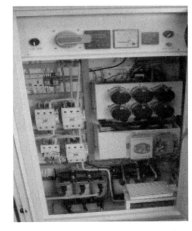

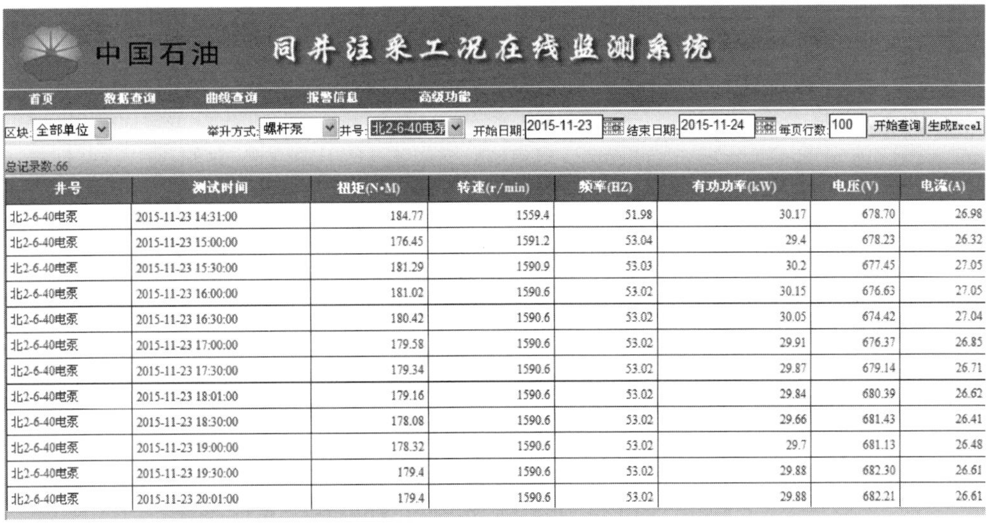

中国石油　同井注采工况在线监测系统

首页　数据查询　曲线查询　报警信息　高级功能

区块:全部单位　举升方式:螺杆泵　井号:北2-6-40电泵　开始日期:2015-11-23　结束日期:2015-11-24　每页行数:100　开始查询　生成Excel

总记录数:66

井号	测试时间	扭矩(N·M)	转速(r/min)	频率(HZ)	有功功率(kW)	电压(V)	电流(A)
北2-6-40电泵	2015-11-23 14:31:00	184.77	1559.4	51.98	30.17	678.70	26.98
北2-6-40电泵	2015-11-23 15:00:00	176.45	1591.2	53.04	29.4	678.23	26.32
北2-6-40电泵	2015-11-23 15:30:00	181.29	1590.9	53.03	30.2	677.45	27.05
北2-6-40电泵	2015-11-23 16:00:00	181.02	1590.6	53.02	30.15	676.63	27.05
北2-6-40电泵	2015-11-23 16:30:00	180.42	1590.6	53.02	30.05	674.42	27.04
北2-6-40电泵	2015-11-23 17:00:00	179.58	1590.6	53.02	29.91	676.37	26.85
北2-6-40电泵	2015-11-23 17:30:00	179.34	1590.6	53.02	29.87	679.14	26.71
北2-6-40电泵	2015-11-23 18:01:00	179.16	1590.6	53.02	29.84	680.39	26.62
北2-6-40电泵	2015-11-23 18:30:00	178.08	1590.6	53.02	29.66	681.43	26.41
北2-6-40电泵	2015-11-23 19:00:00	178.32	1590.6	53.02	29.7	681.13	26.48
北2-6-40电泵	2015-11-23 19:30:00	179.4	1590.6	53.02	29.88	682.30	26.61
北2-6-40电泵	2015-11-23 20:01:00	179.4	1590.6	53.02	29.88	682.21	26.61

图 9-3-2　井下油水旋流分离系统工况在线监测平台

GPRS 数据无线传输过程（图 9-3-3）主要包含以下几步：首先装置中的智能控制器通过 RS232 或 RS485 接口与 GPRS DTU 终端相连，通过 GPRS DTU 终端的内置嵌入式处理器对智能控制器自动采集到的机采井运行特征参数数据进行处理、协议封装后发送到 GPRS 无线网络。随后，数据经 GPRS 网络空中接口功能模块进行解码处理，转换成在公网数据传送的格式，通过中国移动的 GPRS 无线数据网络进行传输，最终传送到监控中心 IP 地址

（互联网协议地址）。监控中心 RADIUS（远程用户拨号认证）服务器接收到 GPRS 网络传来的数据后先进行 AAA 认证，后传送到监控中心计算机主机，通过系统软件对数据进行还原及分析处理。

目前通过该平台，已经实现了对螺杆泵扭矩、转速、功率、电压、电流，回注电泵的频率、电流、回注流量、压力等参数的远程监控。

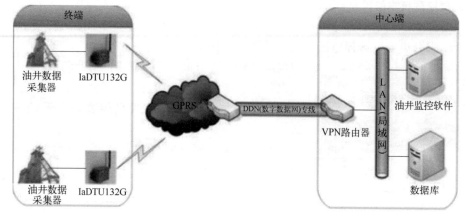

图 9-3-3 GPRS 数据无线传输示意图

2. 回注参数检测技术的研发

(1) 存储式压力监测技术

为达到回注层段注入压力监测的目的，在注入泵与密封活塞之间下入存储式电子压力计，监测装置由上接头、装载体、压力计、外套和下接头组成，如图 9-3-4 所示。工具连接在密封活塞短泵筒以下，中心管穿过密封活塞的长柱塞，该位置记录的油管内的压力就是回注层段注入压力。

压力传感器采用型号为 CYB-15S 溅射薄膜压力传感器，结构如图 9-3-5 所示。该压力传感器长 55mm，最大外径 16mm，工作压力范围为 0～60MPa，工作温度为 −20～125℃，准确度等级为 ±0.05。压力传感器性能指标见表 9-3-1。存储式电子压力计的工作寿命为 2 年，即使电能耗尽，也能回放以前存储的压力信号。回注层段压力检测技术设定每天记录 72 个压力值，即每 20min 记录一个压力值。

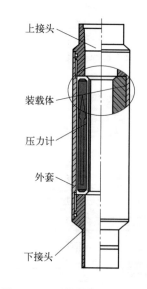

图 9-3-4 回注层段压力监测装置

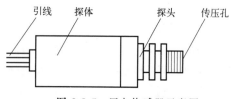

图 9-3-5 压力传感器示意图

(2) 注入压力监测结果

如图 9-3-6 所示对 B2-D4-53 井回放了存储式电子压力计存储的压力数据。压力计记录的注入最大压力值 18.17MPa，停注后记录压力值 10.67MPa，注入压力差值 7.5MPa。注入泵有效期 12 天内注入压力 17MPa 以上且连续稳定。

表 9-3-1　压力传感器性能指标

项目		标准压力				
		0MPa	15MPa	30MPa	45MPa	60MPa
正行程输出/mV	(1)	0.267	4.091	9.528	14.143	18.755
	(2)	0.267	4.092	9.528	14.143	18.755
	(3)	0.267	4.091	9.528	14.144	18.755
反行程输出/mV	(1)	0.267	4.092	9.529	14.143	18.755
	(2)	0.267	4.092	9.529	14.144	18.755
	(3)	0.267	4.091	9.528	14.144	18.755
满量程输出值		$Y_{FS}=18.488$				
重复性误差占比		$\S_S=0.0073\%$				
回程误差占比		$\S_H=0.0018\%$				
线性误差占比		$\S_L=0.0501\%$				
基本误差占比		$A=\pm0.0574\%$				

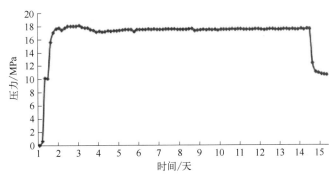

图 9-3-6　B2-D4-53 井回注压力监测曲线

(3) 井下注入流量与压力实时监测技术

针对存储式压力监测技术，无法对注入压力与流量进行实时监测，需待下一次施工才能提取数据，因此试验期间的井下注入情况不清。为了解决上述问题，开展了井下注入流量与压力实时监测技术研究，研制了井下注入流量与压力实时监测装置。基于有线技术，对注入层注入流量、压力实现了实时在线测取，为评价工艺系统注入效果提供了技术依据。

井下注入流量与压力实时监测装置主要实现功能是：将油管短接在注入泵下端，采集油管中流体的压力以及油管中流体的流量，通过高精度的传感器内的数据采集卡将模拟信号转换成数字信号，再利用电力载波技术，通过单芯电缆将采集得到的数据传输到地面控制箱，地面控制箱通过校验和编码对数据进行计算，得到该时刻井下流量压力值，然后将数据进行储存；地面控制箱同时可以通过无线数据传递技术，接收现场 PC（个人电脑）设备上发送的命令，控制井下监测设备的工作状态和数据传输。

如图 9-3-7 所示，井下数据采集设备将采集的压力、流量信号进行电力载波调制，通过单芯电缆传输到地面控制箱，地面控制箱将接收的信号转化为流量计、压力计数据，通过无线通信方式发送给现场无线控制 PC 设备。

井下部分由压力变送器和流量变送器将采集的数据传递给井下微控制器，井下微控制器通过模拟电力载波技术将数据传到地面，地面部分通过载波解调器将数据送达地面控制箱，达到与上位机的通信。涡街式流量计精度高，同时井下的空间允许其存在一定长度的直管，满足井下应用空间设计要求。所采用的实物模块如图9-3-8所示。

采用扩散硅为测量晶体的压电传感器，被测介质的压力直接作用于传感器的膜片上（不锈钢或陶瓷），使膜片产生与介质压力成正比的微位移，传感器的电阻值发生变化，用电子线路检测这一变化，并转换输出对应于这一压力的标准测量信号。压电传感器如图9-3-9所示。

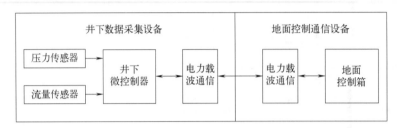

图 9-3-7　电气方案示意图

图 9-3-8　涡街流量计实物图

地面控制箱及信号转发子系统包括：模拟信号电力载波硬件、数字滤波、数据存储器、实时时钟以及无线通信电路。地面控制箱实物照片如图9-3-10所示，设计充分考虑了设备运输和使用的便捷性。控制箱体内包括：数据采集卡主板、电源模块以及无线数据收发系统，其具体结构如图9-3-11所示。

图 9-3-9　压电传感器

图 9-3-10　地面控制箱

依据上述研究，完成了对同井注采工艺注入层段监测系统井下流量及压力采集模块的开发，通过电力载波通信试验证明了电力载波通信的稳定性和可靠性，其可以满足数据传输

（1~10 次/min）的设计指标。同时，对同井注采工艺注入层段监测系统中的流量传感器和压力传感器进行了标定和校准。通过试验测试，验证了流量传感器精度和压力传感器的精度满足设计的要求。并通过利用地面控制软件与地面控制箱实现了数据通信，得到井下压力流量监测数据，通过 PC 界面显示流量和压力的值，动态观察井下流量和压力的变化。图 9-3-12 为地面控制软件。

图 9-3-11　地面控制箱中的采集
卡主板和电源变压器

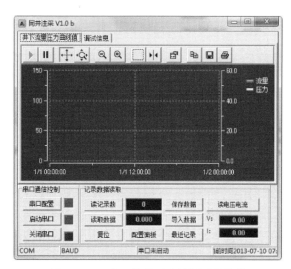

图 9-3-12　井下流量压力检测系统软件

开展现场试验，对井下流量压力进行一段时间的监测，其流量大小为 $202~206m^3/d$，其压力大小为 5.9~6.6MPa。图 9-3-13 为河北冀东油田 E 井试验现场。图 9-3-14 中显示的是从 2013 年 9 月 16 日开始到 2013 年 9 月 20 日，井下的流量和压力示意图。

图 9-3-13　完井后的井口

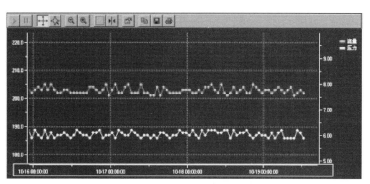

图 9-3-14　流量压力数据曲线图

二、井下注采封隔工艺

如图 9-3-15 所示。封隔工艺管柱由螺杆泵、水力旋流器、Y445 封隔器、采出器、配注器、Y341 封隔器、定位器、防转锚、密封段等组成。其中内油管与外油管间的环形空间组成外通道，内油管和插入密封段组成内通道，配合配注器的桥式通道形成双通道，内通道注入，外通道采出，施工方便，可实现同一口井不同层位同时配注配产。

1. 封隔器结构、工作原理

(1) Y445-114 封隔器结构

主要由密封机构、锁紧机构和解封机构三部分组成；具体由坐封套、上接头、防转销钉、锁环、中心管、坐封销钉、上承压座、边胶筒、中胶筒、下承压座、上锥体、卡瓦挂、上坐封销钉、下导向销钉、下锥体、防转销钉、弹簧爪限位体、防转销钉、解封环、解封销钉、下接头组成。

(2) Y445-114 封隔器工作原理

Y445-114 封隔器是一种液压坐封、双向卡瓦锚定、正转油管丢手、可取式封隔器。

① 下至设计深度后，封隔器卡点经磁性定位校深准确无误后，利用三通将管柱加满水并放净空气，经油管加液压 12MPa→15MPa→18MPa，各点稳压 10min，完成封隔器的释放。

② 下放管柱负荷至零，上提管柱负荷超过原悬重 30～40kN，证明封隔器已坐封。上提管柱至原悬重正转数圈丢手，起出投送管柱。

③ 解封时，下入专用打捞工具上提管柱，拉断支承环，锁环与坐封套脱开，胶筒回弹，卡瓦回收，解封封隔器，起出管柱。下入专用工具即可实现快速解封，提高施工效率。采用梯形扣连接轴向开槽、支承环支承的解封机构设计；可实现钻铣解封，确保施工安全。封隔器的锁紧机构采用易磨铣材质，一旦打捞解封失败，可将锁紧机构钻铣掉，实现快速解封。

④ Y445-114 封隔器卡瓦复位弹簧创新采用塔簧结构设计，节省空间，可利用插入密封段实现多级使用；弹簧与卡瓦接触面积增大，提高卡瓦坐卡稳定性。

2. 封隔器性能、技术指标

Y445-114 封隔器和 Y341-114 封隔器内通径均为 $\phi 76mm$，管柱耐温 120℃、承压 25MPa 上提管柱解封或磨铣解封。

封隔器胶筒油浸试验：

① 疲劳性能检验　在 120℃的检验温度下，从胶筒一端施加检验压力 25MPa，稳压 4h后，放掉压力，再从另一端施加检验压力 25MPa，仍稳压 4h，直至规定的 3 次疲劳。检验过程中稳压情况良好，胶筒无渗漏。

② 残余变形率检验　疲劳性能检验结束后，应立即卸下胶筒，放置 2h 后，完成胶筒外径测量，计算得残余变形率为 1.4％。

油浸试验结果表明：在 0♯柴油介质、压差 25MPa、温度 120℃的条件下，经过 3 次换向承压，胶筒稳压情况良好，起出后胶筒形状完好，变形率 1.4％。该胶筒可以满足在工作温度 120℃、工作压差 25MPa 条件下的使用要求。

3. 配注器及采出器设计

① 配注器设计有桥式通道配合内、外管及封隔器形成双通道；

② 配合插入密封段可以实现各层的注入采出调整；

③ 配合压力计使用可以监测井下压力变化，读取注入压力。

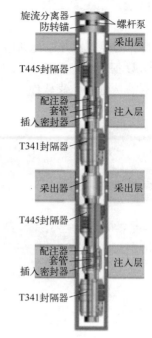

图 9-3-15　封隔工艺管柱

4. 管柱锚定设计

因螺杆泵井下杆柱反转会引起管柱脱扣，导致井下管柱脱离，开展了专用防转锚定工具的研制，设计出凸轮式螺杆泵油管防转锚，实现管柱防脱，提高了系统井下运行的安全性。正旋180°防转锚坐封，上提管柱即可实现解封，如图9-3-16为该型防转锚的实体图。其他油田现场常规扶正装置如图9-3-17所示。

图 9-3-16 螺杆泵油管防转锚实体图

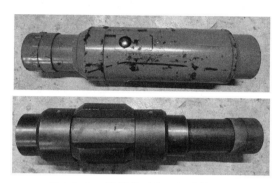

图 9-3-17 弹簧扶正器及钢球扶正器

参 考 文 献

［1］ 徐保蕊，蒋明虎，赵立新. 采出液黏度对三相分离旋流器性能的影响［J］. 机械工程学报，2017，53（08）：175-182

［2］ 蒋明虎，邢雷，张勇. 采出液黏度对井下旋流器分离性能影响［J］. 东北石油大学学报，2018，42（04）：116-122，12.

［3］ 蒋明虎，邢雷，张勇. 采出液含砂对井下油水分离器壁面磨损的影响［J］. 石油机械，2018，46（06）：63-69.

［4］ 高扬，刘合，张勇. 采出液含砂量对井下两级串联旋流器分离性能的影响［J］. 东北石油大学学报，2018，42（01）：112-120，128.

［5］ 宫磊磊. 采出液含气对井下油水旋流分离器的影响研究［D］. 大庆：东北石油大学，2015.

［6］ 王思淇. 同井注采井下分离管柱的力学分析及关键部件优化［D］. 大庆：东北石油大学，2017.

［7］ 孙浩玉，李增亮. 井下水力旋流油水分离器的研制与性能试验［J］. 石油机械，2005，11：51-53，7.

［8］ 陈胜男，李恒，薄启炜，等. 井下油水分离系统设计及参数敏感性分析［J］. 石油钻采工艺，2007（03）：32-35，121.

［9］ Xing L，Guan S，Jiang M H，et al. Study on downhole oil-water hydrocyclone suitable for high liquid production in the single-well injection-production［C］//Proceedings of the International Field Exploration and Development Conference，2022：2978-2991.

［10］ 孔令军，郝润朴. 高含水开发期油水井下分离同井回注技术应用综述［J］. 中国石油和化工标准与质量，2019，39（05）：227-228.

[11] Ni L, Tian J Y, Song T, et al. Optimizing geometric parameters in hydrocyclones for enhanced separations: a review and perspective [J]. Separation & Purification Reviews, 2019, 48 (1): 30-51.

[12] 刘合，匡立春，李国欣，等. 中国陆相页岩油完井方式优选的思考与建议 [J]. 石油学报，2020，41 (04): 489-496.

[13] Tian J Y, Wang H L, Lv W J, et al. Enhancement of pollutants hydrocyclone separation by adjusting back pressure ratio and pressure drop ratio [J]. Separation and Purification Technology, 2020, 240: 116604.

[14] 刘合，高扬，裴晓含，等. 旋流式井下油水分离同井注采技术发展现状及展望 [J]. 石油学报，2018，39 (04): 463-471.

[15] Tian J Y, Ni L, Song T, et al. CFD simulation of hydrocyclone-separation performance influenced by reflux device and different vortex-finder lengths [J]. Separation and Purification Technology, 2020, 233: 116013.

[16] 刘合，李艳春，贾德利，等. 人工智能在注水开发方案精细化调整中的应用现状及展望 [J]. 石油学报，2023，44 (09): 1574-1586.